数字时代的人论文库·汉译系列

洪亮 主编

TRANSHUMSANISM

Engineering the Human Condition: History, Philosophy and Current Status

ROBERTO MANZOCCO

©Roberto Manzocco

First published in English under the title

Transhumanism-Engineering the Human Condition: History, Philosophy and Current Status

by Roberto Manzocco, edition: 1

Copyright © Springer Nature Switzerland AG, 2019

This edition has been translated and published under licence from

Springer Nature Switzerland AG.

Springer Nature Switzerland AG takes no responsibility and shall not be made liable for the accuracy of the translation.

施普林格·自然有限公司对翻译的准确性不承担任何责任，也不应承担任何责任。

学术支持

华中科技大学德国哲学研究中心
华中科技大学解释学研究中心暨伽达默尔文献馆

数字时代的人论文库·汉译系列
洪亮 主编

超人类主义

改造人类状况：历史、哲学与现状

〔意〕罗贝托·曼佐科 著 ｜ 杨柳 译

Transhumanism
Engineering the Human Condition:
History, Philosophy and Current Status

商务印书馆
The Commercial Press

图书在版编目（CIP）数据

超人类主义：改造人类状况：历史、哲学与现状／（意）罗贝托·曼佐科著；杨柳译. —北京：商务印书馆，2025. —（数字时代的人论文库）.
ISBN 978 - 7 - 100 - 24930 - 0

Ⅰ．Q98

中国国家版本馆 CIP 数据核字第 20256TM147 号

权利保留，侵权必究。

超人类主义
改造人类状况：历史、哲学与现状
〔意〕罗贝托·曼佐科 著
杨　柳 译

商 务 印 书 馆 出 版
（北京王府井大街36号　邮政编码 100710）
商 务 印 书 馆 发 行
山东临沂新华印刷物流
集团有限责任公司印刷
ISBN 978 - 7 - 100 - 24930 - 0

2025 年 5 月第 1 版　　　开本 890×1240　1/32
2025 年 5 月第 1 次印刷　印张 14½

定价：108.00 元

罗贝托·曼佐科（Roberto Manzocco）博士是一位哲学家、科学史学家兼科学记者，长期致力于多种课题的研究，涵盖系统与复杂性理论、生物技术的传播，以及人类沟通的语用学。

杨柳，香港中文大学文化及宗教研究系博士，研究方向包括宗教与中西文学、中国典籍与现当代文学的外译、林语堂研究。

本辑五卷出版项目受华中科技大学双一流建设项目基金资助

（文科创新团队—科技伦理与"哲学+"前沿创新团队）

数字时代的人论文库
学术委员会

（按姓名首字拼音为序）

· 学术顾问 ·

安乐哲（北京大学）

邓安庆（复旦大学）

董尚文（华中科技大学）

傅有德（山东大学）

黄裕生（清华大学）

李秋零（中国人民大学）

刘森林（山东大学）

托马斯·福克斯（海德堡大学）

汪民安（清华大学）

杨慧林（中国人民大学）

赵敦华（北京大学）

卓新平（中国社会科学院）

·编 委·

程　炜（北京大学）

丁　辉（中山大学）

钱雪松（中国政法大学）

陶乐天（北京大学）

王咏诗（武汉大学）

吴天岳（北京大学）

吴　彦（同济大学）

肖怀德（中国艺术研究院）

杨海斌（华中科技大学）

曾　毅（中国科学院）

张　俊（岳麓书院）

张若愚（华中科技大学）

张新刚（山东大学）

周伟驰（中国社会科学院）

总　序

我们已经生活在一个广泛应用二进制计算机语言复制、存储、传输、生成信息的数字时代。在这个时代，人工智能透过大语言模型及其应用场景的强劲表现，一方面引发针对人类不可替代性的普遍焦虑，另一方面似乎又在助力会聚技术[1]乐观愿景的实现：纳米技术、生物技术、信息技术与认知科学的交叉融合成果，将带来人类的增强与繁荣，释放其天性的无限潜能；同样在这个时代，气候变化的严峻挑战催生了意图逃离地球的多行星生存想象，以及人类灭绝主义的悲观愿景。数字时代，何以为人？在这个触及人类未来前途的根本问题上，我们似乎已不再拥有明确答案。

在这个时代，哲学与人文社会科学面对技术领域热点新词的日新月异，几近应接不暇。数字时代，何以为人？超级人工智能（ASI）充满压迫感的未来蓝图将"何以为人"的意义抽空殆尽，会聚技术则把这个问题简化为人（human being）——作为智人物种的后代——在科学主

---

[1] 会聚技术是对 NBIC Converging Technologies 的通行汉译，四个大写字母依次指代纳米技术、生物技术、信息技术与认知科学，这个概念诞生于二十一世纪初的美国科学技术界，中国科学技术界很早便注意到这个技术发展趋势，参见国家自然科学基金委员会在 2004 年对会聚技术的介绍：https://www.nsfc.gov.cn/publish/portal0/tab440/info59901.htm。

义意义上的增强与进化，然而对哲学与人文社会科学而言，追问"何以为人"，在于深究"人之为人"（being human）的丰富意蕴。"人之为人"并不等于人的增强和进化，两者之间的混淆对应着方法论反思的缺位：是竞逐新概念，在技术话语的下游端承接客场议题？还是立足学科传统及其问题脉络，在对等高度上提出主场议题？从"人之为人"这个人论层次切入数字时代，这是哲学与人文社会科学应当回归的本己进路，更是不矮化自身，提出主场议题的关键基础之一。聚焦"人之为人"，兼顾其概念规范性维度和经验描述性维度，这将导致对一系列先入之见的批判性重估：人类的脆弱性与有限性意义何在？以电脑隐喻人脑是否恰当？脱实向虚的数字永生是否值得追求？人类是地球的唯一主宰还是其居民之一？

中国思想界对人论的兴趣始于二十世纪八十年代初，文学与哲学引领了当时关于主体性和思想解放的讨论，德国的哲学人论获得广泛关注；进入九十年代，围绕人论的务虚探讨渐次被经济学、法学等学科的"理性人"预设悬置，继而淡出；千禧年初，基因工程以及克隆技术引发涉及生命伦理的争议反思，昙花一现。不同于以上三个阶段，当下的数字时代显然提出了更加高阶的人论挑战，关涉的问题领域和学科类型空前复杂，非哲学与人文社会科学中某个单一学科所能应对，学界亟须跨越一级学科和二级学科的界限，从宏观整体协作呈现"人之为人"的复杂内涵与多重维度，参与数字时代世界观的未来建构。

基于这一理解，数字时代的人论文库将透过汉译系列与原创系列，一方面系统引入国际学界的前沿人论议题，另一方面逐步呈现中国学界在这些议题上的自主探索。文库特别关注以人类增强、超人类主义、赛博格、后人类主义和人类世等为代表的关键议题，这不仅因为国际学界在相关议题方向上已有可观积累，更是因为它们为中国的哲学与人文社会科学基于自身关切，探讨数字时代的"人之为人"提供了具有内在张力的多重参考视角：人类增强力图透过技术工程，增强人类的认知、道德、情绪与健康，消除痛苦，延缓衰老，使其达致数字永生；超人类主义许诺，借助理性、科学和技术，人类能够突破其智力限度、心理限度与生理限度，进入高于其现有物种水平的超人状态；作为控制论和有机体的组合表达，赛博格发源于二十世纪六十年代的空间科学领域，但自八十年代起先后经历了女性主义转向和"日常生活"转向，其含义逐渐演变为人类与机器、动物之间的动态共生关系；后人类主义拒绝人类—动物、有机—机械、自然—人工、灵魂—身体等传统二元论，批判近代人类中心主义，倡议以物种平等为前提，更新生命概念；人类世警示大众，自十八世纪下半叶开始，人类活动成为深刻塑造地球面貌的地质营力，由此引发的生态恶化难以逆转，人类濒临灭绝危境。

从历史的长时段视野来看，这些议题方向彼此交汇，正在撼动近代以降的世界观结构及其在"人之为人"上的重大思想遗产。十七世纪三十年战争结束之后，威斯特伐利亚条约体系确立近代民族国家的主权原则，古典契约论强调自然人性和自然法，自然与自由成为近代早期至启蒙运动时期定义"人之为人"的关键，这个定义同时是一项道德承诺，承认人类具有理性认识能力与道德行为能力，尽管十九世纪至二十世纪上半叶全球史的实际历程使这一承诺蒙上阴影。第二次世界大战结束之后，纽伦堡审判与联合国的建立标志着国际反法西斯多边政治秩序的形成，世界人权宣言反省奥斯威辛，批判种族主义，强调人类不分彼此，在尊严与权利上一律平等，针对"人之为人"，此次道德承诺将平等置于核心。在当下时代,技术、文化、地缘政治和生态领域的加速裂变并未消解这两次道德承诺的意义,但使其承负巨大的思想压强,我们是否已经接近要对这两次道德承诺进行扩展和更新的前夜?如果有此必要,那么在前两次承诺的基础上,数字时代针对"人之为人"的第三次道德承诺必须能够说明,为什么横跨自然与文化、族群与物种的脆弱人类应该成为一个因彼此相异而彼此依存的韧性共同体,在这个他们唯一被给予、仍然值得抱有希望的星球上。

人类应当拥有一个更加光明的未来。

数字时代的人论文库愿与学界携手并进,共同探索,是为序。

洪亮
乙巳年春于喻家山

中译本序言　唯一的敌人是时间

超人类主义是一种既古老又现代的思想，它试图解答在每一个地方、每一个时代最让人类痛苦的问题之一：是否有可能欺骗死亡？是否有可能克服我们必朽且受束缚的本性施加给人类的限制？超人类主义也是一种政治意识形态，与任何其他愿意接受人类身心在物理和生物上的可改造性的意识形态兼容。

不过，这个雄心勃勃的思想在当代哲学的背景下是如何定位的呢？

从哲学的角度来看，超人类主义是一种赛博格，也就是说，是来自不同哲学传统的思想的混合体，目前都是西方的，然而这些传统始于分析-认知-还原论的基础——只消看一看安德斯·桑德伯格（Anders Sandberg）或者尼克·博斯特罗姆（Nick Bostrom）等作家的思考，全部都以一种对人类心智与本性的绝对还原论的看法为中心。然而仅此而已吗？当然不是。作为一个好的哲学赛博格，超人类主义已经与其他传统，甚至是截然不同的传统混合在一起。因此，我们可以看到宗教超人类主义者（尽管当然大多数超人类主义者是无神论者和唯物主义者），也有从马克思主义传统汲取灵感的超人类主义者，还有些超人类主义者则把这种思想与欧陆传统相结合，例如斯特凡·洛伦兹·索格纳（Stefan Lorenz Sorgner），他借鉴了尼采的思想，或者里卡多·坎帕（Riccardo Campa），他承继了意大利的未来主义。

尽管经过了所有这些丰富的超人类主义哲学再造，在西方哲学思想中对这种观念渗透进主流文化（尤其是学术文化）依然存在相当大的抵触——让我们回想一下，这种观念指向人类身心的彻底转变。在我们看来，这种抵触可以归因于西方文化的一种隐含的假设，即古典欧洲世界观的一种并非独占但是具有主导地位的假设，也就是说——简而言之——对死亡和人类有限性的辩护。这两种本质上相互联系的特征在西方通常被视为人类生活中不可克服的事件，我们不仅必须接受它们，而且还要欣然欢迎它们。当然，一些小众传统例如炼金术除外，人类状况确实被看作不可避免地有限。

这对中国来说是否不同？会不会有一条通往超人类主义的中国式道路？我们相信是有的。特别是，如果我们深入挖掘中国的文化历史，我们会发现道家务实、实用的灵魂——不是那个神秘主义的，尽管是值得尊敬的——它一直在寻求克服人类的局限，尤其是必死性本身的局限。因此，在中国文化中，我们希望为超人类主义思想找到肥沃的土壤。

但更具体地说，中国读者会在本书中找到什么呢？他或者她即将读到的这本著作广泛考察了我们所说的超人类主义的支柱，即与人类存在的各方面相关的技术愿景的提案。超人类主义是一个有机的计划，旨在通过技术在某种程度上改变我们存在的方方面面；因此它是一种非常务实的意识形态，其中的哲学阐述是后来才出现的，也就是说，只有在制定了改变人类的提案之后才出现。实际上，首先提出了通过技术改变人类的计划，在此之后才计划构建一个概念—哲学机制来为它辩护和支持它。

更确切地说，在本书中我们将介绍超人类主义的历史和哲学，然后我们将继续分析超人类主义计划的各个支柱。将会有一章关于追求不朽——或者更确切地说，对非自愿死亡的废除，这是一个稍有不同的概念。我们将讨论人体冷冻——冷冻临床死亡的人，寄望于在遥远的将来让他们复活，连同所有相关的哲学意味。然后我们将再次探讨人类增强的问题，即试图通过技术来改进人类的身体和心理能力，以至于克服我们物种的"自然"局限。紧接着将轮到技术奇点，在未来的那一刻人工智能有望超越人类的心智能力并变得令我们无法理解——当然，除非我们选择与它融合。

本书最后一部分将专门讨论超人类主义者的"更狂野"的猜测，尤其是向宇宙扩张的可能性，在宇宙层面操纵物质和能量，以达到我们甚至可以称之为"像神一样"的境界。当然，这只是纯粹的推测。但如果超人类主义不是井井有条的一系列绝妙的科学和哲学猜测，又是什么呢？这些推测除了点燃我们的想象力，还令我们期盼着一个充满荣耀和辉煌的未来。

事实上，在超人类主义中，重要的不是所提出的一系列具体的命题，而是这些推测让我们得以瞥见"广袤未来"之光，在这个未来中，数以百万计的后代将以我们难以想象的方式重新塑造周遭的现实。

因此，在我们接近超人类主义时必须始终牢记这一点：这是一种真正普世的意识形态/哲学——它真正想要团结全人类以便追求共同的任务——除了时间，它没有别的敌人。

译者序

超人类主义,就其字面意思而言,是超越人类,即突破人类的局限。那么人类最普遍同时也最根本的局限是什么呢?是死亡。正如《新约圣经·希伯来书》所言:"按着定命,人人都有一死。"这本《超人类主义——改造人类状况:历史、哲学与现状》正是从关于死亡的叙事入手,引领读者进入超人类主义的世界。作者罗贝托·曼佐科以人类历史上现存最早的史诗《吉尔伽美什》的主人公寻求永生的故事作为引子,向我们传递着这样一个信息:超人类主义并非数字时代的突兀产物,突破人类局限(特别是击败死亡)是深植于人类文化基因的历久弥新的渴求。

然而,超人类主义绝不会止步于渴求,也不会止步于思想。"哲学家们只是用不同的方式解释世界,而问题在于改变世界。"马克思的经典名言似乎特别适用于超人类主义。超人类主义旗帜鲜明地指向行动,正如本书副标题所示,"改造人类状况"——人类状况是需要被改造的,也是可以被改造的,这种改造不是简单的修修补补,而是大刀阔斧的改造,其激进程度可能会超出我们的想象。那么靠什么来完成改造呢?靠技术。超人类主义者怀着对未来的奇妙愿景,依托突飞猛进的科学技术,拟定并实施着形形色色的项目与计划。你可以说他们傲慢自大,也可以说他们具备非同一般的智识勇气,总而言之,他们坚信人类可以通过技术手段彻底突破物种局限,乃至突破太阳系的限制。

无论你是否意识到,超人类主义已经成为我们这个时代一股不可小觑的潮流,一场正在从边缘走向主流的国际性的智性运动,对政治、经济的影响日益显著。然而,尽管近年来超人类主义在西方世界已经成为一个重要的学术和文化议题,中文世界对它的关注仍然相对有限。即便是知识群体内部,对超人类主义也多半感到陌生。有鉴于此,我们感到有必要引入国外学界关于超人类主义的代表性作品,为中文世界的深入探讨奠定基础。

之所以选择译介《超人类主义——改造人类状况:历史、哲学与现状》,是出于以下考虑:本书英文版由施普林格出版社于2019年推出,属于该社"通俗科学"系列。从定位上看,它面向非专业读者,带有科普性质,阅读门槛较为友好。再就是,不同于《超人类主义读本》《超人类主义手册》这类汇编不同作者文章的文集,本书作为个人专著,提供了一个连贯且多维度的叙事框架,便于读者比较全面、系统地认识超人类主义,更容易掌握其核心概念和主要议题。

此外,本书作者曼佐科的背景也值得一提。曼佐科出生并成长于意大利,他本科主修哲学,研究生阶段专攻科学传播,2008年从意大利比萨大学获得科学史博士学位。曼佐科现任教于纽约城市大学,但比起传统的学术发表,他更偏向于以科学写作者的身份活跃于公共领域,热衷于对前沿科技以及相关思潮的传播与探讨,力求将其研究成果大众化、普及化。曼佐科长期担任意大利知名报纸《自由报》和《24小时太阳报》的知识记者、科学专栏作家及顾问。他倡导自然科学、人文科学与哲学相结合的跨学科方法,认为这是预测和应对即将到来的技术变革的唯一途径。从其教育背景和职业经历来看,曼佐科既受过哲学与科学史的专业训练，具备扎实的理论功底和思辨能力，同时又对各种高新技术的发展有着深入了解，并擅长搭建科技、学术研究与公众之间的沟通桥梁。由他来撰写一本关于超人类主义的综合性介绍，可谓再合适不过。他的这本著作也确实做到了学术性和可读性兼顾——内容丰富，论述深入，却不失清晰流畅。不管是大众读者还是专业研究者，都能从中获益。

除去导论和结论部分，本书共计十章，曼佐科在导论中"剧透"了每一章的主要内容：

> 第一章将包括我有所保留地称之为超人类主义的"先驱"的内容，而第二章将讨论超人类主义运动本身，其主要观点、主要代表人物、组织等等。我将在第三章讨论超人类主义的一个特定主题，即尝试尽可能长寿，也许是到永远。第四章关于超人类主义的"B计划"，即人体冷冻保存技术——这是一个好主意，如果你的计划A即永生失败的话。第五章将分析超人类主义的另一根"支柱"纳米技术。而第六章将涵盖个体、企业和组织尝试通过技术增强人体的实际研究。第七章将带我们进入人脑，以及它与机器交互的可能性，还有采用不同技术修改它并从根本上改变人类的生物体验——心智上传也将被考虑。在第八章，我们将讨论"天堂工程"概念。第九章将全面讨论最受喜爱的超人类主义概念之一，"奇点"及其影响。第十章将审视超人类主义与宗教之间颇具争议的关系，以及超人类主义对上升到类似于神的状态的渴望。

从思想渊源到当今面貌，从核心议题到技术支柱，从社会实践到伦理挑战，本书覆盖了超人类主义的方方面面，堪称全景式的呈现，相信每一位读者都能在书中找到令自己感兴趣的部分。就我个人而言，作为译者，我首先是一名读者，在我对本书的阅读中，最吸引我、最激发我思考的，是永生及其相关议题。

永生不仅是超人类主义最具标志性的主张，同时也是其最具争议的问题。毕竟，无论东西方，主流价值观长期以来都强调人类应当"接受死亡"，尽管这与人的本能渴望背道而驰。对此，超人类主义者提出了挑战：他们认为死亡本质上是坏的，并不值得接受。人类之所以发展出接受死亡的文化与宗教解释，只是因为在漫长的历史中对此无能为力。而如今，科技的进步正让击败死亡成为一种现实可能。如果继续合理化死亡，那么这有可能成为阻碍人类进步的思想桎梏。因此，在超人类主义者看来，追求不朽不仅是合理的，更是正当的。曼佐科指出，主流科学并未否定极端延长寿命的可能性，超人类主义者的主张只是将其推向极致，并非毫无科学根据的幻想。

与永生密切相关的另一个议题是人体冷冻保存，一个看似科幻甚至略带荒诞色彩的概念。曼佐科将其称为"B 计划"——即如果在生前无法等到实现永生的技术突破，可以选择在临床死亡后立即进行低温冷冻保存，以期在未来医学高度发达的时代重启生命。引人深思的是，人体冷冻主义者并不单纯接受现有的死亡定义。他们认为，现代医学已经将死亡区分为临床死亡、呼吸死亡、脑死亡等不同层级，未来科技的发展很可能还会带来更细致的分类。基于此，他们提出了一种新的死亡标准：信息理论死亡。

信息理论死亡突破了传统生物学死亡的标准，其核心观点是：个体是否"真正死亡"，不应仅以心跳或脑电活动为标准，而应看其意识信息（包括记忆、个性、认知模式等）是否被彻底、不可逆地损坏。如

译者序

果这些信息仍有可能被提取、储存和重构，那么此人就不应被视为"真正死亡"。这一思路自然引出了"心智上传"的设想——即通过技术手段将人的有意识心智从生物大脑中提取出来，转移到非生物的计算基质中运行，使其依然能够执行认知功能和情感表达。

而这进一步通向超人类主义者设想的一个激进愿景：数字永生。如果一个人可以被视为某种信息的集合体，那么将这些信息完整复制并运行于计算机或其他基质上，理论上便构成了一种"非生物延续"的存在形态，即所谓的数字永生。当下最为人津津乐道的人工智能正在推动这一目标实现的关键技术。

当然，从技术可行性到哲学正当性，这一切仍存在诸多挑战：人工智能是否能真正"理解"人类？即便技术上真的实现了心智上传，"上传的我"仍然是"我"吗？那个得以"永生"的"我"，是否拥有与原始个体相同的身份？如果存在多个"我"的复制品共存于不同载体之上，哪一个才是真正的"我"？这一身份延续性的困境，涉及个人同一性、意识连续性与复制悖论等哲学议题，使得超人类主义对永生的探索不只是技术想象，而是触及人之为人、生命意义和存在方式等终极问题。

我很欣赏曼佐科在其领英个人简介中写下的一句话："未来已来，我希望我的读者遇见它。"严格说来，未来还没有来，所谓"未来已来"只是关于未来的预测已经存在。不过话虽如此，未来与现在之间究竟该如何界定呢？有时候，未来比我们想象中来得要快。比如当曼佐科在 2018 年撰写本书时，ChatGPT 还没发布，DeepSeek 也尚未在中国杭州成立，他或许未曾预料到，未来几年人工智能会以如此迅猛之势"飞入寻常百姓家"。然而有时候，未来又会偏离预期——2024 年 4 月，牛津大学人类未来研究所在运营了 19 年之后突然关闭，其创始人、被曼佐科誉为"最杰出的超人类主义思想家"的尼克·博斯特罗姆亦从牛津大学辞职。耐人寻味的是，几乎所有关于此事件的报道都在标题中提及：这是埃隆·马斯克资助过的研究所。或许这从侧面揭示出，超人类主义对公众的吸引力往往倚赖科技巨头的光环，与资本形成了深度捆绑。未来研究所的落幕并不必然预示着超人类主义的退潮，但它确实折射出这一思想运动所面临的现实张力：在理想与现实之间，在学术与资本之间，它将如何自处，又将走向何方？

在结束这篇序言前，我想分享翻译本书的一个独特体验。曼佐科在书中提到，得益于美国硅谷高科技新贵的大力支持，超人类主义运动已经在硅谷扎根。世界超人类主义协会的总部，以及与超人类主义相关的主要智库都汇聚于此。而我，恰好就在硅谷翻译本书。有时候我会想，就在刚刚与我擦肩而过的某个人，会不会就是一位超人类主义者呢？又或者，他/她并没有自称为超人类主义者，却正在参与推动与之相关的变革。毕竟，硅谷充满了敢于梦想的创业者，钻研到极致的技术极客。在实验室、办公室、咖啡馆里，甚至在车库里，关于纳米技术、脑机接口、多行星物种、奇点等话题的讨论可能比在大学课堂上更加活跃。我感到，我也以阅读和翻译这本书的方式，参与了这场讨论——有时我们达成共识，有时则各执己见，但无论如何，思考的边界正在讨论中被拓展。

这是一场对所有人都开放的讨论，因为人类的未来属于我们每一个人。翻开这本书的你，欢迎加入。

杨柳

2025 年 3 月于美国硅谷

— 目　录 —

导　论　吉尔伽美什 VS 龙暴君　/ 3

第一章　通往天空的阶梯　/ 19

1.1 爬坡，寻找目标　/ 19

1.2 尼采之结　/ 21

1.3 ……未来主义的阶梯　/ 31

1.4 "计划"　/ 35

1.5 俄罗斯的愿景……　/ 44

1.6 波兰人的沉思　/ 51

1.7 基督教的超人　/ 53

1.8 盎格鲁-美利坚的梦想　/ 55

第二章　新的巴别塔　/ 65

2.1 最激进的反叛　/ 65

2.2 一切是如何开始的　/ 70

2.3 超人类主义的百花齐放　/ 75

2.4 穿越超人类主义星系的旅程　/ 84

2.5 超人类主义，就是永远不要让任何事情保持未尝试状态　/ 101

2.6 超人类主义名人录　/ 107

2.7 超人类主义的支柱 / 126

2.8 对超人类主义理性的批判 / 128

2.9 后人类主义之结 / 136

2.10 宗教问题 / 138

第三章 永 生 / 143

3.1 基石 / 143

3.2 再饮一口生命 / 147

3.3 一些来自生物学的回答 / 150

3.4 解开束缚的普罗米修斯 / 153

3.5 凤凰 2.0 / 161

3.6 通往永生的三座桥梁 / 174

3.7 今日之对抗衰老 / 178

第四章 B 计划 / 183

4.1 在液氮中倒置 / 183

4.2 你怎样冷冻——哦不好意思,是"悬挂"——患者 / 187

4.3 人体冷冻的价格,不适合胆小者 / 191

4.4 未来的全能科学 / 194

4.5 人体冷冻的历史,从本杰明·富兰克林到纳米机器 / 196

4.6 科学的看法 / 201

4.7 一般人体冷冻学家的人类学 / 204

第五章 纳米聚宝盆 / 207

5.1 纳米世界的入门知识 / 207

5.2 纳米热，或者纳米技术的两个灵魂 / 212

5.3 底部有大量空间 / 216

5.4 创造的引擎 / 218

5.5 纳米-分裂。德雷克斯勒—斯莫利之争及其他 / 228

5.6 肉体和计算素 / 231

5.7 弗雷塔斯博士惊人的生物医学纳米机器 / 237

5.8 雾城无事 / 241

第六章 新肉身的崛起 / 247

6.1 超越人类 / 247

6.2 基因兴奋剂、促智药和其他便利设施 / 250

6.3 自己动手的超能力 / 256

6.4 想象力与军事力量 / 260

6.5 未来的肉身 / 271

第七章 殖民心智 / 281

7.1 在我们的眼睛背后 / 281

7.2 神经技术：发展现状 / 288

7.3 逃离身体 / 294

7.4 无限的智能 / 304

第八章 灵魂的光明日子 / 313

8.1 享乐主义要务 / 313

8.2 重新编程捕食者 / 324

8.3 噩梦般的美丽新世界？ / 326

XVII

8.4 生物智能爆炸 / 328

8.5 拯救多元宇宙，一个接一个的时间线 / 331

8.6 逢佛改造佛 / 333

第九章 技术奇点驾临 / 337

9.1 三十年之后 / 337

9.2 明日之人 / 355

9.3 生命的终结：永不 / 368

9.4 欢迎来到怪托邦 / 374

9.5 语言之后 / 375

9.6 八个简单步骤殖民宇宙 / 377

9.7 宇宙边界的大回旋 / 380

9.8 破解世界 / 388

第十章 造神者们 / 393

10.1 超人类主义者的终局 / 393

10.2 宇宙工程师教团 / 396

10.3 从超人类主义到宗教，再回来 / 401

10.4 工程化超越以及宇宙主义的"第三条道路" / 407

10.5 不要温柔地进入那个良夜 / 414

10.6 上升的一切必将汇合 / 421

结 论 野兽的本质 / 427

延伸阅读 / 431

比尔·盖茨:"那么在这个宗教里有神吗?"

雷·库兹韦尔:"还没有,但将会有。"

你知道他们说帕斯卡的赌注的现代版本是什么吗?是尽可能多地讨好超人类主义者,以防他们中的一个变成神。

——格雷格·伊根(Greg Egan),《水晶之夜》(*Crystal Nights*)

你们已经从虫进化为人,但你们内心中有许多还是虫。

——弗里德里希·尼采,《查拉图斯特拉如是说》

导 论

吉尔伽美什 VS 龙暴君

一个人对抗死亡

显而易见，人们喜欢故事，只要看一看人类历史，连同它所有的神话、诗歌和传说。要么，对于我们中间最懒的人来说，也可以浏览网飞提供的电影和电视节目单，或者漫威和DC漫画出版的漫画书。所以，故事其实是我们深层本性的一部分，而且有些故事能够揭示关于我们的一些根本性的东西。

而故事，或者至少其中一些，无疑将帮助我们理解超人类主义的叙事，因为它代表着与我们在导论中将要提及的传说和艺术作品的完美契合。

我最喜欢的故事是什么？是《吉尔伽美什史诗》(Epic of Gilgamesh)，一首古老的叙事诗，直接源自美索不达米亚，它被许多专家认为是在时间的蹂躏中幸存下来的最早的史诗文学的范例。不过，让我们跳过语言学的细节，进入故事的核心。这是一个充满戏剧性、被赋予电影风格的故事，以至于如果有人尝试将它改编成电影，甚至是电视系列剧就再好不过了。总之，主人公是吉尔伽美什，美索不达米亚城市乌鲁克（Uruk）的国王——故事发生的时间不明确，但是我们知道，可上溯至公元前2100年的不同故事被合并到一首诗中，以及这首诗的现存最早版本大约是在公元前18世纪创作的。

为了确保读者理解吉尔伽美什的真实本质，即半神（demigod）的本质，这首诗强调我们的国王是三分之一的人、三分之二的神。事实上，他是一位女神和一位国王的后代，但这当然不能解释这种古怪的比例；也许有人数学不太好，或者只是想强调，在吉尔伽美什身上，神性的部分占主导地位。我们的英雄充满活力和狂怒，他压迫自己的人民，迫使他们进行无止尽的战斗；为了回应所有这些年轻战士的妻子和女友的哀叹，众神创造出一个野人，名叫恩基杜（Enkidu），他或许象征着人类的原始动物本性；恩基杜经过一名妓女的性引诱被驯服开化。就这样，吉尔伽美什终于找到了一个能够与他抗衡的人；两人搏斗，国王获胜，最后吉尔伽美什和恩基杜成为最好的朋友。当然，这只是开始，因为他们俩将会一起面对更多的挑战和旅程。比如远征雪松森林，一个传说中的地方，两人在那里杀死了巨型守护怪胡姆巴巴（Humbaba）——也被称作"恐怖的胡姆巴巴"——并且砍伐了神树。这会出什么乱子呢？后来，这两个捣乱者杀死了女神伊什塔尔（Ishtar）派来惩罚他们的天堂之牛（the Bull of Heaven）——实际上这主要是因为伊什塔尔是一位报复心很强的女神，而吉尔伽美什没有理会她的性挑逗。众神决定表达对二人行为的不满，作为报复，他们判处恩基杜死刑。

而事情从这时候开始变得有趣。随着他最好朋友的死亡，吉尔伽美什首次意识到自己的必死性。尽管他三分之二是神，但他仍然不得不屈服于死神。对此他无能为力。或许他还能做点什么：吉尔伽美什被告知，可能有一个人设法逃离了死亡。这只是传闻，但足以使吉尔伽美什踏上一条漫长、孤独且危险的旅程，穿越世界，以求找到永生的秘密。你能

导　论 / 吉尔伽美什 VS 龙暴君

看出这里的模式吗？从我们书面历史的开端，我们就能找到关于人类试图战胜死亡的叙事。显然，这并不是一个幼稚的、孩子气的梦想，而是我们文化 DNA 的精髓部分。不过，让我们继续我们的故事吧。

吉尔伽美什面临很多危险，且经历了许多引人入胜的冒险——他遇到了蝎子人，这首史诗的巴比伦版本中的怪物；他穿过了太阳于夜间在地球下方通过的隧道，根据苏美尔人的说法，地球是平的；诸如此类。最后，吉尔伽美什终于遇见了第一个也是唯一一个不死之人。他叫什么名字呢？乌特纳皮希姆（Utnapishtim），相当于苏美尔的诺亚，一个在众神派来惩罚人类的大洪水中幸存下来的人。乌特纳皮希姆向吉尔伽美什透露了他的秘密：众神为他们对人类施加的过于严厉的惩罚感到懊悔，决定一起让苏美尔—巴比伦的诺亚获得永生，以此作为一种补偿。这对吉尔伽美什远非好消息：事实上，这是最关键的问题；需要一个新的众神大会——从而又是一场新的大洪水——赋予吉尔伽美什不死之身。乌特纳皮希姆给了吉尔伽美什一种神奇的植物作为安慰奖，这种植物可以使他在有限的生命中永葆青春。但是我们的主人公运气不佳：当吉尔伽美什从一条河中饮水时，一条蛇偷走了这种神奇的植物，于是吉尔伽美什能做的只剩下悲伤返家。[1]

傲慢，任何人？

为了服务于我们的目的，其他神话和传奇人物也值得一提。其中之一是希腊神话中的一个人物，也是许多超人类主义者所钟爱的角色，

1　S. Mitchell, *Gilgamesh: A New English Version*, New York: Aria Books, 2006.

泰坦普罗米修斯（the Titan Prometheus），一个真正的文化英雄，不同事物被归功于他——根据神话的不同来源。因此，普罗米修斯要么是人类的创造者，要么是从众神那里盗取火种并将其捐赠给人类的人，要么是那个——违背众神的意愿——把他们拥有的所有技艺和知识传授给人类的人。

无论如何，在西方传统中，他象征着人类对知识、进步和文明的追求，也象征着超越自然法则的限制的风险，为傲慢以及连带的意想不到的、往往不良的后果付出代价。在浪漫主义时代，普罗米修斯成为孤独天才形象的化身，他试图创造伟大的事物并改善人类状况的努力将会不可避免地以悲剧告终。经典历史——由赫西俄德（Hesiod）首次讲述——描写了他被众神之王宙斯惩罚，被束缚在一块岩石上，每天被一只鹰啄食肝脏，在夜里又会让肝脏重新生长，预备第二天再次被吃掉，永无止尽。普罗米修斯的神话首次出现在公元前8世纪，诗人赫西俄德在《神谱》（*Theogony*）中讲述了他的故事。在这个作品中，它有一个美好的结局：几年惩罚过后，另一个标志性的希腊英雄赫拉克勒斯（Heracles）杀死了宙斯的鹰，解救了普罗米修斯。

赫西俄德的史诗只是献给普罗米修斯的众多诗歌和艺术作品中的一个，我们至少要提及公元前5世纪的悲剧《被束缚的普罗米修斯》（*Prometheus Bound*），在这部作品中，埃斯库罗斯（Aeschylus）扩大了这位泰坦神违抗宙斯而犯下的罪过的范围。除了从众神那里盗取火种，普罗米修斯还被指控教授人类诸如医学、农业、数学等技艺。因此，玛丽·雪莱（Mary Shelley）在1818年为她的小说《弗兰肯斯坦》（*Frankenstein*）选取了副标题《现代的普罗米修斯》（*The Modern Prometheus*），这并非巧合。

导　论　/　吉尔伽美什 VS 龙暴君

出于多种原因，《弗兰肯斯坦》对于我们格外重要。与那个时代的其他小说不一样，玛丽·雪莱（1797—1851）讲述的这个故事——一位年轻且雄心勃勃的科学家维克多·弗兰肯斯坦（Victor Frankenstein）决定操纵生命本身，并创造出一个可怕且聪明的怪物，这个怪物最终反抗了他的创造者和所有人类——不是建立在魔法或者其他超自然手段的基础上的。是人类科学决定挑战自然法则，以便使得一个人——即便是"合成人"——起死回生。的确，这部小说的想法萌生于玛丽·雪莱在弗兰肯斯坦城堡附近的一次旅行之后，几个世纪之前，某个隐居的炼金术士曾经在那里尝试他自己的实验。而且的确，雪莱在与波利多里（Polidori）、拜伦（Byron）以及她未来的丈夫珀西·雪莱（Percy Shelley）等作者进行比赛，看谁能写出最好的恐怖故事的过程中构思了她的怪物。但是，她试图赋予作品的科学背景使它有资格成为第一部现代科幻小说——根据科幻作家布莱恩·奥尔迪斯（Brian Aldiss）和其他人的说法。

此外，根据英国兰卡斯特大学（Lancaster University）浪漫主义研究方向主任沙朗·拉什顿（Sharon Rushton）在其论文《玛丽·雪莱〈弗兰肯斯坦〉中生与死的科学》（"The Science of Life and Death in Mary Shelley's *Frankenstein*"）[2]中所示，玛丽·雪莱用电使死尸复活的想法对于她的同时代人来说看起来并不会那么夸张。在论文中，拉什顿调查了雪莱小说的科学背景，并向我们展示了那个时代的一个主要困扰，即难以清楚地区分生与死的状态，以及与之相关的对被活埋的恐惧。为了研究这一现象，1774 年，伦敦的两位医生托马斯·科根（Thomas

---

[2] https://www.bl.uk/romantics-and-victorians/articles/the-science-of-life-and-death-in-mary-shelleys-frankenstein.

Cogan）和威廉·霍斯（William Hawes）创建了皇家人道协会（Royal Humane Society），其最初的名称是挽救溺水假死者协会（Society for the Recovery of Persons Apparently Drowned）。这个协会每年都会组织一场经由两位医生的复苏方法拯救和复苏的人的游行，其中就包括玛丽·雪莱的母亲。皇家人道协会的成功传播了这样一种观念，即区分生与死是不可能的，而且每个人都有被活埋的风险，腐烂的尸体除外——这一事实甚至激发了"保命棺材"的市场，这种棺材配齐了可以从内部轻易开棺的设备和呼吸孔。

狄德罗（Diderot）和达朗贝尔（d'Alember）的《百科全书》区分了"绝对死亡"（以腐烂状态为特征）和"不完全死亡"（类似于昏迷、休眠、睡眠和晕厥的状态）。当然，在同一时期，有人甚至试图复活真正死亡了的动物和人。18世纪下半叶，意大利科学家路易吉·伽尔瓦尼（Luigi Galvani）设法用电使死青蛙的腿抽搐——这种现象后来被称为"伽尔瓦尼现象"（galvanism）。[3] 就像在恐怖小说中发生的那样——而且在某些方面，也发生于雪莱小说本身——伽尔瓦尼的侄子乔瓦尼·阿尔迪尼（Giovanni Aldini）试图复活一具人类的尸体，更具体地说，这具尸体属于一个被绞死的犯人——这是1752年的《谋杀法案》（"Murder Act"）所允许的程序，该法案规定可以解剖谋杀犯的尸体用于研究。而且，听上去有些令人难以置信的是，阿尔迪尼显然成功了一部分——因为他使用的尸体扭曲了脸，睁开了一只眼，举起了一只手，还移动了腿。[4] 在那些年里，生命自

---

[3] L. Galvani, *De viribus electricitatis in motu musculari commentarius*, 1792. https://archive.org/details/AloysiiGalvaniD00Galv.

[4] G. Aldini, *An Account of the Late Improvements in Galvanism*, 1803. http://public-domainreview.org/collections/an-account-of-the-late-improvements-in-galvanism-1803/.

导 论 / 吉尔伽美什 VS 龙暴君

身的本质是有争议的，皇家外科医师学会（Royal College of Surgeons）的一名会员约翰·阿伯内西（John Abernethy）辩称"生命"是一种独立的物质实体，基本上是一种"额外添加"至有机体的活力要素——这种观点与所有通过电力使尸体复活的幻想是一致的。

当我们谈论充满傲慢的人物时，我们真的可以避免提及浮士德吗？当然不行。他是一个流行的德国传说中的主人公，显然基于一位半历史人物约翰·乔治·浮士德（John Georg Faust）——此人大约出生于1480年，死于1540年左右，尽管一些历史学家认为这个角色事实上代表着两个不同历史人物的融合。无论如何，根据经典传说，浮士德是个江湖骗子——一位占星家、魔术师、炼金术士和降灵法师。他对自己的生活非常不满意，以至于将自己的灵魂出卖给魔鬼以换取超人的知识，当然还有相当多的肉体享乐。他的故事启发了多种艺术品、民谣、小说、电影等等。更妙的是，他的名字变成了一个形容词"浮士德式的"，用来表示任何为获取通常属于人类禁区的权力和知识而放弃道德原则的人。除了道德方面（超人类主义者热衷于谈论伦理），这一事实看上去非常超人类主义。然而，有一个副作用是，浮士德式的角色最后通常失去了他们的灵魂——当然，这是包括在合同中的——并永远在地狱中燃烧。不管怎样，值得一提的根据浮士德传说改编的作品当然包括：克里斯托弗·马洛（Christopher Marlow）的《浮士德博士的悲剧历史》（The Tragical History of Doctor Faustus），一出可能在1587年出版的戏剧；约翰·沃尔夫冈·冯·歌德（Johann Wolfgang von Goethe）的《浮士德》（Faust），这出戏剧分成两个部分，于1808—1832年间出版；以及托马斯·曼（Thomas Mann）的《浮士德博士》（Doctor Faustus），一部出版于1947年的小说。曼的小说代表着对这个古老传说的重构和对它的现代改编。小说讲述了

9

一位虚构的音乐家阿德里安·勒沃库恩（Adrian Leverkühn）的故事，他把自己的灵魂和理智出卖给了魔鬼，以换取24年的超人类的创造力。对地狱中会有什么等待着每一个浮士德式的超人类主义者的描绘——或者实际上是缺乏描绘——特别有效：

> 地狱的隐秘愉悦和安全无虞在于它不能被告发，它隐藏在语言之外，它只是存在而已，但不能出现在报纸上，不能被公开，不能通过言辞引起批评的关注——这就是为什么"地下的""地窖""厚墙""无声""销声匿迹""无可救药"这些词只是弱小的象征。……这就是初来乍到者最初的体验，也是他起初用他所谓健康的感官无法去把握的东西、不愿去理解的东西，因为理性或者理解的任何局限都阻止他这样做；简而言之，因为它是令人难以置信的，实在太难以置信了，以至于它把一个人变得面如死灰、难以置信，尽管在抵达时的问候中，就开门见山且斩钉截铁地揭示了"一切皆止于此"，所有的怜悯，所有的恩典，所有的宽容，对苦苦哀求的、难以相信的抗议："你不能，你真的不能这样对待一个灵魂"的任何最后一丝考虑——然而这件事就是完成了，就是发生了，而且没有只言片语来解释缘由，在那隔音的地窖里，在上帝无法听见的深处，永久如此。[5]

当然，这并不会阻止超人类主义者。基本原因如下：超人类主义者不属于笃信宗教的类型（至少大多数情况下如此），而且对于他们来说，

5　Th. Mann, *Doctor Faustus*, New York: Vintage Books, 1999, pp. 260–261.

傲慢的想法没什么好羞耻的。相反，漂浮在虚无主义的大海上，超人类主义者在傲慢中看到了唯一的拯救的希望，人类拥有的避免纯粹虚无的唯一机会：比起想象中的地狱，纯粹的虚无让人害怕得多。

龙暴君的寓言

我在这里想要强调的是对传统的傲慢叙事的完全颠覆，这种颠覆是如此激进，以至于在超人类主义的思维模式中，像吉尔伽美什、普罗米修斯、维克多·弗兰肯斯坦、浮士德这些人物无疑会被视为正面的形象。那么，让我们按下前进按钮，看看一个当代故事，其作者是最杰出的超人类主义思想家之一尼克·博斯特罗姆（稍后会更详细介绍他）：《龙暴君的寓言》("The Fable of the Dragon-Tyrant")。[6] "很久很久以前——故事开始了——这个星球被一条巨龙残暴地统治着。这条龙比最大的主教座堂还要高，周身覆盖着又厚又黑的鳞片。它的红色眼睛闪烁着仇恨的光，从它可怕的下颚源源不断地流出带着恶臭的黄绿色黏液。它向人类索要令人毛骨悚然的贡品：为了满足它巨大的胃口，每天晚上天黑时分必须要把一万名男女送到龙暴君居住的山脚下。有时候龙会在这些不幸的灵魂一到达时就把他们吞噬；有时候会把他们锁在山上，让他们经年累月逐渐衰亡，直到最终被吃掉。"

如果你问我，我会说这是一个相当可怕的故事。在博斯特罗姆描绘的这个想象的世界中，成千上万的人每天都在死去，这正是我们的世界

6　N. Bostrom, "The Fable of the Dragon-Tyrant", *Journal of Medical Ethics* 2005, Vol. 31, No. 5, pp.273-277. https://nickbostrom.com/fable/dragon.html.

中所发生的。事实上，你或许已经想到了，龙暴君不是别的，正是衰老过程的化身——当然，还有死亡。故事的其余部分一步一步地表现了人类的实际斗争——存在主义的、宗教的、心理的以及技术的——以求对抗死亡，应对它，接受它，以及最终打败它——至少如果你是一个超人类主义者的话。当然，就像每一个名副其实的童话故事一样（不像经典的道德寓言），这则寓言有一个美满的结局，这正是超人类主义者所期待的：一个永不终结的"从此以后快乐地生活"。事实上，经过沉思、反省、召开会议等，国王和他的人民想出了战胜死亡这个可怕怪物的方法——经过多次尝试，他们造出了一种超级武器，并杀死了龙暴君。

我们可以从这则超人类主义寓言中提炼出的寓意非常直接：衰老和死亡是坏的。就这样。在人类历史的大部分时间里，我们对此无能为力，除了接受它并使其合理化。但是现在事情正在起变化，技术即将使得击败龙暴君成为可能，或者至少是可以想象的。而这只能通过集体行动来实现，如果我们摆脱受宗教约束的"傲慢"心态，并决定我们没有什么可失去的，除了不再相信我们会在或许根本不存在的来世由于"傲慢"而承担惩罚。更糟糕的是，像这些人类的主要宗教讲述的故事并非无害：它们以接受为基础的心态实际上意味着开发出能够杀死龙暴君的武器的一个实打实的障碍。在这则寓言的结尾，国王沉思并谈论着重新组织这个社会的必要性。

负熵 vs 热死亡

当然，击败个体死亡不是也不能是超人类主义者的唯一目标。毕竟，如果你计划存活至少几十亿年，最终你将不得不面对太阳死亡的问题，以及之后宇宙的热死亡——目前看来这是最有可能发生的情形。这将我们引向另外一个寓言，承蒙著名的后现代哲学家让-弗朗索瓦·利奥塔（Jean-François Lyotard）提供。内容预警：利奥塔在他最有名的著作《后现代状况：关于知识的报告》(*La Condition Postmoderne: Rapport sur le Savoir*)中，把"后现代"的概念定义为"对元叙事的怀疑"。[7] 元叙事是关于整体世界的大规模愿景、科学理论和哲学体系。例如，认为科学将能够回答每一个问题并无所不知，相信绝对自由的可能性，设想不可阻挡的进步，诸如此类。因此，利奥塔似乎剥夺了超人类主义梦想的资格，仅将其视为"元叙事"——在这种情况下，让我强调一下"剥夺资格"(disqualify)和"证明为误"(debunk)之间的天壤之别。

利奥塔在他的一些著作中勾勒了一个"后现代寓言"，认为它构成了当代人类科学技术事业的真正架构，这是我们后现代人（或许会无意识地）喜欢讲给自己的一个隐晦的故事。让我们把它称为"负熵的寓言"吧。那么，让我们想象一个非常遥远的未来。利奥塔说，在这个未来里，我们的太阳在抵达生命周期的尽头之际，将变成一颗新星，并摧毁它周围的一切，包括我们心爱的家园地球。撇开利奥塔的科学错误（严格说来，太阳不会变成一颗新星，而是会变成一个红色巨星，它在此过程中吞噬许多行星，然后变成一个小型的、超高密度的白矮星），这个观念是非常明确的：无论如何，生命都会在我们的系统中终结。它会死去；这才是重要的。我们还会在吗？我，或者我们的后人类后代（post-human descendants）？如果是这样，我们要如何摆脱这种

---

[7] J.-F. Lyotard, *La Condition Postmoderne: Rapport sur le Savoir*, Paris: Les Editions de Minuit, 1979, p. 7.

局面呢？不管怎样，据利奥塔说：

> 地球末日的叙事本身并不是虚构的，实际上它更为现实。……某些东西应该逃脱系统的大火和它的灰烬。……这则寓言在犹豫如何命名应该存活之物：是人类和他/她的大脑，还是大脑和它的人类？最后，我们应如何理解"应该逃脱"？它是一种需要、一种义务还是一种可能发生的情况？……还有很多工作要做，人类必须做出很大的改变才能到达那里。寓言说他们可以到达那里（可能发生），他们渴望去做（需要），这样做符合他们的利益（义务）。但是，寓言不能说到时候人类会变成什么样子。[8]

似乎我们所知道的世界末日，加上人类心智本身在遥远的未来的可能终结，将构成一个巨大的哲学问题：

> 不可能为任何事物设想一个纯粹而简单的终结，因为终结是一种界限，要设想它，你必须在那个界限的两边。因此，任何完成或者有限的事物如果要被认为已经完成，就必须在我们的思想中长存下去。但在太阳死亡之后，将不会有思想知道它的死亡已经发生。在我看来，这是当今人类所面临的唯一严肃的问题。……45亿年之后，你们的现象学和乌托邦政治将会消亡，而且将不会有人在那里敲响或者听到丧钟。到那时将来不及知晓，你们充满激情的、无休止的质疑其实始终依赖着一种"心智生活"，

---

[8] J.-F. Lyotard, *Postmodern Fables*, Minneapolis: University of Minnesota Press, 1997, p. 84.

而这种生活只不过是尘世生活的一种隐蔽形式。一种生活形式之所以是精神的，是因为它是人性的，而它之所以是人性的，是因为它是尘世的——来自最具生命力的生物之土地。……随着地球的消失，思想将停止——令这种消失完全未经思考。[9]

太阳、我们的地球以及你们的思想将不过是一种能量的痉挛状态，一个既定秩序的瞬间，宇宙偏远角落的物质表面之微笑。你们这些不信的人，实际上是信徒：你们过于信奉那个微笑，物与思的共谋，万物的目的性！曾经我们被认为能够与大自然交谈。物质不提问，不期待我们回答。它忽视我们。它以造就所有身体的方式造就了我们——凭借几率以及依据它的法则。要不然，你们试着预测灾难，并用属于那个类别的方法来抵御它——那些方法是能量转换法则的方法。你们决定接受太阳秩序和你们自己的思想秩序极有可能被彻底毁灭的挑战。[10]

根据利奥塔的观点，人类的思想是以类比的方式运作的，而不只是逻辑的，而且这种思维方式依赖于身体及其与被感知为无穷无尽的现实之间的关联。更有甚者，人类思维与另外两种人类的"天赋"难解难分：感受痛苦的能力——我们可以说，没有痛苦就没有收获，即使在思维以及最重要的哲学思考的领域——和渴望的能力。我们的后代是否能够建造具有意识的机器，是否能够逻辑地和类比地思考，并能够感受痛苦和渴望？

---

[9] J.-F. Lyotard, "Can Thought Go on without a Body?", in J.-F. Lyotard, *The Inhuman. Reflections on Time*, Redwood City: Stanford University Press, 1991, p. 9.

[10] Ibid., pp. 10-11.

这就是复杂性的问题必须再次被提起之处。我承认物理学理论所认为的，在地球表面，技术科学发展是自地球开始存在就一直在进行的负熵或者复杂化过程的当前形式。我承认，人类并不是也从未是这种复杂化的发动机，而是这种负熵的效果和载体，是它的延续者。我承认，这里的一切所共谋创造的非具身智能将有可能应对由熵浪潮引发的复杂化过程的挑战，从那个角度来看，熵浪潮等同于即将到来的太阳爆发。我同意，随着这种智能的宇宙流放，一个高复杂性的地点——负熵的中心——将逃脱其最有可能的结果，即由卡诺的热力学第二定律（Carnot's second law）赋予任何孤立系统的命运——正是因为这种智能将不会任由自己被孤立在其日地状态（terrestrial-solar condition）中。在同意所有这些的同时，我承认推动这种技术科学的并非人类对了解或改变现实的渴望，而是一种宇宙环境。但是要注意，这种智能的复杂性超过了最复杂的逻辑系统，因为它完全是另外一种类型的事物。作为一个物质的集合体，人体阻碍了智能的可分离性，阻碍了它的流放，因此也阻碍了它的存活。然而与此同时，身体，我们现象学的、终有一死的、能感知的身体是思考某种复杂思想的唯一可用类比物。[11]

总而言之，在自然界，熵——即无序——趋向于自然增加，但是在世界的有些"片段"中，会发生恰恰相反的情况，即秩序或者负熵增加。例如，进化过程在某种程度上代表着一种"负熵波"（negentropic wave），它创造了不断增长的秩序和复杂性。据我们所知，熵与负熵之

11　J.-F. Lyotard, "Can Thought Go on without a Body?", p. 22.

间的终极战斗将由前者获胜,尽管科幻小说——利奥塔可能不是很喜欢——为我们提供了一些可能的、确实富有想象力的解决方案。

熵无疑是一个严肃的问题,如果你计划在世间逗留数十亿年的话——在此期间或许会用哲学或者艺术来消磨时间。而且,作为非常积极主动的人,超人类主义者可能不会同意将人类物种仅仅视为这个"负熵中心"的一个阶段或者一个效果的被动诠释。很有可能,他们希望他们的后人类后代"掌管"这个过程,成为这个负熵波的有意识和有意愿的化身,来对抗普世的熵,而不仅仅是"随波逐流"(也就是说,想办法在熵的"海洋"中建立负熵的"小区域"或者"岛屿"),而是确立其方向和最终目的地。有一件事是肯定的:超人类主义不只事关幸免于生物死亡或者普世熵,这是一种回应性的态度;事实上,在其最具智识勇气的成员中,超人类主义运动有与宗教接壤甚至蔓延至其中的计划和项目。

换句话说,超人类主义运动完全坦然无愧地体现了一种最人性化的激情:排除万难,对生命和知识的炽烈渴望,当然还有相关的傲慢,而这种傲慢——感谢我们所处的哲学虚无主义时代——已经不再是应该受到惩罚而是应该受到嘉奖的东西了。

剧透警告

尽管超人类主义正在迅速走向主流,但这一运动仍然有许多批评者,他们要么将其视为危险,要么更为常见的是,将其视为愚蠢。所以,如果一个人想找到超人类主义理念的批评者,会有很多,只需从广泛的选择中挑选即可。不过,我的路径是不一样的。我不认为自己完全是一个超人类主义者:因为首先,我不喜欢任何种类的标签;其次,我认为有不少超人类主义的观念是有问题的——不是从道德的视角，而是从形而上学的视角去看。但是没错，我对超人类主义者是有些同情的。尽管存在巨大的差异，我确实喜欢超人类主义者，因为他们是一个非常有趣的人群，也因为在这个后意识形态的时代——我的意思是，你不会把现有的政治意识形态太当回事，对吧？——他们找到了重新梦想的能力。而且梦想远大，我必须说。对此我将在接下来的章节中进行解释。

那么，在这本书中我将涵盖以下主题。第一章将包括我有所保留地称之为超人类主义的"先驱"的内容，而第二章将讨论超人类主义运动本身，其主要观点、主要代表人物、组织等等。我将在第三章讨论超人类主义的一个特定主题，即尝试尽可能长寿，也许是到永远。第四章关于超人类主义的"B 计划"，即人体冷冻保存技术（cryonics）——这是一个好主意，如果你的计划 A 即永生失败的话。第五章将分析超人类主义的另一根"支柱"纳米技术。而第六章将涵盖个体、企业和组织尝试通过技术增强人体的实际研究。第七章将带我们进入人脑，以及它与机器交互的可能性，还有采用不同技术修改它并从根本上改变人类的生物体验——心智上传也将被考虑。在第八章，我们将讨论"天堂工程"（Paradise Engineering）概念。第九章将全面讨论最受喜爱的超人类主义概念之一，"奇点"（singularity）及其影响。第十章将审视超人类主义与宗教之间颇具争议的关系，以及超人类主义对上升到类似于神的状态的渴望。我们不知道吉尔伽美什是否有可能像他打败胡姆巴巴——又名"恐怖的胡姆巴巴"——那样打败龙暴君，但有一点是确定的：一场激动人心的旅程正在等待着我们。

第一章

通往天空的阶梯

1.1 爬坡，寻找目标

克服我们短暂生命的限制一直是人类最深刻、最发自肺腑的渴望之一，无论这听起来显得多么傲慢。顺便说一下，查看动词"desire"［渴望］的原初拉丁词根，由"de"和"sidus"组成，"de"表示"缺乏某物"，而"sidus"则是"星星"。渴望的字面意思是"缺失星星"，感到需要它们。像其他许多人一样，超人类主义者想要满足这种"人性的、太人性的"渴望，伸手摘星，而且是在字面意义上。抵达星辰，居于其间，变得像神一样，当然还有长生不老，永远无须邂逅死神。

在超人类主义运动的先驱中，我们可以提到形形色色的人，如中世纪欧洲的炼金术士，他们痴迷于对点金石和与之相关的长生不老药的研究，据他们说，这些东西能够予人永恒的青春；还有中国的道家，以及他们所有的冥想、医药和健身练习；甚至还有古埃及人，他们推动对法老的身体进行木乃伊化处理，姑且算是当代低温保存术的先驱。

我们可以持续数小时地讲下去，但是这样将迷失在历史的曲巷中。作为替代方案，我决定从哲学史中选择一些时刻，这些时刻在超

超人类主义

人类主义者眼中对他们自身的文化运动是"基础性的"。那么,超人类主义者如何看待他们自己的家谱呢?如果我们询问牛津大学的学者尼克·博斯特罗姆,当代最负盛名的超人类主义思想家之一,他会告诉我们,其起点可以在皮科·德拉·米兰多拉(Pico della Mirandola)1486年的演讲稿《论人的尊严》(*Oration on the Dignity of Man*)中找到,作者在演讲中声明人"既不是天上也不是地上的造物,既非必朽的也非永生的",作为自身存在的自由而自豪的塑造者,人应当"再次上升至拥有神圣生命的更高阶"。[1,2]

在超人类主义的万神殿中,博斯特罗姆还把弗兰西斯·培根(Francis Bacon)列入其中,这是因为在他的《新工具》(*Novum Organum*)中,这位英国哲学家不仅提出了基于经验数据的科学方法,还提出科学应该被用于征服自然,改善人类的生活,其最终目标是"使一切皆为可能"。文艺复兴的理念、科学和理性主义将构成超人类主义精神的基本要素。

在这一运动的精神祖先中,我们还可以找到孔多塞侯爵(Marquis of Condorcet),他曾经思索通过改进人类种族来延长生命的可能性,

---

[1] 从语言学的角度来看,但丁是第一个使用类似于"Transhumanism"术语的人。在《神曲·天堂篇》中,他使用了动词"transumanar",即"超越人类状况"。在抵达天堂后,这位"意大利语之父"遇到了贝雅特丽齐(Beatrice),当他凝视着她的眼睛,他被"超人类化"(transhumanized),也就是说,他被净化并超越了人类的局限性。在20世纪,我们在托马斯·斯特恩斯·艾略特(Thomas Stearns Eliot)1949年的剧作《鸡尾酒会》(*The Cocktail Party*)中找到了一个类似的术语,作者谈到了人类努力追求启示,在此过程中人被"超人类化"。

[2] 参见 N. Bostrom, "A History of Transhumanist Thought", in *Journal of Evolution and Technology* 2005, Vol. 14, No. 1。http://www.nickbostrom.com/papers/history.pdf.

尽管只是期限不定的，而不是无限的延长；还有本杰明·富兰克林（Benjamin Franklin），他梦想过和一些朋友被保存在一桶马德拉酒中，以便看到他所建立的国家的未来。

最后但依然重要的是，让我们来提一提法国哲学家丹尼斯·狄德罗（1713—1784），根据超人类主义者乔治·德沃斯基（George Dvorsky）的说法，狄德罗认为"人类或许最终能够将自己重新设计成各种类型，其未来和最终的有机结构是难以预测的"[3]。

1.2 尼采之结

当我们谈论像超人类主义这样由多个部分组成的文化、知识和政治运动时，很难确立其起点，或者确定一个日期或人物作为"之前"和"之后"的分界线。这主要是因为——这是科学史领域中的一个经典问题——我们最终会把分享了我们正在分析的理念但是出现在选定的日期之前的人归类为"先驱"，这个类别是建立在追溯性视角上的——也就是说，会由于"今人"的有利地位而有失偏颇。

可悲的是，我们不能逃避这个任务：为了我们的目的，我们需要追寻一个人物或者角色，充当超人类主义运动的"原点"或者"父亲"。

而这一操作变得愈发困难的原因在于，超人类主义者并没有死去和被遗忘，相反，他们活得好好的，努力工作以便将他们的理论小心翼翼地支撑起来——在这样做的过程中，他们试图收罗尽可能多的

---

[3] G. Dvorsky, "Revisiting the Proto-transhumanists: Diderot and Condorcet",.https://ieet.org/index.php/IEET2/more/dvorsky20101111.

"主流"思想家,以获得不可或缺的学术认可。因此,与其挑选一个人物,不如沉浸于我个人最喜欢的爱好之一,在本章创建一个可以被视为超人类主义"先驱"的人物和运动清单。我将称它们为"通往天空的阶梯",因为它们都代表着将我们从必朽的境况中高举起来,触摸星辰的尝试——循此苦旅,以达星辰(*per aspera ad astra*),正如古罗马人过去常说的那样。无论如何,首先,我们必须解决超人类主义者这种典型的追溯性做事方式所产生的问题,即经常被引用但很少被理解的弗里德里希·威廉·尼采(Friedrich Wilhelm Nietzsche)及其"超人"(overman)概念是否与超人类主义有关?

德国哲学家于尔根·哈贝马斯(Jürgen Habermas)曾经将超人类主义者定义为一群古怪的知识分子,这些人拒绝接受他们自认为的平等幻觉,致力于让生物技术服务于源自尼采的超人主义幻想。[4] 果真如此吗?而且,最重要的是:超人类主义和尼采的思想之间是否存在任何关联?

出生于1844年的尼采是一位太有名的哲学家,以至于无须没完没了地详述他的思想;因此,我将只是为您提供一些线索。尼采具有语言学的背景,他被大多数哲学流派——当然至少是被"欧陆"学派,如今指的是法国——视为"划时代的"思想家,是自柏拉图以来的从前的哲学传统的"断裂点"。尼采在《快乐的科学》(*Gay Science*)中合成的(synthetic)且不容辩驳的陈述"上帝死了",构成了对西方所处状况的首次诊断,即虚无主义,它由"一切更高价值贬低自身"的历史—形而

---

4 J. Habermas, *Die Zukunft der menschlichen Natur. Auf dem Weg zu einer liberalen Eugenik?*, Frankfurt: Suhrkamp, 2001, p. 43.

上学（historical-metaphysical）过程组成。

换句话说，稳固的宗教，尤其是基督教，衰落了，随之衰落的是对惩恶扬善的来世之存在的信仰。不仅如此：甚至连上帝的观念，以及更一般地说，保证我们的知识的有效性的更高的形而上学现实的观念也在衰落。事实上，上帝之死不仅仅是对上帝和来世之不存在的认证。它是意识到知识并没有客观参数（也就是说，没有真理，一切都是诠释），没有什么道德原则或者指南能够给我们的生活赋予意义，并使我们能够面对等待着每个人的虚无。

尼采广为人知且颇具争议的永恒回归（Eternal Recurrence）和超人学说与所有这些形成鲜明的对比。人是必须被超越的东西，而超人则是一种新的人类类型，能够体现出贵族精神，看穿虚无主义的浅薄，且接受甚至欣然迎接生命的本来面貌，包括它的美丽和丑陋，以至于他希望永远重复生命。当然，这是一个简化了的版本；在尼采的思想中有许多有争议的观点和未完善的部分，部分原因是他的写作方式是格言式的、无组织体系的。例如，尼采的永恒回归到底是什么意思并不清楚——它是一种"讽刺"的手段，旨在寻找一种新的后虚无主义的价值体系，还是思想家真的相信时间本质上是循环的呢？不过，最有争议的概念当然是"超人"概念，因为人们怀疑它支持种族主义和优生学的解读（纳粹对它的使用本身就足以助长这种怀疑），超过了那个更经典的/类存在主义的解读：超人作为一个能够直面虚无、接受它并将自己自由创造的价值融入其中的人。

那么，尼采是否应该被视为超人类主义的鼻祖呢？后者认为，人类应该控制自己的生物进化，通过技术自由设计它，以达到后人类阶段。德国学者斯特凡·洛伦兹·索格纳认为应该这么做。作为尼采思想的专家，这位任教于罗马约翰·卡伯特大学（John Cabot University）的哲学家于 2009 年在超人类主义线上刊物《进化与技术杂志》(Journal of Evolution and Technology)上引发了争论。在他的论文《尼采、超人和超人类主义》("Nietzsche, the Overhuman, and Transhumanism")中[5]，索格纳支持这种关联，强调超人类主义的"基因增强"概念与尼采的"教育"概念之间的类似。基本上，博斯特罗姆将尼采从超人类主义的先辈名单中排除，而索格纳则试图识别二者之间的相似之处。根据索格纳的观点，二者都倡导对生命和伦理的动态展望，而尼采的"权力意志"（Will to Power）概念恰好适用于超人类主义的目标。更具体地说，尼采所珍视的自我改进的冲动和"权力正在增长的感觉"将体现超人类主义者所渴望的人类才能的"技术性增强"。索格纳试图在教育过程（尼采认为这是创造超人的主要工具）与超人类主义者追求的几种基因增强类型之间建立起对应，尼采当时不可能知道后者，但他可能会喜欢，至少会认为这是一种可以接受的教育手段。

与此形成鲜明对比的是，博斯特罗姆将超人类主义与属于英美哲学传统的功利主义和实用主义思想相联系。博斯特罗姆最担心的是强调超人类主义的民主性质，并将其与任何跟 20 世纪的悲剧相关的思想传统拉开距离——尼采和优生学是首要的。对于博斯特罗姆来说，重点是促进对优生学的自由主义诠释，也就是说，将超人类主义视为每个个体都能够从中选择或者拒绝选择的一系列提议。

对于索格纳来说，一方面从伦理的视角来看，超人类主义并没有

---

[5] S. L. Sorgner, "Nietzsche, the Overhuman, and Transhumanism", *Journal of Evolution and Technology* 2009, Vol. 20, No. 1, pp. 29–42. http://jetpress.org/v20/sorgner.htm.

很好地发展起来，而尼采或许能为超人类主义者提供一个反思和更好的自我认识的机会。另一方面，超人类主义者可能有助于使超人的形象具体化，索格纳在此并不是指隐喻或者讽刺层面的超人，而是指实际增强的人类。

超人类主义哲学家马克斯·莫尔（Max More）为索格纳声援；根据他的观点，尼采主义和超人类主义之间并不仅仅只有平行：前者直接影响了后者。证据是什么？就是莫尔本人对尼采的阅读直接启发了他的思考。[6] 对莫尔来说，尼采的思想包含了不同的相互冲突的概念，其中一些概念，比如"永恒回归"，与超人类主义不兼容。然而其他概念则是兼容的，像"超人""权力意志"这些兼容的概念就启发了莫尔。

莫尔告诉我们，研究尼采的思想促使他在1990年撰写了论文《超人类主义：走向未来主义哲学》（"Transhumanism: Towards a Futurist Philosophy"），并阐述了他的"负熵原理"（Extropic Principles），对此我们将在后面再次提及。所以，或许并不是每一个超人类主义者都受到了尼采的启发，但有些人是这样的——至于他们对尼采的诠释是否正确，正如他们所说，则是另一回事。同样地，其他作者，例如博斯特罗姆，借鉴了完全不同的传统，比如启蒙理性主义。[7]

随着众多其他人的介入，关于尼采与超人类主义之间关系的激烈辩论充实了《进化与技术杂志》的版面。比如，威斯康星大学的研究员比尔·希巴德（Bill Hibbard）尝试从物理学角度解读尼采的"永恒回归"

6　M. More, "The Overhuman in the Transhuman", *Journal of Evolution and Technology* 2010, Vol.21, No. 1. http://jetpress.org/more.htm.

7　N. Bostrom, "A History of Transhumanist Thought".

概念，表明如果时间真的有一个循环的结构，如果每一个事件真的注定会重复发生，这将非常强有力地把超人类主义的科学世界观与尼采的思想连接起来。[8]

既然索格纳属于尼采研究群体，那么后者能够避免加入这场辩论吗？当然不能。事实上，2011年尼采研究刊物《竞争者》(The Agonist)发表了一些关于尼采主义和超人类主义关系的分析，由多位尼采学者撰写。

尼采研究者们对索格纳的回应虽然存在差异，但总体来说似乎相对消极。首先是华威大学（University of Warwick）的基思·安塞尔·皮尔逊（Keith Ansell Pearson）[9]，他还在一本书中强调了尼采与超人类主义的分野。[10]还有来自纽约福特汉姆大学（Fordham University）的巴贝特·巴比奇（Babette Babich），她也不同意索格纳的观点；对她来说，尼采式的超人欣然接受了存在的每一个方面，包括最残酷、平庸和悲伤的方面，这与超人类主义重新设计人类生命的野心大相径庭——首当其冲的是，他们最不喜欢的主要的生命特征，即必死性。[11]换句话说，在巴比奇看来，超人类主义的梦想是"人性、太人性的"，他们的愿景不过是对真实世界的一种放弃，而这正是尼采所批判的。普吉特湾大学（University of Puget Sound）的保罗·S.勒布（Paul S. Loeb）表达了对超人类主义的一些同情；对他来说，新的后人类物种的来临需要把尼

---

8 B. Hibbard, "Nietzsche's Overhuman is an Ideal Whereas Posthumans Will be Real", *Journal of Evolution and Technology* 2010, Vol. 2, No. 1, pp. 9–12. http://jetpress.org/v21/hibbard.htm.

9 K. A. Pearson, "The Future is Superhuman: Nietzsche's Gift", *The Agonist* 2011, Vol. IV, No. 2.

10 K. A. Pearson, *Viroid Life: Perspectives on Nietzsche and the Transhuman Condition*, New York: Routledge, 1997.

11 B. Babich, "Nietzsche's Post-Human Imperative: On the 'All-too-Human' Dream of Transhumanism", *The Agonist* 2011, Vol. IV, No. 2.

采的一些概念，比如"超人"和"永恒回归"，融入超人类主义——因为超人类主义的核心恰恰是渴望以某种方式控制时间，正如尼采式的超人拥抱永恒回归，其目的是意愿（willing）过去。[12] 勒布认为，尼采的"永恒回归"概念需要被非常认真地对待，因为对尼采来说，它描述了世界的本来面目；事实上，它将是超人真正控制时间的唯一可能的方式，因为如果时间真的循环流动，那么我们指向未来的意愿最终会将过去发生的事情纳入其影响范围之内——这样一来，过去的事情不再是必然的、无法避免的或者强加于我们的意愿之上的，而将仅仅只是后者的一个结果。

在辩论的最后，索格纳重申了他的工作目的，即强调尼采主义和超人类主义之间的少数结构性相似。[13] 要点是什么呢？尼采严格说来不是一个超前的（ante litteram）超人类主义者，但是如果你愿意，你可以使他成为一个这样的人；你可以在你的超人类主义沉思与冥想中受到他的启发，你甚至可以把超人类主义和尼采主义融合在一起，从而创造出一个"哲学的赛博格"（philosophical cyborg）。

不过，我们的故事并没有结束。2017 年，剑桥学者出版社汇集了"第一轮"辩论的所有文章，以及使我们的辩论更加热烈的其他投稿，出版了一本论文集：《尼采与超人类主义：先驱还是敌人？》（Nietzsche and Transhumanism: Precursor or Enemy?），由尤努斯·通塞尔（Yunus Tuncel）编辑。

12　P. S. Loeb, "Nietzsche's Transhumanism", The Agonist 2011, Vol. IV, No. 2.
13　S. L. Sorgner, "Zarathustra 2.0 and Beyond. Further Remarks on the Complex Relationship between Nietzsche and Transhumanism", The Agonist 2011, Vol. IV, No. 2.

正如其中一位撰稿者、澳大利亚哲学家拉塞尔·布莱克福德(Russell Blackford)所指出的，超人类主义是一场宽泛的思想运动，没有一套法典化的信仰体系，也没有商定的变革议程；它是一组哲学，基于一些假设（人类正处于过渡状态，渴望变革，且将通过技术手段实现变革，等等）。

超人类主义是一场草根运动，是松散关联的想法的集合体，涉及通过技术手段增强人类能力的可能性、人类寿命的彻底延长、青春和健康，当然还包括自我导向的人类进化的机会和可欲性；也就是说，我们的物种把人类进化掌握在自己手中的机会。相应地，超人类主义与任何愿意接受或者至少不反对这些目标的意识形态、宗教或者哲学是兼容的。这就是为什么我们可以发现超人类主义与自由主义、无政府主义、社会主义、共产主义、无神论、基督教、摩门教等的混合。同样地，我们可以把超人类主义与任何对现实的哲学看法相融合，例如唯物主义还原论、朴素实在论、后人类主义，当然还有尼采的思想——正如褚浩全(Ted Chu)在他 2014 年的著作《人类目标与超人类的潜力》(*Human Purpose and Transhuman Potential*，Origin Press)中所尝试的。

很难概述这本论文集中密集的哲学内容，因此，请允许我提一些读者可以找到并从中获益的有趣建议。

阿什利·伍德沃德(Ashley Woodward)认为，尼采的"教育"概念等同于福柯提到的"自我技术"，比如阅读、写作、冥想、饮食制度、体育锻炼等，他把尼采的"教育"概念与超人类主义者钟爱的技术，即 GRIN 技术（每个字母分别代表基因、机器人、信息技术和纳米技术），进行了对比。伍德沃德暗示，未来人类精神的这两种表达可能会相互作用和交织在一起。

保罗·S. 勒布——我们已经提到过他——给我们提供了一个关于超人/后人类及其与时间关系这一主题的有趣看法。所以，让我们回到他的观点，并加上更多细节。永恒回归远非监狱，它代表着——当将其视为世界的真实特征，而不是一种讽刺的手段时——一种强大的本体论工具，是超人用意志让自己在时间的循环中倒退的方式，是一种能够永恒回归的对过去的记忆控制。因此，超人能够战胜充满我们生活的意外，获得对时间、自主、自我肯定和自我认识的完全掌控。毕竟，如果你能够用意志让自己倒退，把你的过去包括任何小细节变成个人的选择，你就可以绝对了解你自己、你的生活、你与社会和文化背景的关系。这意味着绝对的自我认识和绝对的自主（以及摆脱任何形式的意外、任何类型的外部因果关系）。这对于尼采式的超人来说，是一个相当大的进化飞跃！

在《尼采的超人是一种理想，而后人类将会是真实的》（"Nietzsche's Overhuman Is an Ideal Whereas Posthumans Will Be Real"）一文中[14]，比尔·希巴德分析了尼采的一句名言：

> 在这里人每时每刻都在被超越；"超人"概念成为最伟大的现实——历来人身上任何被视为伟大之处都在他之下，且有无限距离。（尼采，1888 年，第 305 页）

希巴德非常认真地对待这句引文，强调这种"无限距离"的重要

---

[14] 参见 Y. Tuncel (ed.), *Nietzsche and Transhumanism: Precursor or Enemy?*, Cambridge: Cambridge Scholars Publishing, 2017, p. 37。

性。超人是真实的，或者他／她／它（？）将是真实的，希巴德将超人定义为"无须改进，已经对生命感到满意"的个体。超人是一个理想，在或远或近的未来，后人类们将努力实现这个理想。这里存在一个很快被希巴德意识到的假设：人类和不同的后人类将会就改进的意义以及超人的理想达成一致，而事实上，情况可能并非如此。无论如何，我们称之为超人的有感知的存在已经达到了对生命的满足状态，以至于他／她乐于永远重复它。无限程度的满足，就像人的任何被视为伟大之处与超人自身的距离一样无限。因此，希巴德以非常认真且文学化的方式对待尼采的这一陈述，他把"无限"这一要素引入人类对满足的努力争取中。这似乎也是进化的同义词：人和超人之间的距离是无限的，而这种距离被一系列的后人类的存在所填补，我们可以把他们称为系列1、系列2、系列3，等等。希巴德在这里试图把这种无限的后人类改进序列进行数学化处理；关键是要显示，在一个有限的宇宙中，改进是有限的，存在一个可达到的状态，超过这个状态，任何改进实际上都是不可能的。不是理想上，而是实际上。但是，鉴于宇宙就是如此，达到了那个终极状态的后人类会是一个事实上的超人，并对自己的生命感到满意。还有另外一个假设，即有且仅有一个宇宙，没有无限系列的宇宙，或者高阶多元宇宙，或者一连串越来越复杂的宇宙，通向一个终极的、无限复杂的现实——如果真有这样的东西的话。无论如何，如果我们丢弃这个假设，我们就会把"无限"概念重新引入人类对改进的全力以赴的追求中。我们需要应对它。如果必须认真对待"无限距离"的观点，那么我们必须应对这样的想法：要么超人的状态最终无法实现（它和人类之间的距离实在太过遥远）；要么超人是可以实现的，根据一些解读，这是尼采自己所认为的。如果是后者，那么遥远未来的后人类们应该试着想象一种方式，凭借自身力量朝向/进入那个在本体论上摆在我们前面的无限的复杂性。除了某种形式的神秘合一（我甚至不打算勾勒这种合一，因为它超出了本文的写作目的），我想说我不知道怎么才能让人类自力更生进入无限的复杂性。或许后人类们，凭借他们更高超的智慧，会更了解。

然而我们必须提出另一个问题：这是尼采的想法吗？很可能不是。我不是一个尼采学者，但我想这是一个稳妥的猜测。那么我们应该在意吗？不应该：除非你是一个尼采学者——当然，这对我来说是可以接受的。真正重要的是去发展关于我们的未来进化的全新的观念，而尼采与超人类主义之间的对照似乎是一个良好的温床。

如果我们愿意，我们可以在比喻的意义上把超人类主义视为一种通向天空的"阶梯"（基本上是巴别塔 2.0），把这场运动的所有"先驱"视为攀登奥林匹斯山的许多次尝试。根据这种视角，如果我们愿意，尼采可以被视为第一级阶梯。然而，这是一个模棱两可甚至有点摇摇欲坠的阶梯，一个我们可以马上用另一场文化运动将其支撑起来的阶梯。这场运动向超人类主义者开辟了道路：未来主义（Futurism）。

1.3 ……未来主义的阶梯

比较超人类主义和未来主义更为容易；如果你曾经涉猎后者，你至少会大略记得未来主义者对于速度、机器、技术以及能够统治自然的人类聪明才智的热情。这一运动由意大利诗人菲利波·托马索·马里内蒂（Filippo Tommaso Marinetti）发起，它极为反对崇拜过去，以至于它挑衅性地要求关闭博物馆和大学，这场新运动指责它们只是过去的守护者。

未来主义于 1909 年正式启动,其标志是《未来主义宣言》(*Futurist Manifesto*)的发表(一个长系列中的第一篇),马里内蒂在宣言中解释了他的艺术观背后的原则,从对过去的鄙视,到对技术和机器的崇拜,再到寻求一种代表着与迄今所取得的一切决裂的风格。很多画家加入了这一运动——乌贝托·博乔尼(Umberto Boccioni)、卡洛·卡拉(Carlo Carrà)、贾科莫·巴拉(Giacomo Balla)、吉诺·塞韦里尼(Gino Severini)、卢西奥·鲁索洛(Lucio Russolo)。但事实上,未来主义侵入了艺术的各个领域,从建筑到音乐,甚至包括时尚和烹饪。

未来主义者甚至试图进入政治舞台,他们养成了矛盾的立场,被法西斯主义和共产主义交替吸引。因此,未来主义有时候是爱国的、好战的,有时候又贴近工人阶级,深受国际主义情感的鼓舞——这一立场源于其影响甚至远播至俄罗斯。未来主义起初偏向法西斯主义,后来与之保持距离,因为法西斯主义崇拜过去,墨索里尼试图跟教会建立良好关系——这一点被马里内蒂和他的同事所憎恶。

值得注意的是,未来主义与一个强大技术的发展时期一道兴起,这一时期以力量和速度为特征,而超人类主义则建立在一个以更为激进的生物技术的进步为特征的时代,正如我们每天所见,这些技术使我们得以进入生命的控制室。现在的问题是:除了一些表面的类比,超人类主义的意识形态和未来主义运动有没有更深层次的共同点?换句话说,如果说尼采代表着当今世界第一个摇摇欲坠的哲学的"通往天空的阶梯",未来主义是否代表着第二个呢?

问题在于,未来主义一直被视为"只是"一种艺术运动,而不是一种"整体的"和"主动的"世界观。它究竟是不是呢?

根据根据里卡多·坎帕的观点(他是克拉科夫雅盖隆大学[Jagellonian

University of Krakow]的科学社会学教授,也是一位著名的意大利超人类主义者),情况确实如此。在他有趣的著作《未来主义哲学论》(*Trattato di filosofia futurista*)中,坎帕试图定义未来主义背后的哲学,他认为未来主义代表着一种前后一致且完整的超人类主义的前身。[15] 因此,未来主义尤其代表着一种真正的技术哲学,一场不把技术视为"去人性化"的运动,相反应该以一种狂喜的方式欢迎技术——当我提到"狂喜"(ecstasy)概念时,我并没有夸大其词,因为在历史学家中已经有很多关于未来主义的"技术崇高"(technological sublime)的讨论,即技术的力量会在未来主义者的灵魂中激起一种惊奇和恐惧的混合情感,就像自然力量在浪漫主义者的灵魂中所激起的那样。

超人类的(superhuman)和造物的(demiurgical)倾向可以往前追溯至1915年贾科莫·巴拉和福图纳托·德佩罗(Fortunato Depero)的一篇文章的标题:《未来主义宇宙的重建》("Ricostruzione futurista dell'universo");然而,是马里内蒂本人在《未来主义的基础和宣言》("Fondazione e manifesto del futurismo")中表达了对"(自然界)未知力量的强烈攻击,以迫使它们在人类面前屈膝"的期待。[16] 预见到现代广告文化,未来主义者创造了多个有效的口号,从"征服星辰"到"重建宇宙",从"攀爬天际"到"创造具有可互换部件的机械人"。

我们不能否认,未来主义带有很大程度的自命不凡,几近于一种无所不能的幻觉——尽管未来主义者究竟把自己多当回事还不清楚。然而,坎帕提供的诠释性钥匙非常明晰:对他来说,未来主义是一种"生

---

15 R. Campa, *Trattato di filosofia futurista*, Rome: Avanguardia 21 Edizioni, 2012.

16 F. T. Marinetti, "Fondazione e Manifesto del futurismo", in Various authors, *I manifesti del futurismo*, Florence: Edizioni di "Lacerba", 1914.

成"的哲学（a philosophy of Becoming），就像赫拉克利特的哲学一样。类似于所有"生成"的哲学，未来主义也意识到了万物的无常，意识到一切都被时间的流动拖拽和侵蚀；在马里内蒂和他的同事那里，对抗这种不可抗拒的毁灭过程的唯一方式是欢迎它，以任何可能的方式强化它；不过不是通过采取酒神式的生活方式，而是通过开发能够赋予我们造物角色的技术。

如果我们仔细审视，未来主义者确实有一个创造后人类的明确愿望。例如，1910年，马里内蒂在《倍增的人与机器王国》（*L'Uomo Moltiplicato ed il Regno della Macchina*）中写道，未来主义者的目标正是创造一种"非人类类型"或者"人与引擎的同一"；无数的人的转变是可能的；由于未来的世界以速度为特征，人类将拥有"意想不到的器官，适应受到不断影响的环境的需求"。最后但并非最不重要的是，倍增的人"将不知道衰老的悲剧为何物"。这确实是一个非常超人类主义的想法。

诗人保罗·布齐（Paolo Buzzi）谈到"未来不可能的孩子"；费德勒·阿扎里（Fedele Azari）表示，外科手术和化学将产生一种标准化的人机（man-machine），"耐用、不可消耗且几乎永存"；而未来主义者总体上的目标是创造一种能够融合酒神本能、速度和高超技术进步的"机械类人"（mechanical anthropoid）。速度事实上是未来主义后人类的主要象征，从某种意义上说，技术越来越快地赋予我们一种自成一类的永生。因此，比如阿扎里在《与未来主义者同时生活》（*Vita simultanea futurista*）中强调，日常生活主要在被平庸的活动消耗，从个人卫生到美容护理，从进食到交通，从穿衣到做家务；但是技术进步提供的速度将把我们从这些需求中解放出来，使得它们更少占用时间，并为直觉、艺术、运动和创造性活动腾出比我们现在拥有的更多的时间。

所以，这就是紧随尼采之后的意大利的通往天空的阶梯。从超人类主义历史的视角来看，这些都是模棱两可的人物和主题，它们作为超人类主义先驱的角色有待更多的研究。如果你在寻找一群坦率地与超人类主义相连接且可连接的思想家，我们必须审视俄罗斯，特别是那里的宇宙主义者（Cosmists）。

1.4 "计划"

当我们想到俄罗斯历史时，首先浮现在脑海中的通常是沙皇的辉煌以及长达70年的共产主义专政，后者贯穿了20世纪，使其下半叶两极分化。但如果你透过表面重新打量这个国家，你将立刻注意到有一种强烈且时而古怪的精神——至少从我们西方的角度来看——渗透在俄罗斯文化中。

即便从哲学的角度来看，这也是一种自成一类的文化，因为一种确切的俄罗斯哲学传统从未存在过；或者，更妥帖地说，在俄罗斯，哲学总是与文学和神学联合为一体的——只需想想陀思妥耶夫斯基（Dostoevsky）、托尔斯泰（Tolstoy）、索洛维耶夫（Solov'ev）、布尔加科夫（Bulgakov）、弗洛伦斯基（Florensky）、别尔嘉耶夫（Berdyaev），仅举这几个西方公众最熟悉的名字为例。俄罗斯思想以对伦理学和终末论的浓厚兴趣为特征，一直对一个问题着迷："应该做什么？"对于俄罗斯人来说，个人和集体的生活总是你"应该做点什么"的对象，总是必须受更高的和超越个人的目标激发。这些思想家往往沉迷于线性的时间观，等待着在一切之尽头的形而上学的超凡体验——上帝的国在地上的实现，马克思主义所承诺的完美社会，诸如此类。

正如我们所说，俄罗斯精神是奇特的；这特别是因为，在拜占庭帝国灭亡之后，俄罗斯成了基督正教的重要中心。众所周知，东方教会的精神生活也包括形式各异的神秘主义苦修，尤其是静修（Hesychasm），即一种冥想练习，旨在为修行者提供一种内在的平静以及与上帝的交流。正如其他宗教的神秘主义者一样，东正教的神秘主义者也被认为有魔力。比如，根据传统，生活在14世纪的尊贵的拉多涅日的谢尔盖（the Venerable Sergius of Radonezh）可以施行神迹，医治病患，使死人复活，可以像圣方济各（Saint Francis）一样，使狼和熊顺从。另一位俄罗斯的神秘主义者，萨罗夫的塞拉芬（Seraphim of Sarov），生活在18—19世纪之间，可以升空悬浮，可以同时出现在多个地方，还可以发出强烈到使人失明的光芒——事后他会治愈失明。

俄罗斯的神秘主义并不仅仅是从国外引入的；事实上，基督教的神秘传统被嵌入源自斯拉夫的丰富的本土萨满（shamanic）传统。这种合成的灵性为俄罗斯思想的另一个特有要素，即秘契主义（esoterism），提供了良好的发展土壤。我们在这儿说的不是受大众喜爱的流行的、低级的魔法，而是统治阶级对共济会传统、神秘学（occult sciences）、玫瑰十字会（Rosicrucian Order）、炼金术以及来自欧洲的更普遍的"高阶的"秘传思想表现出的巨大兴趣。所有这一切都与从时间上看更年轻的秘传学说混合在一起，比如海琳娜·彼得罗芙娜·布拉瓦茨基（Helena Petrovna Blavatsky）的神智学（Theosophy）和鲁道夫·斯坦纳（Rudolf Steiner）的人智学（Anthroposophy），它们在俄罗斯广泛传播。[17]

---

[17] 为得到对宇宙主义文化起源的准确描绘，可参见G. M. Young, *The Russian Cosmists. The Esoteric Futurism of Nikolai Fedorov and His Followers*, Oxford: Oxford University Press, 2012。

俄罗斯宇宙主义的鼻祖尼古拉·费多罗夫（Nikolai Fedorov）就是在这样的文化背景下工作的。

费多罗夫 1828 年出生于俄罗斯南部的坦波夫（Tambov）附近，逝世于 1903 年。他生前是一个而且想要做一个默默无闻的人：尽管几乎没有发表任何作品，但他阐述了一套具有原创性和远见的思想，我们今日之所以对此比较了解，完全归功于他的很多作品在其去世后得以出版，这些作品由他的三位门徒编辑成一个合集，名为《共同任务的哲学》(Philosophy of the Common Task)。这位思想家严肃、瘦高，眼睛炯炯有神，胡须凌乱，他在莫斯科的鲁缅采夫博物馆（Rumiantsev Museum）做了 25 年的簿记员，这家博物馆包括了该市的主要图书馆；尽管思想激进，费多罗夫定期参加弥撒，祈祷，并遵循东正教的宗教日历。他的生活方式比僧侣还要严苛；他只喝茶，睡在一个租来的小房间的木板上，用书代替枕头，有时候只是盖几张报纸；他鄙视金钱，总是尽快散去钱财，把它捐给穷人。那个时代俄罗斯的一些主要知识分子和作家——从托尔斯泰到陀思妥耶夫斯基，再到索洛维耶夫——都直接或者间接认识他。这位莫斯科的簿记员过着苦行僧的生活，在此期间他制订的一个行动计划——命名为"计划"（project）或者"共同任务"（The Common Task）——至少可以说是相当雄心勃勃：通过科学手段使死者肉体复活。

除了这个雄心勃勃的目标，费多罗夫的思想代表着前超人类主义（pre-Transhumanist）思想和东正教的奇怪结合，一种混合着革命思想的反革命心态。他担心——我必须补充一点，这种担心是有道理的——他的观念可能对于同时代人来说过于激进。费多罗夫引起了陀思妥耶夫斯基等人的兴趣，后者完全赞同他，而索洛维耶夫宣称他完全接受这个"计划",将其视为人类精神向基督迈进的一大步。托尔斯泰则表示他很自豪跟费多罗夫生活在同一个时代。[18] 根据西方首要的费多罗夫学者乔治·M. 扬(George M. Young)的说法,费多罗夫是一位只有单一的伟大想法的思想家。他认为,人类已知的所有问题都植根于死亡的问题,在死亡的问题解决之前,人们能想到的任何社会、经济、政治或者哲学问题的其他解决方案都是无关紧要的。然而一旦我们能找到死亡问题的解决方案,其他所有问题的解决方案都会应运而生。[19]

因此,对于费多罗夫来说,人类唯一真正的敌人是死亡,以及与之相伴的自然,也就是导致我们必死的头号原因;所以,我们必须组织所有可能的资源,为有史以来最广泛的事业服务:击败死神。所有人类,不管是什么党派、意识形态、民族或宗教,都必须在这场与死亡的斗争中像兄弟姐妹一样团结起来。我得说,这个观点非常清楚明了。

如果普世规律是死亡和解体,那么人类的"共同任务"就将是重新整合,这并不意味着融合(fusion),而是形成一个整体(totality),因为融合——在此过程中,每一个统一体(unity)都失去了它的个体性和特殊性——对费多罗夫来说,是另外一种死亡。基本上,这位思想家抨击一切想要将个体简化为超个体的实体(superindividual entity)的哲学,无论是社会、历史,黑格尔的绝对精神,还是其他什么。世界就这样在解体和融合之间摇摆,这是统治它的两大原则:一切要么在粒子中分离,要么在没有生命的集体实体中混合。

---

[18] 关于费多罗夫与其同时代人的关系的不错的介绍,可参见 G. M. Young, *Nikolai F. Fedorov: An Introduction*, Belmont: Nordland Publishing Company, 1979。

[19] Ibid., p. 13.

第一章 / 通往天空的阶梯

因此，人类的目标就是颠覆生命朝着死亡的这两个相反方面的自然流动，并在每个地方重建一个确保统一体的完整性的整体。宇宙应有的模型或者"图标"(icon)当然是三位一体，是三和一的完美高级的当代混合(contemporary synthesis)；死亡是人们不想要的，而同一时期内既不可分割又不可融合的统一体是值得拥有的。

费多罗夫的普世复活计划同时是政治的、宗教的、科学的、艺术的，显然也是哲学的。费多罗夫是一位真诚的尊崇斯拉夫文化的爱国者，他的政治愿景包括一个开明的且以俄国为中心的专制政体，在这个体制中，沙皇作为父亲——独裁者——必须承担起统一欧洲和亚洲的任务。艺术的目标是向人类提供复活理念的表征；它必须与科学和神学合作，将自己转化为一种活动或者对宇宙的重新安排。

费多罗夫称他的世界观为"超道德主义"(supramoralism)，被理解为知识与行动的三大对象，即上帝、人与自然的普世混合；人是神圣理性的工具，且自身就是宇宙的理由。思想和行动形成了一个更高级的统一体，而宗教与科学和艺术交融在一起。知识既不是主观的也不是客观的，而是"投射的"；整个自然界不是一个客体，而是我们必须试图引导的"投射"。"投射论"(projectivism)——我们可以将其定义为艺术家而非批评家、工程师而非理论家的认识论——想要成为唯物主义和唯心主义之间的桥梁；理念作为在物质世界中具体化的投射存在于我们的心智中。

关于世界的本质，费多罗夫似乎认为它是一种如此简单的机制，以至于可以不需要造物主而存在；因此，他心目中的宇宙是一个唯物主义的体系，它接受上帝，然而并不认为上帝是严格必需的；人像其他一切事物一样由原子组成，且是唯一具有理性的实体。

15　　　甚至费多罗夫的普世历史视野也具有混合性质；特别是，它混合了中世纪的俄罗斯传说、关于帕米尔高原的民间故事——帕米尔高原可能是人类的摇篮，亚当的坟墓可能会在那儿找到——以及类似于科幻小说的推想，所有这些都被安排在一个以黑格尔辩证法的修改版为基础的概念框架内。费多罗夫基本上是在向黑格尔致敬，而且他在试图发展一个全方位的项目，这个项目包罗万象，正如精神（the Spirit）包纳一切。对他而言，黑格尔是最后一个思考的哲学家，而从费多罗夫开始，必须只有行动的哲学家。这位俄罗斯思想家知道尼采，欣赏他关于权力意志的沉思，但他批评他缺乏目标；对他来说，尼采的思想应该被视为对青春期的颂扬。

　　尽管并非公开的神秘主义者，费多罗夫仍旧坚持认为，有限的人类心智潜在地拥有无限的行动范围，以及无限的学习能力（我们必须补充说明，费多罗夫的思想就是这样碎片化、不成系统，呈现出一些矛盾以及模糊的方面）。

　　就实际操作层面而言，他的计划是一个单一且非常复杂的想法，由多个子计划构成，从发展小型地方博物馆到俄罗斯专制统治下的各民族的统一。所有这些计划都是相互关联的。不止如此：每一项工作，即便是最卑微的工作，都必须被视为对项目的贡献，被项目纳入其中从而地位得到提升。只有当每一个人都能将每个单一的活动视为共同任务的一个简单部分时，每个问题的解决方案才会显露出来。因此这个计划是一种"普世的部署"（一种在自愿基础上的普遍征募的形式，它将涉及地球上的所有民族），这是费多罗夫本人强调的军事层面。士兵们将在对抗自然的战争中运用他们的技能，而且为了防止军队使用智者收集的中立的知识来互相攻伐，智者必须成为一个临时的工作组，其目的是开发管控自然的实用手段；归根结底，武装力量将被转化为一种"实验力量"。

在这场"对自然的战争"中，全世界的军队将合作把人类从自然力量中解放出来，所有的武器都将变成造福人类的工具。例如，费多罗夫提到了一些美国科学家的研究，他们通过用大炮射击云层，得以让云层产生雨水。简单说来——无论在隐喻还是在具体意义上——一切都在于改变武器的方向，让它们指着垂直方向。垂直和水平是费多罗夫思想中的典型范畴：水平意味着死亡（尸体是水平躺着的），艺术和建筑应该颂扬垂直，而我们都应该垂直移动，将载运工具发射到太空中。在该计划的背景下，太空事业发挥着根本作用。费多罗夫计划的一部分包括追踪那些很久以前过世并分散在宇宙中的人的"粒子"（particles），重新创造那些人——当然，他在这里所说的"粒子"指的并不是我们当代的亚原子粒子，而是指一种没有更进一步定义的微粒，根据他思想中隐含的准神秘的和整体的构想，这些微粒会和它们所属的死者保持某种关系。救援队将冒险进入宇宙，既要在宇宙的每一个角落寻找这些粒子，也要为了死者的利益在其他星球登陆——这些死者将在这些星球上殖民，他们的身体将适应我们不可能适应的条件。

尽管费多罗夫不知道未来的生物学家究竟将如何合成人体，他认为人类的创造潜力是无限的；只要有足够的意愿和努力，任何解决方案都可以找到。人们将学会创造和再创造生命，因此性将不再是必要的——我们的过度性化（hyper-sexualized）的文化恐怕难以苟同，但是在费多罗夫的时代，贞洁仍然颇受欢迎。甚至连人类的身体也将被改造，以消除以有机物为食的需求——这将意味着食用祖先的微粒。此外，这些微粒的追回将由非常小的动物——肉眼不可见——配备强大的显微镜来完成,这将使我们能够看到并收集它们。此计划包括管控自然以生产足够的食物,将基督教转变为一个普世都能成为上帝之子的项目,以及努力复活父辈们。

费多罗夫创造地上乐园的目标包括一系列非常未来主义的想法,从太空旅行到基因工程,难怪他决定不公开发表它们;它们对每一个人来说都会显得疯狂。如今,他的许多提议看起来没有那么古怪了,从用人造器官替代天然器官,寻找我们吃的食物的替代品,将自然看作我们必须管控并对其负责的系统,到直接利用太阳能。

或许是由于他的职业,费多罗夫在该计划的背景下促进了博物馆的作用;事实上,这些机构,特别是地方博物馆,将在死者的科学复活中扮演核心角色。博物馆不只是储存和传播信息,它们还重建了生命的多个方面的整体再现。如今,博物馆收集无生命的物体;将来,它们将承担更积极的角色。在这种情况下,费多罗夫构想的是博物馆—学校—实验室,用于研究和实践神圣且科学的复活技艺。同时,地方博物馆将充当仓库,存放周边居民的每一个信息片段。基本上,一个环环相扣的博物馆网络——注定成为位于每一个城市和村庄的"复活的中心"——将允许我们保存将被我们复活的死者的所有所需信息;对于费多罗夫来说,任何印刷品都不应当被丢弃,因为正如他之前常说的(而且这也适用于你拿在手中的这本书):"书的背后隐藏着一个人。"[20]

这看起来像是精神分析的宇宙学版本(也就是说,启发无意识的,将其转化为有意识的),费多罗夫在其中提倡将思想延伸到每一种物质力量,直到我们抵达他所谓的"精神专制"(psychocrary)。这是一个暖

---

20 G. M. Young, *Nikolai F. Fedorov: An Introduction*, p. 31.

第一章 / 通往天空的阶梯

昧不明的概念；例如，当他谈到"居住于其他星球"时，费多罗夫使用了一个术语"活力"（animation）——几乎暗示了物质将被配有灵魂。无论如何，精神专制意味着将精神"灌输"进每一种物质功能；还意味着一种内部普遍共识的状态，通过它每个人都将自愿地加入"共同任务"，无须外部义务。费多罗夫谈到统一物质和精神，但是不能把其中一方简化为另一方，反之亦然，我们也不能谈论分裂和融合；不管怎样，这位思想家一再重申他不是一个神秘主义者，物质和精神的统一不会通过不可知的超理性手段，而是通过人类的知识和努力来实现。他的思想的最终目标让我们想起某些形式的神秘主义的典型目标成神论（theosis），即人上升至神的层次——"与上帝面对面相遇"，费多罗夫说。这种上升也将包括无所不知，也就是说，人将掌握绝对的知识，不受空间和时间的限制。

人类最终将能够重新设计宇宙。多亏了科学，我们将把整个宇宙从引力的奴役下解放出来，从而重新安排所有物质粒子的秩序，这个秩序不是盲目地由自然决定的，而是有意识地、理性地决定的；我们将把地球从它的轨道上"解开"，并随心所欲地移动它，移动和重新排列星辰；等等。在描述该"计划"创造的未来的乐园时，费多罗夫沉浸在诗意的隐喻中，他谈到了一种历久弥新的生活：只有春天没有秋天；只有早晨没有晚上；只有青春没有老年；只有复活没有死亡。黑暗将依然存在，但只是作为一种表征，作为已经被克服的悲伤，而且它将提升复活的明媚白日的价值。

最后需要指出的一点是：有些信息来源表明——也许是正确的——费多罗夫得益于从西方引进的秘传的炼金术文献；费多罗夫的普世复活计划与共济会重建自身和世界的理想，以及通过转化物质来实现转化自身的炼金术理想有很多共同点。

如果我们一定要准确指出费多罗夫的遗产，我们可以在这个想法中找到它：死亡不必被视为不可避免，而永生并不是神的恩赐，而是人类的计划。死亡是仇敌，它无处不在，为了打败它，我们必须重建宇宙，而且我们必须共同努力。这作为一个目标是不错的——而且它让你想到，在中世纪，炼金术士们原本只是满足于永生。

1.5 俄罗斯的愿景……

费多罗夫只是俄罗斯母亲所孕育的一长串具有远见的思想家中的第一个，他们被称为"宇宙主义者"，这是一个边界模糊、内部复杂的团体，依然生机勃勃，代表着未来主义科学理论、秘传学说和乌托邦幻想的奇特混合。今天的宇宙主义与超人类主义有许多共同点，尽管它有一些阻止被后者完全同化的独特特征。我们刚刚提到了其中一些；其他还包括对俄罗斯国土中心地位的痴迷，对西方思想的暗中反对——他们认为西方思想过于个人主义和自我毁灭——和对东正教精神的亲近，以及在某些情况下，甚至是对超常（Paranormal）世界的亲近。

无论如何，如果我必须要定义宇宙主义的本质，我会提到这一运动的当代主要推动者斯维特兰娜·塞梅诺娃（Svetlana Semenova）所给出的定义，而且我会就"主动进化"（active evolution）来谈一谈。[21] 除了对神秘学的喜爱，宇宙主义者的核心思想似乎更接近于超人类主义，

---

21 参见 G. M. Young, *The Russian Comists. The Esoteric Futurism of Nikolai Fedorov and His Followes*, p. 8。

第一章 / 通往天空的阶梯

而不是新时代运动（New Age）或者神智学。

关于宇宙主义的当代阶段已经说得差不多了；至于其开端，我们可以或多或少谈论两个阶段，费多罗夫派和实际的宇宙主义者。第一个阶段主要涉及费多罗夫的亲传弟子；事实上，这位思想者过去常常在鲁缅采夫博物馆举行非正式的研讨会；其参加者包括康斯坦丁·爱德华多维奇·齐奥尔科夫斯基（Konstantin Eduardovic Tsiolkovskii，1857—1935），他是航天之父（主要是苏联航天），一位具有远见卓识的科学家，他的想法促成了1957年发射的第一颗人造卫星。

虽然有人认为甚至连保存列宁遗体的倡议也受到了费多罗夫思想的影响，但是众所周知，在苏联时代，一些思想家重新演绎了这位思想家的作品，但是隐瞒了他们的兴趣——任何与马克思主义正统思想的疏远都可能是危险的。其中一个"费多罗夫中心"是由科学院（Academy of Sciences）在1915年设立的"俄罗斯自然生产力研究委员会"（"Commission for the study of the natural productive forces of Russia"）。该委员会由弗拉基米尔·韦尔纳斯基（Vladimir Vernadskii）管理，它提议尝试利用太阳和电磁力作为能量来源。即使在党内官僚体制成员中，也能找到费多罗夫的追随者——尽管没有人敢说出他的名字，而且他被推广的理念排除了他思想中的宗教方面。

让我们从航天之父开始回顾费多罗夫派，航天学也推动了一种形式的宇宙弥赛亚主义，它认为在其他星球上定居是我们的宿命。

这位"卡卢加的怪人"（eccentric of Kaluga）——在齐奥尔科夫斯基居住的莫斯科西南部的村庄，人们这样称呼他——的工作，简而言之，包含了整个苏联的太空计划，详细到每一步。齐奥尔科夫斯基基本上是一位航天理论家；受儒勒·凡尔纳（Jules Verne）的启发，在他的知识生涯中，他开发了对刚性空中结构进行空气动力测试的方法；解决了火箭在均匀引力场中的飞行问题；计算了克服地球引力所需的燃料数量；发明了用于太空火箭的陀螺稳定器；并发现了如何使用燃料本身所含化合物来冷却燃烧室。基本上，作为一位科学家，他所做的是把太空旅行转化为数学方程式，积极推广和普及太空旅行的理念，并最终激发新一代对火箭科学的热情。1903 年，齐奥尔科夫斯基发表了他最重要的作品《利用反作用力设施探索宇宙空间》(*The Exploration of Cosmic Space by Means of Reaction Devices*)。

对他来说，人类为了生存，必须扩展进太阳系；也就是说，它必须扩展进宇宙，以避免宇宙侵入地球的危险。人人都知道他的名言："地球是人类的摇篮，但是一个人不能永远生活在摇篮中。"——尽管原始引文大约是这样的："行星是心智的摇篮，但一个人不能永远生活在摇篮中。"无论如何，在齐奥尔科夫斯基看来，人类注定要殖民整个星系。

相对鲜为人知的是他的神秘学理论，在今天的俄罗斯，这已经使他在新时代运动中颇受欢迎；这些理论关于诺斯替和神智学思辨，而且特别提倡泛心论（Panpsychism）——即宇宙中的一切都有灵魂。在他 1928 年的著作《宇宙的意志：未知的智能》(*The Will of the Universe. The Unknown Intelligence*)中，齐奥尔科夫斯基表示，宇宙和空间的物理成分具有精神属性，而宇宙自身拥有我们可以与之交流的灵魂——宇宙能量的射线类似于普莱罗姆（Pleroma），即诺斯替主义所谈论的神力的总和。这位思想家想象在太空中遥远的区域居住着拥有高于人类的智能的无实体的存在。此外，在那里不存在个体的永恒的生命，而是个体的命运与宇宙融为一体。

让我们提一提费多罗夫的直接追随者中的一位，亚历山大·格尔斯基（Alexander Gorsky, 1886—1943），他相信未来人类身体的雌雄同体，相信色情冲动将会转化为一种新的、受到规范的形式，不再是一种身体创造的力量，而是纯粹精神的和文化的。让我们也记住瓦西里·尼古拉耶维奇·切克里金（Vasily Nikolaevich Chekrygin, 1897—1922），他是一位艺术家，在新的宇宙主义美学的影响下，想要为宇宙主义的西斯廷教堂，即复活博物馆的主教座堂（the Cathedral of the Museum of Resurrection），创作一套壁画，旨在描绘死者真正的复活以及他们上升至宇宙。这是他永远不会创作出的艺术品；切克里金留下了超过一千五百幅草图，大多数与这个项目相关。

最有趣的费多罗夫追随者之一无疑是瓦列里安·穆拉维约夫（Valerian Murav'ev），他是尼古拉·穆拉维约夫伯爵（Count Nikolai Murav'ev）的儿子，尼古拉二世的外交大臣。作为马克思主义者、神秘主义者、哲学家、外交家和诗人，年轻的穆拉维约夫和莫斯科的费多罗夫追随者们待在一起，并推动了个人和宇宙的全面炼金术变革。穆拉维约夫自费撰写并出版了一本书《掌控时间》（The Control over Time），他在书中提出了他自己的"共同任务"的版本，其目的是重新设计人类并通过对时间的掌控来击败死亡——这样的征服必须通过科学手段来实行，而这样的力量必须被用来复活死者。穆拉维约夫从爱因斯坦关于时间的相对性理论入手，但他发展这些理论的方式并不是很清晰，涉及对时间的构想，后者取决于变化和运动的观念；因此，在有限和受限制的背景下，是有可能扭转时间的流向的——例如，通过分割和重新组合组成某个对象的元素，等等。扭转时间流向的能力将有赖于我们管理多重性的能力，即同时处理多重事务。

作为毕达哥拉斯的拥趸，穆拉维约夫认为万物本质上是数字，甚至人类也是数字的多重集合——高度复杂的集合,可以用高度复杂的公式来概括,但仍然是可量化和可再生的。我们是多重体,像任何多重体一样,我们的组成部分可以重新组合和排列。因此,对时间的掌控意味着对我们自己的掌控。

穆拉维约夫把过去和未来想象成从个体出发的两条方向相反的线;过去是给定的线,未来是计划的线,取决于我们找到办法来决定哪一条线必须被视为过去,哪一条必须被视为未来——就像在数学中,可以改变数值表达式的符号,将其逆转。穆拉维约夫区分了外部时间——即日历和时钟的时间,这是不能被逆转的必需的时间——和可以被逆转的内部时间;本质上,我们人类可以改变、重复和逆转心灵的时间。最终目标是尽可能扩展对宇宙的这种掌控,基本上是扩展人类的意识。

让我们顺便提一提他的同时代人,宇宙主义诗人克拉伊斯基(Kraiskii)——意为"极端",阿列克谢·库兹明(Alexei Kuzmin)的笔名。他谈论了重新排列星辰,以及在火星的轨道上建造世界自由宫。

在最杰出的宇宙主义者中,最学术的一位——也就是最致力于理论方面及其思想的前后一致性的——毫无疑问是弗拉基米尔·伊万诺维奇·维尔纳茨基(Vladimir Ivanovich Vernadsky,1863—1945)。作为一位地球化学家,他以"智慧圈"(noosphere)的理念而闻名——尽管这一术语是由法国古生物学家德日进(Teilhard de Chardin)参加了这位俄国科学家在法国的讲座之后创造的。对于维尔纳茨基来说,起点是地圈(geosphere),即无生命物质覆盖的地球表面,在地圈上面嫁接出了生命,并形成了被这位科学家命名为"生物圈"(biosphere)的统一体——这是他1926年同名著作的标题。从生物圈进化出了智慧圈,它由被人

第一章 / 通往天空的阶梯

类心智渗透和统治的进一步的生命"层"组成。它是地球发展的第三阶段，而且正如生命的诞生从根本上改变了地圈，认知的诞生也从根本上改变了生物圈。智慧圈，这个新兴的思维物质层，在某种意义上必须被视为一种新的地质现象，人类在其中首次扮演了伟大的自然力量的角色。根据维尔纳茨基，没有一个有机体是真正"自由"的，因为每个人都与周围的物质和能量环境密不可分地、持续地联系着——首先也是最重要的是因为它们需要食物和呼吸空气；这些观察在一定程度上预示了詹姆斯·洛夫洛克（James Lovelock）多年后提出的"盖亚"（Gaia）概念。

我们非常感兴趣的一个维尔纳茨基的概念是"自养存在"（autotrophic existence），这是他从费多罗夫那里借鉴而来的。根据维尔纳茨基，由于我们的资源将会耗尽，人类将不能像我们现在一样生活；我们必须改造自身，从异养状态转变为自养状态，也就是说，像植物和细菌一样，依靠空气和阳光——还有矿物质，我要补充一下——维持生存，而不是依靠其他有生命的物质。

宇宙主义思想家瓦西里·费奥洛维奇·库普列维奇（Vasily Feolovich Kuprevich，1897—1969）是一位植物学家和博物学家，他是无限长寿和科学的不朽论（immortalism）的支持者。在他看来，死亡不是必需的，且事实上是违反人性的。对于乐观的库普列维奇来说，很快，甚至可能到21世纪，科学就能发现无限延长生命的手段。在今天的俄罗斯，库普列维奇的思考再度流行起来，因为俄罗斯的不朽论者想要加固他们的理论并精心制订行动计划，旨在使社会和经济适应由集体的身体不朽带来的剧烈变化。

以这样的方式制定的宇宙主义者的理论看上去像是少数孤立的梦想家的专有权利，与现实世界无关；出人意料的是，关于人的进化，托洛茨基同志（Comrade Trotsky）也认可这样的愿景。[22]

特别是，受马克思本人启发，列昂·托洛茨基相信一种自我导向的、有自我意识的进化；事实上，与很多当代西方共产主义者相反（这些人往往倾向于生态学家，不信任现代技术，即使他们不是明显的原始主义者），对于马克思来说，工业社会的成就不应该被完全抹去，而是要被用来建设一个更好的社会。托洛茨基超越了马克思的立场，明确谈到了创造超人。人是一种在身体和心理层面都深度不和谐的生物；他追求物质上的幸福，但又害怕死亡并在对来世的信仰中寻求安慰。所以，托洛茨基提出的改进是身体上的、心理上的，甚至是美学上的；超人将是我们更美好的版本；未来的人的器官将更精确、更具功能性、更清醒地移动，因此更具美感。不仅如此：托洛茨基的超人将接管他机体内的无意识过程，比如呼吸、血液循环、消化等，将一切都置于意志和理性的控制之下。社会进步将和生物进化绑定在一起，而且必须应对人类对死亡的恐惧。关于这一点，托洛茨基指出——但没有进一步阐明——我们体内组织（tissues）的均衡发育将使得我们把对死亡的恐惧减少到有机体对危险的正常反应的程度；对他来说，我们身体的解剖学和生理学上的不和谐以及我们内部器官发育和磨损之间的失衡赋予生命本能一种恐惧死亡的典型形式，即歇斯底里、病态和痛苦——它让我们的智力沉睡，并刺激我们对死后生活的幻想。托洛茨基认为，人将成为自己情感的主人，他将把他的本能提升到意识的层次，他将使它们清晰明了，他将使意志变得完全有意识；而且，在这

---

22 可参见坎帕的一篇有趣的文章：R. Campa, "L'utopia di Trotsky: Un socialismo dal volto postumano", *Divenire. Rassegna di studi interdisciplinari sulla tecnica e il postumano* 2008, No. 1, Bergamo: Sestante Edizioni, 2008, pp. 55–74.

样做的过程中，他将把自己提升到超人的水平。

对于托洛茨基来说，死亡是不可避免的，而解决这一问题的唯一办法是改变自身，以消除对死亡的恐惧。具体而言，超人将不得不在他的有机体中产生特定的"生物力学改进"（biomechanical modifications），克服痛苦和宗教情感。

接受我们的必朽并没有妨碍这位苏联政治家宣称，没有什么是不能被有意识的思考穿透的，我们将主宰一切、重建一切。

以上是关于俄罗斯的；在下一章介绍真正的超人类主义之前，我们还剩下三个"通往天空的阶梯"：斯坦尼斯瓦夫·莱姆（Stanisław Lem）、德日进和盎格鲁-撒克逊的阶梯。

1.6 波兰人的沉思

常常被超人类主义的历史学家忽视的斯坦尼斯瓦夫·莱姆（1921年9月13日—2006年3月27日）是一位波兰科幻作家，也是一位哲学家和未来学家，他预见了日后超人类主义者钟爱的很多典型，因此他也配得上在他们的万神殿中占有一席之地。他写了很多小说——只需查看维基百科便可获得完整列表[23]，但更重要的是，阅读它们，它们都值得一读。他最为人熟知的是小说《索拉里斯星》（Solaris）——与外星智能的引人入胜的初次相遇，后者跟我们截然不同以至于无法沟通。这部小说曾经三次被拍成故事片：1968年由鲍里斯·尼伦堡（Boris Nirenburg）执导（唯一完全忠实于原著的版本），1972年由安德烈·塔

---

[23] https://en.wikipedia.org/wiki/Stanisław_Lem.

科夫斯基（Andrei Tarkovsky）执导，2002年由史蒂文·索德伯格（Steven Soderbergh）执导。无论如何，出于我们的目的，我想要提的是他出版于1964年的哲学文本《技术大全》(*Summa Technologiae*)[24]。该书标题是拉丁文，意思是"全部的技术"；它代表着对中世纪的两部真正的经典作品的影射，分别是托马斯·阿奎那（Thomas Aquinas）的《神学大全》(*Summa Theologiae*)和大阿尔伯特（Albertus Magnus）的《神学大全》(*Summa Theologiae*)。莱姆的书针对遥远的和不那么遥远的未来，并试图展望我们的技术发展，至少在理论上想象了现在已经完全具有可能性的技术，例如纳米技术、虚拟现实和人工智能。

让我们看一看它的内容：在第八章，这本书——由于莱姆专门自创的词汇，这本书也代表着一个挑战——首先试图追踪社会进化、生物进化和技术进化之间的平行关系。在回顾了与该书同时代的太空探索尤其是"寻找外星智能"（SETI）项目方面的状况之后，莱姆介绍了"智能电子学"（Intellectronics）的领域，它涵盖了等于或优于人类智能的人工智能的话题。这不是我们这位未来学家创造的唯一新词。再看看"幻影学"（Phantomology 或者 Phantomatics），大致对应我们的虚拟现实，而"大脑学"（Cerebromatics）基本上是神经科学。总之，莱姆想象，幻影学和大脑学可以一起为我们的大脑给予充分刺激，从而提供一种真正的网络空间，正如威廉·吉布森（William Gibson）《神经漫游者》(*Neuromancer*)这样的科幻小说所想象的那样。别忘了还有"阿里阿德涅学"（Ariadnology），当然，这是一门为汇总的知识迷宫提供向导的学科——大约算得上是一种谷歌。

---

[24] S. Lem, *Summa Technologiae*, Minneapolis-London: University of Minnesota Press, 2013.

然而莱姆没有止步于此，在第五章"全能的前言"（"Prolegomena to Omnipotence"）中，他提出了一个问题：技术是否能给予我们越来越多的力量，直到我们到达能够做任何事情的那个点？但这还没有结束：莱姆引入了"宇宙工程学"（cosmogonic engineering）的概念，询问我们是否能够创造由合成生物居住的人造世界以及——为什么不呢？——整个宇宙，甚至人造的来世？

1.7 基督教的超人

法国耶稣会士和古生物学家德日进（1881—1955）因其遗作而被人铭记，他在这些作品中极具创新性地将神学和进化理论相结合。从这个角度来看，他的主要作品是《人的现象》（*The Phenomenon of Man*，1955），我们还必须加入《人的未来》（*The Future of Man*，1959）和《人的能量》（*Human Energy*，1952）。

1920年，德日进成为巴黎天主教学院（Catholic Institute of Paris）的地质学和古生物学教授，但是他试图调和基督教原罪教义和进化理论的尝试激怒了教会圣统，于是被撤职并被调往中国——他在那里从1926年生活到1946年，参加了多次科学考察。他生命的最后几年是在纽约度过的。

他最有名的构想是"欧米伽点"（Omega Point）；根据这一理论，普世的进化在于万物的复杂程度和意识的不断增长——他称之为"复杂化"的过程。这位思想家经常使用的一句口号是"上升的一切必将汇合"，表明进化趋向于时间尽头的普遍统一——即"欧米伽点"，由德日进命名并被他等同于基督教的逻各斯（Logos）——换言之，耶稣基督。

因此，进化经历了多重阶段，从地圈到生物圈再到智慧圈，它实实在在被欧米伽点吸引，后者同时构成了原因和结果——它代表了进化过程所能达到的最大程度的心理统一、复杂性和良知。

教会以泛神论指责他，但是对德日进来说，这是对他思想的误解；时间尽头的统一的中心必须是预先存在和超越的，而不是内在的。根据这位耶稣会士，进化的复杂性的程度对应于意识的程度；因此，我们可以说，一切都拥有最低程度的意识。这位科学家强调的另一个现象是所谓的"内卷化"（involution），它在于意识将自身导向内部——换句话说，是自我意识或者指向自身的能力。就连这种特征也存在不同程度，而且它在我们的物种中已经抵达最高发展水平——当下。关于人性：人不是创造的中心，而是指向宇宙的最终统一的箭头；因此人是一系列生命层中最后也是最复杂的一个。进化到达了智慧圈，然后技术代表着智慧圈的一个基本方面，几乎像是一个有机体被提供了四肢、神经系统、感觉器官和记忆。机器在创造真正的集体意识中发挥了作用——德日进明确提到电视和广播节目，还有计算机，它们使我们的大脑摆脱了最枯燥的任务，可以让思维加速。这个星球上的所有机器，加在一起，形成了一个单一的、庞大的组织机制，一个笼罩着地球的单一巨大网络。在这一刻，我们将看到地球的"心理温度"（psychic temperature）迅速上升，这是由持续加速的经济-技术网络的活动引起的。人类智能也注定会增长；超级智慧的人类将会出现，而我们将目睹德日进所谓的"超级生命"的诞生。技术圈（technosphere）将把自己变成智慧圈，一个泛地球的有知觉的有机体。人类将接近一个临界点，在这个临界点人类将进入一个超人类的阶段（superhuman stage）——这位耶稣会士使用了术语"超人类"（Trans-Human）。

威廉·帕特森大学（William Paterson University）的哲学家埃里克·斯坦哈特（Eric Steinhart）曾经试图为了超人类主义的目的而征用德日进的思想。超人类主义如果广泛发展起来，它很有可能会遭到基督教组织的抵制；在这一点上，这位耶稣会士的思想可以被用作与基督教的更为开放的部门进行对话的起点。[25]

1.8 盎格鲁-美利坚的梦想

也许是由于维多利亚时代科学的成就，也许是由于工业革命始于英国，也许是由于科幻小说在美国得到了最大的发展；无论如何，超人类主义是在盎格鲁-美利坚的文化和语言背景下诞生并在很大程度上发展起来的。

然而超人类主义并非突如其来：这扇大门是被科幻和漫画爱好者的亚文化、书呆子和电脑极客的世界以及很多年前以巨大的知识勇气敢于想象我们的遥远未来的科学家和思想家打开的。我们可以在英国找到这些活跃于20世纪上半叶的知识分子。以下是他们中的一些：约翰·B. S. 霍尔丹（John B. S. Haldane）、朱利安·赫胥黎（Julian Huxley）、约翰·D. 伯纳尔（John D. Bernal）。

霍尔丹（1892—1964）是一位有名的英国植物学家。除了他的科学业绩，我们主要关心的是他1924年的一篇文章——事实上是一篇演讲稿：《代达罗斯，或者科学与未来》（*Daedalus, or Science and the*

---

25 E. Steinhart, "Teilhard de Chardin and Transhumanism", *Journal of Evolution and Technology* 2008, Vol. 20, Iss. 1, pp. 1–22. http://jetpress.org/v20/steinhart.htm.

Future)[26]。在这篇短文中,霍尔丹把希腊神话中的代达罗斯解读为科学尤其是生物学的革命性本质的象征。在物理或者化学领域,发明家总是某种普罗米修斯,不管是火(由普罗米修斯本人从众神那里盗来)还是飞行(由代达罗斯执行)。在这些领域,没有一个发明未曾被视为对某个神明的侮辱。所以,在霍尔丹看来,如果说物理和化学中的发明被视为亵渎,那么生物学的发明则被认为是一种扭曲。特别是,这位科学家在他的文本中分析了生物学未来可能的发展(除其他事项外),有朝一日发展出体外发育的可能性——也就是在母体子宫之外的实验室中生产出人类。另一个被考虑到的可能性是通过直接突变来控制我们的进化——用今天的术语来说,通过基因工程。霍尔丹的思考还考虑了发展未具体说明的方法,以便控制激情以及激发远胜于今日已有的想象力,以及开发新的成瘾的相关可能性,新的成瘾会比我们今天承受的酒精和药物成瘾更为深刻。霍尔丹并不是永生的支持者:死亡将继续存在,但是疾病的消除将使得死亡成为一种类似于睡眠的生理现象。基本上,每个人将会有相同的预期寿命,一起生活的一代人将一起死去。这种按时间顺序向上"抹平"(leveling)的目的很明确:这位科学家认为,人类对来世的渴望是由于两件事,即感到自己度过了不完整的一生和为过早失去朋友而悲伤。基本上,一起生活和一起去世会解决这个问题。这篇文章也影响了他的朋友阿道司·赫胥黎(Aldous Huxley)的作品。后者在《美丽新世界》(*Brave New World*, 1932)中描绘了一个基于霍尔丹的一些想法的反乌托邦社会,包括体外发育的过程;这部小

---

[26] J. B. S. Haldane, *Daedalus, or Science and the Future*, New York: E. P. Dutton and Company, Inc., 1924.

第一章 / 通往天空的阶梯

说最终会被超人类主义的批评者们用作"吓唬人的妖怪"(boogeyman)。

现在轮到阿道司的兄弟朱利安·赫胥黎（1887—1975）了，他是一位著名的进化生物学家，为我们扮演着根本性的角色：他的功绩在于他是确切使用"transhumanism"这一术语的第一人。在1927年的文本《无启示的宗教》(Religion without Revelation)中，赫胥黎说，由于科学世界观的发展

> 好像人类突然被任命为最大的业务也就是进化业务的总经理——任命时没有征询他是否愿意，也没有适当的警告和预备。更有甚者，他不能拒绝这项工作。不管他想还是不想，不管他是否意识到他正在做什么，他实际上都在决定地球上未来的进化方向。这是他无法逃避的宿命，而且他越早意识到并开始相信这一点，对所有相关人员就越好。

那么首要的任务就是探索人性，发现其可能性和局限。但是这种探索刚刚开始，正如赫胥黎所说："一个广阔的新世界，充满了未知的可能性，等待着它的哥伦布。"于是，

> 人类物种如果愿意，可以超越自身——不只是零星地，一个人在这里以这种方式，一个人在那里以另一种方式，而是作为人类整体。我们需要给这种新信仰一个名称。或许超人类主义是适用的：人依然是人，但是通过实现他人性的新的可能性从而超越了自身。
>
> "我信仰超人类主义"：一旦有足够多的人能够真正说出这句话，人类物种将进入新的存在，这种存在不同于我们的存在，正

如我们的存在不同于北京人的存在。它最终将有意识地完成他真正的宿命。[27]

这就是赫胥黎以及和他精神上相似的同时代人所提倡的世俗信仰；其中包括我们名单上剩下的最后一个人：伯纳尔。

约翰·D. 伯纳尔（1901—1971）是分子生物学中 X 射线晶体学应用的先驱；一个马克思主义者和苏联的同情者，尽管他是一名英国公民。他为军事领域做了很多贡献，尤其是关于诺曼底登陆。就我们的目的而言，我们最感兴趣的伯纳尔的文本是他出版于 1929 年的《世界、肉体和魔鬼：对理性灵魂三敌之未来的研究》(*The World, The Flesh and the Devil. An Enquiry into the Future of the Three Enemies of Rational Soul*)。[28] 这本书被阿瑟·C. 克拉克（Arthur C. Clarke）称为"有史以来预测科学可能性之未来的最了不起的尝试，当然也是最具启发性的"。

伯纳尔的这本书确实具有前瞻性：作者在书中提出了包括太空帆的使用、一个能够永久容纳人类的太空栖息地的建立（被命名为"伯纳尔球体"[Bernal Sphere]）以及技术进步正在加速发展的观点——正如我们将要看到的，这是超人类主义者钟爱的观点。

他关于殖民宇宙的想法是有远见的；它不是一个模糊的想法，而是一个清晰的计划，以空间站的建立为基础，空间站的作用之一是允许我们把工业生产转移到太空中去，从而恢复我们星球的原初居住环

---

27 J. Huxley, "Transhumanism", in *Religion without Revelation*, Londra: E. Benn, 1927. Revised edition in *New Bottles for New Wine*, Londra: Chatto & Windus, 1957, pp. 13-17. https://web.archive.org/web/20110522082157/.http://www.transhumanism.org/index.php/WTA/more/huxley.

28 http://www.santafe.edu/~shalizi/Bernal/.

境。此外，太空殖民将使得人们自由地在他们喜欢的社群中结社。伯纳尔绝对是一个有先见之明的人，而且他的推想应有尽有：根据他的观点，人类将殖民宇宙，但他将不会满足于对星球的寄生性角色，而是将根据自己的目的入侵和重组它们。

在伯纳尔身上，我们可以发现后来被称为"航天工程"（astronomic engineering）的一些火花，这是一组有关可能性的推测——关于比我们先进得不可思议的技术，这些技术可以修改或者移动恒星、行星，甚至更大的物质"碎片"。伯纳尔认为，未来的人将重新安排宇宙中的物质，优化它，然后能够将宇宙的寿命延长数亿万倍。

人也将修改自身；在这种情况下，人类将开始以一种非常不自然的方式积极干预自己的形态。尤其是，我们现在使用的很多技术工具可能会通过外科手术转移到我们体内；此外，我们的身体可能会通过化学来改变。对于伯纳尔来说，我们的四肢是消耗了大部分能量和营养的附属器，且迫使内脏器官磨损以便供养前者；因此，不难想象伯纳尔考虑的是哪种修改。

伯纳尔对我们的感官的提议会让超人都羡慕不已：明日之人将有一个能够追踪无线电波的小小的感觉器官；他的眼睛将能看到红外线、紫外线和X射线；他的耳朵将能听到超出我们听力范围的声音；他将拥有高温和低温的探测器、能够感知电势的器官以及多种化学器官。

人类的进化也将代表对未来我们将会开发的设备的适应：事实上，我们将拥有两只手不足以操作的机器；此外，将拥有凭我们的意志力即可操作的机器。我们用于感知疼痛的神经可以被调校以便感知我们的设备内部的故障和问题。

伯纳尔关于后人类社会的提议非常有趣。这位科学家认为，将来人类将通过体外发育来产生，而且将会有未专门指定状态的"幼虫"的存在，可以持续存活60—120年。因此，在他们生命的第一个阶段，人类将像现在的人一样生活——这是伯纳尔插入的一项条款，其目的是安抚传统主义者和更"自然"的生活方式的拥护者。在幼虫阶段，人类将能够致力于艺术、享乐，以及如果他们想的话，还可以用经典的方式繁殖。在下一个阶段，即"蛹"阶段，人类将经历新器官和新感官的移植，接下来是一段时期的重新教育，在此之后他们将作为新的有效且完整的有机体重新出现。

在伯纳尔看来，很难确定我们物种的最终进化阶段，这既是因为它会保持流动性和可改进性，也是因为不是每一个人都必须以相同的方式来改变自身；许多个体变异是可能的，在一定程度上——我想补充一点——谈论"新物种"或者单向的进化是没有意义的，倒不如谈论可能的个体进化，其潜在的数量和单一个体的数量一样多。

这位科学家猜测，我们将成为生物力学赛博格（biomechanical cyborgs），将拥有我们目前没有的器官，这将使我们能够操纵和修复其他器官；我们还将拥有远程移动的器官，用于远距离操纵事物，还能够与其他人交换这些器官——就像20世纪80年代非常受孩子们欢迎的具有磁性四肢的日本小玩具机器人微星小超人（Micronauts）一样。这些器官将越来越能与身体分离，到达有机的身体无法抵达或者生存的区域，比如地球的内部或者恒星的内部，可以用这些设备精确地指导它们的运动。

因此，未来的存在可能会将自身延伸至非常广阔的空间和时间范围，通过一种未经详细说明的"以太通信"（ethereal communication）来保持他们的统一；因此，生命的舞台将不再是行星上密集和炎热的大气层，而是外太空的寒冷空旷。此外，我们遥远的后代可能会忙于纯粹的研究和思考，而不是满足我们典型的生理和心理需求。换句话说，有朝一日，我们可能会抵达一个点，到时候我们将会为了思考而活着，而不是像今天这样，为了活着而思考。

伯纳尔没有忽视这种转变将在那些决定不转变的人中间产生的心理动荡——这些人可能有很多，也许是大多数人；正常的人类会把这些机器人化的人类视为怪物，可怕且非人。然而根据这位科学家的说法，没有其他解决方案：对他来说，正常人是进化的死胡同，而机械人才是未来。无论如何，这种进化不会在我们设法克服对机械化身体的厌恶之前实施；或许我们将见证人类内部最激烈的分歧：一方面，我们将发现"人性化者"（humanizers）——那些想要尽可能在人性方面保持不变的人；以及另一方面，"机械化者"（mechanizers）——那些偏向于使我们转变为赛博格的人。在伯纳尔看来，科学家和其他一些人有可能决定在太空中继续他们的技术有机（techorganic）进化，而"经典"的人类则留在地球上，怀着尊敬和好奇看着太空中的居民。我们的地球或许会变成一个"人类动物园"，由太空居民以一种如此智能和狡猾的方式管理，以至于地球人甚至意识不到这一点。

人类渐进的"赛博格化"将超越身体，包括心智和大脑：我们将能够连接大脑，甚至不止两个，而这样的连接可能会成为永久的状态。"多重"个体将事实上（de facto）是不朽的，因为在某种意义上"社群"的老成员将逐渐被新成员取代——就像克隆植物，那些形成不断再生的"集体"的植物有机体所经历的那样。对我们来说，这种连接的水平是不可想象的：个体的大脑感到自己是一个整体的一部分，这种感受远比某个狂热信仰团体的成员的感受还要深刻。这种状况很难去理解，可能看上去像是一种出神的状态。

尽管看起来不太吸引人（不是每一个人都愿意失去自己的个体性，事实上，这可以跟一种形式的个人死亡相提并论），这样的情况也可能有它的优势——无论谁加入这样一个集体的心智，都能真正地、直接地传达他们的感觉和感受，而不会被语言的高墙阻挡或扭曲。此外，记忆将被分享。集体的心智或许会被分层组织，会拥有超越我们凡人的理解能力。顺便，我承认我确实不太理解伯纳尔对集体心智的迷恋；加入他的推想游戏，我们可以想象扩展和增强个人心智以至于达到和集体心智相当的水平。不过，这只是我的个人意见。

无论我们是否决定进化成这种集体智能，对于这位科学家来说，甚至连我们的情绪，或者更恰当地说，我们的"情绪调性"（emotional tonalities）——在我们的日常生活中和我们同行——都将在我们的意识控制之下；某种情绪调性将会被引发以便实现某个目的。现在，拥有这种能力对我们来说是危险的，因为我们中的大多数会选择生活在永恒的无动于衷的幸福状态中；但也许机械人的心理会有所不同，他将能够驾驭这种能力。

在伯纳尔的后人类世界中，甚至连时间感也能被改变。我们将能够减缓或者加速事件，让整个地质时代在瞬间经过，或者能够区分持续时间超短的事件。此外，机械人的时间机能可能跟我们大不相同；从生理学上来讲，我们对时间的感知——包括短期记忆和对下一刻的预期——延续一秒左右，而机械人对时间的感知可能包括数年或者数个世纪的过去和未来。后人类的片刻可能会持续整个历史时期。

最后，人类可能会以完全"以太化"（etherealized）告终，首先变成通过辐射进行通信的原子团，然后完全变成光；伯纳尔强调，这或许是一个结束，或许是一个开端，无论是哪种情况，我们都无法想象。

这位具有远见的科学家的推想还不止于此；对伯纳尔来说，在遥远的未来，我们和时间的形而上学的关系可能会发生改变，我们的后人类后代——人类 3.0？人类 4.0？——将学会以多个方向的方式在时间中穿行，就好像我们在空间中所做的那样。

让我们以伯纳尔的一些非常有趣且具有现实性的思考来结束本部分。这位科学家认为，每一个人，即使是不笃信宗教的人，在思考未来时，都倾向于在她／他心中——或许半意识地——欢迎一种天降神兵（*deus ex machina*）；也就是说，期待某种超验的超人事件，后者将给宇宙带来完美或者毁灭。我们可以说，人们有一种无意识的终末论心态。伯纳尔认为，现在我们第一次开始将未来视为相对清晰的事物，我们开始将它理解为我们行动的后果。我们将怎样应对这种改变？我们将远离我们隐秘的宗教心态，还是会保留它？这儿有一个观点是，人性或许包含一种"体质上的宗教热忱"（constitutional religiosity）。此问题最近在学术界引起很大的兴趣；让我们想一想，例如所谓"神经神学"（neurotheology）[29]或者珀辛格（Persinger）的宗教情感实验[30]。

基本上，我们的宗教情感，我们对更高的全能力量的自卑感和依赖感可能印在了我们的大脑中；宗教热忱对我们的生存来说可能有一种适应性价值。虽然当代科学思想倾向于这种现象的进化起源，但伯纳尔的观点不太明确——也就是说，他没有明确指出在他看来，宗教情绪是生物的还是文化的。无论如何，他的问题依然成立：后人类将

---

[29] 参见 A. B. Newberg, *Principles of Neurotheology*, Farnham: Ashgate Publishing, 2010。
[30] 参见 M. Persinger, *Neuropsychological Bases of God Beliefs*, Westport: Praeger, 1987。

会尝试通过基因操纵来摆脱他们的宗教情绪，达到一种"形而上学的成熟"吗？再次搬出托洛茨基，我们将发展出"基因上不信神"(genetically godless)的超人吗？基因无神论还有一个好处：缺少对更高的神灵的信仰不会被视为一种匮乏。

我们以这些幻想-神学(fanta-theological)的推想来结束对超人类主义的盎格鲁-撒克逊前辈的分析。所有这些，以及更多的东西，将被嫁接到一片非常肥沃的土壤上，那里特别适合创新的，坦率地说有时候显然是疯狂的想法：美利坚合众国。

技术历史学家托马斯·休格斯(Thomas Hugues)把20世纪上半叶的美国定义为"一个机器制造者和系统构建者的国家"[31]。对他来说，"19世纪末那些异常多产的发明家，例如爱迪生，使我们信服我们被卷入了世界的第二次创造。像福特这样的系统构建者则让我们相信我们可以理性地组织第二次创造，以服务于我们的目标"[32]。

因此，美国从一开始就是一个对技术深深着迷的国家，这一事实得到了它所取得的技术进步、科学征服甚至是充满了科幻小说愿景的流行文化的证实——事实上，正是在美国，科幻小说发展最为蓬勃。别忘了，也许是因为他们在物理上和象征性上与他们的欧洲祖先数千年的过去相脱离，所以美国人更倾向于将注意力转向未来；更不用说，美国作为一个由移民为移民建立的国家，一直吸引着那些希望建造一些东西、创新、寻找机会的人——著名的"美国梦"在高低浮沉间依然存在着。如果从这样一个文化背景中最终产生了超人类主义，请不要感到惊讶。

---

[31] T. Hugues, *American Genesis: A Century of Invention and Technological Enthusiasm, 1870–1970*, New York: Penguin, 1989, p. 1.

[32] Ibid., p. 3.

第二章

新的巴别塔

2.1 最激进的反叛

现在我们来到了真正的超人类主义这里；这个奇怪的混合运动明确地想要追溯《圣经》中著名的造塔者的脚步，且意识到，这一次不会有人混淆语言。有些人认为它是一种意识形态或哲学，另一些人认为它是一种信仰，还有些人认为它仍然是有待科学认可或否定的理论混合体，这一运动——正是由于它的跨学科性以及它将政治议程和理论推断相混合的方式——仍然难以定义。维基百科认为，超人类主义是"一场国际性的智性运动，旨在通过开发和普及可大幅增强人类智力和生理的尖端技术来改变人类的状况"[1]。作为一个计划，它听起来不错，但前人也不是在开玩笑的。

至于我们，我们喜欢把超人类主义看作一个理性的超科学（parascientific）幻想的连贯系统，它充当着对传统宗教的终末论愿望的世俗回应。因此，它不是一套伪科学理论（也就是说，它们与超心理学和一般

---

1 参见 http://en.wikipedia.org/wiki/Transhumanism。

超常现象的世界无关），而是超科学的：它们使用并吸收了当代科学积累的大量知识，尽管后者既不接纳也不拒绝它们，而是把它们留在等候室里。从本质上来讲，超人类主义的很多理念——比如人体冷冻或者极端的长寿主义——既不被视为反科学的，也不被视为科学的；它们处于科学的前厅，可能会在不久的将来被完全接受——也可能不会。

　　无论如何，根据超人类主义者，上述改变过程将通向后人类的进化阶段。然而，很难确定我们可能的后人类后代是否会被视为纯粹的人类、一个新的物种、一组斑驳陆离彼此差异颇大的新物种，还是会被视为最终不再是生物的、避开了生物学课程中所教授的经典分类学的东西？但是超人类主义者所谓的"后人类"是什么意思呢？这个术语表示未来可能的一种存在，其身体和精神的能力都超越了我们，达到了不再能被归类为"人类"的水平。因此，一个可能的后人类应该拥有优于过去和现在任何人类天才的智能，而且远比我们更能抵抗疾病和衰老。除了这些品质（这些只是我们已经在人类中看到的品质的加强版），一个后人类还应该直接控制他的欲望和情绪；有能力避免疲惫、无聊、不愉快的心情和感觉；根据他们的喜好调整性倾向；强调他们的享乐和审美体验；体验全新的意识状态，这是智人（*Homo sapiens*）有限的大脑获取不到的。简而言之，从我们的视角来看，很难想象成为后人类意味着什么；这样的存在可能怀有对我们来说不可思议的想法。

　　也有可能后人类们决定抛弃他们的生物身体，甚至是非有机的人造身体，在非常强大的计算机网络中作为电子实体生活——在一个比网络虚拟游戏《第二人生》（*Second Life*）更为现实的虚拟世界中。这些合成的头脑可能拥有与我们截然不同的认知结构——以至于看起来很怪异——且配备了与人类有质的区别的感觉方式。后人类可以用奇幻

第二章 / 新的巴别塔

的、难以想象的方式塑造自身和他们的世界，以至于任何设想未来现实的尝试都注定会失败。

因此，这就是关于"后人类"的定义。那么"超人类"的定义呢？这个术语指的是处于从人类到后人类的过渡阶段的任何人；我们现在的人类，我们拥有的用于突破自然限制的体育锻炼、饮食和医疗实践，我们的整形手术、性别转换手术、维生素和矿物质补充剂，我们的眼镜和助听器——更不用说义肢和人造器官了。

不过请注意：超人类主义可不只是想推动某些技术；事实上，它认为在某些方面，这些技术迟早会实现，而且其中很多已经在路上（一种近乎"弥赛亚"的信仰，坦率地说并非所有的超人类主义者都接受），因此，它提议深入思考这些技术，以便评估其伦理方面，并提出旨在预防损害或者防止全球性灾难的策略。

如果你遇到一个超人类主义者，小心不要提到优生学；如果说超人类主义者有一件事情是很激烈地去做的，那就是与优生学保持距离。超人类主义者绝对不渴望——以或多或少强制的方式——创造一种"优越的种族"，希特勒风格的，或许通过选择、杂交、绝育和淘汰被判断为"不合适"的对象；他们渴望的是发展增强型技术，使得正常人类——不管他们的身体状况或者族裔群体如何——身心都得到改善，并过上更加长寿和幸福的生活。简而言之，他们的话语不是围绕不存在的"种族改良"，而是围绕任何人都可以选择用还是不用哪些技术的自由。我们可以列举其中一些可能性，例如变得更美（尼克·博斯特罗姆称之为"位置优势"[positional advantage]，因为只有被置入个体之间相互比较的背景中它才有意义），或者提高一个人的智力（在这位哲学家看来，这是一种绝对优势）。

但如果说有一件事让超人类主义者狂怒，那就是死亡必须被接受为"自然"的想法。他们的回答是，谁在乎呢；自然性与它是否可欲（desirable）无关。怎样反驳他们呢？另一方面（我们的思想家们重申）当代的预期寿命比旧石器时代要长得多，这是通过与自然没什么关系的方式获得的，没有什么能够阻挡我们去想象生命的进一步延长既是可能的也是可欲的。死亡的不可避免性已经导致人类阐发一系列的合理化解释，它们——尽管对过去的人是有用的，使得他们可以接受有限的生命——现在代表着通向尘世的永生之路上的障碍；以至于超人类主义者们认为，所有以某种方式合理化和接受死亡的哲学和观念都带有——隐约带有贬义——"死亡主义"（deathism）的标签。并不是超人类主义者想要强迫每一个人都永远活下去；相反，其理念是废除非自愿的死亡，允许每一个人选择是否以及何时离世。作为最热爱技术的人，超人类主义的先驱们用了一个术语——也是一个相当负面的术语——来指代那些鄙视技术和科学进步的人，尤其是在生物学领域："新卢德主义者"（neo-Luddite）。[2]

---

[2] 内德·卢德（Ned Ludd）是一位半历史人物——由于他的存在并不确定——生活在18世纪，来自莱斯特（Leicester）附近的安斯特（Anstey）村。故事里说，1768年，这位工人一怒之下捣毁了他工作的工厂里的一对织布机。19世纪20年代的英国见证了一场工人抗议运动的诞生，这场运动正是受内德·卢德的启发，被称作卢德主义（Luddism），其主要策略是破坏工业生产和摧毁机器。超人类主义者使用"新卢德主义"（neo-Luddism）或者"生物卢德主义"（bio-Luddism）一词，指的是所有那些在他们看来体现出反科学或者反技术看法的思想家。实际上，新卢德主义是一个混合性的运动，或者更确切地说是一个覆盖彼此迥然不同的人物和立场的术语，从生态学家到保守主义者，从宗教人士到反全球化人士。特别令人感兴趣的——从保守主义视角对超人类主义的批评——是季刊 The New Atlantis，由三个美国智库编辑，分别是技术与社会研究中心（Center for the Study of Technology and Society）、伦理与公共政策中心（Ethics and Public Policy Center）以及威瑟斯彭研究所（Witherspoon Institute）。参见 http://www.thenewatlantis.com/。

至于伦理，超人类主义似乎与大量不同的伦理体系兼容。然而，有些原则似乎是所有的超人类主义者共有的，涉及：个人自由选择是否使用任何可用的生殖或加强技术；渴望延长生命，或者至少有可能选择是否、何时以及如何死亡；拒绝物种主义（speciesism）——需要对一切有知觉的生物一视同仁，不管其是人类、后人类、认知增强的动物还是人工智能。因此，不仅仅是人权：超人类主义者还想要确保对尚未存在但可能将会存在的实体的法律保护。

当然，超人类主义技术的来临可能会引起进一步的社会不平等，尤其是在第一世界和第三世界国家之间。但是这不代表一种新事物，只是重复司空见惯的循环。然而，人们不应该感到悲观：正如当前的技术——例如移动电话或抗生素——已经到达或者正在到达第三世界，这些增强技术也有可能到达。不仅如此：超人类主义者的目标正是应对不平等问题，并提出可能的解决方案。

在这一点上，有人经常轻飘飘地提出批评：亲爱的超人类主义者，与其非常幼稚地寻求永生或者增强，不如将你们的努力投入到解决世界上的饥饿、文盲、许多民族恶劣的卫生条件等问题中去，这不是更好吗？回答是：你可以二者都做。首先，超人类主义者提倡的很多事情已经在发展中，所以考虑它们肯定有助于面对未来。其次，对增强技术的研究将在教育、健康等领域非常有用。再次，对永生的渴望跟人类一样古老，是从古至今备受尊敬的学者和思想家所共有的——更不用说数十亿这种或那种宗教的信徒，他们已经相信他们是不朽的了。如果这是幼稚病，那么我们面对的就是所有人类共有的心理特征——至少超人类主义者会这样回应。

那么从超人类主义者的角度来看，我们星球的生态问题如何呢？

根据他们的说法，当今的工业文明在生态上肯定是不可持续的，而唯一的解决方案是朝着新的技术"飞跃"——既包括已经在发展中的，也包括他们明确倡导的技术，例如纳米技术。这不仅会维持甚至加强我们的经济增长，还会充分保护环境。

这些就是超人类主义的一般观念。但现在我们想知道另一件事：在关于先驱的话语之外，这个运动是如何诞生和发展的呢？

2.2 一切是如何开始的

我们已经看到，要为一个特定的历史-文化现象确定一个精确的起始点是很困难的，尤其是如果这一现象还正活跃着；但是，我们可以足够肯定地确认超人类主义发展的文化背景。就这一运动而言，超人类主义者产生于美国的科幻小说迷圈子、书呆子和一般电脑专家的世界、爱好所有技术的人——即所谓的技术极客——以及美国的太空计划成功之后如雨后春笋般涌现出来的航天迷；此外，20世纪60年代加州的另类和迷幻亚文化也发挥了重要作用，包括所谓的人类潜能运动（Human Potential Movement）[3]——不要忘记，例如，美国著名的意识改

---

[3] 人类潜能运动诞生于20世纪60年代的美国，其初始想法是人类内在具有巨大的未开发的潜能。在某些方面，这一运动代表着新时代最"严肃"的一面；这股思潮的核心可以在所谓的"超个人心理学"（Transpersonal Psychology）中找到，这是一场处于学术认可边缘的运动，将人类灵魂的各方面视为神秘体验来研究，融合了东方思想以及非正统形式的心理治疗的方方面面。人类潜能运动的灵感来源之一无疑是阿道司·赫胥黎，尤其是他的"迷幻"与灵性主义阶段——《知觉之门》（The Doors of Perception）和《天堂与地狱》（Heaven and Hell）时期。在实际层面，这一运动围绕着伊莎兰研究所（Esalen Institute）展开，该研究所由迪克·普赖斯（Dick Price）和迈克尔·墨菲（Michael Murphy）于1962年在加州创办。

第二章 / 新的巴别塔

变状态的研究者蒂莫西·利里（Timothy Leary）一度是人体冷冻技术的支持者。

事实上，撇开科幻文学的粉丝不谈，正是围绕着人体冷冻技术的世界，超人类主义的理念开始凝聚起来。尽管我们会看到事情稍微复杂些，但是这个"边缘"运动在1964年正式诞生，当时罗伯特·埃丁格（Robert Ettinger）出版了《永生的前景》（*The Prospect of Immortality*），他在书中提倡一种绝对非正统的做法，即将临床死亡的人冷冻以确保他们将来可能复苏。1972年，埃丁格又出版了一本书《人成为超人》（*Man into Superman*），作者在书中提出了对标准人类的一些改进，他的提议实际上是属于超人类主义的。大约在同一时间，一位"主流"作家艾伦·哈灵顿（Alan Harrington）针对鲜为人知的人体冷冻技术的世界，发表了一部文集《永生主义者》（*The Immortalist*）。作者用"死亡是对人类的强加，不可再被接受"的口号总结了其理念。[4]

除了埃丁格，超人类主义还有另外一位创始人费雷杜恩·M.埃斯凡迪亚里（Fereidoun M. Esfandiary），一位研究未来的学者。他在20世纪60年代执教于纽约社会研究新学院（New School for Social Research），开创了一股乐观的未来学家的思潮，被称为"上翼"（Up-Wingers）。20世纪70和80年代见证了真正的未来主义亚文化的诞生和成长，导致了不同组织的兴起（有人可能会说，它们肯定是在主流文化的"边缘"，但当初基督徒也曾在地下墓穴中庆祝弥撒），其成员为没有专门的科学资历和学历的爱好者。这些团体倾向于彼此独立，尽管在意识形态上相似，但它们没有共同的、有机的意识形态。20世纪80年代第一批自

---

[4] 参见 A. Harrington, *The Immortalist*, New York: Random House, 1969。

称为超人类主义者的活动家开始在加州大学洛杉矶分校正式会面，这所大学很快会成为超人类主义思维的主要中心。当地的激进分子接受了埃斯凡迪亚里的未来主义意识形态，这种意识形态作为"第三种道路"被提出，是对左和右的替代——既不左也不右，而是上，即向上。在这样的背景下，艺术家娜塔莎·维塔-莫尔（Natasha Vita-More）在1980年推出了她自己的实验电影《挣脱》（*Breaking Away*），这部电影围绕着人类超越生物学和引力的限制、进入太空的理念展开。在洛杉矶，埃斯凡迪亚里和维塔-莫尔开始举行超人类主义者的聚会，其中包括前者的学生和后者的观众。

1986年对超人类主义者来说是另一个划时代的年份：事实上，埃里克·德雷克斯勒（Eric Drexler）出版了《创造的引擎》（*Engines of Creation*），书中首次设想了建造所谓"纳米机器"（nano-machines）——像病毒或者蛋白质一样小的计算机化的机器人，能够在原子和分子水平上操纵物质——的可能性。如果这是可能的，那么德雷克斯勒的纳米机器将使超人类主义者实现他们所有的梦想，从身体的永生到重建和复活储存在液氮中的尸体。

1988年，机器人专家和超人类主义学者汉斯·莫拉维克（Hans Moravec）出版了《心智的孩子》（*Mind Children*），他在书中探讨了智能机器即将迎来的发展——这也是超人类主义的重要组成部分之一。也是在同一年，英国/加州哲学家马克斯·莫尔出版了第一期《负熵杂志》（*Extropy Magazine*）（"负熵"［extropy］代表着和"熵"［entropy］相反的概念，表明超人类主义者追求秩序的增长而非混乱）随后在1992年建立了负熵学会（Extropy Institute）。该杂志和学会将充当超人类主义的自由主义潮流，即负熵主义（Extropianism）的参照点。

第二章 / 新的巴别塔

20 世纪 90 年代也见证了互联网的爆炸，论坛、邮件列表等工具使超人类主义者建立了越来越密切的联系，令他们最终充分认识到自己是一场运动。

1998 年，两位英国哲学家尼克·博斯特罗姆和大卫·皮尔斯（David Pearce）创立了世界超人类主义协会（World Transhumanist Association，WTA），这是第一个旨在把超人类主义的理念传播到全球各地并跨越政治光谱的世界性组织——他们意识到超人类主义的政治特殊性，即一种不能轻易根据传统的"右""中"和"左"类别来划分的意识形态，而是适合与任何现存的政治意识形态自由混合。WTA 的重要性不在于其广泛的传播，而是在于其创始人从一开始就将行动的重心放在学术界，也就是说，试图将超人类主义作为一个值得研究的"严肃"学科呈现在学术界。为了达成这个目标，他们还推出了一个超人类主义研究的技术期刊《进化与技术杂志》，该杂志发表提交给同行评审的文章。

考虑到其使命已经"基本完成"，负熵学会于 2006 年关闭；同一年，WTA 内部的一场政治斗争以自由-民主左派的胜利告终，从那以后，这一派的理念将成为 WTA 的活动特征。2008 年，WTA 更名为"人类+"（Humanity+），并推出了官方运动杂志《H+ 杂志》（*H+Magazine*）。

从 2000 年代后半期开始，超人类主义越来越扎根在硅谷[5]；比如，2007 年，WTA 在加州帕洛阿尔托（Palo Alto）建立了总部，同时其他一些拥有相似理念的组织也在该地区涌现。不管你喜不喜欢，受惠于该地区高科技百万富翁们的入场，曾经专属于科幻小说迷的边缘的意

---

[5] D. Gelles, "Immortality 2.0: A Silicon Valley Insider Looks at California's Transhumanist Movement", *The Futurist* 2009.

识形态正来到聚光灯下。如果不是在加州，超人类主义还能在哪里扎根呢？想一想它合成的性质，它混合了技术乐观主义、美国梦、科幻文学以及近乎宗派的虔诚，所有这些都完美适应当地的生态系统。事实上，我们不能忘记20世纪90年代见证了所谓加利福尼亚意识形态（California Ideology）的势不可挡的发展。这是一种社会现象，首先吸引了该地区的知识工作者，并代表了嬉皮士反叛、致幻剂幻想、经济新自由主义和技术乌托邦主义的混合。而且近年来，归功于硅谷新会员的到来，阿尔科（Alcor）——目前活跃的最重要的人体冷冻公司——的会员人数正在增加。更不用说，生物永生领域最顶尖的超人类主义理论家奥布里·德·格雷（Aubrey De Gray）经常在雅虎和谷歌的办公室举行会议。超人类主义的核心隐喻——即把身体视为机器，把大脑视为电脑，因此它们至少在原则上可以永久修复和更新——极大取悦了对技术保持乐观的加州百万富翁。彼得·蒂尔（Peter Thiel）是超人类主义最慷慨的支持者之一，他是贝宝（Paypal）的联合创始人之一并曾兼任其首席执行官，目前是资产规模达20亿美金的对冲基金克莱瑞姆资本（Clarium Capital）的首席执行官，他也是最早看好脸书（Facebook）的人之一。在整个硅谷蒂尔都是非常受欢迎的人物。他经常参加超人类主义者的会议。

现在，在硅谷我们几乎可以找到所有围绕着超人类主义理想的主要智库，从前瞻学会（Foresight Institute）到救生艇基金会（Lifeboat Foundation），从玛土撒拉基金会（Methuselah Foundation）到奇点研究所（Singularity Institute）——我们很快就能看到它们。在旧金山湾区，你还可以找到一个繁荣的对超人类主义者友好的社交网络——大量各种各样的聚会场所的存在促成了这一点。多亏了日常课程、会议、展览等，这个社交网络总是能够不断吸引新的雄心勃勃且技术化的年轻发烧友。

超人类主义运动近期的传播，学术圈的这个或那个成员正在进行的"正常化"和再设计尝试，以及它在媒体和高科技商业界正在获得的关注，将在短期内决定这种意识形态/哲学是否注定会在很大程度上影响当代文化，还是将依然为一种怪异和边缘的现象——但是请让我们记住，如果后一种情况发生了，我们毫不怀疑，再过几十年，会有其他人来继承它的遗产和理想。

2.3 超人类主义的百花齐放

或许超人类主义思想内部的流派不会像毛泽东所倡导的隐喻性的哲学-文化之花那么繁多，然而，就像任何自我尊重的政治和智性运动一样，超人类主义也有很多内部流派。它们不一定是互相对立的，但最重要的是，它们专注于超人类主义事业的不同目标和方面。让我们先从第一个看起，即"永生主义"（immortalism）。

不要被蒙蔽了：即便在超人类主义的圈子里有很多关于增强人类能力、人工智能等的谈论，尽管并非这一运动的所有追随者都赞成真正的永生，然而超人类主义的头号敌人始终是死神。无论如何，永生主义——或者更确切地说，对彻底延长生命持续时间的最谦逊的追求——在超人类主义内部已经具有自己的个性，这导致近年来真正的政治团体的诞生——实际上无非是在线讨论团体，不过相当活跃。这些团体致力于这一事业，类似于那些围绕着一个或者少数几个目标凝聚的政治运动，例如海盗党（Pirate Party）。比如说，我们有一个国际组织，国际长寿联盟（International Longevity Alliance），由以色列学者、超人类主义者、伦理与新兴技术研究所（Institute for Ethics and Emerging Technology）成员伊利亚·斯坦布勒（Ilia Stambler）创立。国际长寿联盟代表着过去几年一个进程的高潮，此进程导致形形色色的长寿党在欧洲、美国、以色列和俄罗斯出现；看看脸书，如果你愿意，可以加入它们。

另一个有趣的思潮是"废除主义"（abolitionism），它的出发点是认为科学和技术应该被用来废除任何非自愿的痛苦。这种消除应当涵盖所有有知觉的生命，包括动物。显然，能使我们达到这一目标的主要技术是生物技术，凭借它我们可以改造我们的身体，以便消灭痛苦。废除主义的终极目标是所谓的"天堂工程"，在此时此地即地球上，尤其是在我们的心智中建造天堂。废除主义者是哲学家杰里米·边沁（Jeremy Bentham）的功利主义伦理学的追随者，但也是动物主义者，通常还是素食者，他们把个人的幸福看作生命的终极目标，并假设人类的情绪并不具有精神本质，而是有着物理基础，因此是可以操纵和改善的——通过未来的科学。事实上，废除主义者的推想并没有那么牵强：我们只需要想一想定期投放市场的抗抑郁药物和其他越来越有针对性的精神药物，以及 TMS（经颅磁刺激[transcranial magnetic stimulation]，它利用施加到患者头部的磁场来改变大脑的功能，以治疗许多精神疾病）或者"脑深部刺激"（deep brain stimulation，一项基于某种大脑"起搏器"的技术，目前被用于治疗各种神经退行性疾病的症状）。这些还只是粗糙的技术，但是如果得到适当的资金支持，肯定可以越来越精细，从而彻底改变健康人的生活。最后注意一点："废除主义"这一术语最初是由美国学者刘易斯·曼奇尼（Lewis Mancini）在 1986 年发表于《医学假说》（Medical Hypotheses）杂志的一篇文章中创造的，该文提出了上述观点，随后很快被——难道还有疑问吗？——超人类主义者采纳。

现在，让我们转向一个真正激进的超人类主义思潮，"后性别主义"（Post-genderism）。从名称就可以猜到，后性别主义者旨在通过使用生物技术和先进的——尚未存在的——生殖技术，如人造子宫等，来消除性别。坦率地说，这是我感到还没有准备好迈出的一步——尽管近几十年来男性遭受了批评，但我仍然喜欢我的性别，目前我宁愿保持原样。无论如何，后性别主义是一个把超人类主义和女权主义思想的典型思考结合在一起的流派。在一些后性别主义者看来，性的繁殖的目的将变得过时，而对于另一些人来说，所有的后人类将能够随心所欲地改变性别，并同时承担父亲的角色（具有生殖功能）和母亲的角色（从而使妊娠足月）。在后性别主义者中，基本上有那些提倡雌雄同体的人（随之而来的是男人和女人"最佳"特征的混合），有那些提倡自由且轻松地改变性别和倾向的人，有那些提倡一种随意的繁殖形式的人（不管有没有技术设备，有没有伴侣[6]），最后还有那些提倡拥有超过两种性别类型的可能性的人。在超人类主义者中，后性别主义的主要推动者是乔治·德沃斯基。[7]

前面我们已经接触到了"负熵主义"，现在让我们深入了解一下。这是一种超乐观的哲学，20 世纪 80 年代末 90 年代初由英国哲学家马克斯·莫尔创立。它围绕着旨在克服任何限制尤其是必死性的限制的一套价值观体系展开。负熵（Extropian）思想——或者说外熵（Extropic）思想，如果你更喜欢的话——对自然和社会现实持务实的态度，对进

---

[6] 基本上是通过孤雌生殖，即在一定条件下，某些动物物种的雌性能够不使用雄性精子而自我受孕。

[7] G. Dvorsky and J. Hughes, "Postgenderism: Beyond the Gender Binary", 2008. http://ieet.org/archive/IEET-03-PostGender.pdf.

步和人类进化持积极主动的立场。它还支持一种新自由主义和反国家主义的社会构想。术语"负熵"被汤姆·莫罗（Tom Morrow）——真名是汤姆·贝尔（Tom Bell）——和莫尔在超人类主义的背景下采用，他们选择在隐喻的意义上使用它，以表明一个有生命的或者组织系统的智能、功能秩序、活力和能量的程度，以及它成长和进一步改进的能力和渴望。莫尔在《负熵的原理》（Principles of Extrophy）[8]中总结了他的看法，可概括为：永恒的进步，自我改变，务实的乐观主义，智能技术，自我导向，理性思考。

负熵主义之后出现了一个类似的衍生流派，"外熵主义"（Extropism）。它重演了相同的主题，将它们与技术-盖亚主义（techno-Gaianism）和奇点主义（singularitarianism）联系起来。需要注意的是，在外熵主义者（Extropists）梦想的未来社会中（归功于机器人和人工智能），我们最终将完全摆脱工作的奴役，工作将不再与生存挂钩。上述运动在2010年由布雷基·托马森（Breki Tomasson）和汉克·海纳（Hank Hyena）通过专门的《外熵主义宣言》（Extropist Manifesto）启动。[9]"奇点主义"是一种围绕着"技术奇点"（Technological Singularity）概念展开的意识形态，技术奇点是技术进步的逐渐加速，将导致优于人类的人工智能的诞生，随之而来的是社会和技术的进步。对于这一愿景的支持者来说，奇点不仅是可能的或者有希望的，而且是非常值得拥有的，因此涉及这一理念的机构和组织以这样一种方式运作，以便促进——至少在他们看来——所有这一切的来临。我们不能否认，这一流派所体现的心态与

---

[8] http://www.maxmore.com/extprn3.htm.

[9] http://www.knowledgerush.com/kr/encyclopedia/Extropism/.

那种鼓舞着等待将临的末日的各种基督教基要主义者团体的心态有很多共同点。在这方面，纽约曼哈顿学院（Manhattan College）的宗教研究教授罗伯特·M. 杰拉奇（Robert M. Geraci）最近发表了一部有趣的著作《天启人工智能》（Apocalyptic AI），他在书中从这一角度分析了"技术奇点"概念。[10]

激进左派杂志《反击》（Counterpunch）的记者大卫·科里亚（David Correia）强调，奇点主义运动由与军队和跨国公司有关联的学者、企业家和金融家组成。根据他的说法，它将会代表一种"遮羞布"，隐藏这些主体的经济和战略利益，以及军队、跨国公司想要使社会不平等永久化的意图。DARPA——美国国防高级研究计划局（Defense Advanced Research Programs Agency），负责军事研究的美国联邦机构——会资助数十个正好是受奇点主义者的高科技梦想启发的项目。[11] 然而，"奇点主义者"（Singularitarian）这一术语原本是由外熵主义思想家马克·普拉斯（Mark Plus）——真名为马克·波茨（Mark Potts）——在 1991 年创造的[12]；不过这一理念的起源更为复杂，对此我们将在适当的时候予以处理。

10　R. M. Geraci, *Apocalyptic AI: Visions of Heaven in Robotics, Artificial Intelligence, and Virtual Reality*, Oxford: Oxford University Press, 2012.

11　参见 D. Correia, "If Only Glenn Beck Were a Cyborg", *Counterpunch* September 15, 2010。http://www.counterpunch.org/2010/09/15/if-only-glenn-beck-were-a-cyborg/.

12　马克斯·莫尔创立的这一运动因其一些非常"美国"的方面而脱颖而出，即一种对秘密社团、口号和联想符号系统着迷的文化的典型方面。尤其是在他们中间对虚构名字的采用——比如马克斯·莫尔、汤姆·莫罗和马克·普拉斯——以及一种特殊的握手，象征着他们对未来的热情。参见 E. Regis, "Meet the Extropians", *Wired* October 1994。http://www.wired.com/wired/archive/2.10/extropians.html.

"技术盖亚主义"代表着所谓"亮绿色环保主义"的化身,这是美国作家和未来学家亚历克斯·斯特芬(Alex Steffen)创造的一个术语,指的是解决当前不断增长的环境问题的一种路径,它首先基于新技术的发展和现有设计的改进——在生态兼容的意义上。技术盖亚主义者的目标是使用一种超人类主义类型的技术来积极恢复生态系统。除了支持替代能源(氢等),技术盖亚主义者尤其希望使用生物和纳米技术来修复迄今为止人类对环境造成的破坏。与提倡在不同程度上放弃技术的激进环保主义者相反,技术盖亚主义提倡更好地利用技术,不妨碍目标必须是保护生态环境这一事实。技术盖亚主义者最为钟爱的技术之一无疑是生物圈的技术,即旨在建立对科学实验有用的封闭生态系统的所有项目——例如亚利桑那大学运营的"生物圈2"项目就是这种情况。[13] 众所周知,超人类主义者倾向于想法远大,这就是为什么超人类主义者首先是所谓地球化(terraforming)的爱好者。地球化是一套技术实践(目前还是纯理论的),在或近或远的将来,它允许我们改变太阳系的这颗或那颗行星的大气层及其地表的所有物理-化学参数,从而使得它们能够容纳生命——当然是从地球引入的生命,尤其是人类。过去,很多学者都曾兴致勃勃地——当然是在纸面上——创造过一个或多个地球化的程序,特别是关于火星和金星,甚至连卡尔·萨根(Carl Sagan)也玩过一阵这种智力游戏。[14] 对于超人类主义思想家詹姆斯·休斯(James Hughes)来说,技术盖亚主义的一个例子是维里迪安设计运动(Viridian Design Movement)。该运动由赛博

---

13 参见 http://en.wikipedia.org/wiki/Biosphere_2。

14 参见 C. Sagan, *The Cosmic Connection: An Extraterrestrial Perspective*, Cambridge: Cambridge University Press, 2000。

第二章 / 新的巴别塔

朋克科幻作家布鲁斯·斯特林（Bruce Sterling）于1998年发起[15]，它将环境设计、技术进步主义和全球公民的理想融为一体。[16] 维里迪安设计运动的其他成员包括前面提到过的亚历克斯·斯蒂芬和超人类主义者贾迈斯·卡西奥（Jamais Cascio）。然而，在2008年，斯特林正式结束了这一运动，因为他的想法现在已经成为生态思想的一个固有部分。此外，休斯还把一些人算作帮助我们了解技术盖亚主义者的参照点，其中包括美国生态学家、《治理进化：政治动物的进一步冒险》(*To Govern Evolution: Further Adventures of the Political Animal*) 的作者华尔特·特鲁特·安德森（Walter Truett Anderson），以及亚利桑那大学的生态学家、《双赢的生态学：地球上的物种可以在人类的事业中生存》(*Win-Win Ecology: The Earth's Species can Survive in the Midst of Human Enterprise*) 的作者迈克尔·L. 罗森茨威格（Michael L. Rosenzweig），后者这本书是所谓"和解的生态学"的基本文本，这种生态学路径旨在推进人类控制的生态系统内的生物多样性。我们提到了詹姆斯·休斯，他是所谓"民主超人类主义"（Democratic Transhumanism）的推动者，这个术语指的是所有像他一样坚持一种通常是左翼的、社会主义或者民主观念的超人类主义思想家——这里的"民主"是美式意义上的。对于民主超人类主义者来说，最高理想是个人和集体的幸福，其实现路径是承担起对通常决定我们生活的自然和社会力量的理性控

---

15 除了做其他事情，斯特林还是小说《分裂矩阵》(*Schismatrix*) 的作者，他在其中构想了一个未来的太阳系，分为两个物种，"机械师"（mechanists，被转化为赛博格的人类）和"塑形者"（shapers，通过基因工程得到增强）。在这里，他引入了一个想法，即在未来人类将能够把自己分裂为更多后人类物种，彼此迥异。参见 B. Sterling, *Schismatrix*, New York: Ace Books, 1986。

16 http://www.viridiandesign.org/manifesto.html。

制。在民主超人类主义的理念中，我们会想到非人类中心的人格理论——它把相同的本体论地位赋予任何类型的心智，包括人工的后人类心智——以及对社会福利国家的支持，特别是公共卫生，被视为将超人类主义者所期望的技术增强民主化的最佳途径。更笼统地说，民主超人类主义想要让乌托邦倾向恢复尊严（至少在休斯的意图中是如此），在那么多政治思想中存在的乌托邦倾向却在20世纪末这种或那种意识形态造成血腥和专制后果之后被隔离。在这方面，休斯提出了一个有趣的观察，即从历史上看，发生过不止一次幻想作品启发了很多政治运动的情况：所以，爱德华·贝拉米（Edward Bellamy）的乌托邦小说《回顾》（*Looking Backward*）启发了19世纪末很多活跃在美国的社会主义团体，而艾茵·兰德（Ayn Rand）的幻想哲学小说《阿特拉斯耸耸肩》（*Atlas Shrugged*）则启发了盎格鲁-撒克逊式的自由意志主义（Liertarianism）。同样地，乌托邦超人类主义可以受到最复杂的科幻作品的启发，用它们来阐述场景和评估选项。目前，民主超人类主义是WTA的主导流派；其主要拥护者包括贾迈斯·卡西奥、乔治·德沃斯基、马克·艾伦·沃克（Mark Alan Walker）、玛蒂娜·罗斯布拉特（Martine Rothblatt）、拉梅兹·纳姆（Ramez Naam）、里卡多·坎帕和朱利奥·普里斯科（Giulio Prisco）。尽管埃斯凡迪亚里声称自己既不右也不左，但事实上，从他的进步主义思想来看，我们也可以把他列入这个名单。

正如你可以想象的，"自由意志超人类主义"（Libertarian Transhumanism）终于把超人类主义和自由意志主义的理想联合在一起了——这让我们想到负熵主义者早期对"自发秩序"概念的使用带有无政府—资本主义的味道。有点类似于他们的"非超人类主义"（non-Transhumanist）表亲,自由意志超人类主义者把他们对事物的看法建立在个人是现实的中心这一观念上,也建立在伴随而来的利己主义和理性的伦理观上,后者想要把国家在社会生活中的作用降至最低。威斯敏斯特大学的媒体理论家理查德·巴布鲁克(Richard Barbrook)和安迪·卡梅伦(Andy Cameron)把自由意志超人类主义者和他们所命名的加利福尼亚意识形态联系起来,我们在前面已经提到过加利福尼亚意识形态,其立场很好地体现在《连线》(Wired)杂志中——至少这二位这样认为。[17] 对自由意志超人类主义者——这些人在很多情况下是对心智上传有着浓厚兴趣的计算机科学专家——的另一种批评是,他们会被一种"身体厌恶"所驱动,这个术语由批评家和记者马克·德里(Mark Dery)创造,正是被用于表示他们被指逃离"肉体傀儡"进入虚拟世界的欲望。[18] 在主要的自由意志超人类主义者中,我将提到为自由意志主义杂志《理性》(Reason)工作的罗纳德·贝利(Ronald Bayley)[19],以及格伦·雷诺兹(Glenn Reynolds),他是田纳西大学的法学教授,也是著名博客 Instapundit 的所有者。[20]

我们前面已经说过,超人类主义可以和任何接受其原则的意识形态混合;这首先适用于进步主义意识形态,但不限于此。例如,法国和意大利的"超人主义者"(Superhumanists)就是这种情况,他们指的是阿兰·德·贝努瓦(Alain de Benoist)的新右派(Nouvelle Droite)、乔

17　参见 http://www.imaginaryfutures.net/2007/04/17/the-californian-ideology-2。

18　参见 M. Dery, *Escape Velocity: Cyberculture at the End of the Century*, New York: Grove Press, 1997。

19　http://reason.com/。

20　http://pjmedia.com/instapundit/。

治·洛基（Giorgio Locchi）的思想和纪尧姆·费耶（Guillaume Faye）的"考古未来主义"（Archeofuturism）——基本上是激进右派。[21] 或者想一想保守派，他们的观点得到了同时也是进步主义者的尼克·博斯特罗姆的捍卫；对于他来说，可以想象超人类主义的修改或者增强的目的在于促进传统价值观，例如夫妻关系和家庭。在这个意义上，还有过一项被命名为"保守主义加"（Conservatism Plus）的政治提案的尝试。[22] 而且在这个名单上，也有无政府主义者，他们希望通过无政府—超人类主义为"社会和技术的起义"做准备。[23] 最后，超人类主义者似乎还设法在意大利议会"安放"了一名他们的人——直到 2013 年 3 月 14 日，即他的任期结束日；我们说的是与意大利价值党（Italia dei Valori Party）一起当选的朱塞佩·瓦蒂诺（Giuseppe Vatinno）。

基本上，超越所有的理论纷争和政治流派，超人类主义者创建了很多协会、研究所和智库，现在让我们来看看它们。

2.4 穿越超人类主义星系的旅程

超人类主义的社会宇宙是非常清晰连贯的，以至于让基地组织都会感到嫉妒：我们在此只会列出最重要的团体和机构，或者至少是最令人好奇的那些，把在超人类主义者这些年来设法建立的网站、博客、脸书页面、论坛和虚拟协会的复杂网络中迷失的乐趣留给您。

21　http://ieet.org/index.php/IEET/more/hughes20091004.

22　http://conservatismplus.ning.com/.

23　http://anarchotranshumanism.com/.

第二章 / 新的巴别塔

人类+

最著名和最广泛传播的超人类主义组织是世界超人类主义协会——现在的人类+[24]。这是一个由尼克·博斯特罗姆和大卫·皮尔斯于1998年创建的非营利组织,旨在促进超人类主义在政治和学术界的存在。不同于其他超人类主义者的极端乐观,人类+的驱动力是渴望理解和管理可能会反对他们想要发展的增强技术的开发和传播的社会力量。1998年,与该组织同时创立的是学术期刊《超人类主义杂志》(*Journal of Evolution and Technology*),该刊2004年更名为《进化与技术杂志》。[25] 与此同时,《H+杂志》也启动了,这是一份报道超人类主义思想和新闻的季刊。[26] 然后还有被命名为"超愿景"(TransVision)的年会在全世界不同城市举行:1998年在荷兰,1999年在斯德哥尔摩,2000年在伦敦,等等。其最有名的会员包括娜塔莎·维塔-莫尔、本·戈策尔(Ben Goertzel)、尼克·博斯特罗姆、大卫·皮尔斯、乔治·德沃斯基、朱利奥·普里斯科、詹姆斯·休斯、奥布里·德·格雷、马克斯·莫尔和迈克尔·阿尼西莫夫(Michael Anissimov)。人类+由遍布五大洲的数十个当地团体组成;显然,国家团体包括数个本地分部。从数量上看,这个协会目前有大约六千名会员,分布在一百个国家——包括埃及和阿富汗等国家。最后,还有一个青年和学生协会,即超人类主义学生网络(Transhumanist Student Network)。[27] 如果你想加入,记住会员费相当于每个月4.99美元。

---

24 http://humanityplus.org/.
25 http://jetpress.org/.
26 http://hplusmagazine.com/.
27 http://www.transhumanism.org/campus/.

负熵学会

在为第一个欧洲人体冷冻组织——米扎有限公司（Mizar Limited），后来更名为阿尔科英国（Alcor UK）——的成立出力后，马克斯·莫尔于1987年搬到了洛杉矶的南加州大学。在那里的第二年，他出版了《负熵：超人类主义思想杂志》（Extropy: The Journal of Transhumanist Thought），该杂志聚集了长寿主义、基因工程、纳米技术、机器人技术和一般超人类主义思想的学者和爱好者。从这本《负熵》杂志开始，莫尔和汤姆·莫罗随后创立了负熵学会，这个非营利组织旨在充当超人类主义支持者的信息和聚集中心。从政治和哲学的视角来看，该学会的目标是制定一套有利于朝向后人类的技术-科学进步的原则和价值观。1991年，负熵学会推出了一个邮件列表，并于1992年开始组织关于超人类主义的第一个会议。后来，附属于该学会的地方团体在世界各地涌现，它们组织会议、派对、讨论等等。负熵学会能够广泛利用互联网的诞生和全球传播。随后，学会把它的活动与类似的超人类主义协会的活动交织在一起。正如前文提到的，2006年董事会决定解散该组织，因为它认为学会的目标大体上已经达成。[28]

特雷塞运动

从官方哲学、传播风格和网站美学来看，特雷塞运动（The Terasem Movement）令人联想到一些类宗教的新时代组织。[29] 事实上，该组织旨在教育公众需要通过纳米技术和"个人的网络意识"来延续人类生

28　http://www.extropy.org/.

29　http://www.terasemcentral.org/.

第二章 / 新的巴别塔

命——这是该运动的强项,对此我们将稍后解释。特雷塞运动于2002年发起——总部位于佛罗里达州的墨尔本比奇(Melbourne Beach)。2004年,一个平行的组织特雷塞运动基金会(Terasem Movement Foundation)加入该运动。[30] 二者的创始人都是玛蒂娜·罗斯布拉特,原名马丁·罗斯布拉特(Martin Rothblatt),一位美国律师和企业家。事实上,特雷塞运动不乏神秘和宗教层面要素,它自称是一种"超宗教"(trans-religion),并明确谈到"信仰"。事实上,坦率地说,信仰不在于崇拜或者向神祈祷,而是在于创造一个神。其想法是创造自我复制的机器在宇宙中传播,这样它们会以指数级的速度积累知识并利用知识把随机分布和组织的物质与能量转化为智能和均匀分布的物质与能量;这将导致一个宇宙网络的创建,后者能够充当控制物理宇宙的力量。这种真正的"集体意识"应当逐渐接近全能、全知和无处不在,实际上等于创造了我们的传统的仁慈的上帝。简而言之,这是可以和费多罗夫媲美的雄心壮志。

不过目前,特雷塞专注于保存人类意识,这就是CyBeRev项目开始发挥作用的地方。一切都基于"比因"(beme)概念,这是由罗斯布拉特以类似于基因(gene)和模因(meme)的形式创造的概念。它指的是存在的基本的统一。不同于在文化上可传播和变化的模因,比因是高度个体化的元素,比如人格、特征、习惯性手势、感觉、记忆、态度、价值观和信仰的方方面面。该项目的目标是测试单个人的真正意识与同一个人的数字再现(digital representation)之间的可比性,这种数字再现是通过使用含有本人的心理轮廓的特殊软件来创造的——软件由专业的心理学家专门开发。项目的最终目标是以一定的可靠性保存某个

---

30 http://www.terasemmovementfoundation.com/.

人的信息，以便在将来实现恢复或者复制。项目的参与者可以以多种不同形式（照片、视频、文本、录音、列表储存关于自己的信息），还可以进行密集的人格测试。

伦理与新兴技术研究所

2004年，尼克·博斯特罗姆和詹姆斯·休斯创立了伦理与新兴技术研究所，旨在建立一个技术-进步主义的智库，以便有助于了解新兴技术将对个人和社会产生的影响。此外还增加了一个更有雄心的目标，即影响有利于上述技术收益的民主分配的公众政策的制定。伦理与新兴技术研究所隶属于人类+，于是负责《进化与技术杂志》的出版。该研究所运作的领域有："人权"概念的扩展，识别未来我们的文明所面临的威胁，管理——包括本人在内的一些人可能会说消除——对长寿主义的反对意见，打击年龄歧视和对能力缺失者的歧视（即基于年龄或针对残疾人的歧视），以及最后，发展与后人类以及我们可能将会创建的非人类智能相关的积极、消极和中性的设想情景。

人类未来研究所

这是一所与牛津大学哲学系以及牛津大学马丁学院（Oxford Martin School）相关联的研究所，创建于2005年，致力于预测以及未来技术。人类未来研究所由尼克·博斯特罗姆管理，旨在针对对人类至关重要的一些问题进行跨学科研究，例如未来技术对人类状况的影响或者未来可能发生的全球性灾难。[31]

---

31 http://www.fhi.ox.ac.uk/.

玛土撒拉基金会

玛土撒拉基金会由奥布里·德·格雷和大卫·戈贝尔（David Gobel）于2000年创立，它是一个旨在开发大幅延长人类寿命的方法的非营利组织。[32] 该组织位于弗吉尼亚州的斯普林菲尔德（Springfield），其主要活动是管理 M 奖（MPrize，也被称为玛土撒拉老鼠奖 [Methuselah Mouse Prize]），该奖项颁给那些为对抗衰老进程做出重大贡献的人。具体说来，该奖项包括两个类别：第一类面向那些能够显著延长经典的实验室老鼠的总预期寿命的人，第二类涉及那些设法在基因上操纵中年老鼠，使其显现出年轻迹象的人。这显然是一项仍在开放的竞赛，因为总是有一些新的研究团体有望超越之前的记录。南伊利诺伊大学卡本代尔分校（Southern Illinois University in Carbondale）研究员安杰伊·巴特克（Andrzej Bartke）目前拥有这一殊荣——在基因上阻止生长激素受体，后者也在衰老进程中发挥作用。他成功使得一只豚鼠达到1819天的寿命——几乎相当于五年。玛土撒拉基金会也参与到其他项目中，其中一个项目涉及 Organovo 公司[33]，这是一家圣地亚哥的生物技术公司，专门从事再生医学；德·格雷的基金会希望和它一起，从患者的 DNA 开始，通过 3D 打印创造出新的器官。在玛土撒拉基金会慷慨的资助人中，我们要再次提到彼得·蒂尔，他在 2006 年捐赠了 350 万美元。

SENS 研究基金会

2009年，德·格雷创建了另一个基金会，即位于加州山景城（Mountain

32　www.methuselahfoundation.org.

33　http://www.organovo.com/.

View)的 SENS 研究基金会（SENS Research Foundation）。[34] 这个新组织接管了玛土撒拉基金会的大部分研究活动，并致力于在主流研究的世界推广 SENS 项目。我们将看到，后者代表着超人类主义者最有组织的对抗衰老以及——尽管他们低声说出来，以免让公众感到不安——死亡的提议。SENS 研究基金会因此具有双重目标，包括教育和研究。他们的研究除了在研究所进行，还与各种美国和非美国的大学合作进行，如耶鲁大学、哈佛大学、剑桥大学。该基金会的研究活动分为七个不同的行动计划，每一个计划都针对一种类型的生物损伤，根据德·格雷的说法，这些生物损伤是衰老进程中所包含的；针对其中每一个，基金会始终保持至少一个或两个项目正在实施。令人好奇的是：SENS 研究基金会的资助者之一是著名的职业扑克牌选手贾斯汀·博诺莫（Justin Bonomo），他决定把他所赢奖金的百分之五捐赠给该组织。

前瞻学会

作为超人类主义的一段重要的历史，前瞻学会（Foresight Institute）是一个推进纳米技术的组织；或者更确切地说，是推动分子组装机的创造和使用，这种纳米机器能够在原子和分子水平上操控物质，K. 埃里克·德雷克斯勒（K. Eric Drexler）对其进行了理论建构。[35] 事实上，正是后者于 1986 年创建了该学会，将其总部设于加州帕洛阿尔托，并开始进行超人类主义协会的通常活动，从会议到出版物再到邮件列表。在前瞻学会颁发的奖项中，有费曼奖（Feynman Prize），其中包括几个

---

34 http://www.sens.org/.

35 http://www.foresight.org/.

理论和实验类别；还有费曼大奖（Feynman Grand Prize），颁发给那些创造出两台能够进行精确的纳米级定位和计算的分子机器的人，奖金金额达 25 万美元。与该基金会同时成立的还有两个孪生组织，分别为分子制造研究所（Institute for Molecular Manufacturing）和技术中的宪法问题中心（Center for Constitutional Issues in Technology）。

负责任的纳米技术中心

坐落于加州门洛帕克（Menlo Park）的负责任的纳米技术中心（Center for Responsible Nanotechnology）[36]是由生物学家迈克·特里德（Mike Treder）和加州纳米技术专家克里斯·菲尼克斯（Chris Phoenix）于 2002 年创立的一个智库，其目的是分析与纳米技术相关的社会影响，尤其是相关风险——其想法是，德雷克斯勒理论构想的纳米机器的到来注定会比我们认为的早得多，所以我们必须避免措手不及。菲尼克斯和贾迈斯·卡西奥目前正在管理这个智库。

机器智能研究所

科学技术进步正在加速，这将把我们的世界引向一个技术奇点，这样的观念也催生了一些专门的智库。机器智能研究所（Machine Intelligence Research Institute）当然在其中出类拔萃。[37] 该组织 2000 年成立于加州伯克利（Berkeley），旨在开发一种不会对人类构成风险的人工智能——例如，不会导致"终结者场景"的人工智能。该研究所基于的

36　http://crnano.org/.

37　http://intelligence.org/.

是其联合创始人埃利泽尔·尤德科夫斯基（Eliezer Yudkowsky）阐述的一种友好的人工智能模式。该智库最早被称为人工智能奇点研究所（Singularity Institute for Artificial Intelligence），现在的执行董事是卢克·莫尔豪泽（Luke Muehlhauser），其董事会成员包括尼克·博斯特罗姆、奥布里·德·格雷、彼得·蒂尔和雷·库兹韦尔（Ray Kurzweil），他们2007—2010年轮流担任执行董事。尤德科夫斯基和他的同事们为之工作的理念是所谓的"种子人工智能"（Seed AI），这种人工智能能够逐渐改进其设计，直至达到超人的智能，而且在研究所的意图中，到时候这种智能应该已经被校准为不违背宪法的。该研究所每年都会举行会议，即奇点峰会（Singularity Summit）[38]，这一活动2006年在斯坦福大学首次举办，后者也是其赞助者之一。

奇点大学

尽管取了这样的名称，奇点大学（Singularity University）[39]并不是一所经过认证的学术机构，而是一个慈善组织（至少它是这样注册的），旨在提供可以补足传统美国学术道路的课程——当然是在超人类主义的意义上。奇点大学由X奖基金会（X-Prize Foundation）的创始人彼得·迪阿曼迪斯（Peter Diamandis）和雷·库兹韦尔于2009年创立，位于加州莫菲特菲尔德（Moffett Field），美国国家航空航天局研究园内，实际上就在硅谷。它提供的课程——通常是入门性的——非常丰富，从未来的研究到管理，从生物技术到纳米技术，从机器人到医学。教

38　http://singularitysummit.com/.

39　http://singularityu.org/.

职工包括来自各个领域的专家以及很多最受欢迎的超人类主义者。学术课程的范围从为期十周的研究生课程——从6月到8月，收费相对较低，两万五千美元——到为管理人员提供的密集课程，以及许多其他项目。另外还有奇点大学实验室（Singularity University Labs），这是一家与奇点大学相关联的初创企业，希望充当本地初创企业的孵化器和聚会点，为它们提供创业培训课程和激发未来技术出现与应用的聚会场所。该研究所的资助者名单相当不俗：从谷歌到诺基亚，从欧特克（Autodesk）到领英（LinkedIn），从X奖基金会——那些想要推动太空私人旅行的人——到基因泰克（Genetech）。

加速研究基金会

加速研究基金会（Acceleration Studies Foundation）是由美国未来学家约翰·斯马特（John Smart）创立的位于加州山景城的非营利组织。从我们社会的技术进化正在加速的前提出发，该组织提议绘制这一过程，制定出战略以便支持最有前景和最积极的技术，并放慢或者在任何情况下控制具有潜在危险的技术。其捐赠者包括无处不在的彼得·蒂尔。

阿尔科和她的姐妹们

然后就是人体冷冻的组织了，我们在这里只会简要提及它们，因为我们将在另一章对它们有更多的讨论。如果你喜欢永生的想法，但是你不认为你能实现它，那么你可以选择签订一份"人体冷冻保存合同"，在合同中你基本上选择了在临床死亡的那一刻被冷冻，期望着在或远或近的未来，后人类的科学能让你起死回生。因此，在亚利桑那州的斯科茨代尔（Scottsdale），我们有阿尔科生命延续基金会（Alcor Life Extension Foundation）[40]，它是这类组织中最大的；而在密歇根州则有人体冷冻研究所（Cryonics Institute）[41]，它的创始人不是别人，正是整个人体冷冻运动之父罗伯特·埃丁格。美国人体冷冻协会（American Cryonics Society）的总部设在加州库比蒂诺（Cupertino）[42]；该协会与人体冷冻研究所有关联，主要服务于教育和研究目的。同样在加州，穿梭时光公司（Trans Time Inc.）[43]的总部位于圣利安卓（San Leandro）。而在莫斯科附近，你会发现美国之外的唯一的人体冷冻保存机构 KrioRus。[44]

除了实在的人体冷冻组织，还有其他相关的协会，比如永生主义者协会（Immortalist Society）[45]，它同样由埃丁格创建，同样位于密歇根州，也同样服务于教育和研究目的。另外一个相关组织是布鲁斯·克莱因（Bruce Klein）于 2002 年创立的永生学会（Immortality Institute）[46]，它以信息为目的——收集和分发关于人体冷冻和长寿的信息，以及与所有致力于生命延续的超人类主义组织建立结构性关系。该学会还资助小规模实验（通过向会员筹款）并推广一种以众包方式开发的复合维生素制剂 Vimmortal（实际上是收集协会论坛参与者的所有建议）。尽管他们的使命相当明确（"击败非自愿死亡的祸害"），在 2011 年，该协会选择更名为"长寿城"（Longecity），以防提及永生会在科学界和公众中

---

40 http://www.alcor.org/.

41 http://www.cryonics.org.

42 http://www.americancryonics.org.

43 http://www.transtime.com/.

44 http://www.kriorus.ru/en.

45 http://immortalistsociety.org/.

46 http://www.longecity.org/forum/page/index.html.

产生疑虑。最后，我们还有有趣的大脑保存基金会（Brain Preservation Foundation）[47]，由肯尼斯·海华丝（Kenneth Hayworth）和约翰·斯马特创立，前者是霍华德·休斯医学研究所（Howard Hughes Medical Institute）的一位连接组学（connectomics）专家——这是一门探索与绘制神经细胞连接组的学科。就这个基金会而言，其目标是推动长期保存整个大脑的科学研究，在纳米级别保存大脑组织。类似于其他机构，该机构也设有奖项，即大脑保存技术奖（Preservation Technology Prize），颁给成功开发出一种价低、可靠且可用的外科手术用于保存我们大脑突触（synapses）的99.9%结构连接的人。

上升者联盟

一个特别让我们感兴趣的组织是上升者联盟（Ascender Alliance）——它曾经在雅虎有一个专门的讨论小组，但是现在已经消失了。它由英国未来学家和负熵主义者阿兰·波廷格（Alan Pottinger）创建，是首个专注于残疾人的超人类协会，其使命是消除政治、文化、生物和心理上对自我实现和赋权的限制。然而，上升联盟不仅强烈反对经典优生学（这也是被其他超人类主义者拒绝的），还反对任何对人类基因组的永久修改。本质上，波廷格想要人们尊重残疾人的特殊性，希望任何改变或者加强都是出自每个人的有意识的选择，而不是在受孕前由其他人强加的决定——或者用他的话说，自决权在受孕前就开始了。产前操作唯一可以接受的情况是当需要防止危及胎儿生命的身体或者精神缺陷的时候。如果残疾必须被消除，那么必须以让直接相关人员

47　http://www.brainpreservation.org/.

选择的方式进行。我们可以看到,这是一些棘手的问题。不过,有趣的是,正如德沃斯基所主张的,能够通过技术来弥补残疾的残疾人可以被视为后人类的典范;或者更好地说,从增强的视角来看,他们处于前沿,因为他们对于人机混合抱有更开放的心态,而且因此可能成为未来高科技人类增强的最大支持者之一。此外,由于残疾人习惯使用铰接式装置,他们可能比一般人更倾向于接受明显偏离通常被普遍接受的美学标准的身体变化。[48]

超乌托邦

你有没有梦想过退隐到一个你自己的岛屿上,在那里你可以过上平静的生活?没有吗?那么好吧,超人类主义者这样做过。超人类主义天生是乌托邦的,它不能忽视传统的乌托邦思想和所有在历史上曾经试图设计一个完美社会的思想家,以及所有那些在世界各地真的试图实现这些社区的人。超乌托邦岛屿项目(Transtopia Island Project)[49]基本上涉及集合一定数量的志愿者并在巴哈马或者其他地方集体购买一个岛屿,以创建一个国际超人类主义社区(既是为了好玩,也是为了赚些钱),以及最后,当世界其他地方陷入混乱之中时确保一个生存之地。如果一切顺利,那么你可以考虑扩大社区,创建一个浮岛(事实上是一个人造平台),这将导致形成一个"微型国家"(micronation),这个术语指的是非常小的领土实体(有时候是被石油公司遗弃的简单

---

[48] G. Dvorsky, "And the Disabled Shall Inherit the Earth", *Sentient Developments* September 15, 2003. http://www.sentientdevelopments.com/2003/09/and-disabled-shall-inherit-earth.html.

[49] http://www.transtopia.net/.

第二章 / 新的巴别塔

平台)在某个时刻宣布独立,通常不被国际社会承认。[50] 作为对这种微型国家的替代,超乌托岛屿项目考虑过所谓的"自由舰队"(Freedom Flotilla);在这种情况下,这个项目涉及购买几艘船只,并把它们注册在一些确保行动自由的离岸避风港的旗帜下。实际上,它的目标是实现一种"永久的移动基地",目前我们没能收集到太多关于坚持这一项目的超人类主义者的数据;在我们看来,相比于主流超人类主义,这是一个相对边缘的运动,它为自己选择了"普罗米修斯计划"(Prometheism)[51]这个名称。实际上,这个团体接近生存主义者或者"准备者",是一个非常多样化的国际运动,主要存在于英国和美国——专注于在各种灾难中生存下来,不管是自然的还是人为的灾难。这一运动主要在20世纪60年代发展起来(面对核威胁),包括几份杂志、课程、技术和参考文献作者——其中包括科幻小说作家杰瑞·波奈尔(Jerry Pournelle)。有许多真正的人生哲学的追随者:从最极端的自由意志主义者——反对任何国家形式,喜欢孤立——到美国右翼团体,到等待世界末日的基督教基要主义者,再到阴谋论者。特别多手册(包括书籍,通常相当政治不正确)解释如何伪造自己的文件,如何逃避这种或那种监控技术,怎样为核灾难做好准备,诸如此类。[52] 无论如何,乌托邦岛屿社区的想法一定会取悦即使是最正统的超人类主义者,

---

50 有许多,或者说曾经有许多微型国家,其中一些发行了自己的货币。微型国家的名单可以在维基百科上找到,或者,如果你更喜欢,可以在以下网址找到:http://www.dmoz.org/Society/Issues/Micronations/。

51 http://www.prometheism.net。

52 如果你想对这些主题了解更多,你可以看一看生存准备指数(survival preparedness index)。参见 http://www.armageddononline.org/disaster-prep-help.html。

因为像本·戈策尔这样的主流超人类主义者在推动它；后者最近提议召集 15000 名超人类主义者，组织大量资金，用它们来偿还南太平洋上的独立小岛瑙鲁的债务。作为回报（至少按照戈策尔的意图），岛上的居民将同意接待上述超人类主义者，这些人将能够重新安排这个小国并将其转化为一个超乌托邦。[53]

生物好奇及相关公司

刚刚诞生的时候，计算机是占据整个房间的巨大设备，而且只能由具有专业技能的人士操作。后来，技术进步不仅缩小了它们的体积，而且让它们更容易使用，以至于今天每一个人都知道如何操作个人电脑，至少是在初级程度上。现在，生物技术中似乎也发生了同样的情况；实验室设备的价格已经暴跌（特别是二手设备，可以在易贝 [eBay] 和专门的网站上找到），因操作技术（至少是最基本的）已经被简化和标准化到有人甚至决定把它们变成一种业余爱好的程度。因此，几位普通公民决定在他们的车库建立一个配置大致齐全的生物技术实验室，来执行这项或者那项操作——比如创造荧光细菌，用于"活的"艺术作品，以便感觉自己成为正在进行中的生物技术革命的一部分。于是，"车库生物学"运动诞生了，也被称作 DiyBio，即自己动手生物学（Do-It-Yourself Biology）：没有特别的学术资格的人——有时候是生物技术专业的大学生——也能单独或者以小组的方式修改简单的生命形式，也许会培育出日后创业的梦想。如果我们愿意，这一运动

---

[53] B. Goertzel, "Let's Turn Nauru Into Transtopia", October 13, 2010. http://multiverseaccordingtoben.blogspot.it/2010/10/turning-nauru-into-transtopia.html.

第二章 / 新的巴别塔

诞生的"正式"年份是 2008 年,当时波士顿的两位车库生物学实践者麦肯齐·考威尔(Mackenzie Cowell)和杰森·波比(Jason Bobe)创建了 DiyBio,这是一个汇集了业余爱好者、艺术家和企业家的网络;随后该组织在全球传播,影响之一是导致其他几个美国分支的诞生,比如旧金山的生物好奇(Biocurious & Co)[54]和纽约的基因空间(Genspace)或者生物技术无国界组织(Biotech Without Borders)。车库生物学与黑客的世界和语言保持着明显的联系——只要想一想 DiyBio 从业者用来指代自己的术语,即"生物朋克"(biopunk),类似于赛博朋克。一些车库生物学家的目标是有朝一日创建生物科学版的文件共享程序,就像电骡(E-mule)或者 Torrent,但是以基因操作为中心——而其他人则致力于创建开源实验室工具。当然,这里也不乏危险——尽管危险性不高,毕竟业余爱好者肯定接触不到危险的病毒。出于这个理由,旧金山的生物好奇要求并取得了公共和受控制区域的创建权利,自己动手生物学的业余爱好者可以在这个区域完全安全地进行简单的操作,远离潜在的生物恐怖分子。目前,业余爱好者可以测试从他们自己的唾液中提取的 DNA,或者修改简单的微生物——因此不要指望从这些业余的实验室得到癌症之类的解药;不过将来,他们或许能做更有用的事情,例如提取或者储存他们的干细胞用于治疗。那么,超人类主义者和生物黑客有什么关系呢?这两个运动常常倾向于重叠(也就是说,一个运动的成员往往和另外一个的成员有联系或者认同),而且自己动手生物学代表着超人类主义者的一种愿望,即不把自己的生物命运交由他人掌控,而是试图以某种方式自己来掌控它。

---

54 http://biocurious.org/.

宇宙工程师教团

这无疑是最有远见的——有些人会称之为"疯狂的"——超人类主义组织。宇宙工程师教团（Order of Cosmic Engineers）[55]是一群活动家，其目标是"将宇宙转变为一个魔法领域"，或者更确切地说，是"在目前神或众神缺失的宇宙中制造魔法"。简而言之，他们是无神论者，但是渴望在或远或近的未来创造一个上帝。其基本想法实际上是捍卫超人类主义的激进性，反对任何使它"飞得低"、政治正确、温和、只专注于当下问题的尝试。简而言之，这些宇宙工程师不是一个认真寻求创造上帝并把魔法传遍宇宙的团体，而是相当热衷于培养和维持超人类主义具有远见和想象力的方面，使其保持活力、生机勃勃。他们的概念起点是阿瑟·C. 克拉克经常被引用的"第三定律"："任何足够先进的技术都与魔法无异。"[56]他们对人类状况的看法显然是悲观的——事实上，是彻头彻尾的虚无主义：对于这些工程师来说，人类发现自己被遗弃在寒冷、残酷、冷漠的宇宙中的一个小小的、多水的角落，这还是当宇宙没有表现出公开的敌意的时候。与此形成鲜明对比的是，他们的目标——至少是他们宣称的——极其有雄心：将智能注入遍布宇宙的无生命的物质中，它们将被优化以进行计算；一切关于现实的起源、性质、目的和命运的最终问题的答案；创造具有可控物理参数的新宇宙。尽管宇宙工程师们使用的语言让人联想到一个类似于玫瑰十字会或者共济会的入会团体（比如说，其董事会成员已经

---

[55] http://cosmeng.org/. 目前（2019年），该网站似乎不再处于活动状态。

[56] 参见 A. C. Clarke, "Hazards of Prophecy: The Failure of Imagination", in *Profiles of the Future: An Inquiry into the Limits of the Possible*, New York: Harper & Row, 1973, pp. 14, 21, 36。

承担起"建筑师"的头衔,仿佛要勾起对"共济会"宇宙的"大建筑师"的联想),他们反复申明,他们既不是一种宗教,也不是一种信仰、崇拜或教派。相反,他们把自己定义为处于超人类主义协会、精神运动、倡导太空事业的团体、文学沙龙和智库的中间地带。然而他们确实类似于一种"非宗教"(non-religion),提供了与宗教相同的好处,却免于宗教的消极和蒙昧主义方面。

2.5 超人类主义,就是永远不要让任何事情保持未尝试状态

如果一颗小行星击中你的头部,或者你被其他任何可能使我们像恐龙一样终结的事件——甚至更糟,被毁灭我们的脆弱星球的事件——所消灭,那么获得永生的目的是什么呢?这种反思也不禁会出现在超人类主义者的脑海中,这些人不喜欢糟糕的意料之外,倾向于比普通人更加积极主动,评估每一种可能性。这是他们的答案:救生艇基金会。我们打算把这单独一节专门给这个组织,因为它似乎代表着超人类主义精神的一个典型方面。这个方面很值得强调:习惯于考虑任何可能性。

救生艇基金会[57]是一个智库,尽管它并没有明确表明自己是超人类主义的,实际上却包括几乎所有这一运动中的"顶尖"人物——以及大量在科学和技术的各个领域有着或多或少知名度的研究人员。在超人类主义者中,我们有迈克尔·阿尼西莫夫、何塞·路易斯·科尔

---

57 http://lifeboat.com/ex/main.

代罗(José Luis Cordeiro)、奥布里·德·格雷、小罗伯特·A. 弗雷塔斯(Robert A. Freitas Jr.)、乔治·P. 德沃斯基、特里·格罗斯曼(Terry Grossman)、J. 斯托斯·霍尔(J. Storrs Hall)、雷·库兹韦尔、大卫·皮尔斯、迈克尔·佩里(Michael Perry)、朱利奥·普里斯科、玛蒂娜·罗斯布拉特、埃利泽尔·S. 尤德科夫斯基、娜塔莎·维塔-莫尔和里卡多·坎帕等。而"主流"科学家、哲学家和学者的名单则包括克里斯蒂亚诺·卡斯特尔弗兰基(Cristiano Castelfranchi)、帕特里夏·S. 丘奇兰(Patricia S. Churchland)、罗伯特·恰尔迪尼(Robert Cialdini)、丹尼尔·丹尼特(Daniel Dennett)、斯坦尼斯拉夫·格罗夫(Stanislav Grof)、诺贝尔奖得主丹尼尔·卡内曼(Daniel Kahneman)、路易丝·N. 里基(Louise N. Leakey)、迈克尔·舍默(Michael Shermer)、彼得·辛格(Peter Singer)和斯蒂芬·沃尔夫拉姆(Stephen Wolfram)。此外，这份名单上也不乏科幻作家，比如凯瑟琳·阿萨罗(Catherine Asaro)、格雷格·贝尔(Greg Bear)、格雷戈里·本福德(Gregory Benford)、大卫·布林(David Brin)、大卫·杰洛德(David Gerrold)、詹姆斯·古恩(James Gunn)、伊恩·麦克唐纳(Ian MacDonald)、杰瑞·波奈尔、罗伯特·J. 索耶(Robert J. Sawyer)、阿伦·M. 斯蒂尔(Allen M. Steele)和弗雷德·艾伦·沃尔夫(Fred Alan Wolf)。

  该组织是在 2011 年的"9·11"事件之后由埃里克·克利恩(Eric Klien)创立的。克利恩是人体冷冻技术的长期支持者和阿尔科的会员，他做过很长时间的股票经纪人，积累了一定数量的财富，这使得他可以部分退出商业。作为自由意志主义世界观和政治观的支持者，克利恩在 20 世纪 90 年代发起了亚特兰蒂斯项目(Atlantis Project)，其目的是在加勒比海创建一个叫作大洋洲(Oceania)的独立漂浮城市；项目最开始引起了媒体的浓厚兴趣,后来以被遗忘而告终,于是克利恩决定放弃它。[58]

所以我们来到了救生艇基金会这里,这是一个非营利组织,旨在鼓励对博斯特罗姆阐述的"存在性风险"进行科学研究和反思,以制定适当的协定来防止任何形式的灾难。救生艇基金会的总部位于内华达州的明登(Minden),但它几乎在任何地方都有分支机构。

该组织包含相当大量的研究项目,涵盖任何类型的风险,从人们最熟知的(核战争、生态系统破坏、杀手小行星等)到特别令超人类主义者害怕的(比如对人类不友好的技术奇点),再到更像经典科幻小说的(外星人入侵、黑洞等)。在这种情况下,该组织的项目分为两组:一组是"盾",旨在避免或者阻止各种灾难;另一组是"保护者",旨在确保在无法阻止灾难发生的情况下,生命和我们的文明能够存活下来。让我们来看一看。

人工智能盾(AIShield)是专门致力于防止敌对的人工超级智能到来的项目;我们不知道这是否可能,但是如果可能的话——而且墨菲定律几乎享有物理定律的地位——最好做好准备,努力防止像《终结者》或者《黑客帝国》(The Matrix)这样的剧情发生。我们不能排除这样一种可能性,即一个由人工智能管理的完全自动化的社会最终会让我们的物种陷入前所未见的懒惰水平——这也是该项目的成员讨论的一个主题。

正如你能想象的,小行星盾(AsteroidShield)旨在防止像毁灭恐龙的那种天体再次袭击我们。这不是一个可以被低估的风险:事实上,如果一个指向地球的小行星,即使相对较小,躲过了我们的探测系统,那将不只是休斯顿会有问题。风险如此之大,以至于救生艇基金会并

---

58 http://oceania.org/.

不是唯一担心这种风险的组织。生物盾（BioShield）旨在保护人类免受生物武器和经常影响地球的大流行病的侵害；由于网络对任何类型的活动都至关重要，网络盾（InternetShield）希望开发程序来保护它免受可能的攻击或者可能的崩溃。

正如你可以猜到的，生命盾掩体（LifeShield Bunkers）计划旨在开发防弹的庇护所——实际上，是防一切。这个项目非常详细，旨在开发"生物圈2"风格的可能的掩体，能够永久收容有孩子的家庭。然而它不止于此：生命盾掩体还对制定措施和程序做了规定，能够将各种类型的公共建筑，尤其是医院、办公室和房屋，转变为能够在可能的灾难中幸存下来的建筑物；此外还加入了其他提案，例如利用基因疗法来增强我们对辐射的抵抗力。

科学自由盾（ScientificFreedomShield）认识到具有激进和争议性思想的科学家对于科学技术史的重要性，它提议促进这一创新的源泉，保护它免受官僚主义思维——这在当今很多研究中颇为典型——可能施加的阻碍。神经伦理盾（NeuroethicsShield）被用来防止滥用——尤其是政治性质的滥用——发生在神经技术和神经药理学领域，即在不久的将来可能对自由和自决越来越有侵扰性和危险性的领域。

纳米盾（NanoShield）代表着超人类主义者对他们自己提出的未来技术所带来的威胁之一的回应，即纳米机器的威胁；这些设备有朝一日可能失控，真的开始吞噬和重塑整个地球。提出的解决方案多种多样，从开发纳米技术免疫系统植入我们自身，以便使我们在这种威胁面前无懈可击，到创建能够筛选和清洁大气的纳米技术过滤器。

核盾（NuclearShield）提出开发新的保护和疏散系统以便尽可能保护我们的城市免受核爆炸的破坏，气候盾（ClimateShield）则不只是想要

第二章 / 新的巴别塔

监控气候变化,还想要发展被称为"气候工程学"(climatic engineering)的前沿研究领域,即一整套真正易于控制气候的程序。这意味着学习按照指令产生降雨,消除气旋,转移飓风,管理全球水圈,控制季节,使用轨道挡板来控制阳光,以及使用纳米机器群来清洁空气中的颗粒。总之,目前这是一个显然带有科幻色彩的目标,但是不容忽视的是,如果气候工程学不断进步,人类迟早会实现对地球气候的直接和有意识的管理。

但还有更具前瞻性的项目。例如外星人盾(AlienShield),它想要防止人类由于外星种族而毁灭。这种破坏可能是不由自主的:事实上,如果一个外星种族成功抵达我们,这意味着它拥有比我们更先进的技术,而历史告诉我们,当一个不那么先进的人类文明遇到一个更为先进的时,前者最终会失去文化自主权并被同化。除了制定策略预防战争破坏和文化抹灭,上述项目还旨在制定适当的协议来应对可能的"第一次接触"。

顾名思义,粒子加速器盾(Particle Accelerator Shield)旨在防止与在不远的将来使用粒子加速器有关的可能灾难,包括不太可能形成的人造迷你黑洞和其他与高能物理相关的设施。反物质盾(Antimatter Shield)旨在防止通过反物质武器毁灭我们的星球;同样地,黑洞盾(Black Hole Shield)想要监控天空中任何威胁我们的黑洞,并开发程序——这在目前无法想象——以防止这种威胁。然后我们还有伽马射线盾(Gamma Ray Shield)。伽马射线暴是非常强大的爆射,其持续时间从几毫秒到几十分钟不等;是宇宙中最强大的能量释放。最后,我们有太阳盾(Sun Shield),它寻求为太阳开发一个永久的监测系统,并设计可能的解决方案,以应对在遥远的将来——大约五十亿年以后——

太阳会变成一颗红巨星,或许会在此过程中吞噬一些行星。即使在这里,救生艇基金会的成员也不乏想法——从移动地球到转移人类去其他地方。上述威胁是如此遥远这一事实彰显了超人类主义者是多么具有远见。另外,他们中的一些人当然有可能计划在遥远的将来依然活着,因此——从这个角度来看——未雨绸缪肯定是有道理的。

然后,正如前面所说,我们有"保护者"。安全保护者(Security Preserver)希望利用最现代的高科技监控形式来防止恐怖主义、生物科技和纳米技术的攻击。在历史的长河中,我们的星球已经见证了五次大灭绝,在这些事件中发生了非常高比例的生物物种的消失。其原因多种多样,根据一些学者的说法,地球正走向第六次大灭绝,而这一次,人类将发挥核心作用。[59] 为此,救生艇基金会启动了生物保护者(BioPreserver)项目。

通信保护者(Comm Preserver)旨在开发新的通信系统,能够在传统通信系统被摧毁的灾难性事件中幸存下来——比如核爆炸的情况下。能量保护者(Energy Preserver)显然旨在研究满足未来能量需求的可能的解决方案。信息保护者(Info Preserver)是一个特别值得称赞的倡议,它想要保留——类似于其他非营利组织比如拯救文明联盟(Alliance to Rescue Civilization)[60] 和恒今基金会(Long Now Foundation)[61]——我们的

---

[59] R. Leakey and R. Lewin, *The Sixth Extinction: Patterns of Life and the Future of Humankind*, New York: Anchor, 1996.

[60] 该组织由记者威廉·E. 博罗斯(William E. Burrows)——也是救生艇基金会的成员——和生物化学家罗伯特·夏皮罗(Robert Shapiro)创立,它提议在地球上建立一个我们的文明的"备份"系统。参见 http://arc-space.wetpaint.com/。

[61] 恒今基金会创立于1966年,旨在推广一种基于非常长时期的思想方法。参见 http://longnow.org/。

文明创造的所有信息，例如艺术、文化和科学知识。生命保护者（Life Preserver）想要推动对超人类主义的首要主题之一的研究，即生命延续的研究。另外，人格保护者（Personality Preserver）是一个研究保存人的所有可能方式——甚至包括个体的人格——的项目，这些方式包括超人类主义者最喜爱的技术，即人体冷冻和心智上传。种子保护者（Seed Preserver）旨在保护生命和生物多样性，推动类似于挪威和其他五个与北极接壤的国家所计划的动议——即在斯瓦尔巴（Svalbard）群岛的一个废矿中建造"诺亚方舟"，以保存来自世界各地的数百万种不同的种子，从而保护它们免受可能的灾难性事件的侵害。最后，太空栖息地（Space Habitats）项目旨在鼓励人类向太空扩张，通过向其他星球殖民和建设自治的太空栖息地来进行。在这方面，救生艇基金会正在开展方舟一号（Ark I）项目，该项目旨在开发一个自给自足的太空栖息地，使其能够在地球变得无法居住的情况下确保人类的生存。

2.6 超人类主义名人录

经过长篇累牍的理论介绍和组织介绍之后，是时候来一轮漂亮的展示了——考虑到在超人类主义者中，什么样的人都有一点：哲学家（尤其是分析哲学家），经济学家，企业家，未来学家，艺术家，记者，科幻小说作者如格雷格·贝尔和格雷戈里·本福德，人工智能理论家，计算机科学学者，甚至演员——比如威廉·夏特纳（William Shatner），你肯定从他在《星际迷航》（*Star Trek*）中的角色詹姆斯·T. 柯克船长（Captain James T. Kirk）知道他。超人类主义如今是一个全球性的运动，包括大量的代表。换句话说：超人类主义者的数量比我开始这项工作时所以为的要多得多；有些我们已经见过了，而我们还会见到其他人。在这一部分，我们将指出——根据我们谦逊但不容置疑的判断——那些最重要的人物。那么让我们会一会他们，这些关于人类未来进化的理论家，并试图了解他们是什么样的人。

FM-2030

让我们从这一运动的元老开始，就连他给自己选择的名字都具有超人类主义的色彩：FM-2030。费雷杜恩·M.埃斯凡迪亚里1930年出生于布鲁塞尔，2000年逝世于纽约，在20世纪六七十年代因其非常规的立场而与众不同，他为其立场创造了上翼这一术语。对于埃斯凡迪亚里来说，使用前缀"上"（up）代表着其思想的真正激进性质，正是为了促进人类技术的发展——除其他外，这一术语被用在一本专门的书中：《上翼：一个未来主义的宣言》(*Up-Wingers: A Futurist Manifesto*)[62]。20世纪70年代中期，埃斯凡迪亚里选择将自己的名字合法更改为FM-2030，这表明他渴望庆祝他100岁的生日——根据他的说法，多亏了科学进步，在这一年每个人都将可能享受永生——并摆脱与专有名称的传统归属相关的部落习俗。1970年，埃斯凡迪亚里出版了《乐观一号：新兴的激进主义》(*Optimism One. The Emerging Radicalism*)[63]。除其他观点之外，他在书中主张，在当前的太空时代之后，将出现一个暂时时代（Temporal Age），在这个时代，死亡将从不可避免的事情转变为可解决的问题——或许在三十到四十年内，根据

---

[62] F. M. Esfandiary, *Up-Wingers: A Futurist Manifesto*, New York: John Day Company, 1973.

[63] F. M. Esfandiary, *Optimism One. The Emerging Radicalism*, New York: Norton & Company, 1970.

他过于乐观的估计——从而保证让我们摆脱时间的压力。对于那些挑战他关于永生的非自然性的人，埃斯凡迪亚里的回应是，如果死亡才是自然的，那就让自然见鬼去吧。战胜死亡对他来说代表着进化的下一个步骤，通过这一步骤我们将再也不用受时间的摆布。1989年埃斯凡迪亚里出版了《你是超人类吗？在一个飞速变化的世界监测和刺激你的个人增长率》(*Are You a Transhuman? Monitoring and Stimulating Your Personal Rate of Growth in a Rapidly Changing World*)。在这本书中，他探讨了开始萌芽的人类学类型超人类，他们是新的进化步骤的第一个表现。在超人类的标志中，FM-2030列举了假体的使用、整容手术和体外繁殖、电子通信的大量使用、宗教信仰的缺席等等。[64] 不幸的是，他永生的梦想被胰腺肿瘤截断了，而他的身体现在被冷冻保存在阿尔科的设施中。FM-2030过去常常说："我是个21世纪的人，但碰巧被扔进了20世纪。我深深地怀念未来。"最后，我们想要强调的事实是，埃斯凡迪亚里绝不是一个与官方文化缺少联系的梦想家，他曾执教于多所大学，包括纽约著名的社会研究新学院和加州大学洛杉矶分校。

罗伯特·埃丁格

人体冷冻之父埃丁格于1918年出生，2011年去世，而且根据他所推动的愿景，他去世时立即接受了冷冻保存。埃丁格年幼时就从大量的科幻小说中汲取养分，很早就相信科学正处在战胜衰老和死亡的过程中。成年后，这位年轻的超前的发烧友开始意识到这项大胆的事

64　F. M. Esfandiary, *Are You a Transhuman? Monitoring and Stimulating Your Personal Rate of Growth at a Rapidly Changing World*, New York: Warner Books, 1989.

业需要太长时间；幸运的是，科幻文学用他几年前读过的一个故事拯救了他。《詹姆斯卫星》（*The Jameson Satellite*）的作者是尼尔·R. 琼斯（Neil R. Jones），发表于1931年7月的《惊奇故事》（*Amazing Stories*），这是世界上第一本科幻杂志，由雨果·根斯巴克（Hugo Gernsback）创办。这篇短篇小说讲的是一位詹姆斯教授的故事，他的尸体——被发射到太空并存放了数百万年——被一个强大的外星种族找回并复活。1947年，当埃丁格因为战争负伤而住院时，他注意到了低温保存技术（研究极低温度的产生及其对有机和无机物质的影响），尤其是法国生物学家让·罗斯丹（Jean Rostand）在该领域所进行的研究。1948年，埃丁格在《惊人故事》（*Startling Stories*）上发表了一篇短篇小说《倒数第二张王牌》（*The Penultimate Trump*），其中他首次提出了人体冷冻的范式：决定一个人已经死亡的标准是部分相对的，今天的尸体可能是明天的患者，因此使用冷冻技术保存他们的身体直到医药科学找到解决问题的办法，是非常重要的。此时大局已定；不过，埃丁格还需要几年时间来检验他的愿景并着手行动。1962年，他私人出版了《永生的前景》（*The Prospect of Immortality*）第一版[65]，这本书将启动人体冷冻运动；著名的科学和科幻作家艾萨克·阿西莫夫（Isaac Asimov）读到了这本书，并告诉道布尔戴（Doubleday）出版社——一家委托他阅读该书的大型出版社——埃丁格的理论在科学上是有意义的。1962年，《永生的前景》再版，获得了巨大的成功，并被翻译为多种语言。埃丁格——他追求学术事业，已经被任命为底特律韦恩州立大学（Wayne State University）的物理和数学教授——成为名人，参加了各种脱口秀，

---

[65] 以下网址可以免费下载：http://www.cryonics.org/book1.html。

第二章 / 新的巴别塔

并接受了大量报纸杂志的采访，而且不只是美国的。坦率地说，埃丁格事实上和埃文·库珀（Evan Cooper）[66]共享人体冷冻之父的头衔，后者在1962年自费出版了《永生：科学上、身体上、现在》（*Immortality: Scientifically, Physically, Now*），这本书缺乏技术和科学的严谨。[67] 尽管如此，1966年见证了加州和密歇根州人体冷冻协会的诞生——埃丁格当选为后者的主席。20世纪70年代，这位人体冷冻之父把他主持的公司转化为两个组织，即人体冷冻研究所和永生主义者协会。第一个被埃丁格冷冻保存的患者是他的母亲蕾亚（Rhea），这是在1977年。

马克斯·莫尔

现在我们来到了马克斯·T. 奥康纳（Max T. O'Connor）这里。他1964年出生于布里斯托尔（Bristol），毕业于牛津大学，拥有哲学和经济学学位，且从南加州大学取得了博士学位，可以被视为当代顶尖的超人类主义者之一。是他以现代化的方式，在1990年的文章《超人类主义：朝向未来主义哲学》（"Transhumanism: Toward a Futurist Philosophy"）[68]中重新引入了"超人类主义"这一术语。在莫尔看来——隐约受到尼采观点的启发——宗教的终结使我们陷入了绝望的虚无主义，而超人类主义代表着这两种现实观的替代方案。显然，其最终目标是废除最大的恶：死亡。死亡当然不会阻止智慧生命的集体进步，

---

[66] 库珀是一位纯粹的活动积极分子，他负责组建了第一个真正的人体冷冻组织生命延续协会（Life Extension Society）；但是他在1969年放弃了人体冷冻行动主义，然后在1983年——事实上以一种颇有诗意的方式——消失在大海中。

[67] 参见 http://www.evidencebasedcryonics.org/ev-cooper-immortality-physically-scientifically-now/。

[68] 参见 http://www.maxmore.com/transhum.htm。

但它确实消灭了个体,剥夺了他们有意义的存在。个体的死亡使生命变得没有意义,因为它切断了我们和我们珍视的一切的联系——无论其是什么。被视为实体和事件的永恒重复,就连生成的行为(the act of becoming)也没有多少意义;一个人只有当他/她拥有方向的时候才拥有意义,也就是说,当他/她被指向增长的秩序的创造时——这就是莫尔所说的"负熵"。因此,负熵主义者的典型口号是:"向前,向上,向外。"人类必须被看作生命进化中的一个暂时的阶段,现在是时候把这个过程掌握在我们手中并使其加速了。然而,为了实现它,我们必须摆脱一种典型的人类的特点,那就是我们与生俱来的对稳定性的需求,这种需求自然而然地导致我们服从于宗教,或者无论如何,服从于教条和意识形态;在这里,莫尔提出的解决方案——毫无疑问,非常超人类主义——是"重新设计"我们的良知,这样一来它就可以免于对教条式确定性的渴望,能够承受错误和怀疑,一劳永逸地摆脱盲目的信仰。仅仅为了鼓励技术和科学朝着他倡导的方向发展,莫尔在某种程度上阐述了"先动原则"(Proactionary Principle),与经典的"预防原则"(Precautionary Principle)相对立。对于"预防原则"没有明确的表述,但是其中一些表述特别有影响,例如1992年《里约宣言》(*Rio Declaration*)和1999年《温斯布莱德宣言》(*Wingspread Declaration*)中所包含的,莫尔使用的是后者的定义:"当一项活动对人类健康或环境构成威胁时,即使某些因果关系在科学上尚未完全建立,也应采取预防措施。在这种情况下,活动的支持者,而非公众,应承担举证责任。"[69] 莫尔认为,如果从前应用了预防原则,那么技术和文化的进步就

---

69 参见 http://www.sehn.org/wing.html。

第二章 / 新的巴别塔

会完全受阻——想一想水氯化、X 射线的使用，甚至是机械交通工具的发展。正是由于这个原因，先动原则[70]不仅包括行动前的预期，还包括边做边学的哲学。莫尔还建议使用严格理性的分析方法来进行风险评估——从而排除任何对情绪的让步。举证的责任落在那些提出限制的人身上；不仅需要考虑可能的损害，还需要考虑因为放弃某项技术或者研究而造成的损失。必须优先考虑预防已知的风险，而不是仅仅属于假设的风险；最后，必须以对待自然风险的方式来对待技术导致的风险，避免削弱自然风险或者夸大技术风险。

娜塔莎·维塔-莫尔

美国人，本名南希·克拉克（Nancie Clark），1950 年出生，艺术家和设计师，亚利桑那州坦佩（Tempe）的先进技术大学（University of Advancing Technology）讲师，马克斯·莫尔的妻子。维塔-莫尔从小就对与未来有关的事物感兴趣，但直到遭受一次宫外孕[71]后才开始严肃对待这种兴趣。她的学术资格包括休斯顿大学的未来研究硕士学位。作为一名健美运动员和营养专家，维塔-莫尔代表了艺术、超人类主义和健身世界的有趣交叉——健身是许多超人类主义者热衷的主题，尤其是它抗衰老的功能。她是与上述运动相关的很多组织的成员，目前担任"人类+"的董事会主席。除了艺术和学术工作，维塔-莫尔在媒体上也非常活跃，总是利用这些场合来推广超人类主义事业。正是有

---

[70] 参见 M. More, "The Proactionary Principle", version 1. 2, July 29, 2005. http://www.maxmore.com/proactionary.htm。

[71] 胚胎植入发生在子宫以外的一种病理状况，通常成功的几率非常低，而且对母亲来说也存在相当大的风险。

了娜塔莎·维塔-莫尔，超人类主义艺术的概念才正式开始。1982年，她发起了《超人类主义艺术宣言》(Transhumanist Arts Statement)[72]，在文中宣称超人类主义艺术家想要延长生命并战胜死亡，追求无限的转变和对宇宙的探索。次年，她发表了《超人类宣言》(Transhuman Manifesto)[73]，其中她提倡一种超人类主义的价值观——以自由和多样性为中心——以及所谓"形态自由"(morphological freedom)，这是一种享有任意修改自己身体的自由的"超人类权利"。除此之外，她的艺术生产包括发展"第一后人类"(Primo Posthuman)，它既是艺术品，也是有关如何重新设计后人类身体的理论模型。[74]根据维塔-莫尔的说法，人类的本质是通过不断开发新的设计方法来解决问题；这一想法也是其艺术观的核心，它将概念艺术(Conceptual Art)[75]和超人类主义者最为钟爱的学科——即生物技术、纳米技术、机器人技术、神经科学和信息理论——结合在一起。这位艺术家还认可了其他影响，比如未来主义和达达主义。她发起的艺术运动后来被分为几个子类型，如"自变形"(Automorph)——以有意识和完整的方式塑造自身的心理和生理的艺术——实践中的"艺术即存在"。子类型"奇异地球"(Exoterra)将太空、科幻等元素融入艺术作品中——不管是具象的、音乐的还是其他的。[76]1995年，301名艺术家和科学家签署了这份宣言；此外在20世

72　http://www.transhumanist.biz/transhumanistartsmanifesto.htm.

73　http://www.transhumanist.biz/transhumanmanifesto.htm.

74　http://www.natasha.cc/primo.htm.

75　概念艺术是自20世纪60年代起在美国发展起来的一场艺术运动，其初始前提是艺术作品中体现出的思想和概念优先于传统的美学和物质考虑。概念艺术与"装置"的实践相关（正如生产出的艺术作品被称作的那样），通常可以由任何人根据一套书面说明来制作。

76　参见 http://www.transhumanist.biz/.

纪90年代，超人类主义艺术与文化协会——事实上是一个由视觉艺术家、表演者、多媒体艺术家、导演、视频制作人、科学家和技术爱好者组成的流动社群——成为那些认同该运动的人的枢纽。1997年1月1日，维塔-莫尔发起了新的宣言，即《超人类主义艺术的负熵艺术宣言》(Extropic Art Manifesto of Transhumanist Arts)。她在宣言中声称："我是我存在的建筑师。我的艺术反映我的愿景，代表我的价值观。它传递了我的本质。……随着我们进入21世纪，超人类主义艺术和负熵艺术将遍布环绕我们的宇宙。"[77] 同年10月，这份宣言搭乘卡西尼-惠更斯号(Cassini-Huygens)探测器，被发射进太空，前往土星。

金·埃里克·德雷克斯勒

德雷克斯勒，美国工程师，1955年出生，被认为是最伟大的超人类主义大师之一，尤其是在该运动中占绝对多数的部分——这部分人依靠纳米技术作为实现他们的后人类主义梦想的手段。在20世纪70年代，当他还是麻省理工学院的学生时，德雷克斯勒就开始发展他关于分子纳米技术的理念。当时，受到罗马俱乐部(Club of Rome)的著名报告《增长的极限》(The Limits to Growth)的影响，他也对地球之外的可用能源产生了兴趣，并和普林斯顿的物理学家杰拉德·K. 奥尼尔(Gerard K. O'Neill)取得了联系，后者以太空殖民的理论工作而闻名。所有这些都导致他参与了L5协会(L5 Society)，这是一个推动太空殖民的协会；除其他外，它在1980年设法阻止了美国签署《月球协定》(Treaty on the Moon)。据该协会称，这一协定所规定的限制将会阻

---

[77] 参见 http://www.transhumanist.biz/extropic.htm。

止地球外殖民地的建立。但是纳米技术才会是德雷克斯勒的真正天职，尤其是对分子纳米机器的所有可能应用的理论研究。这种激情促使他在1986年出版了《创造的引擎：即将到来的纳米技术时代》(Engines of Creation: The Coming Era of Nanotechnology)[78]，马文·明斯基(Marvin Minsky)为该书撰写的前言阐述了与纳米技术相关的风险和机遇，包括著名的灰色黏质(gray goo)，它意味着失控的纳米机器可能会吞噬地球并将其正好降至上述状态的危险。同年，德雷克斯勒和他当时的妻子克莉丝汀·彼得森(Christine Peterson)创立了前瞻学会，其使命非常简洁，是"为纳米技术做准备"。1991年，他和彼得森以及盖尔·佩尔加米特(Gayle Pergamit)一起出版了《解绑未来》(Unbounding the Future)，其中他深化了分子纳米机器的应用场景。[79]1992年，他出版了《纳米系统：分子机械、制造和计算》(Nanosystems: Molecular Machinery, Manufacturing, and Computation)，这本书技术性非常强，在德雷克斯勒博士学位论文的基础上做了些调整。2007年，《创造的引擎2.0：即将到来的纳米技术时代——更新和扩展》(Engines of Creation 2.0: The Coming Age of Nanotechnology—Updated and Expanded)问世，这是他的成名作的新版本。[80] 2013年，他出版了《极端的富足：纳米技术革命将如何改变文明》(Radical Abundance: How Nanotechnology Will Change Civilization)，这本书从书名就能看出是人类命运的好兆头。在这方面，有趣的是，德雷克斯勒支持费米悖论(Fermi Paradox)的一个变体(即如果宇宙充满着智慧的生命形式，那么奇怪的是为什么没有人联系过我

78　http://e-drexler.com/p/06/00/EOC_Cover.html.

79　http://www.foresight.org/UTF/download/unbound.pdf.

80　http://www1.appstate.edu/dept/physics/nanotech/EnginesofCreation2_8803267.pdf.

们），并认为附近可能并没有进化的文明。因此，浩瀚的宇宙中的资源全部是我们的，通过将太空旅行和纳米技术相结合，我们可以绕开这些对潜在的无限增长的限制。

汉斯·莫拉维克

莫拉维克，奥地利人，1948年出生，在匹兹堡卡内基梅隆大学的机器人研究所工作。他以在机器人和人工智能领域的工作而享有盛名，同时也被视为超人类主义的大师之一，具体说来，是由于他关于机器人的未来的设想。1988年，他出版了《心智的孩子》[81]，在书中他主张机器人将从21世纪三四十年代开始进化成几个新的物种。在1998年的《机器人：从纯粹的机器到超越的心智》(*Robot: Mere Machine to Transcendent Mind*)[82]中，他进一步分析了机器人智能在短时间内发展的可能性，以及一种迅速扩张的超级智能将从中兴起的可能性。

詹姆斯·J. 休斯

詹姆斯·J. 休斯，社会学家和生物伦理学者，在康涅狄格州哈特福德(Hartford)的三一学院(Trinity College)教授卫生政策。他曾是一名佛教僧侣，在2004—2006年担任过世界超人类主义协会的执行董事，目前在他和尼克·博斯特罗姆共同创立的伦理与新兴技术研究所担任类似职位。2004年，他出版了《公民赛博格：为什么民主社会必须回应

---

[81] H. Moravec, *Mind Children: The Future of Robot and Human Intelligence*, Cambridge: Harvard University Press, 1988.

[82] H. Moravec, *Robot: Mere Machine to Transcendent Mind*, New York: Oxford University Press, 1998.

未来重新设计的人类》(*Citizen Cyborg: Why Democratic Societies Must Respond to the Redesigned Human of the Future*),他在书中提出了他关于"民主超人类主义"的愿景。

大卫·皮尔斯

大卫·皮尔斯是一位英国功利主义哲学家,他主要的思考点在于废除有知觉的生物的任何形式的痛苦,不管是人类还是动物。为了实现这一目标,皮尔斯提议利用基因工程、药理学和基因技术来消除任何不愉快的体验,在他称作"天堂工程"的框架内进行——这一概念在他的在线宣言《享乐主义要务》(*The Hedonistic Imperative*)[83]中有详细说明。作为一名动物权益保护者和素食主义者,这位哲学家认为我们的后人类后代必须承担起消灭痛苦的责任,甚至包括野生动物的痛苦。1995年,皮尔斯创建了一个网站BLTC研究(BLTC Research)[84],他在网站上收集并提出与消除痛苦的生物化学和生物技术方法相关的资料。2002年,他创立了废除主义协会(Abolitionist Society)[85],旨在推动他自己的超人类主义痛苦观。

格雷戈里·斯托克

格雷戈里·斯托克(Gregory Stock)是一名生物物理学家和生物技术企业家,他是一个复杂的人物。尽管不能被简单地称作一名超人类

---

[83] http://www.hedweb.com/hedethic/tabconhi.htm.

[84] http://www.bltc.com/.

[85] http://www.abolitionist-society.com/abolitionism.htm.

第二章 / 新的巴别塔

主义者，但他的立场非常接近超人类主义者。简而言之，他是一位强烈的同情者，而且在学术和政治层面处于有利地位。作为加州大学洛杉矶分校医学院医学、技术和社会项目的创始人和前主任，斯托克长期关注生物技术、计算机科学等前沿研究领域对伦理—政治和进化的影响。他曾经担任 Signum 生物科技公司（Signum Biosciences）的首席执行官，这是一家致力于开发阿尔兹海默症、帕金森病以及其他疾病的治疗方法的生物技术公司。他是加州干细胞和生殖克隆咨询委员会（California Advisory Committee on Stem Cells and Reproductive Cloning）的成员，也是加州大学伯克利分校生物议程研究所（Bioagenda Institute）和生命科学研究中心（Center for Life Science Studies）的副主任。他的学术履历备受尊敬，对此一个可以补充的事实是，1998 年斯托克在加州大学洛杉矶分校组织了一次关于生命科学的基础会议，主题是"工程化人类种系"（Engineering the Human Germline），吸引了詹姆斯·沃森（James Watson）等人参会。这位学者组织的另一个重要会议是 1999 年在加州大学洛杉矶分校举行的"衰老的里程碑"（Milestones on Aging），这次会议有助于在科学上合法化对显著延长人类寿命的研究。这次活动之后，他紧接着又和著名的主流生物老年学学者布鲁斯·艾姆斯（Bruce Ames）以及奥布里·德·格雷在伯克利组织了一次会议，奥布里随后成立了玛土撒拉基金会。作为弗朗西斯·福山（Francis Fukuyama）、杰里米·里夫金（Jeremy Rifkin）和利昂·卡斯（Leon Kass）等美国主要反生物技术知识分子的知名对手，斯托克一直在批评任何对生物技术研究和抗衰老研究的限制。在他出版的众多作品中，我们尤其记得 1993 年的《元人：人类和机器合并为全球超级有机体》（*Metaman: The Merging of Humans and Machines into a Global Superorganism*）——顾名思义，这本书关注的是包含人类及其技术在内的超级有机体的诞生——以及 2002 年的《重新设计人类：我们不可避免的基因未来》(*Redesigning Humans: Our Inevitable Genetic Future*)。[86]

尼克·博斯特罗姆

博斯特罗姆 1973 年出生于瑞典，现为牛津大学教授，他是超人类主义中哲学造诣较高的思想家之一，且因他努力赋予这一运动哲学和学术的尊严而脱颖而出。他是人类增强的著名支持者[87]，同时以他在"存在风险"(existential risks)方面开展的工作而闻名[88]，"存在风险"指的是一旦实现，可能会消除地球上的智能生命，或者急剧且永久地削弱其潜力的所有风险。[89]另外一个令博斯特罗姆闻名的有趣的哲学主题与"模拟问题"有关，即我们已经生活在模拟现实中的可能性[90]——有点类似于电影《黑客帝国》中所发生的，我们可以这么说。

奥布里·德·格雷

在超人类主义者中，德·格雷是一个真正的活传奇。他是英国人，1963 年出生，生物老年学家，也是迄今为止开发的旨在——他的支

---

[86] G. Stock, *Redesigning Humans: Choosing Our Genes, Changing Our Future*, Boston: Mariner Books, 2003.

[87] N. Bostrom and J. Savulescu (eds.), *Human Enhancement*, Oxford: Oxford University Press, 2009.

[88] http://www.existential-risk.org/.

[89] 参见 N. Bostrom and M. Cirkovic (eds.), *Global Catastrophic Risks*, Oxford: Oxford University Press, 2011.

[90] N. Bostrom, "Are You Living in a Computer Simulation?". http://www.simulation-argument.com/simulation.html.

持者希望在不久的将来——实现几乎无限延长预期寿命的最明确系统的推动者。这本质上是一种科学的永生——但是不要大声说出来，免得吓到生物保守主义者；最好是谈论"出于人道主义原因对抗衰老过程"。当然，他的外表以及他展示自己的方式——瘦，高，又密又长的胡须使他看起来有点像萨满——或许无助于推广他的事业；即便如此，这些年来他还是获得了大量的追随者，其中一些是非常有影响力和慷慨的。作为剑桥大学计算机科学专业的毕业生，德·格雷做过一段时期的程序员，最后还开设了自己的软件公司。在一次毕业派对上遇到他未来的妻子、遗传学家阿德莱德·卡朋特（Adelaide Carpenter）之后，他开始和剑桥大学的遗传学系合作，担任该校果蝇研究数据库的主管。德·格雷还通过自学，开始自行研究衰老生物学；1999年，这些个人研究促使他撰写了论文《线粒体自由基老化理论》（"The Mitochondrial Free Radical Theory of Aging"），德·格雷在文中声称去除线粒体 DNA 遭受的损伤可以显著延长寿命——尽管这种损伤是衰老过程的重要原因，但肯定不是唯一的。基于这篇论文，剑桥大学于 2000 年授予德·格雷博士学位。我们后面将有机会详细介绍德·格雷的理论；目前，只需记住他成为重要且有争议的生物老年学理论家的步伐，但最重要的是成为当代最伟大的超人类主义科学永生理论的推动者的步伐——尽管事实上在 2006 年之前，他真正的工作是一个数据库的管理员。2000 年，他创立了玛土撒拉基金会，又于 2009 年创立了 SENS 研究基金会。2005 年，他是《麻省理工技术评论》（*MIT Technology Review*）上一场激烈辩论的主角，对此我们将会详细介绍。2007 年，他和迈克尔·雷（Michael Rae）联合出版了《终结衰老》（*Ending Aging*），在这本书中他详细解释了他的项目。在他的作品中，德·格雷还探讨了对很长或者潜在的无限长的生命这一理念的政治上和心理上的反对意见；除此之外，他还创造了一个术语"亲衰老的恍惚"（pro-aging trance），来指代人们普遍用来接受我们不可避免会变老和死亡这一事实的心理策略。比如，我们倾向于自动地将延长生命理解为延长老年，而不是一种治愈——这一现象被德·格雷称为"提托诺斯谬误"（the Tithonus error），源于希腊神话中的一个人物，此人注定永生和永久衰老。同样地，我们倾向于为老年辩护，将其合理化，并把它视为一种自然的且确实可欲的过程。最后，值得一提的是，尽管他的理论存在争议，德·格雷仍然被纳入老年学的学术圈；例如，他是美国老年学学会（Gerontological Society of America）以及美国老龄化协会（American Aging Association）的会员。

雷·库兹韦尔

我们终于来到了库兹韦尔这里，真正的超人类主义者之王和至高婴儿潮一代的一员。[91] 鉴于他在阐释和传播一些主要的当代超人类主义思想（如长寿主义和技术奇点）中所扮演的角色，我们将详细谈论这位作者。很难为库兹韦尔领头的众多企业列出清单。库兹韦尔1948年出生于纽约，是一位视觉作曲家和艺术家的儿子。从很小的时候开始，他就致力于计算机方面的工作，其中包括开发了一个程序，后者可以分析古典音乐作品，将它们分解成模式并制作出其他风格类似的作品。在他的大学时代——波士顿的麻省理工学院——他是一名发明家

---

91 "至高婴儿潮一代的一员"的定义完美契合库兹韦尔，代表着渴望——体现在他这一代大部分人身上——永远保持活力。

第二章 / 新的巴别塔

和创业者，这促使他开了多家公司并开发了他最有名的发明：第一个能够识别包含任何类型字符的书面文本的系统，名为库兹韦尔阅读机（Kurzweil Reading Machine），它的第一个买家是史提夫·汪达（Stevie Wonder）；库兹韦尔K250（Kurzweil K250），一台能够模仿各种乐器的机器；1987年推出的第一个拥有广泛词汇的语音识别系统；库兹韦尔语音医疗（Kurzweil VoiceMed）系列，使得医生得以口头编制他们的医疗记录；库兹韦尔教育系统（Kurzweil Educational Systems），一系列计算机化产品，旨在帮助患有失明、阅读障碍以及其他残疾的人士学习；K-NFB阅读器（K-NFB Reader），一个带有数码相机的便携式工具，可以阅读任何文本。他不懈的高产为他在1999年赢得了国家技术与创新奖章（National Medal of Technology and Innovation）（实际上这是技术领域的诺贝尔奖），并使得他于2002年进入了美国专利局主持下的国家发明家名人堂（National Inventors Hall of Fame）。尽管库兹韦尔在技术上的贡献值得注意并注定会被铭记，但我们感兴趣的并不是这些，而是他在阐述和传播关于未来的独特愿景时同样不懈的努力。这一愿景包括创造出类似于我们的人工智能的可能性——在1999年《精神机器的时代》(The Age of Spiritual Machines)中——以及优于人类的人工智能的来临，这将转而引发"智能的爆炸"，并将使得我们克服人类的局限——在2005年的《奇点临近》(The Singularity Is Near)中。然而我们千万不要让自己被库兹韦尔承诺的技术奇迹给耍了；他真正的目标——并不那么隐蔽——是能够永远活下去，或者至少活很长时间，能及时跳上科技革命的马车，在他看来，这场革命注定会在未来几十年内爆发。而且，为了最大限度地提高见证这一划时代事件的机会，库兹韦尔已经开发了一个项目，该项目整合了目前可用的所有医学知识，再加上来自替代医学领域的一些想法，以优化你的健康。这个项目具体呈现在两本书中，2004 年的《奇妙的旅程：活得够长以至于永远活着》(*Fantastic Voyage: Live Long Enough to Live Forever*) 和 2009 年的《超越：永远好好活着的九个步骤》(*Transcend: Nine Steps to Living Well Forever*)，它们都是与替代医学的从业者特里·格罗斯曼医生合著的。库兹韦尔对医疗问题的兴趣是在他 35 岁发现自己患有早期 2 型糖尿病之后产生的。这位发明家和格罗斯曼一起制定了激进的健康方案，这个方案包括每天摄入 250 颗补充剂药片（后来减少到 150 颗）、定期注射维生素等，以期将患上这种或那种病症的风险降至最低。如果他的项目失败了——也就是说，他不能"活得够长以至于永远活着"，抵达当生物技术和纳米技术向我们保证获得永生的时间——库兹韦尔已经藏有一张王牌，那就是与阿尔科公司签订的人体冷冻保存合同。2009 年，在接受《滚石》(*Rolling Stone*) 杂志采访时，库兹韦尔表示渴望——在奇点来临之后——通过使用其父弗雷德里克·库兹韦尔 (Frederic Kurzweil) 的 DNA 样本，以及保存在特殊存储库中的档案材料和他的回忆，使父亲起死回生——除其他因素外，正是他父亲的早逝推动年轻的库兹韦尔走上了生命延续和超人类主义的道路。由于他的理念，库兹韦尔加入了各种推动超人类主义思想的组织和倡议，尤其是技术奇点方面的，例如人工智能奇点研究所和救生艇基金会。不仅如此：2008 年，库兹韦尔与美国宇航局艾姆斯研究中心 (NASA Ames Research Center) 和谷歌合作，创建了上文提到的奇点大学。库兹韦尔的知名度和贡献无疑确保他在更广泛的技术科学和战略背景中占有一席之地，比如陆军科学顾问委员会 (Army Science Advisory Board)，该委员会除其他事务外，负责开发应对可能的生物技术威胁的快速反应系统。

更多人

我们想要向所有其他为超人类主义做出重要贡献的人致意，但这个名单实在太长。让我们至少再指出几个。首先，我想提一下佐尔坦·伊斯特万（Zoltan Istvan），他是一名记者、未来学家，还作为超人类主义的候选人参加过两次美国总统大选（为此他驾驶着棺材形状的"永生巴士"在全国范围内开展竞选活动），最近还竞选了加州州长。佐尔坦出版了《超人类主义赌注》(The Transhumanist Wager)，这是一本宣扬超人类主义理想的哲学小说。安德斯·桑德伯格（Anders Sandberg）是一个超级多产的瑞典超人类主义者，我们将会在本书中多次提到他。里卡多·坎帕是波兰克拉科夫雅盖隆大学的一位意大利社会学教授，他的工作在哲学上非常有趣，因为它脱离了一般超人类主义的典型分析方法。他也写了好几本书，其中包括《还认为机器人不能做你的工作吗？——关于自动化和技术性失业的论文》(Still Think Robots Can't Do Your Job?: Essays on Automation and Technological Unemployment)。最后我们要提的这个人我们已经有一阵没有她的消息了，但她依然有趣：罗曼娜·马查多（Romana Machado），她在20世纪90年代提出了"你现在可以做的对抗熵的五件事"(Five Things You Can Do to Fight Entropy Now)。它们是：照顾你的心智；照顾你的身体；照顾你的财务安全；为自己赋能（即学习自我防卫）；签订一份人体冷冻保存合同。[92]

---

[92] http://transtopia.tripod.com/5things.htm.

2.7 超人类主义的支柱

作为怀疑论者，通常是无神论者，与灵异、新时代、不明飞行物崇拜等相隔十万八千里，超人类主义者只能依靠一件可以抵御他们自己所推动的世俗化的事物，那就是当代科学。因此，超人类主义者对自然科学充满激情且是十足的技术极客，他们极其关注科学研究的前沿，尤其是与生物医学学科相关的一切。纳米技术、基因治疗、干细胞、神经芯片、组织工程：所有这些汤料都在超人类主义者试图为自己炮制的当代版永葆青春的灵药大锅里。然而，有一套提案和学科领域虽然在官方科学研究中没有被完全接受，但也没有被先验地排除在外，它们构成了对超人类主义在理念和规划方面的专门贡献。这些路径和提案在某种意义上位于官方科学的前厅：只有未来才能告诉我们，最终它们是否会被接受。我们编制了一份清单，绝不假装这是完整的——事实上，那些想要纠正和补充我们清单的人，请随意，我们将不胜感激。我们选择将这些路径命名为"超人类主义的支柱"，它们是：生命延续；人体冷冻；人类增强，即通过一切可能的技术手段，从基因操纵到神经植入，来增强人类的身体、心理和智力能力；纳米技术，或者更具体地说，是纳米机器；心智上传，也就是将人类意识转化成非生物支持的形式；技术奇点。超人类主义的支柱将成为后面很多章节的中心；与此同时，我们将仅限于就科学研究的性质以及——依我们的愚见——一些超人类主义者处理边缘科学时怀有的过度的乐观主义发表意见。

在研究范围之外，有一件事——即便是在有文化准备的人中间——也不清楚，那就是已获得的科学与正在进行的研究之间有着根本区别。我们已经引用过纳米技术，那么我们现在用它们来举例。埃里克·德

第二章 / 新的巴别塔

雷克斯勒——该领域最知名的理论家——支持实现所谓分子组装机的可能性，也就是上面正好提到的纳米机器。理查德·斯莫利（Richard Smalley）——诺贝尔化学奖得主，几年前去世——则认为纳米机器是不可能的，它们站不住脚，因为它们会违反某些基本原理。二者之间的辩论仍然很模糊，部分是因为我们在这里讨论的只是一个可能性。谁是对的？目前，我们不知道创建组装机结果会是可能还是不可能的。只有研究才能解决这个问题。所以：在开发纳米机器的研究中投入更多是否会使它更有可能成功呢？答案在某种意义上是肯定的，即如果可能的话，这会使它更有可能成功。答案在某种意义上又是否定的，即如果不可能的话，我们可以尽可能多地投入，但仍然不会成功。在实践中，我们只能谈论非常笼统且不可量化的概率——也就是说，我们不能说："如果我们投入一定量，非常有可能在一定时期内造出纳米机器人"；我们只能做出一种泛泛的非数字的常识性的估计，比如："如果可能的话，尽可能多的投入将会增加成功创建纳米机器的可能性。"然而，纳米机器可能是根本不可能创建的——类似于尝试建造永动机的情形，只有在物理上发现它不可能实现之后才被放弃。那么，在如此程度的不确定性下，为什么要投入呢？答案是：因为通过朝着某一目标进行研究——比如纳米机器——你仍然可以发现很多有趣的事情。追求太空旅行是一个经典的例子（幸运的是，这是一次成功的冒险），它也产生了许多我们在日常生活中仍在使用的"附带"的发现，从轮椅到尼龙。

当然，不是所有的例子都像纳米机器或者人工智能的情况那样清晰、线性和"极端"。显然，基因疗法和用于癌症治疗的纳米技术领域不如纳米机器那么"关键"。不过，这种推论对于与"边缘"领域相关的所有研究都是有效的，这些领域非常有创新性也非常成问题：你不能先验地知道某个特定的结果是否会达到，也无法拟定任何类型的概率估计；人们只能非常笼统地使用常识来说，当且仅当某事是可能的（这通常不能先验地知道），那么我们投入得越多，实现这个结果的可能性就越大。投入依然是值得的，哪怕只是为了了解可能的极限。

然后，还有某些顶级研究的常见的"手工性质"（artisanal nature）问题。例如，实际上在有些情况下，这位或者那位科学家开发出一种特定的纳米技术设备——比如纳米技术夹子之类。然而这些都是一次性的工具，某种意义上是手工制作的，不知道它们是否可以被插入到更结构化的纳米机器中，或者它们是否可以被批量生产且成本低廉。

牢记《哈姆雷特》中的名言（"天地间有更多事情……"诸如此类），我们意识到在这个世界上一切皆有可能，而且超人类主义者的预测实际上可能会按照他们确立的方式和时间发生。但也可能不会。

已经结案了吗？并非如此：我们承诺要说一些支持超人类主义的好话，而且我们愿意这样做。在这样的情况下，我们想要引用——与我们迄今为止想要展示的现实主义略有冲突——一对后来被证明为误的悲观的技术预言。这里我们指的是航空和航天学：众所周知，直到20世纪初——事实上，几乎直到1903年莱特兄弟首次正式飞行——比空气重的飞行器飞行的可能性都是被否认的。同样地，直到1958年发射第一颗人造卫星，空间旅行的可行性也是遭到否认的。正如他们所说：永不说永不。

2.8 对超人类主义理性的批判

一个具有如此激进观念的运动难道最终能够免受，怎么说呢，所有人的攻击吗？答案显然是否定的，它不能。事实上，批评从四面八方接踵而至，始于对疯狂、幼稚、无知、傲慢、危险等的指责。那么，让我们逐个看看这些批评。

实际不可能性

第一个瞄准超人类主义的批评是他们与科学研究的现实脱节。鉴于很多超人类主义者是理论学者，而且通常不属于生物界或者医药科学界，而是计算机科学界，这种批评可能是部分正确的。指控者说，在实践中，超人类主义者会犯一种简化主义的错误，将非常复杂的生命系统看作仿佛是计算机系统。这种批评更普遍地与认为超人类主义项目不可行的看法有关：身体的永生不会真的唾手可得，技术奇点将是一个简单化或者难以实现的想法，等等。然而，我们将在接下来的章节中解决这些问题；现在我们将只是处理伦理和政治方面。

傲慢

这是经典的宗教立场，它在超人类主义者的项目中看到了"扮演上帝"的欲望；操纵我们的基因，试图在地上实现永生，并努力克服我们的极限，将是对道德、神圣权威或者一般的"自然秩序"的挑战。傲慢的教条也有一个世俗的对应物，体现在杰里米·里夫金的思想中。对于这位美国散文家和经济学家来说，超人类主义者通过基因工程来"完善"自己的理想——他将其命名为"基因术"（algeny），类似于炼金术（alchemy）[93]——将与生物体不可简化的复杂性以及这些操纵结果的不可预测性产生冲突。尽管由于超人类主义者大多数是世俗主义者，来

---

[93] J. Rifkin, *Algeny, A New Word—A New World*, New York: Viking, 1983.

自传统宗教的反对很大程度上被忽视了（除了一些试图表明超人类主义事业不会与经典信仰的规定相抵触的尝试），然而里夫金的反对并不那么容易被回避——本质上是有根据的。然而，这没有吓到超人类主义者；而且，注意到每一个创新的研究都存在一定程度的风险，他们试图制定将危险降至最低的研究方案。例如，詹姆斯·休斯提议使用计算机模型来尽可能最大程度地防止可能的危险。总的来说，从超人类主义者的角度来看，辩论围绕着自行处置自己的身体和基因组的权利、试图自我改善自身本性的权利、父母为孩子进行所有可能的基因改进的权利展开——在这些程序被证明为安全和有利的情况下。

人类存在的平庸化

这是反超人类主义者的另一个强有力的观点。对于美国生态思想家、《够了：在工程化时代保持人性》(*Enough: Staying Human in an Engineered Age*)[94]的作者比尔·麦吉本（Bill McKibben）来说，为了克服人类的局限而摆弄基因工程在道德上是错误的，因为消除人类的局限将清除过上有意义的生活所需要的所有参照点——这一特征恰好源于人类的有限性。当然，我们可以谈论这一切；但是必须注意麦吉本的立场在于"防守"，这是在历史上一直被击败的选项：如果任何技术科学进步确实改善了生命的长度和质量，它最终将被采用。麻醉、疫苗接种和导致我们非自然的长寿预期的所有医疗实践都属于这种情况——我们要记得，在真正自然的环境中，我们大多数人活不到年底。

---

[94] B. McKibben, *Enough: Staying Human in an Engineered Age*, New York: St. Martin's Griffin, 2003.

第二章 / 新的巴别塔

此外，必须指出，生命的极端的加强和延续几乎不能代表每一种问题和挑战的终结：如果超人类主义的项目变成现实，我们的后代有可能会发现自己面对的新的——也许甚至更有趣的——挑战，是我们现在无法想象的。

危害民主

这一条也是"常青树"；关于这一点，我们必须提到德国哲学家于尔根·哈贝马斯和美国思想家弗朗西斯·福山。尤其是以"历史的终结"理论闻名的福山，近年来专门抨击了超人类主义，还特意就这个主题写了一整本书。[95] 或许是忘记了基地组织造成的破坏，这位美国哲学家和政治学家将超人类主义思想污名化为"世界上最危险的想法"，因为它会破坏我们建立在人性基础上的民主体制。这里的恐惧——由赫胥黎描述的《美丽新世界》中无处不在的例子来概括——是基因操纵可能导致反乌托邦的情景，其特征是生物学基础上的阶级划分，这将使得印度社会的种姓划分看起来像个笑话。就连美国医生和知识分子利昂·卡斯也认为，基因操纵将对社会秩序构成挑战。在这方面，乔治·W.布什（George W. Bush）的常驻生物伦理学家卡斯几年前写过一篇有名的文章，引起大量回应（包括批评），文中他提出了把外行对某些主题的排斥作为对基因实验设立限制的一种标准。[96] 因此，这是一种建立在直觉之上的标准，容易受到通常针对这种论调的所有非理性主义的批评和指责。

95　F. Fukuyama, *Our Posthuman Future: Consequences of the Biotechnology Revolution*, New York: Farrar, Straus & Giroux, 2002.

96　L. Kass, "The Wisdom of Repugnance", *The New Republic* 1997, Vol. 22, No. 216, pp. 17−26. http://www.catholiceducation.org/articles/medical_ethics/me0006.html.

在这里，这个问题也很容易被推翻：确保——这只能是有意识的政治意愿的结果——每个人都将获得超人类主义者梦寐以求的技术，这不仅不会导致反乌托邦的情景，正相反，这将进一步有利于民主化进程；例如，这是詹姆斯·休斯的提议，他希望向后人类的过渡发生在民主化和医疗保健普及化的更广泛的背景下——在美国依然是个大问题。然而不得不说，事实上，基因增强——前提是这是可能的且在望的——将导致生物学基础上的不平等，从而造成民主的终结，这种风险确实存在，因此不应被低估。但这种批评与有关危害民主的批评只是部分吻合。

基因分化

事实上，与反乌托邦相关的一个情景是，民主仍然有效或者完整，但是个体差异加剧了那些能负担加强技术的人和不能负担的人之间的分化。这一情景已经被重新命名为"盖塔卡"（Gattaca），以安德鲁·尼科尔（Andrew Niccol）美丽的科幻电影片名来命名。这部电影描绘了一个社会的画面，在这个社会中，接受基因改善的人最终不可避免地拥有比那些没有接受的人更高也更令人满意的生活道路。在这两种情形中，休斯的提议可能仍然是最合理的。

蔑视身体

像这样的批评将使超人类主义者接近所有宗教的禁欲主义者，因为禁欲主义在历史上不仅与蔑视世界及其财富有关，也与蔑视肉体的欢愉和身体总体有关，身体被视为某种脆弱且容易退化的东西。在这里，批评者的靶子是一些超人类主义者的愿望（比如汉斯·莫拉维克或者雷·库兹韦尔），他们希望把他们的意识转移到机器上，从而抛弃我们生物基质的脆弱性，倾向于金属以及碳阻力的牢固性。上述批评最初的产生和超人类主义的先驱有关，即霍尔丹及其同时代人；特别是几年前，英国哲学家玛丽·米奇利（Mary Midgley）把这些20世纪30年代的梦想家的愿望——大体上与莫拉维克和他的同事愿望一致——归类为超科学的幻想，其中蕴含着逃离身体的欲望。[97]该怎么说呢？就一些超人类主义者而言，这当然是对的，即使——因为我们经常面对明显的无神论——精神的维度不存在，取而代之的是"第二人生"版的超世俗的维度。必须指出，并不是所有的超人类主义者都是这么想的，而且他们并没有发明对身体的蔑视。如果这还不够，博斯特罗姆补充道，渴望拥有一个不会遭受衰老和损伤的身体——因此在结构上不同于造就我们的"可鄙视的"肉体——是一种存在于所有文化中的古老的梦想，几乎不能被简化为每个国家的禁欲主义者怀有的对身体的经典的蔑视；简而言之，对肉体的蔑视和对超级身体的渴望不是一回事。

第四帝国

想要建立一个基于奴役和消灭其他种族的优越种族的新秩序，很难指望这样的指控会缺席，事实上，它已经出现——正如我们在第一章中所看到的。就超人类主义者而言，他们非常小心地避免与纳粹主义的邪恶并列，一直强调他们的工作是为了给个人提供更多的机会，这些机会可以被自由地选择和拒绝。因此，这不是一个创造一种优越

---

[97] M. Midgley, *Science as Salvation: A Modern Myth and Its Meaning*, Routledge: Abingdonon-Thames, 1994.

种族的问题，而是向所有人提供改善和过上更长寿、更自由、更幸福生活的可能性，无论他们的种族或文化、社会阶层或性别如何。另外，绝大多数的超人类主义者——尽管不是全部——都坚持民主和偏向左翼的政治愿景。因此，没有什么第四帝国，而只有一场关于值得和不值得用即将到来的技术做什么的自由而民主的辩论。

去人性化

那么，如果人类最终都被同化，失去了他们的个体性，让位于自上而下决定的被社会接受的改进的准则，这样的情景会怎样呢？会因此让我们"少一些人性"吗？我们可以用多种方式来回应，比如：现在的情况到底是什么样子的？我们不是已经都是时尚的奴隶了吗？或者：将对我们身体的操纵建立在个人的偏好上，难道我们最终不会培育出更大的多样性，正好与人类趋向于同化的趋势相对抗吗？

存在风险

然后，还有尼克·博斯特罗姆本人建立的存在风险理论。特别是，超人类主义者的批评者提到的风险不是一般与自然或人为的"主流"灾难相关的那些，而正好是超人类主义者自己假设的风险，我们在上文已经谈论过这些。

丹·布朗，请收下这个

最后但并非最不重要的是，必须解决阴谋论的问题；事实上，如果一个人或者团体的成功程度部分是由归因于他／她／它的神秘力量以及他／她／它被认为牵涉其中的阴谋来衡量的，那么我们可以

第二章 / 新的巴别塔

绝对肯定地说,超人类主义者已经"办到了"。在这方面,特别值得一提的是——哪怕只是为了相当复杂的标题——《混沌的引擎:教会时代的终结、超人类主义的兴起、超人的来临如何预示着撒旦对上帝创造的迫在眉睫和最后的攻击》(*Pandemonium's Engine: How the End of the Church Age, the Rise of Transhumanism, and the Coming of the Ubermensch (Overman) Herald Satan's Imminent and Final Assault on the Creation of God*)[98],由托马斯·霍恩(Thomas Horn)编辑;这本书——正如你可以猜到的——强调了在超人类主义者的圈子里,有一种浓烈的硫磺气味。霍恩还给了我们另一份有着类似深度的文本,《禁忌之门:遗传学、机器人学、人工智能、合成生物学、纳米技术以及人类增强如何预示着技术维度属灵争战的开端》(*Forbidden Gates: How Genetics, Robotics, Artificial Intelligence, Synthetic Biology, Nanotechnology, and Human Enhancement Herald the Dawn of Techno-Dimensional Spiritual Warfare*)。[99] 约瑟夫·P.法雷尔(Joseph P. Farrell)和斯科特·D.德哈特(Scott D. de Hart)的书《超人类主义:炼金术议程的魔法书》(*Transhumanism: A Grimoire of Alchemical Agendas*)当然更有趣。第一位作者是神学家,第二位是作家和英国文学教师,这两位处理的是"加密历史"或者"另类历史",将一切都与炼金术、赫耳墨斯主义(hermeticism)和共济会混

---

98 Thomas Horn (ed.), *Pandemonium's Engine: How the End of the Church Age, the Rise of Transhumanism, and the Coming of the Ubermensch (Overman) Herald Satan's Imminent and Final Assault on the Creation of God*, Crane: Defender Publishing, 2011.

99 Thomas Horn, *Forbidden Gates: How Genetics, Robotics, Artificial Intelligence, Synthetic Biology, Nanotechnology, and Human Enhancement Herald the Dawn of Techno-Dimensional Spiritual Warfare*, Crane: Defender Publishing, 2011.

合在一起。他们的书渊博而肆意，试图在当代超人类主义和上述所有学说之间不仅建立起一种理念的联系，而且还是直接的关系（那些想要通过炼金术士的人造人[homunculus]等尝试实现人的蜕变、生命的创造的学说），可以追溯到最古老的人类文明。[100]

2.9 后人类主义之结

在应对超人类主义时产生的各种误解中，有一种与它和另一种哲学运动可能的关系相关：后人类主义。我们使用这个术语表示的是一种思潮（或者更准确地说，是一个概念的家族），大致涉及尼采和他所宣扬的"主体的消散"（dissolution of the subject）；也就是说，笛卡尔式的主体——"我"是能感觉的、自明的、自由的、统一的和自治的——本质上是一种幻觉。取代经典意义上的个体的将会是一系列本能和矛盾的力量。在20世纪，在此想法之上又增加了一个进一步的想法，即人与非人——即动物、机械等——之间的界限将会是不稳定的、微妙的。人作为一个明确定义的主体和既定知识的统一客体，仅仅是一种历史的建构。这一观念由法国哲学家米歇尔·福柯（Michel Foucault）发起，他已经成为后人类主义的另一位守护神。

因此，后人类主义承认人内在的不一致和不完美，承认不可能调和多种多样的个人对世界的看法以及身份的流动性。最早使用"后人类主义"一词的知识分子之一是美国文学理论家伊哈布·哈桑（Ihab

---

[100] 参见 Joseph P. Farrell and Scott D. de Hart, *Transhumanism: A Grimoire of Alchemical Agendas*, Port Townsend: Feral House, 2011。

Hassan），在他 1977 年的文章《作为表演者的普罗米修斯：走向后人类主义文化？》（"Prometheus as Performer. Towards a Posthumanist Culture?"）里使用。唐娜·哈拉维（Donna Haraway）建立的关于赛博格的话语从而成为后人类思想的一个化身，尤其是与人的混合本质、人与非人特别是技术的混合及再混合有关。[101]1988 年，史蒂夫·尼科尔斯（Steve Nichols）发表了《后人类宣言》（Post-Human Manifesto），他在文中认为，相对于过去，今天的人类已经可以被视为后人类。凯瑟琳·海尔斯（Katherine Hayles）的文本《我们如何成为后人类》（"How We Became Posthuman"）也很重要。它发表于 1999 年，代表着对超人类主义思想的直接批判。在海尔斯看来，超人类主义思想一直被困在西方经典的理性主义和二元论本体论中，对身心、主客体等等做了明确的区分。2003 年，在《网络女性主义和人工生命》（Cyberfeminism and Artificial Life）中，萨拉·肯伯（Sarah Kember）在后人类话语中纳入了对人工智能和"人工生命"学科的研究——即在 20 世纪 80 年代开发的试图建立重现生命和进化逻辑的计算机仿真。同样值得记住的还有英国人罗伯特·佩波瑞尔（Robert Pepperell）的作品《后人类状况》（The Posthuman Condition），于 1995 年发行。在意大利，后人类主题——尤其是与人机杂交有关的——已经通过安东尼奥·卡罗尼亚（Antonio Caronia）[102]、朱塞佩·O. 隆戈（Giuseppe O. Longo）[103]、罗贝托·马尔切西尼（Roberto

---

101 参见 D. Haraway, "A Cyborg Manifesto: Science, Technology, and Socialist-Feminism in the Late Twentieth Century", in *Simians, Cyborgs and Women: The Reinvention of Nature*, New York: Routledge, 1991。

102 A. Caronia, *Il cyborg. Saggio sull'Uomo Artificiale*, Rome-Naples: Theoria, 1985.

103 参见 G. O. Longo, *Il simbionte. Prove di Umanità futura*, Rome: Meltemi, 2003; G. O. Longo, *Homo technologicus*, Rome: Meltemi, 2005。

Marchesini)[104]、特蕾莎·马克里(Teresa Macrì)[105]、弗朗西斯卡·费兰多(Francesca Ferrando)[106]等作家的作品取得了很多成果。

因此,超人类主义和后人类主义是不同的现象。这并不意味着从来没有人试着把它们混合过。例如,德国尼采哲学家斯特凡·洛伦兹·索格纳就是这种情况。他和艺术家兼表演者海梅·德尔·瓦尔(Jaime del Val)共同发起了"元人类主义"(Metahumanism)——它代表着两种思潮的哲学混合,并且还有一份专门的《元人类主义宣言》(*Metahumanist Manifesto*)。[107]

2.10 宗教问题

乍一看,一个旨在实现尘世的永生和通过技术夺取日益增加的支配自然的权力的团体应该把宗教——任何一种宗教——视为一种祸害。确实往往是这种情况:事实上,一般的超人类主义者是一个超理性的无神论者,对自然科学和技术有着强烈的爱好。然而,正如经常发生的,这个规则有时候也存在一些例外。而且,这并不仅仅因为分散在各处的个别超人类主义者有时候会声称信仰这个或那个传统宗教,还因为在超人类主义内部有一些流派或者运动与传统宗教形式培植起了密切的关系。摩门超人类主义协会(Mormon Transhumanist Association,

---

104 R. Marchesini, *Post-Human. Verso Nuovi Modelli di Esistenza*, Turin: Bollati Boringhieri, 2002.

105 T. Macrì, *Il corpo post-organico*, Milan: Costa & Nolan, 1996.

106 F. Ferrando, *Philosophical Posthumanism*, London: Bloomsbury Academic, Forthcoming; F. Ferrando, *Il postumanesimo filosofico e le sue alterità*, Pisa: ETS Edizioni, 2016.

107 http://www.metahumanism.eu/.

MTA）就是这样的情况。[108] MTA 成立于 2006 年，它与"后期圣徒教会"（Church of Latter-day Saints）——摩门教徒的自称——没有官方结构上的关系，但是它的确与 WTA 即世界超人类主义协会有这样的关系。要理解这种关联如何成为可能，至少必须快速浏览一下摩门教徒的宗教。

根据摩门教徒的说法，以色列著名的失落的部落最后来到了美洲，在他们的队伍中有先知摩门，他生活在公元 4 世纪，并把他们的行迹记录在一些页片上。这些页片后来在 1830 年被摩门教的创始人约瑟夫·史密斯（Joseph Smith）在天使的指引下发现。摩门教教义相当复杂，我们在此不会对其详述。只需要说一下，摩门教徒等待着所谓的"变形"（transfiguration），在末日死者不仅会复活，而且有资格获得额外的奖励：准确地说，是变形，即上升至神的层次。神化也是出现在早期基督教一些领域中的主题，因此在这方面，摩门教徒并没有说出什么新的或者特别古怪的东西。无论如何，这条教义解释了一些摩门教徒对超人类主义的兴趣，以及 MTA 的官方刊物的名称：《变形主义者》(Transfigurist)。

另一个可能让人想起超人类主义的宗教运动——但是据我们所知，其实和超人类主义没有关系——是雷尔（Raëlian），一个由法国人克劳德·沃里隆（Claude Vorilhon）于 1973 年创立的不明飞行物崇拜。雷尔信徒等待着埃洛希姆（Elohim）的来临——他们是用基因工程创造人类的外星人，而且注定会回归，赋予我们所有人一种技术形式的永生。不过，阅读我们的有抱负的超人类主义者不应该惊慌：实际上，超人类主义虽然看似（甚至是）激进的，但它是一种理性主义的思想运动，

108　参见 http://transfigurism.org/。

既没有与不明飞行物之类的亚文化建立联系,也没有与一般的超常世界建立联系;甚至与宗教美学的关联也是相对表面的,后者通常沦为个人的宗教虔诚。在这方面,我们特别发现亲近佛教的詹姆斯·休斯就属于这样的情况,还有朱利奥·普里斯科,他在他的图灵教会(Turing Church)中凝聚了他个人的世界观。[109]

为了完整起见,我们要提到冒险主义教会(Church of Venturism)——现在的"冒险主义协会"(Society for Venturism)。该协会由大卫·皮泽(David Pizer)创立,冒险主义者(Venturists)是一群宗教会众,他们的出发点是最超人类主义的——同时很显然是最不宗教的——实践之一:人体冷冻。[110]

尽管如此,我们要重申,大部分超人类主义者是无神论者、不可知论者,或者更宽泛地说,是世俗主义者。如果说有一个主题让超人类主义者普遍感兴趣,那就是"神经神学",它被理解为一个旨在研究宗教经验的神经学基础的学科领域,强调人类的宗教虔诚如何具有进化根源。尽管这个术语是阿道司·赫胥黎在其1962年的小说《岛》(The Island)中发明的,但是普及这个术语的是出版于1994年的《神经神学:21世纪的虚拟宗教》(Neurotheology: Virtual Religion in the Twenty-First Century),作者是劳伦斯·O.麦金尼(Laurence O. McKinney)。[111]这是面对大众读者的文本,但它起到了开路先锋的作用。此外,美国神经科学家安德鲁·纽伯格(Andrew Newberg)出版了多本关于

---

[109] http://turingchurch.com/.

[110] http://www.venturist.info/.

[111] L. O. McKinney, *Neurology: Virtual Religion in the Twenty-first Century*, Cambridge: American Institute for Mindfulness (Harvard University), 1994.

此主题的书,其中一本是理论著作《神经神学原理》(Principles of Neurotheology)。[112]

神经神学当然不乏实验方面:我们特别指的是著名神经科学家迈克尔·珀辛格(Michael Persinger)自20世纪80年代起进行的有争议的研究。此人使用他著名的"上帝头盔"(God helmet)——一种类似于用于经颅磁刺激的设备——在他的实验对象中制造出了一种"在场"的感觉,或者至少是神秘的和宗教的情感。

这种类型的研究当然是对待宗教问题的典型的超人类主义路径。毫无疑问,一些超人类主义者想要摆弄这些设备,以便根据指令获得神秘体验,以至于达到精神良知、更深层次的内在生活;或者与此相反,像托洛茨基一样不需要上帝。

超人类主义者对"边缘"思想的热爱使得他们中的一些人欢迎(或者至少带着兴趣去研究)弗兰克·蒂普勒(Frank Tipler)的思想。他是美国杜兰大学(University of Tulane)的一名数学物理学家和宇宙学家,令其闻名的是他试图在宇宙学的基础上为末日死者复活中的基督教信仰辩护。[113]

事实上,宗教与超人类主义之间的关系相当微妙;当然,它的成员——全部或部分——为他们的思想滋养出宗教的或者类宗教的情感,超人类主义无疑为那些追随它的人提供了某种心理补偿,而这是宗教或者传统的意识形态不再能够做到的。还有一些人坚持认为,超人类主义的意识形态应该被视为一种世俗信仰。然而恰恰是在这里,问题

---

[112] A. Newberg, *Principles of Neurology*, Farnham: Ashgate, 2010.
[113] F. Tipler, *The Physics of Immortality*, New York: Anchor, 1997.

变得棘手，因为其他意识形态——例如马克思主义——已经在努力满足其成员的存在需求。简而言之，我们进入了哲学和宗教史领域，以及世界观的心理学领域，对此某一运动的成员的自我认知无可避免会影响外部学者的分析——特别是在超人类主义这样的情况下，它有多位成员是受人尊敬的学者，因此可以很容易地卷入关于他们的解释学辩论。更简单地说：我们不知道怎样对超人类主义进行归类——宗教？政治运动？意识形态？宗派？哲学流派？一群朋友？——我们很乐意把这个问题留给其他人。[114]

无论如何，如果你是无神论者，如果你对自然强加给你的限制感到不满，如果你认为技术科学是唯一的出路，那么就希望和安慰性的幻想而言，超人类主义是西方理性能为你提供的最大值。

---

[114] 美国宗教学会自 2009 年以来组织专门致力于"超人类主义与宗教"的年度讨论会，会上多位学者探讨超人类主义思想中隐含的任何宗教信仰的识别和分析。参见 http://papers.aarweb.org/content/transhumanism-and-religion-group。

第三章

永 生

3.1 基石

由于本章是关于死亡和人类对永生的追求的，我曾忍不住要用一些陈词滥调来开启它，比如"永生的梦想一直激励着人类"、伊甸园的生命之树、青春之泉，诸如此类。没有什么是你不知道的；正因为如此，我更愿意以不一样的东西来开启本章，即一个不太为大众所熟知的概念：TMT（Terror Management Theory，恐惧管理理论）。

我们的故事始于1973年，当时美国人类学家厄内斯特·贝克尔（Ernest Becker）出版了《拒斥死亡》(*The Denial of Death*)，并凭借此书获得了普利策奖。[1] 贝克尔在书中表达的基本思想相当简单：人类的大部分行为是为了忘记或者回避生活中除缴税外唯一不可避免的事情——死亡。尽管事实上，对绝对毁灭的恐惧无意识地驻留在每一个人的身上，以至于我们用整个一生试图寻找／赋予它意义。基本上，贝克尔把性——弗洛伊德的最爱——替换为永生，并用后者来解释其他一切；换句话说，我们人类建立的所有象征性宇宙的目的——从法律到宗教——

---

[1] E. Becker, *The Denial of Death*, New York: Simon & Schuster, 1973.

都是为了安抚我们，让我们感到安全，并为我们的生与死赋予意义。

贝克尔的想法是简单的，甚至可能有点过分简单化，但并非没有吸引力，而且有一些洞见，以至于它启发了三位美国社会心理学家——杰夫·格林伯格（Jeff Greenberg）、谢尔顿·所罗门（Sheldon Solomon）和汤姆·匹茨辛斯基（Tom Pyszczynski）——从20世纪80年代开始创建所谓"恐怖管理理论"。[2] 这是一种明确的路径，它从识别这三位心理学家心目中的人类心理基石开始：一种基本的心理冲突，源于生存的意愿和对死亡的不可避免性的敏锐察觉之间的相遇。这种冲突不仅导致害怕，还引起恐惧，这是人类的典型特征。解决方案也是人类特有的：文化。人类文化是旨在为人类生活赋予意义和价值的象征系统。因此，如果我们认为我们的生活是有意义的，那么死亡——我们对此一无所知，除了知道它随机发生且不可避免——就变得不那么可怕了。更具体地说，这一目标是通过自尊来达到的，自尊与我们所属的文化绑定在一起；也就是说，如果我们遵循我们文化背景中的价值观，它就会赋予我们自我肯定，以及某种意义上面对死亡"坚不可摧"的感觉。这是一种强大的路径，而且在学术上成果颇丰，但也并非没有遭受批评[3]；总体模式本

---

[2] 参见 J. Greenberg, T. Pyszczynski, and S. Solomon, *The Causes and Consequences of A Need for Self-Esteem: A Terror Management Theory*, in F. Baumeister (ed.), *Public Self and Private Self*, New York: Springer-Verlag, 1986, pp. 189–212. J. Greenberg, T. Pyszczynski, and S. Solomon, "A Terror Management Theory of Social Behavior: The Psychological Functions of Self-esteem and Cultural Worldviews", *Advances in Experimental Social Psychology* 24(93), New York: Springer-Verlag, 1991, p. 159。

[3] 例如，我们可能会跟亚伯拉罕·马斯洛（Abraham Maslow）一起反对说，人类的个体性完全体现在抵制我们的社会文化强加给我们的文化适应过程的行动中。参见 A. H. Maslow, *Toward a Psychology of Being*, New York: John Wiley & Sons, 1998。

第三章 / 永 生

身似乎是成立的,以至于它开启了一个至今仍然非常活跃的研究项目。

然而,TMT 的路径决定了,在对死亡的恐惧管理有用的价值观中,最明显的例子是那些似乎担保真正的永生的——比如,对来世的信仰以及类似的解决方案。但是根据格林伯格及其同事的说法,还有其他价值观,它们很明显与我们的死亡无关,却似乎发挥了相同的功能:例如国族认同的价值观令我们感到自己是更高集体身份的一部分且能够抵抗死亡,我们对动物的优越感,我们渴望有孩子以便向他们传播我们的文化遗产,等等。

本质上,我们的价值观系统以某种方式提供给我们一种象征性的永生。总结一下,就像习得双足行走一样,它有利有弊(比如背痛),同样,智力和自我意识的发展为我们提供了模棱两可的好处。一方面,它提供给我们一个强大的生存工具;另一方面,它让我们意识到我们的必朽,其解决之道是我们发明的文化。

在这一点上,我想问:是否可能对人类为了应对死亡所采取的策略更好地(至少更好一点点地)进行分类?当然可能,而且我们甚至不需要付出太多努力,因为史蒂芬·凯夫(Stephen Cave)已经为我们完成了大部分工作。凯夫是一位英国作家和思想家,他正是这样做的。在他的《不朽:对永生的追求以及它如何驱动文明》(*Immortality: The Quest to Live Forever and How It Drives Civilization*)[4]一书中,这位作家——他认为不朽不能以任何形式实现,甚至在象征意义上也不能——对每个人类文化用来应对或者面对死亡的五种"叙事"进行了分

---

[4] S. Cave, *Immortality: The Quest to Live Forever and How It Drives Civilization*, New York: Crown Publishers, 2012.

类。事实上,凯夫列举了四种策略,然后又加上第五种,不是把它作为一种策略本身呈现,而是作为应对必朽的"唯一方式"。我不想跟随着他的路线走下去,而是更愿意把他的提议视为其中一种策略。以下就是与这些策略相关的"座右铭":"活下去""复活""灵魂""遗产"以及"智慧和接受"。

第一种是显而易见的:尽力不死,为了控制死神而开发技术和程序。我们人类从这种策略中得到了我们所有的医学知识,从把箭头从身体中取出的史前技术直到当代的基因疗法;这种策略不仅仅涉及医学,因为它牵涉旨在种植和保存食物的所有技术,或者公共卫生的实践、人工照明的使用,以及在每种历史和社会背景下采取的任何其他公共安全措施。

大部分科学和技术进步可以被归类为这种策略的一部分,包括想要获得永生的所有尝试——在人类历史的进程中是如此之多,从道教徒的健身功法到中世纪的通过炼丹术寻找长生不老药。复活的"叙事"始于基督教——尽管死而复活的神祇的传说要古老得多——并呈现出意想不到的形式,比如玛丽·雪莱的《弗兰肯斯坦》,代表着非常人性化的复活死者的尝试。灵魂的叙事与这样一种观念有关,即在我们体内有一种永恒的元素,它可以逃避死亡,或许可以享受上天的赐福;这种选择的替代方案是对轮回的信仰。

然后,我们有遗产的策略,它以多种形式出现,需要个人通过他/她的后代获得"自我实现",但也通过任何可以留给后代的遗产:政治和军事事业,艺术和文学作品,甚至可能仅仅是对超个人的实体的贡献,比如为了国家或者其他多少有些过时的理想而死。这本质上意味着在未来世代的记忆中活下去。

第三章 / 永 生

无论如何,这些策略都不能奏效:对永生的追求(迄今)尚未成功,复活的策略也是如此,灵魂的概念已经被当代神经科学和心灵哲学削弱,最后,遗产的理念也并不那么管用——要么因为我们将不会在那里享受它,要么因为集体记忆是短暂的,即便是在最好的情况下,你将会以出现在学生们讨厌的历史书中而告终。凯夫的解决方案属于第五种策略(重复了斯多葛学派[Stoics]和伊壁鸠鲁学派[Epicureans],以及伯特兰·罗素[Bertrand Russell]的思想),意味着平静接受人类存在的局限性。不管这五种策略的有效性如何(除此之外,凯夫提出的解决方案不是很有说服力,因为按照这种策略,我们甚至不会发明农业,仍然会生活在洞穴[cave]中[5]),值得注意的是,每一个人类社会基本上都代表着这五种策略的不同组合,包括我们自己的当代文化。

3.2 再饮一口生命

这一切的意义是什么呢?意义在于,超人类主义远非缺乏常识和科学理性的怪胎,它只是代表着第一种叙事的化身;在当代生物医学研究方面稍微领先而已——或者说超人类主义者喜欢这么认为。我们甚至可以把他们归类为古怪的人,但是他们的思想正在主流文化中传播。而且,超人类主义的思维同时在两方面运作:一方面,它支持以任何可能的方式延长生命;另一方面,遵循复活的叙事,它启动了人体冷冻运动。但不要以为渴望运用科学过上非常长寿的生活是一种当代潮流,你会在这里看到一些反例。首先,让我们从杰拉尔德·格鲁

---

[5] 希望凯夫能够原谅这个糟糕的双关语。

曼（Gerald Gruman）的作品开始，他是一位著名的美国医学史家；在他1966年的经典著作《关于延长生命的思想史》(*A History of Ideas about the Prolongation of Life*)[6]中，他追溯了下迄19世纪的寻求永生——或者至少是极度的长寿——的历史。根据他的作品，找到延长生命的方法的渴望似乎在古代世界相当普遍——尤其是在古代东方。格鲁曼把在这一领域工作的人分为两个不同的群体，"支持长寿主义者"和"护教者"——后者代表那些赞成接受死亡的人，他们在西方更为普遍。在亚洲，寻求永生从来都不是一种禁忌，这一点已经得到一长串名单——神话的和真实的人物——的证明，他们曾经试图欺骗死亡。例如，伟大的中国炼丹家葛洪生活在公元3世纪，他写了好几篇关于如何通过人力实现长生的论著。在他之前，我们有秦始皇，中国历史上的第一位皇帝，以其痴迷于寻找长生不老药而闻名。进入现代和当代，我们可以提到像梅奇尼科夫、布朗-塞夸德、斯坦纳赫这些人物。他们听起来耳熟吗？这些人都是生活在19和20世纪之间的科学家，在他们的研究领域备受尊敬，且都对利用科学手段找到延长生命和保持青春活力的方法感兴趣。埃利·梅奇尼科夫（Élie Metchnikoff）是一位俄国生物学家和动物学家；因其在免疫系统方面的工作而被人铭记，他和微生物学家保罗·埃利希（Paul Ehrlich）共同获得了1908年的诺贝尔医学奖。他是第一个使用"老年学"（gerontology）这一术语的人——在1903年；除此之外，他还发展了一种衰老理论，其基础理念是衰老的过程是由肠道中的有毒细菌引起的，而乳酸可以延长寿命——因此，梅奇

---

[6] G. J. Gruman, *A History of Ideas about the Prolongation of Life*, New York: Springer Publishing Company, 2003.

第三章 / 永 生

尼科夫养成了每天喝酸奶的习惯。他写了一本关于这个主题的书《生命的延长：乐观的研究》(*The Prolongation of Life: Optimistic Studies*)[7]，该书启发了后来有关益生菌的研究。

查尔斯-爱德华·布朗-塞夸德（Charles-Édouard Brown-Séquard）是一位英国生理学家和神经学家，他在 1889 年也就是他 72 岁的时候，因其重返青春的实验而变得非常有名，该实验建基于注射从狗和其他动物的睾丸中提取的液体。实验结果在公开演示中展示，在演示中，塞夸德常常声称这种疗法使他感觉年轻了 30 岁。虽然面临很多批评，但在接下来的几年里，成千上万的医生开始使用塞夸德的"液体"；尽管后来这些奇迹般的效果被解释为安慰剂效应，他的研究促成了内分泌学的诞生，这门学科一开始被认为是江湖骗术，后来演变成一门受尊重的科学。

内分泌学的另一位先驱是奥地利生理学家尤金·斯坦纳赫（Eugen Steinach）。1912 年，他将一只雄性豚鼠的睾丸植入一只雌性豚鼠体内；睾丸产生的物质即睾酮迫使雌性豚鼠表现出雄性的性行为。这使得他确信这些腺体与性有关。后来，他开发了一项技术（实际上是无效的），被称为"斯坦纳赫手术"，基本上是部分的输精管切除术，被寄望能够减轻衰老症状并使病人恢复活力；这项手术在艺术家、演员和大人物中非常流行。

总而言之：即使在当代科学中，我们也能找到一些人物认为试图对抗衰老过程的影响至少是合理的，希望能将我们的预期寿命增长到已知的极限之上。超人类主义者只是稍微极端一点，但他们是同一个

7　https://archive.org/stream/prolongationo# i00metciala#page/n5/mode/2up.

模子造出来的。在从科学的角度评估超人类主义对衰老的看法之前，我们必须回答另一个问题：当代科学对衰老过程是怎么看的呢？

3.3 一些来自生物学的回答

简单说来：为什么我们不得不变老，并且在一定的年限之后死去？显然，生物学已经提出了这个问题，这些年来已经有很多解释衰老和死亡的理论被发展并被广泛阐述；总的来说，我们可以把它们分为两组：一组是通过我们的DNA建立的基因程序来解释这些现象的理论，另一组是通过在我们的机体内积累的细胞损伤和随机突变来解释这些现象的理论。早在1889年，德国进化生物学家、达尔文的追随者奥古斯特·魏斯曼（August Weismann）提出了衰老的进化是为了给后代腾出空间，是一种在进化上必要的净化行为；这是一种目的论的理论，尽管它假设——有意或者无意——大自然可以故意地行动，展现出"意图"。第一个衰老的现代理论是由英国生物学家彼得·梅达沃（Peter Medawar）提出的；1952年，这位科学家假设衰老只是一个疏忽大意的问题。自然界充满了无情的竞争，几乎每一种动物都会在长到足够老之前死去。大自然没有必要把能量和资源投入到保持生物体的效率直到老年这一目标中去；或者，用不那么目的论的术语来说，没有选择性的压力支持适合于让人一直保持活力和健康直到某个年龄的基因特征，因为到了那个年龄，他们反正会因为意外、疾病或者掠食者而死去。梅达沃的理论被称为"突变积累理论"(theory of mutation accumulation)，涉及在进化过程中负面突变的精确积累，这些突变产生的影响只在一定的年龄才会表现出来，因此不能被自然选择抹灭。美

第三章 / 永 生

国进化生物学家乔治·C. 威廉姆斯（George C. Williams）在 1957 年提出了"拮抗基因多效性"（antagonistic pleiotropy）理论，该理论声称有一些基因对生物体产生两种不同的影响：一种是积极的，在青年时期表现出来；另一种是消极的，仅在一定的年龄之后才表现出来。如果这是真的，那么改变衰老的过程基本上是不可能的，因为它意味着改变生命所依赖的微妙平衡。隐含在该理论中的一个事实是，对生物体进行基因操纵以便延长其寿命必然会损害其繁殖能力；尽管如此，1994年，美国生物学家迈克尔·R. 罗斯（Michael R. Rose）选择了一组特别长寿的果蝇，他注意到与威廉姆斯的理论相反，它们甚至比正常寿命的对照组繁殖能力更强。更一般地说，威廉姆斯的路径被认为"过于僵化"，因为它意味着当受到足够"激励"的时候，大自然不能规避上述规则。1977 年，英国生物学家托马斯·柯克伍德（Thomas Kirkwood）提出了"一次性体细胞"（disposable soma）理论，它意味着身体——即体细胞——可用的资源数量是有限的，必须在新陈代谢、繁殖、修复和维持之间进行分配。由于这些限制，身体被迫接受一种或多种妥协，而且正因为如此，一段时间之后，它开始退化——正是在繁殖年龄之后，也就是当它不再有用的时候。

当然，这些只是几个例子，我们还可以找到许多其他理论。目前，在不同的形态下，占主导地位的范式似乎是损害积累的范式；也就是说，衰老和死亡只是大自然的副作用，而大自然对生物体有机会繁殖之后的命运不太感兴趣。

事实是，我们远未全然了解衰老背后的代谢过程。即便如此，我们不可避免地注意到衰老和死亡并不是普世的现象，根本不是。例如，有一种爬行动物和鱼类不表现出任何功能上或者繁殖上的衰退；也就是说，它们不会老化。而这个特点通常与远远长过我们的预期寿命相关——比如塞舌尔群岛（Seychelles Islands）的阿尔达布拉象龟（Aldabra Giant Tortoise）可以活到 255 岁。北极蛤（ocean quahog）——学名 Arctica islandica——是一种属于北极蛤科（family of Arcticidae）的海洋双壳软体动物；它生活在北太平洋，寿命长达 507 年。水螅（Hydra）——一种非常简单的海洋动物——没有表现出任何衰老的迹象，似乎不会因为年老而死亡。

现在让我们来介绍另一个有趣的概念——"细胞衰老"（cellular senescence）。我们的故事始于法国生物学家和外科医生亚历克西西·卡雷尔（Alexis Carrel），他在 1912 年获得了诺贝尔医学奖；他在研究中得出的结论是，如果营养充足，在培养皿上培养的细菌可以无限地分裂下去。对他来说可悲的是，他的理论在 1961 年被美国生物学家伦纳德·海夫利克（Leonard Hayflick）推翻，后者发现，在这种条件下，细胞分裂在衰老之前只能保持有限的分裂次数——大约五十次。这种现象被称为"海夫利克极限"（Hayflick limit），它与端粒有关。端粒是覆盖染色体末端的"帽子"：它们发挥着保护性作用，随着细胞的繁殖变得越来越短，直到它们抵达一个标志着细胞衰老开始的极限。一种叫作端粒酶的特定酶可以再度延长端粒；在癌细胞中，这种化合物持续产生，导致肿瘤的增殖。支持衰老和死亡的基因程序化的人认为，海夫利克极限可以证明控制我们机体的生物"内部时钟"的存在。

归根结底：衰老依然是一个神秘且我们对其知之甚少的现象；大多数理论将其归因为大自然母亲的疏忽，而且我们生物体是不平等的：有些会衰老，有些并不；有些长寿，有些早夭。在这样的情况下，有些人试图改变衰老的道路，这有什么好惊讶的呢？

3.4 解开束缚的普罗米修斯

回到 1965 年，社会学家罗伯特·富尔顿（Robert Fulton）曾说过，在美国，死亡被当作仿佛是一种传染病，是个人疏忽的原因，而不是人类状况的一种特征[8]；今天，这种看法传播更广，实际上已经成为我们共同的文化背景的一部分，由预防、对抗这种或者那种疾病以及这种或那种坏习惯的运动组成。正是这种心态导致了一种我们认为是非正式的国际运动的产生，即长寿主义者的运动——实际上在这把"伞"下可以看到一个非常异质的组合，包括团体、协会、诊所、企业，严肃程度不一，都有兴趣尽可能延长他们在这个世界的逗留时间。我们名单上的第一个是所谓"热量限制"的支持者——主要是因为他们不可思议的献身精神。这是一种我们常人无法理解的营养制度，它包括获取所有基本的营养素——尤其是维生素、矿物质等——但是保持热量摄入略低于最低水平。其基本理念可追溯至 1934 年，当时两位康奈尔大学的研究员玛丽·科罗威尔（Mary Crowell）和克莱夫·麦凯（Clive McCay）让几只小鼠经受了这一营养制度的严苛版。听起来令人难以置信的是，这些小鼠的预期寿命增长到远超正常水平，这一发现已经被在多种动物身上进行的很多研究证实，包括灵长类动物。具体说来，美国国家老龄研究所（National Institute on Aging）从 1987 年起对一些恒河猴进行的实验表明，热量限制提供了多种健康益处，但是它尚未显示在小鼠身上观察到的效果（一种极端长寿的形式），在更大的哺乳动物身上也同样适用。只有时间能告诉我们答案。显然，对人类也

---

8 引自 B. Appleyard, *How to Live Forever or Die Trying*, London: Simon & Schuster, 2007, p. 108。

是如此，尚未有人针对热量限制的效果在人类身上进行专门的临床研究。无论如何，可能的效果包括对循环系统和记忆的好处；副作用包括性欲的可能降低、骨骼和肌肉的流失，等等。尽管热量限制的效果为人所知已经差不多 80 年了，但其潜在机制尚不清楚；一个可能的假设提到了所谓的"毒物兴奋效应"(hormesis)[9]，这是一种生物现象，至少在某些情况下，少量的压力——热量限制当然是有压力的——可以刺激生物体，激发其防御机制。这可能会促使它优化其资源，使其免疫系统启动起来。基本上，对事实上是饥饿状态的"感知"可能会刺激身心——很可能，这种机制可以追溯到我们的史前生活，当时一日三餐是一个乌托邦式的梦想。另外一种假设和我们的生殖系统有关：或许，在"感知"慢性饥饿的状态时，生物体会"决定"推迟繁殖，并且这样做可能会试图保持机体的健康并延长其寿命，增强某些修复机制——比如所谓的"自噬"(autophagy)，这是细胞回收再利用自身的过程，例如有选择地清除受损的细胞器。最有名的研究热量限制的人——也是所有超人类主义者的超级巨星——是罗伊·李·沃尔福德(Roy Lee Walford)。他是一个美国人，出生于 1924 年，在 80 年代和理查德·温德鲁赫(Richard Weindruch)一起用小鼠做了几次热量限制实验，将热量摄入砍至大约 50%，预期寿命几乎翻了一番。沃尔福德绝不把他的工作限制在纯粹的研究上，他还出版了几本大众读物，在书中他把热量限制提倡为一种生活方式，如 1983 年的《最长寿命》(*Maximum Life Span*)、1986 年的《120 岁的饮食》(*The 120-Year Diet*)。遗憾的是，尽

---

[9] 美国研究人员切斯特·索瑟姆(Chester Southam)和约翰·埃里希(John Ehrlich)在 1943 年首次研究并命名这一现象。

第三章 / 永 生

管实践了热量限制制度，沃尔福德在2004年因肌萎缩侧索硬化症去世，年仅79岁。可能跟热量限制无关（这是唯一已知的案例），但是这种营养制度可能会加速病程，这就是为什么不建议有这种病症的人进行热量限制。无论如何，沃尔福德发起了一场真正的运动，拥有很多追随者——大多数是乐意争取更多时间的超人类主义者。1994年，沃尔福德和女儿丽莎（Lisa）以及布莱恩·M. 德兰尼（Brian M. Delaney）一起创建了一个专门的组织，名叫"热量限制国际协会"（CR Society International），该协会赞助专门的会议，为抗衰老研究筹集资金，并为其成员提供实用信息——如果我们从他们网站上的照片来判断，这些人都非常瘦。[10]

在长寿主义运动内部，有人决定要更进一步，即提出一种全球性的路径来对抗衰老化。这非常适合超人类主义者，因为他们正忙着——我会说相当疯狂地——为明日世界做好准备。我说的是所谓抗衰老的医学，这是一种非常有争议的医疗实践，旨在将衰老视作与其他所有疾病一样的疾病来治疗。这种方法由美国抗衰老医学科学院（American Academy of Anti-Aging Medicine）[11]推广——代号A4M。这是一个非营利组织，它举办有关此主题的探讨会并为医生颁发许可证。A4M由两位整骨医生罗伯特·戈德曼（Robert Goldman）和罗纳德·克拉茨（Ronald Klatz）创立于1993年，在110个国家拥有26000名会员；他们的抗衰老项目包括一些科学上合理的建议（适度饮食，锻炼，等等），也有一些一直受到官方医学批评的建议——比如服用激素和避免

10　http://www.crsociety.org/.

11　http://www.a4m.com/.

使用自来水,后者据说被危险的化学物质污染。该组织的官方使命是"在医疗保健中推进可以检测、治疗和预防衰老相关疾病的工具、技术和转型"。很不错,不是吗?根据A4M的说法,很多与衰老过程相关的残疾是由生理功能障碍引起的,这些障碍可以通过医疗手段得到改善,这可以延长我们的预期寿命。或者,用克拉茨的话说:"我们不要优雅地老去,我们要永不变老。"[12] 这看起来像是一个有前途的项目,而且我们的希望会更加高涨,如果我们看一看他们的代号和他们的最终目标,即不老的社会(The Ageless Society),它将终结"衰老的末日劫难"——确实是个好口号。采用A4M推荐的程序应该会将我们直接带入永生。克拉茨在超人类主义的背景以及前沿研究的词汇中"打捞",谈到了例如纳米技术、基于干细胞疗法的"新兴技术",它们将使我们的预期寿命增长至远超目前的限制。[13]

不过有一个问题:科学界如何看待这种"抗衰老医学"呢?在老年学领域工作的大多数研究人员将自己与A4M倡导的想法撇清,把它们视为伪科学并强调该组织强大的经济利益。例如,加州大学洛杉矶分校医学院的医生兼研究人员斯蒂芬·科尔斯(Stephen Coles)已经研究百岁老人多年,他声称"没有抗衰老医学这回事"。[14] 许多其他专家也对克拉茨的组织不以为然,将其视为医学实践和商业利益的混合体。美国医学专业委员会(American Board of Medical Specialties)是一个全国公认的非营利组织,评估和认证每一种医疗程序和组织的专业水准,它并不

---

12 参见 http://www.nytimes.com/1998/04/12/style/anti-aging-potion-or-poison.html。
13 http://www.worldhealth.net/news/forever_young_the_scientific_fountain_of/。
14 http://articles.latimes.com/2004/jan/12/health/he-antiaging12。"好消息是,科学家可能会在20到30年内取得导致更长和更健康生命的真正突破。"

承认 A4M 是一个专业组织。就连 A4M 的官方刊物《国际抗衰老医学杂志》(*International Journal of Anti-Aging Medicine*)也受到抨击:在 2002 年发表于《科学》杂志的一封信中,奥布里·德·格雷本人宣称,这本刊物的内容只不过是支持伪科学抗衰老产业的广告。这确实是泼了一盆冷水,而且还是来自享有盛誉的超人类主义者。《科学》也发表了一篇将抗衰老医学打上伪科学印记的文章,署名人包括德·格雷、科尔斯、S. 杰·奥尔尚斯基(S. Jay Olshansky)和其他杰出的生物老年学家。[15]

那么,就没有希望了吗?事实上,正如我们之前提到的,主流官方科学并没有排除极端延长我们的预期寿命的可能性,而且是在几十年不是几世纪内实现。这一假设的支持者包括一位著名的美国生物学家威廉·哈塞尔廷(William Haseltine)。哈塞尔廷是学者、企业家、慈善家、美国生物技术领域的重要人物;在从事艾滋病和人类基因组的研究之后,他创建了多家生物技术公司,其中一家是人类基因组科学(Human Genome Sciences),该公司旨在将基因组学应用到医学科学中去。2001 年,《时代》杂志将他评选为全球最具影响力的 25 位商人之一[16],他的地位由此可见一斑。1999 年,在意大利科莫湖(Lake Como)的一个会议上,哈塞尔廷创造了一个前景光明的术语"再生医学"(regenerative medicine)。他的想法是,像基因疗法、干细胞和组织工程这样的仍处于起步阶段的技术有朝一日可以恢复细胞、组织和整个器官的正常功能,不管损伤是否由病症、伤害或者纯粹的衰老过程造成。

---

15 AA. VV., "Antiaging Technology and Pseudoscience", *Science* 2002, New Series, No. 296, 26.

16 关于哈塞尔廷的生活和工作的有趣介绍可以在这里找到:B. Alexander, *Rapture. A Raucous Tour of Cloning, Transhumanism, and the New Era of Immortality*, New York: Basic Books, 2003。

在联合创建了《再生医学杂志》(Journal of Regenerative Medicine)和再生医学协会(Society for Regenerative Medicine)之后,哈塞尔廷在几篇论文中揭示了这门新学科的一般原理。他不满足于此,还创造了另一个新的术语"回春医学"(rejuvenating medicine),用来描述有朝一日可能会开启通向永生之路的下一次革命。在 2002 年接受《生命延续杂志》(*Life Extension Magazine*)[17]的采访时,哈塞尔廷表示:

> 我同意许多医学疗法可能会被一些通用和系统的衰老解决方案淘汰。我们正在研究的很多状况都是衰老的后果。如果基本的老化时钟能被停止或者逆转,那么大多数对这些药物的需求将会烟消云散。那真的会是快乐的一天。
>
> ……
>
> 过去几年来,首次有可能构建一种人类会变得不朽的场景:通过系统地替换干细胞。[18]

写作本书时,2018 年已经接近尾声,而我们仍在等待再生医疗的结果;同时,我们从另一位介于主流科学和超人类主义之间的人物身上得到了安慰,那就是迈克尔·D. 韦斯特(Michael D. West)。哈塞尔

---

[17] 生命延续基金会(Life Extension Foundation, LEF)是佛罗里达州劳德代尔堡(Fort Lauderdale)的一个非营利组织,它在 1980 年由两位超人类主义者索尔·肯特(Saul Kent)和威廉·法隆(William Faloon)创立,其目标是推广有关长寿主义、预防医学和运动表现的研究和信息。除了销售维生素和补充剂,LEF 还出版《生命延续杂志》。参见 http://www.lifeextensionfoundation.org/ 以及 http://www.lef.org/index.htm。

[18] http://www.lef.org/magazine/mag2002/jul2002_report_haseltine_01.html。

第三章 / 永 生

廷在高端、富裕的社会环境中舒适地生活和工作,身处生物科技、商业和政治的交叉路口,而韦斯特是超人类主义者的老熟人:他参加他们的会议,私下认识他们——基本上,他就是他们中的一员。

韦斯特的道路相当独特:他最初是神创论(creationism)的支持者,强烈反对达尔文的进化论,但他父亲的去世将他推向了科学研究的一边,为他注入了寻找衰老和死亡问题的解决方案的渴望。怀着这样的目标,他在 1990 年创建了杰龙公司(Geron Corporation)[19]——总部位于门洛帕克,且仍在运营。这是第一家正式致力于寻找衰老的"解药"的公司。韦斯特的策略围绕着端粒和端粒酶进行,后者是一种可以使前者再生的蛋白质,令其重新变长;当然,该公司期望使用端粒酶来改变衰老过程。1998 年,韦斯特成为位于加州圣莫尼卡(Santa Monica)的先进细胞技术(Advanced Cell Technology)[20] 的首席执行官,这家生物科技公司专门从事治疗性克隆和再生医学。韦斯特在该公司的大部分工作涉及在生物学意义上将人类细胞带回到过去的可能性。韦斯特的思考始于生殖系和体细胞之间的经典区分。第一个术语指的是你在一个生物体中可以找到的所有的生殖细胞(也就是精子和卵子),它们的来源细胞(精母细胞和精原细胞),以及生殖系"底部"的细胞(配子母细胞和配原细胞)。所有这些细胞在隐喻上和时间上都形成了一条线:事实上,我们是父母的生殖细胞的产物,而它们则来自我们的祖父母,依此类推;我们的子嗣和后代也是如此。因此,可以谈论生殖"接力",这种接力可追溯至这颗星球上生命的黎明。

---

19 http://www.geron.com.
20 http://www.advancedcell.com/.

体细胞——构成我们身体的所有其他细胞的集合——情况就不同了。体细胞会生病、衰老和死亡；而生殖系潜在地是永远的。韦斯特有所暗示地谈到，他的工作是试图接近——并把体细胞放在——真正的永生的源泉即生殖系附近。从实际的角度看，所有这些都意味着处理生殖系的一个重要表达，即干细胞。你或许已经知道，胚胎干细胞是尚未分化的细胞，可以转化成任何类型的组织。如果我们能够设法掌握这个过程，我们就能治愈大量不同的退行性疾病，从阿尔兹海默症到肌肉萎缩症。而且，由于这些细胞尚未决定它们是想要成为生殖细胞还是体细胞，那么它们就尚未成为体细胞的必死性的囚徒，实际上可以享受生殖系的不朽，这意味着它们可以无限增殖。根据韦斯特的说法，理论上，衰老过程大部分可以用干细胞来治疗；理想情况下，我们可以在实验室中重造几乎所有的器官，用它们来替代原有的，一次一个或者全部一起。在较为简单的情况下，我们甚至不需要进行新的原创研究：重返青春的程序只需遵循我们用来治疗肌肉萎缩症或者其他病症的程序。韦斯特本人在 2001 年——即小布什执政时期——公开了他进行第一次治疗性人体克隆程序的意图。以防你不知道，这个程序意味着将体细胞的整个细胞核——总共含有 46 条染色体——插入一个未受精卵中；由此可获得一个与捐赠者基因相同的人类胚胎，从这个胚胎中，你可以收获你需要的所有干细胞，便于在实验室中培养。当然，韦斯特受到了"扮演上帝"的指控，成为一场激烈辩论的中心，一位记者甚至把他与本·拉登相提并论。在这一切之后，布什总统敦促参议院禁止生殖性和治疗性克隆，这项法案此前已经得到众议院的批准。

2003 年，韦斯特出版了关于他的研究的自传史《不朽的细胞》(*The*

Immortal Cell）。[21] 如今他是生物时代（BioTime）[22] 的首席执行官，这家生物技术公司位于加州阿拉米达（Alameda），覆盖干细胞领域的研发。

除此之外，迈克尔·韦斯特还扮演着另一个重要角色，那就是，他是当代科学不朽论的最重要理论家和倡导者奥布里·戴维·尼古拉斯·贾斯珀·德·格雷（Aubrey David Nicholas Jasper de Grey）的榜样和启发者。

3.5 凤凰 2.0

德·格雷开发了能够想象到的最完整的治疗衰老的系统，这套疗法——如果定期应用——将使得人类周期性地再生自己，在隐喻意义上从他们自身的灰烬中产生——就像那个近东神话中的生物一样。当然，前提是它是有效的，而且有人决定慷慨地资助它，界定每一个细节，并实施它的每一个部分。关于德·格雷这个人，我们已经知道得够多了[23]；现在是时候仔细审视他的计划，咀嚼其细节，看看从科学上说，它是否站得住脚。德·格雷坚持生物老年学的主要范式，即衰老和心理—身体衰退不是由内在的基因程序产生的，而是由大自然母亲在我们变得太老以至于无法用于繁殖之后对我们纯粹的疏忽造成的。德·格雷提出的路径看上去确实非常合理；他意识到人们对人类的新

21　M. D. West, *The Immortal Cell: One Scientist's Quest to Solve the Mystery of Human Aging*, New York: Doubleday, 2003.

22　http://www.biotimeinc.com/.

23　对德·格雷的不错的描绘可以在这里找到：J. Weiner, *Long for This World. The Strange Science of Immortality*, New York: Harper Collins, 2010。

陈代谢知之甚少，我们无法真正摆脱衰老，甚至无法减缓它，因为重新设计我们的身体所需的知识远远不够。而且，我们不能真的等到有了所有的答案才开始干预。需要解答的问题太多了。例如：哪些代谢改变会导致衰老？哪些只是一旦消除更深层次的原因，就会消失的后果？或者：我们确定任何代谢改变不会引发一连串不可预料且危险的副作用吗？就像著名的蝴蝶效应，当一只蝴蝶在巴西扇动翅膀，可以在日本引发一场雷暴那样吗？此外，德·格雷补充道，疾病与衰老之间的界限实际上是虚幻的。这种区分表面上是有道理的：疾病不是普遍存在的，衰老则是。但是，德·格雷强调，老年病事实上——毫不意外——与年龄相关。它们在老年出现是因为它们大多是这一过程的后果；换句话说，衰老可以被看作我们遭受的许多老年病的初始集体阶段。衰老一直被视为一种非常神秘的东西，与其他一切有着质的不同，因此难以解决；实际上，它只是一种"螺旋式下降"。德·格雷说，不存在一个"衰老的生物钟"、一个程序，因为如果是这样的话，我们的衰老应该像我们的发育一样有序，而我们知道它事实上是混乱、无序且非常主观的。而且，从另一个视角来看，老年病实际上是普遍存在的，因为我们迟早都会患上一种，如果我们之前没有已经患上另外一种类型的老年病的话。并不存在"定时炸弹"，只有缓慢积累的损伤。德·格雷强调，重要的事实是，和二十多岁的人相比，四十多岁的人可预期更少的寿命和健康，而这取决于两组人之间分子和细胞的差异，而不是产生它们的机制。重要的是实际上的差异。为了避开看似不可逾越的障碍，德·格雷倡导一种"工程"的路径。这位科学家问道，我们为什么不对衰老过程对我们的机体造成的各种损伤进行分类，并尝试开发恢复的方法，以便一旦新的损伤开始显现，就一

第三章 / 永 生

次又一次地应用它呢？毕竟，如果我们必须维护房屋或者汽车，我们并不真的需要拥有设计房屋的建筑师或者制造汽车的工程师的蓝图；我们只需要一点点知识，看看哪里出了问题并修复它。一般的工程也是这种情况；对于工程师而言，在没有完全理解背后的物理学的情况下设计新技术是很正常的——电、核裂变和超导磁体已经被使用了很长时间，即便人们对发挥作用的现象没有完全的理论理解。我们不要忘记，同样的事情在医学上一直在发生；例如，乙酰水杨酸在实现对它的全面化学了解之前早就在被长期使用了。归根结底：没有必要掌握那么多的细节来让事情启动以及开始开发这种或那种疗法。你只需要开始，就这样。现在，如果我们开始开发具体的解决方案，我们就能修复衰老造成的损伤，而不必担心新陈代谢、蝴蝶效应等等。你看到损伤，你用临时疗法消除它，皆大欢喜。因此，解决方案是足够彻底和频繁的维护。德·格雷的工作并不止步于此；事实上，这位科学不朽论的先驱已经准备了一份清单——表面上是完整的，但也说不定——列举衰老过程令我们日常遭受的各种损伤。让我们来看一看吧。

第一种类型的损伤与基因组和表观基因组的突变有关——后者是调控这种或那种基因的激活的机制集合。基本上，我们谈论的是作用于 DNA 以及从中合成的蛋白质的突变。

德·格雷的假设——相当"强有力"的一个假设——是总体而言，衰老过程并不是由基因组或者表观基因组的突变决定的；也就是说，这些突变只能造成那些显而易见的病变，比如癌症。在 DNA 中还存在着进一步的突变（沉寂的突变），尽管它们有可能（只是可能），在我们活得比现在长得多的情况下才会造成损伤。无论如何，这是一个复杂的话题，关于其所有的细节，我想推荐你去阅读德·格雷在 2007 年出版的一本书。[24]

然后，我们有影响线粒体基因的突变。线粒体是细胞器（细胞的"器官"），它们担当着细胞发电厂的工作。它们产生能量，同时释放出臭名昭著的自由基，自由基是非常活跃的分子，能够对我们的机体造成各种形式的损伤。线粒体有自己的遗传物质，而相关的突变能够损害它们正常工作的能力；间接地，这会加速衰老的过程。至少，这是德·格雷的理论——这一理论为他在剑桥大学赢得了博士学位。根据这位生物老年学家的说法，一般来说，线粒体本身并不是身体遭受氧化应激的罪魁祸首；真正的罪魁祸首是那些进入了不良适应状态的少数线粒体，它们引发氧化应激并将其传播至其他细胞。

第三种类型的损伤是细胞内的"垃圾"——所谓的细胞内聚集体，它是被统称为"脂褐素"的不同化合物的混合。我们的细胞不断代谢不再有用甚至可能有害的蛋白质和其他分子。这是一项繁重的工作，不能被"消化"的分子得以在细胞内积累为垃圾。动脉粥样硬化、黄斑变性和阿尔兹海默症都与这个问题有一定的关联。

这里我们还有第四种损伤，它是另外一种类型的"垃圾"，所谓的细胞外聚集体，它们在细胞外积累，并可能在某些疾病中发挥作用——让我们想一想淀粉样蛋白斑块，它们在大脑中堆积，与阿尔兹海默症有关。

第五个问题是"细胞死亡"。我们的一些细胞无法被替换，而另一

---

[24] A. de Grey and M. Rose, *Ending Aging. The Rejuvenation Breakthroughs that could Reverse Human Aging in Our Lifetime*, New York: St. Martin Press, 2007.

第三章 / 永 生

些只能被很慢地替换。例如，随着岁月的流逝，这些细胞数量的减少会削弱我们的心脏、免疫系统或大脑——有时候，神经元的丧失会产生剧烈的影响，比如帕金森病。

然后我们有"细胞衰老"的问题。事实上，一些细胞停止分裂，但是它们既不死亡，也不允许其他细胞繁殖；而且，它们可以分泌出危险的蛋白质。

最后但同样重要的是AGE，即"晚期糖基化终产物"（advanced glycation end-products）：糖与某些蛋白质组聚合的随机过程——包括胶原蛋白或弹性蛋白等结构蛋白质，它们在我们的组织结构中发挥着核心作用。用更专业的术语来说，糖基化（也被称为非酶糖基化）是糖类（比如葡萄糖）与蛋白质或脂质之间融合的产物——在没有酶的介入下。糖基化是一种基本上随机的过程，它会降低或者停止生物分子的功能。积累的 AGE 可以损害器官功能，使肌肉僵硬，动脉增厚，导致皱纹，并显示出生物衰老的其他症状。类似的情况发生在你烹饪食物时，因此我们可以打个比方说，衰老也类似于小火烹饪的过程。

这就是衰老的七宗罪：癌肿性核突变、线粒体突变、细胞内垃圾、细胞外垃圾、细胞损失、细胞衰老和 AGE。所有这些都在等待德·格雷所提倡的工程解决方案。这不是一项容易的任务，既因为人体极其复杂，也因为我们并没有设计人体，我们必须部署大量的逆向工程才能完成这项工作。归根结底，诀窍在于使用或操纵我们的自然防御系统，通过特定的疗法来增强它们。没错，然而是哪些呢？

德·格雷心里有一个明确的计划，由若干干预措施组成——他说——它们已经在开发中，或者非常接近，或者至少是可以构想的。女士们先生们，这就是 SENS，"工程化可忽略衰老策略"（Strategies for

Engineered Negligible Senescence)。通过一种复杂的但已经可以想象的基因疗法,我们可以打破衰老与功能失调的线粒体自由释放的自由基之间的联结,而又不干扰这些细胞器的活动。对德·格雷来说,摆弄线粒体可能——我强调可能——将衰老过程降低50%。线粒体的问题在于:在这些细胞器中,我们能够发现大约一千种不同的蛋白质,而其中只有十三种是由存在于线粒体内部的基因合成的。所有其他蛋白质则由常规DNA合成,然后转移到线粒体内。其原因很简单:细胞核远比线粒体能更好地抵御外部引起突变的因子,而唯一在适当的地方——也就是线粒体内部——合成的蛋白质是那些由于结构原因,不能从细胞核转移到线粒体的蛋白质。这就是那十三种蛋白质,而且它们是疏水的——也就是说,它们不能通过细胞的水性内容物来进行转移。遗憾的是,线粒体的被保护程度远不如细胞核,这意味着线粒体中的基因/蛋白质遭受的突变要远比细胞核多。它们更容易受到损伤。你怎样解决这个问题呢?你需要找到一种方法,在细胞核内创建这十三个基因的备份副本,并找到一种方法通过水性液体来传输这十三种蛋白质。这是可能的吗?是的,德·格雷认为是可能的。或者,至少已经有人着手做这方面的工作了。德·格雷在这里指的是所谓线粒体疾病,这是非常罕见的疾病,可以表现为不同形式,并影响不同组织。这些疾病通常会引发严重的残疾,一些研究人员正在试图开发一种适当的基因疗法来治愈它们。当然,他们必须面对同样的疏水性蛋白质的问题。不过有些解决方案是可能的,德·格雷提到了迈克尔·P. 金(Michael P. King)的工作,他是费城托马斯·杰斐逊大学(Thomas Jefferson University)的一位线粒体疾病专家。金在90年代发现这十三种蛋白质中的六种有变体(在绿藻中发现的),它们事实上是由细胞核编码的。因此,至少从

第三章 / 永 生

理论上讲，可以想象——许多研究者正在致力于此——一种基因疗法，将这十三种基因转移到细胞核中，以便为功能失调的线粒体提供备份。

讲完一个，还有六个。现在轮到细胞内垃圾了，也被称为脂褐素，因为它主要由脂质组成。在这里，德·格雷的提议非常吸引人，因为它代表着基因工程和生物修复这两个领域的交叉。后者是一个非常有趣的领域，它意味着创造能够消化这种或那种有毒化合物的转基因细菌，从而恢复环境。

为了制订这一策略，德·格雷取得了剑桥大学研究人员、国际公认的生物修复领域专家约翰·阿彻（John Archer）的帮助。德·格雷在这里阐述的想法在智识上是大胆的——当然，我希望它能奏效。好吧，脂褐素是荧光的；那么为什么死尸不会在黑暗中发光呢？它们本该发光，因为分解应该会释放出脂褐素让每个人看到。答案是所谓的地球细菌（geo bacteria），它们是你可以在土壤中找到的典型的生物体，至少其中一些可以产生能够消化脂褐素的酶。因此，计划是这样的：为什么不提取编码这些酶的基因并把它们转移到我们体内呢？我们可能会令我们的溶酶体——充当废物处理厂的细胞器——得以消化脂褐素。

说完两个，现在来说说细胞外垃圾。说到细胞外垃圾，我们有不同类型的残留物，比如与阿尔兹海默症有关的 β 淀粉样蛋白斑块、肝脏产生的一种分子即转甲状腺素蛋白，等等。在这里，德·格雷建议使用基因操作来使我们的免疫系统对抗这种类型的垃圾，这一现象被称为"吞噬作用"（phagocytosis）。已经有研究沿着这个方向进行；例如，加州生物科技公司 Elan[25] 正在研发一种疫苗，能够推动小鼠的免疫

---

[25] http://elan.com/.

系统对抗淀粉样蛋白斑块。该系统也可用于对抗细胞衰老；衰老的细胞表达特定的蛋白质，这些蛋白质可以被用作特定免疫疗法的选择靶标。在这种情况下，该策略在于诱使这些细胞实施细胞凋亡——即细胞自杀。

为了对抗 AGE，我们可以设想一种药物疗法。Alagebrium（代号 ALT-711）就是这种情况，它是 Alteon 公司研发的一种药物，能够在一定限度内溶解 AGE，使形势回到原点。尽管最初取得了一些有趣的结果，但是 Alteon 关闭了，这项研究也停止了。不过在将来，或许有人会重启这项研究，而且根据德·格雷的说法，我们应该寻找能够溶解 AGE 的特定酶。

细胞死亡的问题——神经元、心脏细胞等——可以通过使用成体干细胞来解决，这些干细胞将从患者身上提取，在实验室繁殖，经过基因操作然后重新插入患者体内。这正是哈塞尔廷和韦斯特所倡导的再生医学。

那么现在，我们唯一剩下要做的事情就是战胜癌症。关于这种疾病，我们能说些什么这个领域的主要专家没有说过的呢？对癌症的战争是生物医学中最广阔的领域，资金充足且配备了准备充分、非常积极的研究人员。德·格雷的提议并不想取代现实中的疗法或者正在开发中的疗法；事实上，它旨在从一开始就防止癌症的诞生。需要明确的是：德·格雷的抗癌提议是他的计划中最具争议的部分。这位研究者将他的策略命名为 WILT——端粒延长的全身拦截（Whole-body Interdiction of Lengthening of Telomeres）。这里的诀窍是找到一种疗法，这种疗法不依赖于癌症可能通过其基因表达的突变来规避的某些因素。因此，我们需要剥夺癌症生长及扩散绝对需要的东西。这种"工

第三章 / 永 生

具"应当被移除,以至于癌症无法重新获取它,而且这种"工具"必须是健康组织没有也照常运作的东西。那么,德·格雷问道,为什么不清除产生端粒酶的基因呢?癌细胞是永生的,因为它们拥有可以持续再生的端粒,这要归功于端粒酶的始终活跃的基因。使用和需要端粒酶的健康细胞怎么样呢?以下是德·格雷对这个问题的看法。整个身体并不是由定期繁殖的细胞组成的;而且其中有构成肺泡、骨髓、一部分肠道等的细胞。这位科学家说,这些是医疗工具容易接触到的身体中的部分,并且可以通过专门为这项任务培育的干细胞进行定期再生。尚不清楚我们应该怎样清除端粒酶的基因以及与癌症生长相关的机制[26]——或许通过基因疗法。该提案还有另一个关键方面,即对机体造成永久损伤,然后使用基于干细胞的干预措施定期修复它。或许我们可以把 WILT 视作一个临时性解决方案,与此同时等待一种新的、仍然未知的生物技术干预措施;即便如此,这些关键的方面依然存在。

无论如何,非常好。一切看上去都行得通——至少在纸面上。下一步是什么呢?当然是 RMR,即"强健小鼠重焕新生"(Robust Mouse Rejuvenation)——基本上是取一只小鼠并使它大幅度恢复年轻状态。我们的目标将是取 20 只普通小鼠——小家鼠——令它们活得超出正常限制;换句话说,我们应该让两岁的小鼠——它的预期寿命还有三年——再活五年。这样的结果将会引发巨大的国际辩论,因为它将基本上说服所有人,对抗衰老并非不可能的目标。随之而来的可能会有抗议——也许会有一些骚乱,但是 RMR 可能会说服政治家、企业家和

---

[26] 端粒酶的问题并不是唯一的问题:德·格雷谈到了癌症用于繁殖的另一个机制,这种机制也能够被特定的基因疗法阻断。我们推荐阅读他的书以获取详情。

科学家启动"抗衰老之战",它可能会使理查德·尼克松在20世纪70年代初发起的"抗癌之战"相形见绌。衰老向来被认为是人类状况中不可改变的部分,但是如果我们展示出它至少可以被部分修复,那么这将可能开启一系列新的研究和实验,而它们将会越来越有效。

当然,德·格雷说,我们将首先在小鼠身上测试,然后大约十年后在人身上测试的这些疗法远非完美;不管它们有多好,身体依然会积累一些它们无法治疗的残留损伤;即便我们会频繁而彻底地应用它们,最终衰老的过程还是会取胜。对于每一种损伤,我们都将发现容易治疗的方面以及难以治疗的方面——后者将持续积累并产生影响。随着七种损伤的消除,第八种类型很有可能会出现,然后还会有第九种、第十种等等。此外,这七种类型的损伤也有可能显示出它们由不同子类别组成,这些子类别的治疗难度有高有低。例如,有些AGE最终可能只能用新的和更强大的化学药剂来治疗,这些药剂仍有待开发。

说实话,这些疗法并不需要完美:它们只要能让德·格雷本人这样的中年人健康地再多活几十年就够了,这几十年可以被用于进一步研究更强大的疗法。基本的理念是,我们和衰老过程之间有一大竞争:试图实现科学发展的快节奏,快到使我们获得比衰老过程和熵所能带走的更多的年数。最终目标不是修复衰老所造成的全部损伤,而是修复维持我们的生命和健康的最低限度所需(没有必要超过这个最低限度),无限期地避免身体和精神衰老。这就是德·格雷所说的"长寿逃逸速度":这位科学家为我们做了数学计算,根据他的计算,如果我们每四十年将治疗方法的效力翻倍,我们就能够永久打败衰老,达到5000年的寿命,这个数字是德·格雷使用精算统计估算出来的,在这种估算中你可以计算某个人将会卷入事故的概率。所以,根据这位科

第三章 / 永 生

学家的推测,伴随着长寿逃逸速度,你可以活到5000岁,在此之后你有100%的机会遇到事故。

这就万事大吉了吗?我们遵循这个计划就能变得不朽吗?主流科学没有什么可补充的吗?实际上,是有的。尽管SENS的一些部分完全属于官方科学(例如,对干细胞、癌症遗传学等的研究),整个计划却遭到了科学界几位成员的严厉批评。主要的指控是德·格雷的提议是"古怪的",由于我们对衰老过程的了解仍不完整,要花很长时间才能让这个计划变得真正可行。尽管德·格雷的理论是合理的,根据该理论唯有致癌的DNA损伤才重要,但它并未被普遍认可。[27]

此外,在2005年,《麻省理工科技评论》[28]——一本由波士顿麻省理工学院出版的"高级"科普杂志——发表了一篇文章,文章作者谴责SENS明显无法实现,并对德·格雷给出了不太友好的描绘。[29] 这篇文章激起了很多评论,以及德·格雷本人的介入,他出了名地好辩。这场辩论——或者毋宁说是冲突——激发了《麻省理工科技评论》和玛土撒拉基金会推动的"SENS挑战赛",该竞赛奖金为2万美元,奖给能够证明SENS"错得离谱,以至于根本不值得进行深入辩论"的人。至于评审团,该杂志挑选了:克雷格·文特尔(Craig Venter,这位著名的美国生物学家曾在解码人类基因组的竞赛中挑战了人类基因组计划),纳森·迈尔沃德(Nathan Myhrvold,数学家、企业家、技

---

[27] "DNA损伤引发衰老的理论"也有其追随者,且近年来,越来越多的实验证据被收集起来。例如,参见 C. Bernstein and H. Bernstein, *Aging, Sex, and DNA Repair*, San Diego: Academic Press, 1991。

[28] http://www.technologyreview.com/.

[29] http://www.technologyreview.com/featuredstory/403654/do-you-want-to-live-forever/.

术创新专家),安妮塔·戈埃尔(Anita Goel,纳米生物技术专家),维克拉姆·库马尔(Vikram Kumar,波士顿布列根和妇女医院[Brigham and Women's Hospital]的病理学家),和罗德尼·布鲁克斯(Rodney Brooks,麻省理工学院的人工智能和计算机科学专家)。杂志收到了五篇文章,由五位科学家或研究团队撰写,旨在驳斥德·格雷的工作;其中两篇被拒绝,因为它们未满足之前确立的标准。我们这位剑桥生物老年学家被允许回应这些论文,然后论文的作者们被允许答复。最终,评审团做出了决定:没有一篇论文能够证明 SENS "错得离谱,以至于根本不值得进行深入辩论"。德·格雷也没能设法令人信服地展示其计划的有效性。一个不偏不倚的决定被公布,奖项被分成了两个部分。迈尔沃德表示 SENS 发表了许多毫无根据的论断,无疑没有经过科学证明。他还指出埃斯特普(Estep)及其同事[30]并没有证明 SENS 是错的,因为这需要更多的研究。谈到 SENS 的批评者,罗德尼·布鲁克斯表示,他认为他们不懂得工程学,而且他们对一个合法的工程项目的批评是无力的。简言之,文特尔判定,SENS 的批评者和支持者都没能证明他们各自的观点。评审团的所有成员一致同意,德·格雷的提议在某种程度上属于"原始科学",它处于一种科学的"等候室";也就是说,等待着独立的认可或否定。[31]德·格雷对判定持积极态度,毫无芥蒂地承认他的工作不可避免具有推测性,但依然值得考虑。

同样在 2005 年,《自然》集团旗下专攻分子生物学的期刊《恩博报

30　其中一个竞争小组由在衰老过程领域工作的美国生物学家普雷斯顿·W. 埃斯特普(Preston W. Estep)领导。他的团队对德·格雷项目提出的批评非常清晰,但也非常好辩,非常严厉地批评了评审团的决定。

31　http://www2.technologyreview.com/sens/。

第三章 / 永 生

告》(*EMBO Reports*)发表了一篇由胡贝尔·华纳(Huber Warner)、朱莉·安德森(Julie Anderson)、史蒂文·奥斯塔德(Steven Austad)以及其他 25 位科学家署名的文章《科学事实与 SENS 议程》("Science Fact and the SENS Agenda")[32]。他们在文中指出,德·格雷忘了提到,他的方法从未成功延长过任何生物体的寿命。这完全是事实,正如德·格雷本人所承认的。

在这一点上,我想问:德·格雷德计划真的那么奇特、那么古怪吗?毕竟,现代——大约从 18 世纪开始——引入了"解构死亡"的概念,即死亡应该被解构并被细分为单个的原因,逐个与之对抗。就目前而言,德·格雷只是在继续进行让我们的社会忙碌了几个世纪的同样的项目。

让我们来看一看 SENS 研究基金会的官方使命:

> 衰老无疑是现代世界最普遍的与医学相关的现象,也是生物医学研究的首要终极对象。……当这组疗法被开发出来,它可能会为数百万计的人提供多年,甚至是几十年额外的年轻生活。这些额外的年岁将免于所有老年病,以及老年人还会经历的虚弱和易感染及摔倒。由此导致的痛苦的减轻,以及维持人口生产力所带来的经济效益几乎是无法计数的。作为 SRF 研究战略的监督者,我们敦促您尽一切所能,帮助 SENS 研究基金会以最快的速度完成这一使命。[33]

---

32 http://www.ncbi.nlm.nih.gov/pmc/articles/PMC1371037/.
33 http://www.sens.org/about/leadership/research-advisory-board.

有 24 位科学家签署了这份声明，其中包括维克森林再生医学研究所（Wake Forest Institute for Regenerative Medicine）所长安东尼·阿塔拉（Anthony Atala）、端粒研究专家及西班牙国家癌症研究中心（Spanish National Center for Cancer Research）分子肿瘤学项目主任玛丽亚·A. 布拉斯科（Maria A. Blasco）、著名生物老年学家及劳伦斯伯克利国家实验室（Lawrence Berkeley National Laboratory）成员朱迪思·坎皮西（Judith Campisi）、哈佛医学院遗传学家乔治·丘奇（George Church）、伯克利大学生物工程师伊里娜·孔博伊（Irina Conboy）。当然，还有迈克尔·韦斯特和——毫不意外——威廉·哈塞尔廷。这位自学成才的英国生物老年学家在这个阵容中看上去或许有点奇怪，但事实上，他成功地组建了一支备受尊敬的研究团队。现在你了解了：或许德·格雷——一位古怪且有点神经质的天才——已经取得了一定的成果。他给了我们哪怕只有一秒钟的机会来培育最甜蜜的幻想：最终欺骗死亡的可能性。

3.6 通往永生的三座桥梁

好吧，德·格雷或许能让我们不死；那又如何呢？我们应该无忧无虑地消磨时间，等待第一批结果，祈祷好运降临吗？并非如此。或者至少对于雷·库兹韦尔来说不是这样。事实上，我们的"超级婴儿潮一代的一员"已经做出了一个决定：将他的生物命运掌握在自己手中，制订一个非常个人化的计划，以便将其获得永生的机会最大化。这是一个你也可以采纳的计划，通过阅读他和特里·格罗斯曼在 2004 年合著的一本书《奇妙的旅程：活得够长以至于永远活着》，这本书体现了

第三章 / 永 生

两位作者的哲学。[34] 2009 年，两人出版了这本书的后续《超越：永远好好活着的九个步骤》，作者在书中将第一本书的内容转化为一个易于记忆的框架。[35]

起点很简单。如果你像作者一样是中年人，如果你试图保持好的体型并尽可能以最好的方式照顾你的健康，如果你设法活到 90 岁（或者更好，活到 120 岁），那么你有很大的机会再也不必死去。所有这一切都是因为我们将能够首先利用目前正在开发的基因疗法，其次是纳米技术。这是库兹韦尔式的三座桥梁理论，或者更确切地说，是"一座桥通向一座桥再通向一座桥"。第一座桥只不过由我们目前关于健康的医学和科学背景组成，大多数属于预防方面。这是计划中最实在的部分，这一部分由库兹韦尔和格罗斯曼明确地制定出来。这两位为我们提供的指南考虑了现代世界主要的病理状况，从糖尿病到癌症，从心脏病到阿尔兹海默症。提出的解决方案结合了来自官方医学和——哎呀——替代医学的思想。该计划包括体育锻炼、热量限制、低升糖指数食物（所以没有碳水也没有糖），以及离子水（这是一种伪科学的做法）。这种惩罚性的养生之道还不能让库兹韦尔满意（每天 1500 卡路里，只有 80 克碳水化合物，基本上告别意大利面和披萨），他正在执行比他推荐给读者的更加严格的养生之道：这意味着每周注射维生素——这是不被官方科学认可的方法——以及螯合疗法。后者是在第一次世界大战期间首次开发的一种疗法，它指的是通过向重金属中毒

---

[34] R. Kurzweil and T. Grossman, *Fantastic Voyage: Live Long Enough to Live Forever*, Emmaus: Rodale Books, 2004.

[35] R. Kurzweil and T. Grossman, *Transcend: Nine Steps to Living Well Forever*, Emmaus: Rodale Books, 2004.

的患者注射化学剂来清除他们体内的重金属;目前,这种疗法由替代医学从业者提供,他们声称一些病症,比如心脏病和自闭症,可能是由悄无声息的——但未经证实的——金属中毒引起的。虽然被 FDA 拒绝,但是螯合疗法对库兹韦尔来说看上去不错。而这甚至不是他做的最为激进的事情:他的补充剂养生法更加激进。库兹韦尔过去习惯于每天摄入 250 颗药片(现在是 150 颗),包括多种类型的补充剂:维生素、矿物质、草药,甚至阿司匹林,其最终目标是"重新编程他自己的生物化学",尽管还不清楚他指的是隐喻意义上还是字面意义上——或许是后者。其中一些补充剂确实有效,另一些就很可疑,例如一种中草药银杏叶。他还使用一些工具来限制他暴露在磁场中的时间,并在卧室中使用空气净化器。我们也不要忘记这位发明家从冥想和清醒梦中得到的好处。[36]甚至连库兹韦尔的饮食或许也是有科学依据的:热量限制已经得到研究,低升糖指数饮食的益处尚未得到证明(但将来可能会)。美国生物老年学家辛西娅·凯尼恩(Cynthia Kenyon)提倡低升糖指数饮食,她研究了秀丽隐杆线虫(一种小圆虫)的衰老过程;这位科学家发现,给这些动物喂糖会缩短它们的寿命。这就是凯尼恩决定摒弃所有高升糖指数食物、意大利面、面包、披萨、甜食和土豆的原因。就像库兹韦尔一样严格;至于库兹韦尔自己,他推荐——不开玩笑——他的读者为了享用一份冰淇淋而等待几十年;也就是说,等

---

[36] 清醒梦(Lucid dreams)是做梦者意识到正在做梦并且实际上可以引导他们的梦,将它们用于不同目的的梦。在一些逸事报道之后,斯坦福大学的研究人员斯蒂芬·拉伯格(Stephen LaBerge)在 20 世纪 70 年代首次在科学上证明了清醒梦的存在,他还开发了特定的技术来促进这种梦境现象的实现。参见 S. LaBerge and H. Rheingold, *Exploring the World of Lucid Dreaming*, New York: Ballantine Books, 1991。

第三章 / 永 生

待第二座桥梁的疗法。

就是这样：如果你做足了功课，你可能会到达第二座桥梁，这基本上是现代医学正在从事的一切，根据库兹韦尔的说法，我们应该能够在几十年内看到其成果。库兹韦尔和格罗斯曼在书中列出了很长的疗法清单：从治疗性克隆（使用干细胞治疗退行性病症）到基因疗法（利用转基因病毒作为载体将新基因插入体内）再到基因测试（了解我们对这种或那种疾病的易感性），再到神经植入物（缓解一些严重病症例如帕金森病或者癫痫的症状），还有很多其他的。这些技术已经开发了很多年；例如，基因疗法的第一次干预——试图治愈一名身患 ADA 综合征（一种免疫系统严重失调）的女孩——于1990年在美国首次进行。时间飞逝，取得了进展；现在仍然很难说基因疗法何时将真正革新我们对待健康和疾病的路径。重要的是，这些是有前途的疗法，正在积极研究中；我对库兹韦尔的方法的唯一问题是，他把第二座桥梁呈现为一系列将很快向我们袭来的发展——实际上，根据库兹韦尔的说法，所有的进步，不只是医学的进步，都在经历一个加速的过程。我对这个想法不是很信服；任何从事生物技术工作的人都知道，这是一个复杂的、不平坦的地带，很难做出预测。不过，像往常一样，可能是我错了。

第三座桥梁——指的是使用像病毒一样小的纳米机器，在纳米计算机的引导下，来治愈和再生我们的身体的可能性——是最有争议的；在这里，库兹韦尔的预测进入了未知领域，我们谈论纳米技术时会看到这一点。

无论如何，库兹韦尔的乐观主义是没有止境的；虽然他预测2045年会迎来永生，但是最近，这位发明家加入了另一个超人类主义基金会——最大寿命基金会（Maximum Life Foundation）。该基金会的使命是在2033年之前扭转衰老过程——或者是2029年之前，根据你访问的具体网页来看。[37]

还有一点思考。自从科学作家和科学家们开始考虑衰老和死亡是可以用科学和技术来操纵的两个过程以来，已经有些年头了。[38]近年来，这种想法越来越广泛传播，也就是说，死亡和衰老现在失去了自从人类诞生以来被赋予它们的"神圣光环"。超人类主义者和主流科学界的分歧更多的是关于发生的时间，而不是可行性。重要的是，寻找青春之泉[39]是一个禁忌之梦的时代已经结束。现在我们可以自由地谈论永生和重返青春。总而言之，如果你正在思考这种观点，请注意：你或许会找到很多可以与之交谈的人。

3.7 今日之对抗衰老

德·格雷和库兹韦尔是一场更广泛运动的先驱。近年来，这场运动势头强劲，且代表人物越来越多。让我们来看一看，点出一些团体、企业、研究人员和活动家的名字，他们想要欺骗死亡，或者至少想要非常长寿。

利兹·帕里什（Liz Parrish）是一位备受争议的美国延长寿命主义

37　http://www.maxlife.org/.

38　参见 B. Bova, *Immortality: How Science Is Extending Your Life Span—and Changing The World*, New York: Avon Books, 1998.

39　历史上，西班牙人庞塞·德·莱昂（Ponce de León）在1513年这样做过，这项事业以发现佛罗里达而告终。

第三章 / 永 生

者,也是西雅图的一家生物技术公司 BioViva 的首席执行官。2015 年 9 月,她登上了新闻头条,因为她飞往哥伦比亚拿自己做实验;更具体地说,她接受了两种实验性的基因疗法,一种是端粒酶基因疗法(据说能够延长端粒),另一种是肌肉生长抑制素拮抗剂(一种正在测试中、被用于治疗由一些疾病和衰老过程本身引起的肌肉流失的化合物)。帕里什声称她的方法确实有效,但她受到了科学界的批评,与此同时得到了超人类主义社群的大力支持。

Betterhumans 最初是一个 2001 年起步的教育性网站,提供超人类主义事物的资源。它于 2008 年停止了这类活动,成为总部位于佛罗里达州的非营利性超人类主义生物医学研究机构。它的顾问不只包括著名的哈佛医学院遗传学家乔治·丘奇。该机构开展的研究包括一项针对超级百岁老人的研究(即已经达到或者超过 110 岁的人),旨在解开他们的"表现"背后的基因奥秘,以及对几种摧毁衰老药(senolytics)的研究——即可能保护身体免受衰老造成的损伤的化合物。

另一位超人类主义科学家格雷格·法希(Greg Fahy)致力于恢复胸腺的活力,胸腺是我们免疫系统的重要部分——它产生 T 细胞——并在我们 50 多岁时开始衰退,这个过程被称为胸腺退化。法希的公司 Intervene Immune 正试图使用 HGH——人类生长激素——来恢复胸腺的活力。

与艾拉·帕斯托尔(Ira Pastor)和他的 BioQuark 公司相比,以上算不了什么。该公司旨在让死者起死回生。更具体地说,这家公司利用干细胞、激光、神经刺激和肽注射(肽是氨基酸的短链),试图促进临床上被宣布死亡的患者的大脑修复,模拟一些两栖动物和鱼类,这些动物以能够再生身体甚至大脑的部分而闻名。

无限延续生命运动(Movement for Indefinite Life Extension,MILE)

是一个松散的协会团体，旨在尽快实现无限延续生命；它由埃里克·舒尔克（Eric Schulke）建立，其代表之一是内华达州的超人类主义者根纳季·斯托利亚罗夫二世（Gennady Stolyarov II）。斯托利亚罗夫还阐述了斯托利亚罗夫的赌注（Stolyarov's Wager），这是一个支持延续生命的哲学论证，如下所示：

如果你相信人类生命的延续，且你是正确的，那么你将赢得一切——你在这个世界可以确定的幸福、富有、无限的一生。

如果你相信人类生命的延续，而你是错误的，那么你将停止存在。

如果你不相信人类生命的延续，且你是正确的，那么你将停止存在。

如果你不相信人类生命的延续，而你是错误的，那么或许是你没有为推广这个想法付出足够的努力以便让这种可能性应验。那么，你将停止存在。[40]

生命延续倡导基金会（Life Extension Advocacy Foundation）[41]非常活跃，旨在通过众筹资助长寿研究；其成员中，我想提到基思·科米托（Keith Comito）、奥利弗·梅德韦迪克（Oliver Medvedik）和埃琳娜·米洛娃（Elena Milova）。

---

40 G. Stolyarov, "An Atheist's Response to Pascal's Wager", *The Rational Argumentator* December 2007, Iss. 137. http://rationalargumentator.com/issue137/pascalswager.html. 斯托里亚罗夫还写了一本关于永生主义的童书：G. Stolyarov, *Death is Wrong*, Rational Argumentator Press, 2013.

41 https://www.lifespan.io/.

第三章 / 永 生

马里奥斯·基里亚齐斯(Marios Kyriazis)是一位老年学家和生命延续主义者;除其他外,他的方法意味着通过充满压力和持续刺激的生活方式来对抗导致衰老的信息熵——也就是说,他认为衰老代表着信息和秩序的丧失。[42]

在更为活跃的生命延续主义者中,我们必须提到以色列科学家伊利亚·斯坦布勒,他是备受推荐的《二十世纪生命延续主义史》(A History of Life-extensionism in the Twentieth Century)的作者,并创建了国际生命延续倡导组织"人人长寿"(Longevity For All),以及伞状组织"长寿联盟"(Longevity Alliance)[43];他还和俄罗斯研究者玛丽亚·科诺瓦连科(Maria Konovalenko)一起创立了一个国际组织"长寿党"(Longevity Party),后者将他们的运动描述为"百分百超人类主义的"。除了做别的事情,科诺瓦连科还在致力于编写一本长寿食谱。

我们还要提到另一位杰出的长寿主义者和超人类主义者,葡萄牙科学家若昂·佩德罗·德·马加良斯(João Pedro de Magalhães)。他除了做研究,还运营着一个有趣的网站 senescence.info。[44]

值得一提的一位长寿主义的老兵是美国分子生物学家比尔·安德鲁斯(Bill Andrews)。他的研究围绕着寻找治愈衰老的方法展开。安德鲁斯创立了生物科技公司 Sierra Science,并担任其总裁。1997年,在 Geron 公司任职期间,他成功鉴定了人类端粒酶。

需要注意的是,我们刚刚提到的这些人——或者在某些时候——

---

[42] M. Kyriazis, *Reversal of Informational Entropy and the Acquisition of Germ-like Immortality by Somatic Cells.* https://arxiv.org/abs/1306.2734.

[43] http://www.longevityalliance.org/.

[44] http://www.senescence.info/.

在某种程度上被认为是局外人。但是现在，抗衰老运动终于已经成为主流，至少有两家公司，谷歌的 Calico[45]——加州生命公司（California Life Company）——和克雷格·文特尔的人类长寿公司（Human Longevity Inc.）[46]都致力于破解衰老的过程。这似乎是一场重大革命的开端，但正如人们所说，时间会证明一切。

最后我还想指出一点，它涉及臭名昭著的"墨菲定律"。试想一下：你是一个有望不朽之人，你彻头彻尾遵循库兹韦尔的计划，你节食，服用补充剂，冥想，诸如此类。尽管如此，你还是死了。这是可能发生的。毕竟，在这个严酷的世界里，这种事情一直在发生。也许终极技术，本可以给你带来永生的技术（计算机科学家喜欢称之为"杀手级应用"），将在你死后的那个星期、那一天或者那一秒推出。对于每一个渴望永生的超人类主义者来说，这肯定很糟糕。你真的以为超人类主义者们没有想过这一点吗？他们当然有。这正是他们预备了一个专门的"B 计划"的原因。

---

45 http://calicolabs.com/.
46 https://www.humanlongevity.com/.

第四章

B 计划

4.1 在液氮中倒置

毫无疑问，超人类主义者是无可救药的乐观主义者。他们坚信科学技术的进步，他们希望身体的不朽真的指日可待，他们将会享受无限的生命。我对这些书呆子只怀有同情，尽管我本身持怀疑态度，但我承认这些人通常是受过良好教育且聪明的人。这就是为什么他们知道从人类到后人类的转变——整体转变中包括身体的不朽——可能需要一些时间，它可能需要几十年甚至太多个世纪。那么他们能做什么呢？他们怎样才能欺骗死亡？他们需要一个"B 计划"，而解决方案是一个有魔力的词："人体冷冻"。

通常，我们零星地听说过人体冷冻，当一些电视节目以肤浅的方式报道这个话题时，往往会关注它最为炫目的方面。简单说来，人体冷冻是将刚刚去世的人的尸体冷冻，寄望于在或远或近的未来，科学将能够让他们起死回生，使他们重新变得健康和年轻。这是一个很好的计划，尽管现在，它更多的是一种微弱的希望，而称不上是一项在科学上站得住脚的事业。这并没有阻止它的支持者们创建多个组织为任何想要它的人——且愿意为它支付不菲费用的人——提供在临床死亡的那一刻被冷冻的机会。或许还能捎带上一只已经死亡的宠物。澄清一下：冷冻的过程——或者正如人体冷冻主义者用他们独特的行话所说的，"冷冻悬挂"（cryonic suspension）——只有在客户被主管机构宣布临床死亡后才被允许；否则这将是一起杀人案，或者在最好的情况下，是协助自杀。在理想的情况下，冷冻悬挂的过程应该在令患者死亡的心跳停止的几分钟内开始；及时收到警报后，患者注册的人体冷冻组织的成员将通过心肺旁路机迅速使机体充满抗凝血剂和抗冻化合物。同时，操作员将使用干冰，即冷冻二氧化碳，将尸体的温度降至零下79摄氏度。这一阶段被称为"稳定化"（stabilization），接着是实际的悬挂，在此阶段尸体被储存在一个专门的罐子里（被称为杜瓦罐[Dewar tank]），温度为零下196摄氏度，这应该可以无限期地保存"患者"。选择把尸体倒置是因为万一出了什么差错（如果由于某种原因，患者意外地开始解冻），大脑，我们记忆的所在地，身体中最重要的部分，将是最后解冻的。当然，人体冷冻主义者非常坦率地承认，他们不能打包票他们的项目会成功，他们的组织真的能"复活"其主人；他们唯一能够保证的是，他们将竭尽全力无懈可击地保存他们的患者，寄望于科学迟早能够有所作为。如果你负担不起完整的人体冷冻悬挂，你可以选择更经济实惠的"神经悬挂"（neuro-suspension），这意味着只是冷冻头部——在这种情况下，等待复活的时间将会长得多，因为已经负担沉重的未来科学还需要找到一种方法重新长出整个身体。神经悬挂可能是整个人体冷冻运动中最令人毛骨悚然的部分，它导致媒体把整个事业打上"收集和冷冻被切断的头颅"的标签。

第四章 / B计划

让我们来回顾一下市面上人体冷冻组织的名单。从20世纪60年代开始(人体冷冻技术在那时候诞生),一个又一个供应商相继出现,从简单粗糙的阶段进入更为专业的阶段。目前,全世界的人体冷冻主义者可以依靠四个主要组织,三个是美国的(阿尔科[1]、人体冷冻研究所[2]和穿梭时光[3]),还有一个是俄罗斯的(KrioRus)。[4]

我们还必须把一些组织添加到这份名单上,这些组织并不经营设施或容器,而只是在推广人体冷冻的领域工作或者提供进一步的服务,比如美国人体冷冻协会[5]和暂停生命公司(Suspended Animation Inc.)[6]——后者组织稳定化和运输到最终位置的流程。让我们从最大的机构,即阿尔科开始。阿尔科的总部位于亚利桑那州一个以夜店闻名的可爱小镇斯科茨代尔。截至本书写作时,阿尔科共计有968名会员和111名保存在液氮中的患者——其中三分之二选择了神经悬挂;在这个数字之上,我们还要添加30只宠物。从法律上讲,阿尔科是一个非营利组织,然而从患者冷冻保存的角度来看,它适用于亚利桑那州当地关于器官捐献的法律——也就是说,从法律上讲,对会员的冷冻悬挂被解释为"将身体捐献给科学"。阿尔科由加利福尼亚州的两位人体冷冻学家弗雷德里克(Frederick)和琳达·张伯伦(Linda Chamberlain)

---

[1] http://www.alcor.org/. 阿尔科的名字源于大熊座的一颗星,由于临近的开阳星(Mizar)更为明亮,它很难被看到。正因为如此,古埃及人用阿尔科星来检验年轻人的视力,以确定他们是否能成为好的弓箭手和猎人。因此,这一选择的象征意义是显而易见的:阿尔科——该组织——想要表明其会员和创始人的远见卓识。

[2] http://www.cryonics.org/.

[3] http://www.transtime.com/.

[4] http://www.kriorus.ru/en.

[5] http://www.americancryonics.org/.

[6] http://www.suspendedinc.com/.

于 1972 年创立,而第一例人体冷冻悬挂——弗雷德里克的父亲——于 1977 年进行。阿尔科有一个科学顾问委员会,其成员包括奥布里·德·格雷,纳米技术理论家罗伯特·弗雷塔斯、拉尔夫·默克尔(Ralph Merkle)、马文·明斯基,以及"模糊逻辑"[7]专家巴特·科斯科(Bart Kosko)。在最著名的订购者中,我记得有棒球明星泰德·威廉姆斯(Ted Williams)和他的儿子约翰·亨利(John Henry)——两人都已被悬挂保存;而在现正活跃的会员中,我想要提到查尔斯·马修(Charles Matthau)(演员瓦尔特·马修[Walter Matthau]之子)、雷·库兹韦尔和埃里克·德雷克斯勒。阿尔科最初创立于加利福尼亚州,后来转移到亚利桑那州,为了规避原址的地震风险——从这一点来看,我们可以说人体冷冻主义者们确实努力考虑到任何可能性。

现在让我们谈一谈总部位于密歇根州克林顿镇区(Clinton Township)的人体冷冻研究所。这个组织有 938 名会员,其中 488 人已经签署了人体冷冻保存合同;这家机构接纳了 111 名患者和 88 只宠物。此外,他们还提供了保存 DNA 样本的机会。正如我们之前所述,人体冷冻研究所于 1976 年由罗伯特·埃丁格创立,他于 2011 年 7 月去世,享年 92 岁,并立即接受了他所推广的人体冷冻程序——这至少证明了他对待人体冷冻事业有多么严肃认真。

然后在加州圣利安卓有穿梭时光。作为现存为数不多的营利性人体冷冻组织,它并未分享其患者的数据——不过,据我们所知,它已经悬挂保存了 3 人。

最后一个组织是 KrioRus,由一群人体冷冻主义者于 2005 年在距

---

[7] 是一种将近似性置于经典逻辑的二分法选择之上的方法。

离莫斯科 30 公里的阿拉布谢沃（Alabushevo）创立；目前它的设施接纳了 17 名患者和 6 只宠物。

4.2 你怎样冷冻——哦不好意思，是"悬挂"——患者

现在让我们看一看人体冷冻从业者在执行人体冷冻悬挂时所遵循的流程。我们的故事始于 20 世纪日益精深的心肺复苏程序的发展，通过使用美国外科医生约翰·吉本（John Gibbon）于 1931 年发明的心肺旁路机，以及 19 世纪末两位日内瓦研究人员弗雷德里克·巴特利（Frederic Batelli）和让-路易·普雷沃斯特（Jean-Louis Prévost）发明的除颤器。这些医学科学的发展挽救了大量生命，但它们也改变了我们死亡的方式，并且将死亡从一个瞬间的事件转变为一个随着时间的推移而延长且能分为不同阶段的过程。在过去的年代，如果一个人的心脏停止跳动，就束手无策了。现在，通过上述技术和程序，真的有可能使原本注定死亡的患者恢复生机。当然，这些发展在科学界引发了激烈的辩论，关于我们应该使用什么标准来定义人类的死亡。因此，在 20 世纪 60 年代，我们见证了一些重要区别的诞生，比如临床死亡（这是心脏骤停）和脑死亡的区别（大脑中任何电活动的完全的和不可逆的停止，这是哈佛医学院的一个特别委员会于 1968 年首次创造的定义）。这是一个非常复杂的话题，尤其是因为它与器官捐献、安乐死和协助自杀等主题相关；就我们的目的而言，我们需要记住的是人类生命的逐渐医疗化已经把死亡转化为一个明晰的过程，在时间上被延长，从而开辟了人体冷冻可以发挥作用的空间。

人体冷冻主义者的主要假设是，如果医学科学已经发展出临床死

亡、呼吸死亡和脑死亡等之间越来越微妙的定义，那么进一步的研究可能会带来更加精细的定义。因此，人体冷冻的理论家认为，正如上述技术已经说服我们临床死亡或许不是"最终"的事件一样，在未来，甚至连脑死亡也可能成为一种可逆的现象，从而失去其"终极死亡"的地位。[8] 人体冷冻主义者打的赌——确实相当冒险——是这样的：如果我们冷冻一个刚刚去世的患者，其大脑的生化降解也将停止；此外，未来全能的科学将有能力修复大脑由于脑死亡和冷冻过程而遭受的损伤。这一过程将以复活而告终，在我们遥远未来的后代看来，所复活的从来都不仅仅是一具冷冻了的尸体，而是一个等待适当治疗的患者。为了使得他们的路径在科学上站得住脚，人体冷冻主义者引入了一种新的、对他们来说更加准确的死亡定义，即"信息理论死亡"（information-theoretic death）。几年前，加州纳米技术专家和人体冷冻专家拉尔夫·默克尔[9] 创造了信息理论死亡的定义，该定义的基础是，个体本质上由她/他的记忆和行为模式——也就是说，他的记忆和她的性格——组成。虽然我们的短期记忆或许和大脑的动态活动有关（然后在后者停止的时候消失），但长期记忆可能依赖于我们神经结构的微观结构变化——这一理念无须多言也属于神经科学。默克尔认为，其明显影响是，即使在脑死亡几小时之后，我们的长期记忆也可能基本上完好无损，而及时的冷冻悬挂——尽管冷冻会造成损伤——或许能让我们保存它。足

---

[8] 欲了解更多信息，请阅读人体冷冻研究所的所长兼首席执行官本杰明·P. 贝斯特（Benjamin P. Best）的文章：B. Best, "Scientific Justification of Cryonics Practice", *Rejuvenation Research* 1988, Vol. 11, No. 2。http://www.cryonics.org/reports/Scientific_Justification.pdf.

[9] 从科学上讲，默克尔为公钥密码学领域做出了贡献，这是一个被运用在数据保护领域的精密系统。

第四章 / B计划

够先进的技术——默克尔指的是不远的将来的纳米技术——能够在分子水平修复冷冻中的身体和大脑，使她/他带着完整的记忆和个性恢复生机。[10] 作为纳米技术的替代方案，我们可以选择心智上传，这意味着据推测非常有可能将心智的内容转移到非生物基质上——基本上是一台非常强大的计算机。我不得不说，这是一个很大的飞跃；无论如何，考虑到未来科学家将会在复活过程中面临的技术难题，人体冷冻专家一直在试图开发尽可能将损害程度降到最低的冷冻悬挂程序。这意味着：尽可能多地防止冷冻程序造成的损伤类型——相反地，解冻过程造成的损伤则与我们无关，因为它们将是我们的后代所关心的。所以，这就是人体冷冻的本质：真正的死亡不是脑死亡，而是信息理论的死亡；只要它没有发生，一个人就不能被宣布完全死亡。那么，如果我们及时干预，我们就能无限期地保存记忆，使记忆牢牢安居于大脑的微观结构中，与此同时我们等待着医学科学复原我们的患者。[11]

现在让我们详细了解一下这些人体冷冻组织的客户是如何被服务的。想象一个人已经签署了一份人体冷冻保存合同（例如和阿尔科），并遵照该组织的顾问给出的所有建议。于是，这个人始终佩戴着该组织提供的不锈钢手环和项圈（上面有紧急情况下应拨打的电话号码以及任何人发现此人尸体时应遵守的流程）；通知了他/她的配偶及其亲属，并使他们理解其动机[12]；总是随身携带一份文件，声明出于宗教原

---

10 参见 R. Merkle, "The Molecular Repair of the Brain". http://www.merkle.com/cryo/techFeas.html。
11 美国媒体已经将这些冰冻中的人命名为人形冰棍，或者尸体冰棍。
12 有时候，家庭成员确实反对冷冻悬挂，并且经常发生一些亲属阻碍冷冻程序的情况。由于客户通常是男性，人体冷冻社群半讽刺地谈到"强烈反对的妻子综合症"（syndrome of the hostile wife）——埃丁格本人则建议和任何反对冷冻悬挂的伴侣离婚。

因反对任何形式的尸体解剖[13]；等等。然后，死亡——以绝症的形式——袭击了这个人。与看起来相反，不治之症是一种理想的情况，因为它允许患者转移到一家与阿尔科达成协议的美国医院。患者被护士持续监护，人体冷冻悬挂的团队则随时准备干预。一旦医生宣布患者死亡，团队就会启动程序；身体和头部被干冰覆盖，患者被连接到心肺旁路机，两根静脉导管被插入身体。按照流程，团队可以向身体注入抗凝血剂——以避免大脑中血栓的形成——并清除血液，对整个身体灌注抗冻化合物——主要是甘油。后一种化合物是有毒的，但这是我们的后代将要解决的问题，对吧？最迫在眉睫的问题是防止结冰。众所周知，冷冻的主要副作用是对患者的细胞结构造成相当大的损害；特别是，如果这个过程非常迅速，水无法离开细胞，它变成冰会分解细胞。相反，如果这个过程很慢，水可以离开细胞，但细胞最终会含有浓度过高的潜在有毒化学物质。近年来，人体冷冻组织开始采用基于大量使用抗冻化合物的新的程序，该程序设法使得身体——尤其是大脑——玻璃化；也就是说，体内的水获得玻璃般的质地，免于变成冰。无论如何，我们的患者经历了进一步的降温——低至零下79摄氏度；然后，将身体转移至阿尔科的设施并浸泡在液氮中，直到温度降至零下196摄氏度。理论上说，在这个温度下，身体的化学反应会经历相当大幅度的减缓。然而这里还有一个问题：不管你怎样细心悬挂保存患者，身体都会自发地产生微裂缝——对此没有解决方案，你可以把它留给未来的科学来解决。总之，患者被浸入一个装满液氮的容

---

13 这是人体冷冻组织使用的一种策略，目的是在可能的情况下避免卫生当局征用尸体以及验尸官的干预对大脑的损伤。

器，该容器不是基于电力冷却系统（这样做是为了避免与可能的停电相关的任何风险），而是不断补充新鲜的液氮。因此，正如我们所看到的，有机体所遭受的损伤——根据我们的标准，它完全和确定地死亡了——是持续的，与一长串我们将跳过介绍的化学和生理过程相关。从本质上讲，人体冷冻在这样的事实中找到了安慰：据我们所知，这些"尸体冰棍"可能的复活并不违反任何物理定律，而且未来的科学可能会在分子和原子水平上操控物质，使得我们可以做几乎任何事情。

4.3 人体冷冻的价格，不适合胆小者

现在让我们谈谈钱，也就是说，冷冻——或者玻璃化——需要多少费用？关于人体冷冻的一个刻板印象——是不正确的——是这种做法属于富人的专利。事实上，它的大部分客户都是中产阶级，而且有不同的支付方式供他们使用。那么价格如何呢？根据我们咨询的机构和我们想要的悬挂种类，价格从一万美金到二十万美金不等。阿尔科对全身悬挂收取二十万美金，对神经悬挂收取八万美金。人体冷冻研究所的收费要低得多，对会员是两万八千美金，对非会员是三万五千美金——非会员就是那些在最后一刻决定被冷冻的人。在这些费用之上，我们还必须添加其他的额外支出，例如，玻璃化和使用干冰进行稳定化的费用、运输费、丧葬费、最后一刻选择的额外费用等等。基本上，如果你选择人体冷冻研究所，你就必须使用暂停生命公司的服务，费用从八万八千到九万五千美金不等，如果需要空中运输则要支付额外费用。对于你通往未来的单程旅途来说，最方便的组织是 KrioRus，它对全身悬挂收取三万美金，对神经悬挂收取一万美金。如

果这些费用对你来说过高，要记住它们与美国医疗保健的平均费用相当——出了名的昂贵，主要是由于它的私人性质。不过，别担心。你可以通过特定的人寿保险资助你的冷冻保存，这些保险将你选择的人体冷冻组织指定为受益人；如果你还年轻且相对健康，你可以支付有限的月费——每个月大约五十美金。事实上，找到愿意为你的人体冷冻保存提供资金的保险公司并不容易，这就是为什么有一家与阿尔科有关联的财务规划机构提供这种服务。[14]

这些是客户的职责。那么人体冷冻组织的职责是什么呢？我们如何强迫他们遵守承诺呢？显然，他们无法向我们保证在合适的技术准备好时能让我们起死回生；说实话，他们甚至不能向我们保证在那遥远的一天他们依然存在且运作。这些组织自己明确表明了这一点；更具体地说，他们告知我们，他们不能保证那些技术会存在，也不能保证未来的人们将会愿意投入精力使我们复活。话虽如此，我们的后代绝对有可能拥有无限的财富，且对和20、21世纪的人交谈充满好奇；不过这只是一种可能性。为了给这种不确定性提供一种补救，早在20世纪80年代，弗雷德里克和琳达·张伯伦推出了"生命契约"（Lifepact）。这项倡议的目的是推动人体冷冻主义者互相签署实际的合同，承诺尽最大努力使得在他们前面被悬挂保存的立约方起死回生。从本质上讲，张伯伦发明的合同只是一个组织的起点（仍在发展中），这个组织的成员承诺支付复活和照顾其他会员的费用，并帮助他们复活任何剩下的人。生命契约基于人体冷冻的口头禅之一，即"后进先

---

14 如果你正在认真考虑这一选项，你可以联系提供此类保险计划的美国机构，霍夫曼财务规划：http://www.rudihoffman.com/。

第四章 / B计划

出"(last in first out):由于今天的悬挂保存技术优于昨天,而明天的技术又优于今天,因此未来的"尸体冰棍"将处于比过去和现在更好的状态中,那么它们的复活会更容易。换句话说,它们将首先从悬挂罐中出来,并将被该组织的生命契约强迫——基本上是几代人之间的"接力"——复活属于上一代的患者。这些人将不得不复活前一个,依此类推,直到他们复活第一批被冷冻的人。基本上,生命契约的方法理应为人体冷冻运动注入一种"共同体意识",使得他们感到有义务为彼此工作。不止于此:还有可能签署个性化的合同,其中患者可以列出他/她想要被复活时的条件。因此,你可以选择是否要将你的心智转移到非生物基质上,或者你是否想要等待纳米技术的出现,你是否即使丢失了记忆也想要被复活,等等。合同包括立约方必须尽可能完整地列出其生活的主要方面的清单,以防那些记忆丢失,并作为将来那些将要复活他们的人的"指导手册"。此外,生命契约还包括在特定设施中存储文件和各种物品的选项,以便帮助恢复记忆和适应新生活。最后,生命契约将作为心理支持小组运作,以防复活者被那些他们无法恢复的记忆烦扰。

现在再让我们谈谈钱,并且做一个假设。让我们假设一下人体冷冻是有效的,未来的科学令我们起死回生。或许未来的世界是如此富裕,以至于我们将不需要任何钱,也不需要工作;或许钱将只是一个早就逝去的黑暗年代的糟糕记忆——就像在《星际迷航》中,里面的人不再用钱。但是,金钱可能在相当长的时间内依然存在并在日常生活中发挥核心作用。如果是那样,被复活的人将身无分文,或许等待他们的将是在一个未知和难以理解的世界中永远过着悲惨的生活。别担心:人体冷冻已经——几乎——也考虑到了这一点。特别是,人体冷冻研究所在列支敦士登设立了复活基金会（Reanimation Foundation），这是一个投资基金，将会管理该机构的会员希望存入并期待在复活后收回的资金——允许的最低存款额是两万五千美金。我们不得不说，列支敦士登允许这项操作，但并不是很喜欢它——或许因为人体冷冻主义者被视为相当古怪的人。目前，在美国，人体冷冻主义者正在致力于寻找替代解决方案，或许选择阿拉斯加或者南达科他这样的州，那里的内部法律体系对这类倡议没有敌意。

4.4 未来的全能科学

现在我们要来讨论人体冷冻中最有争议的部分：复活。如果我们起死回生的机会接近于零，那么签署人体冷冻保存合同、承诺生命契约或者把钱投入复活基金会是完全无用的。这就是为什么人体冷冻的支持者们从运动的一开始，就试图想象我们的后代将使用什么系统或者技术使他们起死回生，也就是试图证明人体冷冻的事业是可行的。最早提出这个问题的是罗伯特·埃丁格，他在1961年勉强给出的方案是"能工作数年甚至数个世纪的超级机器人外科医生"。1969年，另一位人体冷冻专家杰罗姆·怀特（Jerome White）谈到了"专门编程的病毒"（specifically programmed viruses）。

不满足于这种含糊不清以及埃丁格的超大规模机器人外科医生，20世纪70年代迈克尔·达尔文（Michael Darwin）[15]——1983—1988年担

---

15 真名为迈克尔·费德罗维奇（Michael Federowicz），而"达尔文"是他的同学给他取的绰号，因为他强烈反对创造论，捍卫达尔文进化论。

第四章 / B计划

任阿尔科的总裁——设计了合成代谢细胞（anabolocytes），这是一种想象中的生物技术有机体，能够自主移动并修复冷冻保存中的患者遭受的所有损伤。将他们的身体充满数百万或者数十亿合成代谢细胞就足够了，万事大吉。让我们面对现实吧：这是一个草率的解决方案，因为没有人知道如何创造一种微生物能够入侵宿主、进食、繁殖，还要精确修复任何种类的细胞损伤——不论是由衰老、疾病、死亡、冷冻还是由抗冻化合物造成的。最近，埃里克·德雷克斯勒和他的《创造的引擎：即将到来的纳米技术时代》以及他假设的纳米机器给了人体冷冻技术一些理论上的帮助。尽管纳米机器在人体冷冻和纳米组装机之间引起了理论和技术问题，却令人一见倾心；受惠于德雷克斯勒的纳米技术，无限制地逐个分子地修复患者的身体成为可能。更妙的是：默克尔和弗雷塔斯已经制订了关于这种情况可能的发生方式的详细场景。[16]

几乎整个过程都应该在解冻患者之前进行，以避免可能发生的损伤。首先，纳米机器将疏通循环系统，从主血管到毛细血管；这一举动应该像是超精确的挖掘作业——也就是说，血管应该被视为被超紧凑的残片完全堵塞的隧道。纳米组装机的工作将由位于生物体外部的非常复杂的计算机来控制，且能够通过未来的成像系统一步步跟随整个过程。一旦被允许进入各种组织，纳米机器将会修复微裂缝，通过一些生物惰性材料将不同部分"绑扎"在一起。到这一步，应该可以慢慢开始加热过程，直到温度允许液体化合物的出现，这将使得纳米机器能够介入分子化学，修复核酸、蛋白质和一般细胞所遭受的损伤。

---

[16] 参见 R. Merkle and R. Freitas, "A Cryopreservation Revival Scenario Using MNT", *Cryonics* October/November 2008. MNT 代表分子纳米技术（molecular nanotechnology）。

这一步一旦完成，新陈代谢就可以重新启动，患者就会重新醒来。不管有多么匪夷所思和异想天开，毫无疑问人体冷冻专家所阐述的这些"理性幻想"是相当迷人的；它们必须被视为科学史的一部分，尽管它们的角色——先驱或边缘——只能事后才被判定。就我而言，现在我将尝试概述人体冷冻运动从其起源到今天的通史。

4.5 人体冷冻的历史，从本杰明·富兰克林到纳米机器

让我们重温一下我们在本书第二章简要勾勒过的人体冷冻的历史。当要寻找一个带来灵感的人物时，人体冷冻主义者常常将目光投向本杰明·富兰克林。在他1773年给科学家雅克·杜堡（Jacques Dubourg）的一封信里，富兰克林坦承他渴望在遥远的未来复活，如此一来可以观察美国的命运；这位美国政治家和科学家提出的半开玩笑的方法是把他自己和一群朋友浸泡在一桶马德拉酒中，最终以某种方式被防腐处理，以便日后被太阳光线复活。[17]

在科幻小说之外，第一个真正系统的冷冻悬挂的方案来自1961年出版的一本书，该书由首位真正的人体冷冻学家埃文·库珀自费出版，即《永生：身体上、科学上、现在》。随后在1964年，库珀建立了生命延续协会，旨在推广这些理念。

后来在1962年，罗伯特·埃丁格也自费出版了一本书《永生的前景》，在书中独立发展了和库珀一样的想法。"人体冷冻之父"的头衔通

---

17 在这本书中被引用：E. Drexler, *Engines of Creation: The Coming Era of Nanotechnology*；网络版：http://e-drexler.com/d/06/00/EOC/EOC_Chapter_9.html。

第四章 / B计划

常被赋予埃丁格：这源于他的书被一个重要的美国出版社道布尔戴再版并取得巨大成功。这首先要归功于两位著名的科幻小说作家弗雷德里克·波尔（Frederick Pohl）和艾萨克·阿西莫夫的推荐。因此，人体冷冻的文化背景显然是科幻文学的世界，后者那些年在美国相当流行。

从库珀和埃丁格开始，人体冷冻运动慢慢开始传播，到处都能找到皈依者。"cryonics"这个名称是1965年由人体冷冻学家卡尔·沃纳（Karl Werner）发明的；同年，柯蒂斯·亨德森（Curtis Henderson）和索尔·肯特（Saul Kent）创立了纽约人体冷冻协会。接下来几年，密歇根人体冷冻协会、加利福尼亚人体冷冻协会和湾区人体冷冻协会（后来更名为"美国人体冷冻协会"）相继成立。1967年，埃丁格本人也投身于这股潮流中，创立了人体冷冻研究所。

1967年，第一个被冷冻悬挂的人是73岁的心理学教授詹姆斯·贝德福德（James Bedford）——在那些开创性的年代被冷冻的人当中，贝德福德是唯一仍然被保存的，他被保存在阿尔科的设施中。

人体冷冻运动遭受的第一次沉重打击是被人体冷冻主义者铭记为"查茨沃斯灾难"（Chatsworth disaster）的事件，这一事件以发生地点命名，这个地点是罗伯特·尼尔森（Robert Nelson）——一个电视维修技术员，也是加利福尼亚人体冷冻协会的会长——存放委托给他的尸体的地方。突然之间，人们发现其中九具尸体已经解冻，由于资金不足——这些"患者"的家属已经支付了一定数额的费用，当这些钱耗尽的时候，在有些情况下尼尔森用他自己的钱，将一些冷冻尸体多冷冻了一年半。其中一些尸体几年前就已经解冻了，而尼尔森并没有通知那些家庭。这起丑闻最终闹到了法庭，人体冷冻因此受到非常负面的媒体报道。

20世纪70年代见证了世界最大的人体冷冻组织阿尔科的诞生，它于1972年由张伯伦建立——最初，其名称是"阿尔科固态低体温协会"（Alcor Society for Solid State Hypothermia），1977年更名为"阿尔科生命延续基金会"（Alcor Life Extension Foundation）。

70年代末和80年代初之交取得了进一步的技术突破，杰瑞·里夫（Jerry Leaf）——前加州大学心胸外科研究员——将心肺旁路机和其他技术引入人体冷冻实践中，使得人体冷冻悬挂的流程更加系统化。里夫与迈克尔·达尔文一起推出了待命程序，这个程序意味着在可能的情况下协助处于生命中最后几分钟的患者，以便迅速开始稳定化。

除了德雷克斯勒关于纳米技术的理论，80年代还见证了人体冷冻网（CryoNet）的诞生，这是一个促成人体冷冻社群的巩固和扩张的邮件列表。另外值得一提的是演员兼电视制片人迪克·克莱尔（Dick Clair）的案例；克莱尔身患艾滋绝症，他起诉了加利福尼亚州和他住院的医院——且胜诉——以便当他死亡的那一刻可以被冷冻悬挂保存——这发生在1988年。同年，阿尔科因为悬挂保存朵拉·肯特（Dora Kent）而受到地方当局的调查。朵拉是索尔·肯特的母亲，当时是阿尔科的会员，于1987年去世，被她的儿子进行了冷冻悬挂——事实上是神经悬挂。她的死亡没有被公职人员见证——因此没有人可以宣布她的死亡。此外，尸检显示了悬挂保存时使用的物质的存在，这些物质——从验尸官的角度来看——也可能被用于杀害她。阿尔科的财产被扣押，很多成员被捕，但不是在他们设法藏匿朵拉·肯特被冷冻悬挂的头颅之前。这个故事被媒体广泛报道，在那之后，阿尔科被洗刷掉任何罪行，并获得了巨额赔偿。

1993年，阿尔科内部发生了分裂，一群活动家——其中包括迈克尔·达尔文——离开并创建了人体冷冻关爱基金会（CryoCare Foundation）；之后，两家营利性公司加入了分裂名单，分别是 CryoSpan 公司和 BioPreservation 公司。这些"叛军"增加了进一步的创新，包括使用更大量的甘油，从而促成更小破坏性的悬挂过程。不过这种分裂并没有持续太久，到了1999年，人体冷冻关爱基金会已经被阿尔科吸收，而 CryoSpan 则被人体冷冻研究所吸收了。

基本上，营利性公司没有取得任何成功，除了少数例外，非营利组织占据了统治地位。因此，现在在美国，我们可以找到阿尔科、人体冷冻研究所和穿梭时光（它们拥有存储患者的设施），以及暂停生命公司和美国人体冷冻协会（它们只提供稳定化和运输）。后者还致力于人体冷冻哲学的传播。永生主义者协会也是如此，该组织与人体冷冻研究所有关联，致力于教育和文化推广。

受到主流医学研究的启发，阿尔科于2001年开始使用一种抗冻化合物的混合物，能够诱导患者玻璃化，即在不结冰的情况下冷冻。

20世纪90年代和21世纪头一个十年见证了全世界好几个人体冷冻主义者团体的诞生（在意大利[18]和其他几个欧洲国家、英国、加拿大和澳大利亚），全部或多或少和美国的组织有联系。除了 KrioRus，没有别的设施能够在美国以外的地方接纳患者，尽管澳大利亚的人体冷冻主义者有一阵子一直想要建立一个。[19]别忘了总部在欧洲的人体冷冻服务的供应商，比如 Cryonics UK[20] 和葡萄牙的 Eucrio[21]，它们允许欧洲人

18　http://www.estropico.com/id298.htm.
19　参见 http://www.cryonics.org.au/.
20　http://www.cryonics.uk.com/index.html.
21　http://www.eucrio.eu/.

被冷冻并被运送到美国的设施。

最新的人体冷冻的倡议是时光之舟（Timeship），由著名建筑师斯蒂芬·瓦伦丁规划。他的计划涉及建造专门致力于人体冷冻和生命延续的设施——在这方面他已经工作多年。瓦伦丁正在计划建造一种"诺克斯堡"（Fort Knox）来保存生物材料——DNA、组织、器官和整个人类。为了实现这个目标，瓦伦丁的设计使其或许能够在停电、飓风、恐怖袭击、自然灾害甚至海平面上升的情况下幸存。时光之舟还应该保存濒临灭绝的物种的 DNA。基本上，时光之舟旨在成为有史以来最大的人体冷冻保存设施[22]，为此瓦伦丁已经在得克萨斯州圣安东尼奥（San Antonio）附近的康福特（Comfort）购买了一大片土地。

最近，超受欢迎的美国电视主播拉里·金（Larry King）在一次采访中坦承他对死亡的恐惧，以及接受冷冻悬挂的渴望[23]，从而加入了表达相同意图的名人小名单。在他们中间，我们应该提及出版商兼色情作家拉里·弗林特（Larry Flynt，自 1986 年起就是阿尔科的会员），还有硅谷风险投资家彼得·蒂尔（签约多年）、歌手布兰妮·斯皮尔斯（Britney Spears）和《恶搞之家》（"Family Guy"）的创作者塞思·麦克法兰（Seth MacFarlane）。[24]

目前我们的人体冷冻历史的最后一章是金·索兹（Kim Suozzi）的案例，这是一个来自圣路易斯的 23 岁女孩，她在 2012 年被诊断患有一种非常有侵袭性的多形性胶质母细胞瘤——一种非常严重的脑肿瘤。

22　参见 http://www.timeship.org/。

23　http://www.newsmaxhealth.com/headline_health/Larry_King_freeze/2011/12/07/421500.html。

24　澄清一下：沃尔特·迪斯尼（Walt Disney）从未被冷冻；那只是一个都市传说。

索兹不顾家人的反对,在社交新闻网站 Reddit 上发起了一场筹款活动,筹集神经冷冻悬挂所需要的七万美金,并成功获得资助。金于 2013 年 1 月 17 日去世,她生前最后两周在斯科茨代尔的一个安宁疗护机构度过,就在阿尔科总部附近。[25]

所以,说个冷笑话,人体冷冻的世界是火热的且充满生机的;尽管这种实践既有科学依据又没有科学依据。跳过最显而易见的考虑(例如人体冷冻和冬眠现象无关[26]),主流科学对人体冷冻持什么看法呢?

4.6 科学的看法

低温生物学(Cryobiology)是研究低温对组织和生物体影响的学科;它在学术上备受尊重,启发了好几个国家和国际科学学会,其中包括低温生物学学会(Society for Cryobiology)。这个学会早在 1982 年就公开与人体冷冻划清界限,并强调他们认为后者并不构成真正的科学。甚至美国的怀疑论组织——揭穿超常现象和伪科学的研究人员协会,比如 CSICOP——也对人体冷冻持相当负面的立场。[27] 例如,著名的怀疑论者迈克尔·舍默(Michael Shermer)曾经把人体冷冻比作一种

---

25 http://www.dailymail.co.uk/news/article-2268011/Kim-Suozzi-23-head-cryogenicallyfrozen-reborn-cure-brain-cancer-found.html.

26 事实上,冬眠是一个自然的生理过程,在此过程中一些动物将它们的生命体征降低到最低限度,以便在睡眠中度过冬季。另外一个普遍的错误是混淆冷冻悬挂和暂停生命(suspended animation):后一个术语指的是一种有待开发的技术,能诱使人类冬眠。在这种情况下,生命活动的减缓令冬眠的人类比正常人衰老得更慢,以便能够应对非常漫长且枯燥的时空之旅。

27 http://www.skepdic.com/cryonics.html.

信仰，尽管它是世俗的。[28] 最后，美国的官方研究机构将人体冷冻解释为一种埋葬的形式，虽然是复杂的一种。不过，不要以为科学全部拒绝人体冷冻；正相反，我们可以找到一些实际上倡导过它的人物。比如阿瑟·C. 克拉克就是一个例子，他曾经宣称："虽然没有人能够量化人体冷冻生效的概率，但我估计它至少是 90%——而且肯定没有人说它是零。"[29]

具体说来，人体冷冻学家无法以令人信服的方式解决哪些技术难题呢？首先是长期记忆的问题。正如我们所说，他们的想法是，如果我们迅速将患者的大脑玻璃化，我们可以保存支撑记忆和人格的大脑结构；这是可能的，但不确定（而且绝对未经证实）。这只是美好的愿望。此外，"信息理论死亡"概念并不能抹去这样一个事实，即目前，脑死亡依然被视作最终死亡。有可能未来的研究会推动生与死之间的界限，迫使我们把脑死亡归类为只是一个阶段，或许是可逆的阶段。但是这也可能不会发生，而脑死亡可能真的是人类存在的最后一站。说实话，人体冷冻主义者确实意识到了这些问题，尽管他们热衷于他们所谓的"生命的第二个循环"（将在复活后开始的无限存在）。他们公开宣称他们的事业不属于任何得到实证支撑的官方科学，他们不能向任何人承诺任何事。

然后是大脑损伤的问题：即便是有限的一点损伤也能抹去我们的整份记忆，或者损害这个或那个大脑功能；你可以想象大脑死亡并被

---

28 http://www.michaelshermer.com/2001/09/nano-nonsense-and-cryonics/.
29 http://www.alcor.org/Library/html/clarke.html. 据我们所知，克拉克从未想过为自己签订一份人体冷冻保存合同。

第四章 / B计划

冷冻数十年甚至数个世纪的情况。

更不用说纯粹的技术问题了（人体冷冻主义者也承认），例如液氮的问题引起的裂缝以及其他形式的严重损伤，在我们修复它们之前，我们需要科学地理解它们——这不是水到渠成的，因为科学的进步是不可预测的，它可能最终走上和人体冷冻主义者所期望的完全不同的道路。

但最大的困难是人体冷冻主义者为了使他们的患者起死回生期待使用的技术手段。他们正在等待的奇迹般的解决方案，纳米机器，目前只是一句口号。别忘了所有涉及所谓心智上传的概念性问题，即将人类的心智转移到非有机基质的可能性：也许这是不可行的；即便可行，我们也不知道该怎么做；我们也不知道被冷冻的大脑是否"可读"，也就是说，患者的记忆是否能被提取出来——如果它们还在那儿。当然，目前我们不知道怎么读取它们。

最后同样重要的是，我们还有唤醒的问题。假设我们的分子修复程序奏效了：未来的超级外科医生手上有完全健康的尸体。你如何发动它的起死回生，在同一时间系统地启动新陈代谢、心跳、呼吸等等？也就是说，你如何让一具尸体恢复生命？

现在让我们来看看管理的问题。美国的两家人体冷冻机构规模较小，从财务角度来看，相对不稳定——尽管近年来情况似乎有了很大改善，尤其是对于阿尔科来说。它们由非营利组织所有，由热心的志愿者管理，而且它们总是需要钱——以至于阿尔科有时候靠着富有的支持者的捐赠才能填补财务。换句话说，人体冷冻组织可能持续不了太久，复活可能太贵了；或者简而言之，未来的人可能对于让少数来自遥远过去的人重获生命不感兴趣。

4.7 一般人体冷冻学家的人类学

这会儿让我们试着总结一下，并问一问：人体冷冻主义者是什么样的人？它们是疯子、骗子还是非常有远见的先驱？首先，请注意我小心翼翼地避免称呼他们无知或者愚蠢：事实上，一般来说，他们是聪明的人，具有良好的科学背景；阅读他们的文章或者浏览他们的博客就足以发现，从辩论风格来看，他们更接近于哲学家和科学家，而不是江湖骗子。如果我们真的必须给他们贴上标签，我们应该选择"书呆子"，就像其他所有超人类主义者那样——而且事实上，超人类主义无疑和人体冷冻经常相遇。观察人体冷冻主义者典型的思维方式也很有趣，因为这让我们可以分析他们的自我认知。人体冷冻的支持者将其称作"医学时间旅行"，强调这是一次单程旅行；冷冻罐被比作将患者送往21世纪末和22世纪初的医学设施的救护车。此外，人体冷冻主义者发展了一套他们经常使用的准医学的行话——例如，习惯于把事实上的尸体定义为"患者"。

尽管强调他们的事业的纯粹推测性质，人体冷冻主义者同时也努力使其看上去尽可能科学，以至于他们从主流科学中汲取了一套科学的说话方式，他们希望借助这种方式被视作一种先锋。

我也不认为人体冷冻是一场骗局：阅读他们的书和网站，我有一种强烈的印象，这些人是"真正的信徒"；而且当他们谈论他们壮丽的高科技未来时，他们是认真的。

拉尔夫·默克尔对著名的"帕斯卡的赌注"的重构间接证明了人体冷冻的近乎宗教的性质。帕斯卡希望说服自己相信基督教信仰的真实性，这位法国哲学家试图证明信仰至少能带来一些好处。帕斯卡的思

第四章 / B计划

路大致是这样的：如果我们相信上帝且上帝是存在的，那么我们将获得永生；如果我们有信仰，但上帝不存在，那么至少我们可以过上摆脱对死亡的恐惧的平静生活。相反地，如果我们没有信仰，而上帝也不存在，那么我们最终会陷入虚无中（而且我们将被对死亡的恐惧所困扰）；而如果上帝存在，等待我们的是永恒的天谴。同样地，如果我们报名参加人体冷冻悬挂保存，且它行之有效，我们将获得新的生命，可能是无限的；如果人体冷冻行不通，我们失去的仅仅只是我们投入的金钱——这是我们无论如何因为死亡会失去的。相反，如果我们不报名参加人体冷冻悬挂保存，我们无论如何最终都将会腐烂。不同于经典的信仰，人体冷冻倾向于淡化宗教元素，它更愿意把自己视为只是一个长期的实验；默克尔开玩笑地说，人体冷冻是一项对照组表现不佳的实验。[30]

总结一下，什么是人体冷冻？在我看来，它还不是一种科学的实践，但它确实呈现出来自主流科学，尤其是来自低温生物学的元素。它也有宗教层面，这些层面可以和非常古老的宗教活动联系起来，例如古埃及人施行的木乃伊制作过程——其目的是赋予法老永生。考虑到几乎每一个人体冷冻主义者都缺乏宗教信仰，以及有很多概念都取自正统科学，夹杂着理性推测[31]，我可能将人体冷冻归类为一种意识形

---

30 医学方法基于所谓的"对照组"。当研究人员必须测试某种疗法的疗效时，他们把测试对象和另外一组没有接受任何治疗的人进行对比。这样做是为了验证这种疗法比安慰剂更有效，并且比现有的疗法更有效，否则继续进行这种研究就没有意义了。在默克尔的玩笑中，控制组是每一个没有决定加入人体冷冻事业的人。更严重的是，人体冷冻学家将人体冷冻作为支付不菲金额后才能参加的实验介绍给他们的客户。

31 或许说它是"理性形态"（ratiomorphic）更好，也就是说建立在未经证明的假设上，不过是以合乎逻辑和前后一致的方式开展的。

态。事实上，意识形态——例如马克思主义——倾向于从经验事实开始，但在那之后，它们建立起脱离现实的理论建构，成为人们最终虔诚信仰的对象——事实上，有时候，鉴于他们的热忱，人体冷冻主义者确实看上去像一个小型的膜拜团体。

  对此我们必须补充三个事实。第一，有一些人体冷冻主义者并不相信人体冷冻真的行之有效；只是人们害怕死亡——好吧，他们没有错，死亡是可怕的——且愿意做一些事情来避免他们被完全抹去。第二，人体冷冻是一种意识形态；确实如此，但它没有那么严格。在其内部，对不同主题有不同观点——它不像苏联的"辩证唯物主义"那样根本不可被批评。第三，在我看来，人体冷冻代表着经典的"美国梦"的化身，认为美国是机遇之地，在那里没有什么想法或者倡议是过于疯狂的。从这个角度来看，死亡只是另一个有待战胜的边境。而且，这并非巧合：当支持者们谈论人体冷冻时，他们使用了一个非常雄辩的表达："征服死亡。"

第五章

纳米聚宝盆

5.1 纳米世界的入门知识

在本书的进行过程中,我们已经频繁遇到纳米机器和纳米技术,现在是时候澄清关于它们的一些事情了。首先,词典中的定义:纳米技术意味着在原子和分子层面操纵物质。尤其是,这一概念的扩展版本谈到了精确的原子和分子操纵,其目的是生产日常使用的物品——一种假设性的技术,也被称为"分子纳米技术"。美国国家纳米技术计划(National Nanotechnology Initiative,NNI)是美国发展纳米技术的联邦计划,它将纳米技术定义为对长、宽、高至少有一个维度在1到100纳米之间的物质的操纵。1纳米相当于1米的十亿分之一——可以说大约是分子的数量级。你已经可以想象,"纳米技术"这个术语目前是一把伞,其下涵盖了五花八门的想法和实践。因此,我们要问:纳米技术现在是由什么组成的?它们包括哪些领域,使用哪些设备?简而言之,它们在做什么,生产什么?让我们简要了解一下。

富勒烯(Fullerenes)

富勒烯是一种完全由碳组成,形状呈空心球形、椭球形或者管状的分子；球形版本也被称为巴克球（buckyballs），而圆柱形版本则被称为纳米管。第一个富勒烯或曰巴克敏斯特富勒烯分子于 1985 年由理查德·斯莫利、罗伯特·库尔（Robert Curl）和哈罗德·克罗托（Harold Kroto）在莱斯大学（Rice University）制备，这一成就为这三人赢得了 1996 年的诺贝尔化学奖。这个名称是对建筑师巴克敏斯特·富勒（Buckminster Fuller）的致敬，他设计了网格球顶——由三角元素组成的建筑结构。富勒烯具有多种特性；例如，纳米管是市面上最坚固、最耐用的材料之一（既耐机械阻力也耐热），这些特性在许多技术领域都很有用，例如用于改善这种或那种产品的机械性能和热性能。

纳米颗粒（Nanoparticles）

这些是相对传统的技术的结果，也就是说，它们只是当前材料科学的延伸。纳米颗粒是通过将这种或那种材料转化为超细粉末得到的，实际上是将材料分割为纳米尺寸的碎片，从而成功获取不同材料的更好的混合物，具备不同种类的特性（视混合物而定），优于传统材料的特性。

纳米操纵（Nanomanipulation）

扫描探针显微镜是显微镜学的一个分支，基于通过一种探针——物理探针——扫描待观察的样本而产生表面图像。探针的针尖必须非常尖锐，因为这是对显微镜的分辨率贡献最大的特征。在这种技术的背景下，原子力显微镜尤为重要，它有非常高的分辨率——以纳米的分数（fractions）计。这种显微镜的第一个原型由格尔德·宾宁（Gerd Binnig）、卡尔文·奎特（Calvin Quate）和克里斯托夫·格伯（Christoph Gerber）组成的欧美团队于 1986 年开发。原子力显微镜是在纳米级的层面操纵物质的最重要的工具之一；通过让探针顶端和被探测物体之间的相互作用来获得可视化——在实践中，探针"感觉"到它接触的表面。该设备包含压电元件（也就是说，它们由在微小电流经过时尺寸会略有改变的材料构成），从而实现更高的精确度。也就是说，正是得益于操作员可以控制的上述变化，能够进行非常微小的移动，你可以获得非常高的分辨率。我在这里提供的当然只是一个简化的介绍，重要的是，目前得益于这种显微镜，有可能以超精确的方式操纵和移动单个原子。

湿纳米技术（Wet Nanotechnology）

然后是如果愿意，也可被视为纳米操纵的一种特殊形式的生物技术，在这里是对浸泡在生理盐水中的有机分子的操纵——因此使用了形容词"湿"。与此同时，我们必须指出，多年来，我们已经目睹了生物技术和纳米科技之间的日益汇合，以至于这导致了一个专门学科的出现，即生物纳米技术（bionanotechnology）。毕竟，这是一个将各种纳米技术设备和程序简单应用于传统的生物研究的问题。DNA 纳米技术值得特别提及；它涉及从核酸开始的纳米结构的创建。在这种情况下，鉴于其多功能性，所获得的合成核酸被用作纳米技术的建筑材料，而不是用于细胞中通常的信息传递。20 世纪 80 年代初，美国科学家纳德里安·西曼（Nadrian Seeman）开创了 DNA 纳米技术，但直到 2000 年代中期，这一研究领域才开始引起广泛的兴趣，例如关于使用 DNA 进行计算的可能性。简而言之，我们可以谈论生物技术和纳米技术之间的汇合，以及相互沾染，体现为生物技术试图模仿纳米技术的"工业"方法，而后者试图利用前者汇集的知识。

纳米医学（Nanomedicine）

这也是一个可以涵盖广泛的纳米技术应用的术语。纳米医学包括对纳米材料和纳米电子生物传感器的医学应用，以及更普遍地说，包括开发新疗法、新的给药方法和新药。2006年《自然材料》(*Nature Materials*)的一份报告发现，全世界有130种基于纳米技术的药物和给药系统正在开发中。[1] 纳米医学的营业额正在增长，拥有数百家公司、大量产品和高达数十亿美元的销售额。纳米材料在医学中应用的一个范例是金纳米壳的使用（例如，通过连接特定的抗原），可以用于诊断和攻击肿瘤；另一个纳米技术产品是脂质体，这是一种可用于给药的脂质球体。从本质上来讲，纳米医学的目标之一是开发将药物逐细胞地引入人体的方法，从而提升其效力，减少所需剂量和副作用。然后，有一个被称为"纳米生物药剂学"（nanobiopharmaceutics）的领域，它基于蛋白质和肽（氨基酸的短系列）的治疗用途——能够对人体产生生物作用，并通过适宜纳米颗粒给药。另一个应用领域是可视化：例如，你可以将"量子点"——简而言之，即仅含有电子的"人造原子"——连接至特定的抗原；前者就可以发出荧光，从而使得我们能够看到例如肿瘤的生长或收缩。最后，我们可以提到组织工程学（tissue engineering），一个非常超前的领域，力求真正在实验室"种植"适合移植的器官。纳米技术在这里也做出了贡献，尤其是提供用纳米材料构成的支架并促进细胞增殖——也就是将要形成成品器官的细胞数量的增长。

如果我们愿意，可以接着提及微纳光刻，这是一套用于生产电子

---

[1] 参见 http://www.nature.com/nmat/journal/v5/n4/full/nmat1625.html。

第五章 / 纳米聚宝盆

微芯片的技术；或者提及纳米电子学，它则致力于晶体管的生产。基本上，我们可以继续讲很长时间，但我们想为你略过其他无聊的技术细节；重要的是你了解到纳米技术世界复杂到什么程度。而且，重中之重是你意识到，尽管超人类主义者无疑欣赏纳米技术所取得的所有进步，但这并不是他们谈论这些话题时的意图。特别是，他们的愿景围绕着"纳米机器""复制器"，尤其是"组装机"的概念。这一切是关于什么的呢？

德雷克斯勒给出的精确定义是："一种假设的设备，能够通过精确定位（原子级的精确度）反应性分子来引导化学反应。"换句话说，它是一种分子机器。那么，什么是分子机器呢？根据定义，分子机器是任何分子组件的离散集，能够响应特定刺激而产生准机械运动。这种表达适用于执行类似于发生在宏观层面的机械作用的分子。简而言之，这个术语诞生于生物化学领域，可以被应用于所有具备上述特征的结构和反应：在实践中，是充当齿轮或者机制的分子。化学家对这些事物兴趣盎然，以至于随着时间的推移，他们已经能够合成很多这样的分子。有时候它们是单个分子，有时候是更复杂的结构，由几个以相当复杂的方式机械连接的分子组成。例如，我们可以提及轮烷[2]或者索烃[3]，但这样我们就得变得过于技术化；相反，我们最好把自己限制在对迄今为止生产的分子机器按照功能进行的分类上。我们有"分子马达"，即能够在脉冲驱动下进行单向旋转的分子；"分子螺旋"，可以旋转和推动流体；"分子开关"，可以在两种同样稳定的状态间可逆地转

---

[2] https://en.wikipedia.org/wiki/Rotaxane

[3] https://en.wikipedia.org/wiki/Catenane

换;"分子穿梭体",可以将其他分子从一个地方运送到另一个地方;以及"分子逻辑门",可用于计算。然后,我们有"分子传感器",它们与特定分子相互作用,产生可感知的变化;还有"分子钳",这是可支撑其他结构的结构——事实上就好像钳子一样。总之,有很多人们通常甚至不会料想其存在的东西。显然,最复杂的分子机器是自然产生的:例如,我们有肌球蛋白,这是一种蛋白引擎,其功能之一是产生肌肉收缩;驱动蛋白,这是另外一种蛋白引擎,可以沿着微管(细胞内通道)移动物质;诸如此类。而且,从理论的角度来看,显然有人致力于更为复杂的分子机器的构建,尽管在某些情况下,由于合乎需要的构建方法尚不存在,它们注定要停留在纸面上。因此,这是一个起点,使得我们强调不管德雷克斯勒的愿景是多么异想天开,都不是无中生有。至于组装机:它们在自然界存在吗?由于核糖体从DNA接收指令,并从中合成蛋白质,它们当然可以被看作自然的组装机。

在术语层面上存在一些混淆,即纳米机器可以被视为能够移动单个分子或者单个原子的纳米尺寸的机器;还可以加上具有自我复制的能力,尽管不是必然的。那么纳米机器的生产可以委托给适宜的"复制器",即充当组装机的流水线的纳米工厂;可能性是无限的,而纳米技术专家已经沉浸在对许多不同纳米机器的想象中。

5.2 纳米热,或者纳米技术的两个灵魂

近年来已经有很多关于纳米技术的讨论;人们甚至可以主张存在一种横跨各领域的"纳米热"。不仅仅是工业界,还包括军方、大学研究中心以及支持或反对纳米世界的非营利组织。流行文化——尤其是

第五章 / 纳米聚宝盆

科幻小说——也张开双臂欢迎纳米技术词汇。因此，如果说《星际迷航》的主角们不得不多次面对"纳米机器人"（nanites，微型而凶狠的纳米机器），那么在2003年李安导演的电影中，绿巨人浩克（Incredible Hulk）也只能依靠纳米技术才能变成我们都熟知的绿色怪物。这只是纳米世界在公众和"流行"认知层面渗透的两个例子。简而言之，如果有人向我们提到纳米技术，那么我们最有可能想到的是像病毒一样小的能够做很多事情的机器：照顾我们的身体、建造各种物体等等。而这正是超人类主义者所偏爱的事实版本。

然而纳米机器尚未存在，我们也没有办法知道它们是否会存在，甚至不知道原则上它们是否可能。与此同时，所有那些用"纳米技术"一词自我标榜的人都在做些什么呢？事实上，正如我们刚才所看到的，做很多事情，因为这个标签可以被所有在纳米层面操作的人使用——不管是什么学科领域。例如，在美国，从事 MEMS（微机电系统）[4] 研究的大学实验室迅速将其部门重命名为"纳米科学"以便吸引提供给纳米技术的丰厚资助。通常，今天所呈现的纳米技术实际上是材料科学，而数百家纳米科技公司的活动往往只是传统化学工程与我们在纳米级层面运作的新能力相结合的结果。此外，主流纳米技术的专家普遍认为德雷克斯勒的理论是科幻小说，甚至更糟，是伪科学。尽管如此，纳米技术在广义上是，或者很快将成为一种 GPT（General Purpose Technology，通用技术）。根据埃尔哈南·赫尔普曼（Elhanan

---

[4] 微机电系统（Micro Electro-Mechanical Systems）是一种电子设备，其组件尺寸在1到100微米之间摆动——1微米是1米的百万分之一。我们讨论的是由被组件环绕的处理器组成的设备，这些组件与周围环境交互作用，例如传感器。通过将其焦点进一步"下移"（至纳米层面），MEMS用户已能够将"纳米"一词纳入他们的剧目。

Helpman)[5]，GPT技术具有如下特征：进一步改进和逐步降低成本的可能性；具备很多种用途；对经济活动的逐渐"入侵"，即随着时间的推移，越来越多的经济活动使用它；能够与现有技术相结合，作为补充。蒸汽机、电力以及铁路都可被视为GPT，而且它们都是伟大的经济革命的基础；在这方面，有人认为纳米技术的影响堪比塑料。在2000年代，纳米技术的一些应用开始出现在市场上，例如二氧化钛和氧化锌纳米颗粒在防晒霜、化妆品和一些食物中的应用；类似的还有服装、消毒剂和食品包装中的银纳米颗粒，以及防污纺织品中的纳米管。纳米技术专家承诺开发新的更有效的药物、更清洁和高效的制造系统、更好的信息储存系统等等。此外，还有潜在的风险，从纳米材料对人类健康的影响到对环境的影响，目前还是未知的。

这一领域的扩张归功于美国国家纳米技术计划，该计划由著名纳米技术专家、国家科学基金会的主要执行者米哈伊尔·罗科（Mihail Roco）于1999年正式提交给比尔·克林顿，他也是这项计划后续发展的主要策划者之一。美国国家纳米技术计划基本上是一个推进所有纳米技术领域的研究和开发，并在公共和私人领域应用这些知识的计划。克林顿深信这一计划的有效性，并于2000年1月21日，在帕萨迪纳（Pasadena）的加州理工学院发表演讲，正式启动这一计划。在演讲中，这位前总统引用了费曼（Feynman）的著名演讲，明确指出以我们想要的方式逐个"排列原子"的可能性。显然，德雷克斯勒的愿景并没有对克林顿的演讲产生可察觉的影响。尽管如此，当我们谈论这些计划时，

5　E. Helpman (ed.), *General Purpose Technologies and Economic Growth*, Cambridge: MIT Press, 1998.

第五章 / 纳米聚宝盆

我们谈论的是钱——很多很多钱。而我们必须补充的是，配合这一宣言，克林顿政府拨款五亿美元资助这一研究。小布什后来重新启动了该计划，于 2003 年签署了《21 世纪纳米技术研究与开发法案》("21st Century Nanotechnology Research and Development Act")，该法案在 4 年内批给 5 个参与这一项目的机构 36.3 亿美元。而这还只是一个开端。如你所见，这是一笔巨款，而其中没有一分钱能够摆脱支配着国家研究基金资助的逻辑——有时候是有悖常理的逻辑。

当涉及向克林顿"兜售"纳米技术时，直接参与其中的人员往往夸大其词；而当涉及根本上分配资金的问题时，德雷克斯勒的愿景则完全被忽视，且大家决定每个人都需要"现实一点"。这是为什么呢？有多种原因。第一，需要说服联邦机构资助这种或那种研究，提交可信且翔实的计划。第二，害怕引起公众的焦虑——人们很容易变得紧张，尤其是如果你谈论能够吃掉地球的纳米机器——从而导致研究受阻，类似于小布什时期干细胞研究的情形。[6] 此外，在争取国家研究资助这样竞争激烈的背景下，将一个人的工作描述为"纳米技术"是一种让负责人考虑它的好方法——同时也能吸引更聪明的学生。因此，最终很多研究者采用了德雷克斯勒使其普及的"纳米技术"这一术语，因为它令人想到非常强大的未来技术和革新能力，但是他们真正从事的，本质上是化学——或者，无论如何是更为传统的学科。此外必须指出，有很多业内人士并不认真对待德雷克斯勒的理论。因此，"纳米技术"事实上有两种含义。第一种涉及所有与小于 100 纳米的维度有关的

---

[6] 有关这个问题的有趣背景，可参下列杰作：D. M. Berube, *Nano-Hype. The Truth Behind the Nanotechnology Buzz*, Amherst: Prometheus Books, 2006。

技术——有很多。我们可以称其为"纳米尺度的技术"（nanometric scale technology）。第二个是其原初意义，即原子和分子水平上的精确技术；基本上是真正的纳米机器。

总而言之，目前纳米技术的发展方向并不清晰，也就是说，我们不知道这一跨学科领域是注定会走向纳米级的化学合成（实际上是比目前更为复杂的一种化学工程形式），还是会走向创造纳米-机器人能工巧匠，或者是走向这二者的中间水平。当然，纳米技术正如火如荼（有些人可能会说是炒作）但是，与此同时，也有保持低调的倾向，这是上述原因造成的一种精神分裂的状态。但是现在，我们想要知道另一件事：这一切是如何发生的呢？

5.3 底部有大量空间

对纳米世界的渗透过程始于1959年12月29日，当时著名物理学家理查德·费曼在美国物理学会（American Physical Society）于帕萨迪纳加州理工学院举行的一次会议上发表了演讲。在这场名为《底部有大量空间》（"There's Plenty of Room at the Bottom"）[7]的演讲中，费曼考虑了或许可以直接操纵单个原子，从而促使一系列化学合成技术的兴起，它们将会比现有技术强大得多。这位科学家还假设了纳米尺寸机器的实现，这些机器能够通过机械操纵，"以我们想要的方式排列原子"。费曼的计划是建造宏观尺寸的机器，然后这些机器将建造尺寸小得多的类

---

[7] R. Feynman, "There's a Plenty of Room at the Bottom". http://www.zyvex.com/nanotech/feyn-man.html.

似机器——确切地说，是原来尺寸的四分之一。这些机器转而建造更小的机器，依此类推，直到往下进入纳米世界。这位物理学家显然还考虑到随着"下降"的进行，需要重新为机器设计一些工具和零件，因为所涉及的各种物理力的相对强度会发生变化。因此，虽然重力将变得不那么重要，但范德华力（Van del Waal's forces）——分子之间的引力和斥力——将变得更为重要，诸如此类。这种方法的实际应用将包括从开发更密集的计算机电路到更强大的显微镜，以及更多。另一种被研究的可能性是"吞咽医生"；即建造一个可由外部操作员控制的小型外科医生机器人。在演讲结束时，费曼悬赏 1000 美元给第一个能够制造出大小不超过 1/64 英寸[8]的能运行的电动马达的人，还悬赏 1000 美元给能够将一页文档限制在其尺寸的 1/25000 的人。第一个成果早在次年就由工匠威廉·麦克莱伦（William McLellan）以传统工具实现了。至于第二个成果，我们得等到 1985 年才能看到它的实现，当时斯坦福大学的毕业生汤姆·纽曼（Tom Newman）成功地把查尔斯·狄更斯（Charles Dickens）的小说《双城记》（A Tale of Two Cities）的第一段缩小至原来的 1/25000。

费曼的这次演讲还有续篇。1983 年 2 月 23 日，在帕萨迪纳的喷气推进实验室（Jet Propulsion Lab），他面对众多科学家和工程师做了一次题为《底部有大量空间，重新审视》（There's Plenty of Room at the Bottom, Revisited）的演讲。演讲中，这位物理学家声称，之前的演讲提到的小型机器并没有任何特别的效用，而且从那时起，在该方向上没有太多进展。他的演讲还推测了这些机器作为钻头和磨机的特定用

8　1 英寸相当于 2.54 厘米。

途；最后，演讲消除了一些与它们的建造和使用相关的理论问题，例如能量来源、控制、运动和摩擦问题。

最后的思考：尽管存在以上种种，费曼对纳米技术发展的影响不应被夸大，其证据是许多真正开发纳米操纵技术的人在纳米技术开始"流行"之前并未听说过上述演讲，特别是在克林顿启动国家纳米技术计划的那次著名演讲之前。

此外，关于"奠基者"这个话题，我们还必须提到德裔美国科学家亚瑟·R.冯·希佩尔（Arthur R. von Hippel）和日本学者谷口纪男（Norio Taniguchi）。前者在1959年创造了"分子工程"一词[9]，而后者则在1974年创造了"纳米技术"的定义。谷口纪男是东京理科大学（University of Science of Tokyo）的研究员，他以这种方式定义这个术语："纳米技术主要包括通过操纵单个原子或分子进行材料的分离、合并和变形处理。"[10]

5.4 创造的引擎

然而，在超人类主义领域，所有纳米技术专家的参照点是超级经典的《创造的引擎：即将到来的纳米技术时代》[11]，1986年由德雷克斯勒出版，马文·明斯基作序。在超人类主义的这个名副其实的里程碑作品中（当时引起了很多关于它的讨论），德雷克斯勒的出发点是一种

9　A. R. von Hippel, *Molecular Science and Molecular Engineering*, New York: MIT Press, 1959.

10　N. Taniguchi, "On the Basic Concept of 'Nano-Technology'", Proc. Intl. Conf. Prod. Eng. Tokyo, Part II, Japan Society of Precision Engineering, 1974.

11　K. E. Drexler, *Engines of Creation. The Coming Era of Nanotechnology*, New York: Anchor Books, 1986.

第五章 / 纳米聚宝盆

区别：技术运作的两种不同的风格或方式之间的区别，即"古老"的方式和下一种方式。古老的技术——实际上迄今为止我们人类所做的一切——被德雷克斯勒定义为大块技术（bulk technology）。它基本上意味着相对精确地处理大量的原子，也就是我们今天在工厂内外通过切割、焊接、融化、组装等手段所做的。与老方法相反的是分子技术（molecular technology），这是一种通过从底部往上组装，以超精确的方式排列所有必要的原子，来制造我们所需要的东西的过程。德雷克斯勒保证，分子技术将以超出我们想象的更多的方式来改变我们的世界。它将导向一场"新的工业革命"和一个极度富足的时代，在这个时代，"稀缺"的概念——我们所知道的经济的基础——将失去其意义。这位超人类主义科学家的技术乌托邦实在是太棒了。如何实现呢？但这是显而易见的！通过纳米机器或者组装机，即纳米尺寸的机器，能够以绝对的精确度在原子和分子水平上操纵物质。实际上，这些有待建造的设备不仅能够按照限定的方案排列原子和分子（由专门的"纳米计算机"引导），也能够任意生产其他纳米机器，几乎就像真正的生命形式那样。根据德雷克斯勒的计算，"在底部"将有足够的空间使得所有必要的结构适合纳米机器的运作。这些组装机是可能的，其证据源于生命本身：病毒、细菌、活细胞甚至仅仅是蛋白质不都是已经完美运作的纳米机器吗？无论它们位于何处（例如在细胞内或者细胞外），无论它们由什么元素构成，是生物的还是非生物的，纳米机器都遵守着物理定律；普通的化学键将原子结合在一起，而普通的化学反应——由纳米机器引导——则组装它们。因此，德雷克斯勒认为，纳米技术的第一个阶段与生物技术紧密相连，即对有机分子、蛋白质、基因、酶等的操作。例如，未来的生物化学家将能够使用蛋白质来建造发动机和运动部件,以至于建造能够处理单个分子的纳米臂和纳米手。这有点类似于我们今天在所谓"合成生物学"(synthetic biology)中所看到的。这是一门新的生物工程学科,旨在分离生物系统的元件,如病毒或者细菌,重新设计和优化它们,学习如何批量生产它们,最后,组装它们,从而创造崭新的生命形式,或许具备在自然界从未见过的功能。[12] 简而言之,从纳米生物机器开始,我们可以抵达"第二代纳米技术",即一种不再基于蛋白质,而是基于非有机材料的技术。像核糖体一样,真正的纳米机器可以按照预先编程的指令工作,但与核糖体不一样的是,它们可以处理许多不同类型的分子,以更大的自由度将它们组装起来。酶分裂和结合分子的能力与核糖体的可编程性将在组装机本身中相结合。纳米机器的多功能性将允许我们建造坚固的物体,这些物体由金属、陶瓷或金刚石,所有我们可以逐原子地组装的材料制成——最终,任何类型的结构的构建都只是原子的排列方式问题,有了组装机,这个过程当然不成问题。不仅在多功能性方面,而且在抗性方面:与有机生物体不同,非有机纳米机器将能够在各种环境中工作,非常热或非常冷都可以。它们使用化学家通常使用的几乎所有类型的反应分子作为"仪器",将原子摆放在任何类型的稳定模式中,并一次添加一点,直至结构完成。简而言之,这就是德雷克斯勒所说的万能组装机,据他所称,它们将使我们能够快速建造自然法则所允许的一切,以及——只是为了增加一点戏剧效果——重塑我们的世界或者摧毁它。

---

12 例如,想一想克雷格·文特尔试图创造第一个带有合成基因组的细胞。参见 http://www.newscientist.com/article/dn23266-craig-venter-close-to-creating-synthetic-life.html#.UgjpoaxJxSo。

第五章 / 纳米聚宝盆

那么我们如何建造这些纳米机器呢？费曼提出的自上而下的方法不应该像看上去那么简单；否则它早就在实践中应用一段时间了。从技术设计的角度来看，生产能够制造满足所需精度的自身零件的机器已经很难了。想象一下，在保持精度的同时将它们缩小至四分之一——实际上，工厂应该能够生产的机器具有制造它的相同零件的更精密版本。那么，你将需要找到一种对尺度不那么敏感的设计，或者一种当尺度定律使得某些技术失效时改变设计的方式。这种机器应该具有自我纠正的能力，因为在纳米级水平，人类操作员的干预能力是有限的。相反，德雷克斯勒提出了一种自下而上的方法，即为制造简单的自我组装的系统创造合适的条件，然后让它们自我组装成更复杂的系统，依此类推。

纳米级水平的操作将使得我们逐渐减小电路的尺寸和成本，与此同时提高速度，直到到达令人觊觎的纳米计算机，它将使我们在对组装机的管理方面实现质的飞跃。纳米计算机——配备上专门的"分子记忆设备"——将为后者提供建造复杂物体所需的持续的指令流。除了组装机，我们还将拥有拆装机，顾名思义，这些仪器将使得我们能够——始终归功于"分子记忆"——分析物体，必要时逐原子地拆解物体。本质上，这是一种出于探索的目的而进行的"受控腐蚀"。但在纳米机器——组装机、拆装机和纳米计算机——出现之前，还有很长时间；然而，对于德雷克斯勒来说，鉴于在"基因工程"的大旗下，第一步已经迈出，我们将势必到达那里。

德雷克斯勒还对纳米技术的演变将把我们带至何处进行了大胆得多的推测。具体说来，日益复杂的纳米机器的发展将引领我们创造组装机——这些机器能够以完全自动的方式组装它们自己的复制品[13]，以便制造各种工具，管理矿山和能量发生器，并把所有这些提供给另外的纳米工厂。这些纳米工厂转而会最终合并成一个扩张的和自我复制的单一纳米技术生产系统——然后可以让这个系统与生态高度兼容，因此不必担心我们会发现自己跟烟雾弥漫的、被污染的工业综合体为伍。在这方面，可以想象纳米复制器不会像细胞那样，而更像是在细胞水平上收缩的工厂，由嵌入各种纳米机器的分子支架构成——简而言之，是纳米流水生产线。未来全能的纳米机器将能够建造一切，甚至是尺寸可观的物体——比如摩天大楼。毕竟，大自然生产的纳米机器也制造了鲸鱼，尽管这花了些时间。为了足够快地进行，许多组装机需要一起工作，但是它们可以用纳米复制器按吨生产。然后我们可以想象一个装满水的容器，里面溶解了很多纳米机器，它们聚集在一个包含建造程序的纳米计算机周围——因此它充当了我们将要在容器内"种植"的物体的"种子"，例如火箭或者甚至是摩天大楼。因此：工厂终结了，经济终结了，工作终结了。无限的富足来临了。如果我们再加上人工智能，那么可以做的事情是无限的。你可以创造像病毒那么小的纳米机器用于逐细胞地研究大脑的结构和功能，如有必要，还可以逐分子地研究。因此，类似大脑的结构可以被构建，但是效率更高且体积更小——根据德雷克斯勒的计算，一个由纳米电缆连接的纳米计算机构成的复杂的人类大脑应该占据不到一立方厘米的空间。拥有纳米机器网络访问权限的人工智能系统能够非常快速地执

---

[13] 实际上，能够自我复制的机器的想法并不归功于费曼或者德雷克斯勒，而是归功于约翰·冯·诺伊曼。冯·诺伊曼在20世纪40年代对这些机器进行了概念上的阐述，他把它们命名为"通用建造机"（universal builders），其详细内容发表于1966年出版的遗作《自我复制自动机理论》（*Theory of Self-Reproducing Automata*）中。

行许多实验。它们可以在几秒钟内设计实验设备并组装它们；它们的建造免受当代研究的后勤问题困扰。在细胞和分子水平上，甚至有可能一下子并行进行一百万次实验。可做的事情是没有极限的。

然后纳米机器将让我们扩展进太空，降低建造宇宙飞船和行星间运输的成本，从而打开太阳系供人类殖民。在这方面，德雷克斯勒还想象了一种特殊的纳米技术宇航服：用纳米机器填充，类似的服装可以被"排列"以变得柔软、轻便和透明；通过特殊的纳米机器层的中介，它可以让人感知来自外部的触觉——实际上就好像我们徒手触摸物体一样。航天服内部的纳米机器可以——得益于阳光和二氧化碳——再生被呼吸的空气；与之相对应的是，它们表现得像真正的内部生态系统，可以分解废物——对此我们不需要详述——并组装新鲜食物。即便我们从未提及，也存在一些限制：我们的神奇服装不能无限制地耐受巨大的速度或者极低、极高的温度；它不能让我们穿墙而过；它不能承受剧烈的爆炸。

现在让我们回到经济方面。德雷克斯勒的纳米技术的口号是：富足。我们的纳米技术乌托邦将带走许多东西：工作；原材料的枯竭（一切都可以通过纳米级的操作而可回收或获取）；能源问题（有太阳就足够了）；土地占用和对景观的破坏（纳米工厂将占用一点点空间）；废物处理（只需拆解它）；组织工作和分配的需求（当然，纳米机器将做一切事情），既然每一个人都将有他们自己的纳米家庭工厂，那么去超市或者宜家有什么意义呢？因此，这是零和社会的终结（在这种社会，如果有人赢了，必然有人会输）是正和社会的到来（在这种社会，每个人都是赢家）。最后，公共物品的生产和维护的成本将降至几乎为零。因此，如果说德·格雷让我们摆脱死亡，德雷克斯勒则将使我们摆脱赋税。

让我们继续讨论医学。我们的身体也是由原子和分子构成的，很明显会让人想到一种新的纳米医学将从纳米技术中兴起，这种医学以原子的错误排列来解释疾病、创伤和衰老，德雷克斯勒的纳米机器人几乎可以医治任何事情。因此：摧毁病毒、细菌和癌细胞，修复任何类型的退行性疾病引起的损伤，治疗任何类型的伤害——包括那些今天会让我们陷入昏迷或者坐轮椅的伤害。所以甚至在这里也没有限制：得益于纳米计算机，可以在细胞水平上修复损伤，可以恢复青春并无限期地延长人类寿命。药物将消失，取而代之的是精确得多且无副作用的纳米机器。不仅如此，它还将彻底改变我们自史前时代以来用于治疗疾病的方法。迄今为止，我们把自己局限于在紧急情况下才采取行动，使用能够缓冲伤害的外科手术和药物治疗，把其余的留给我们的自然修复机制。与之不同，纳米医学将使我们能够以非常精确的方式在分子水平上进行修复和维护，并提前启动自然中可用的修复系统，而这种修复系统将不再是绝对必要的。我们将不必做任何事情，除了以一小块纳米机器的形式"吞下"一个医生（或者甚至是整个医院），然后静候它完成工作。鉴于纳米技术背书的分子控制水平，德雷克斯勒还设想了一种新型麻醉，他称之为"麻醉加"。它意味着完全阻断新陈代谢（没有任何维持生命所需的化学反应，但也没有任何降解的迹象，就像在死亡中一样），数分钟、数小时、数天、数年、甚至数个世纪。这种"生物停滞"（biostasis）状态可以提供给医生——人类的或者是人工的——一个非常平稳的工作系统，提供给宇航员一种在太空中航行数个世纪而不消耗资源或者感到无聊的方式。生物停滞也是一种保护患者免于死亡的出色的急救程序。它还能被视为一种比现有的更为先进的人体冷冻悬挂技术。而且，说到这一点，我们可以补充的是，是

第五章 / 纳米聚宝盆

德雷克斯勒本人建议或许可以使用纳米机器来修复冷冻悬挂患者的分子损伤，使他们起死回生——这个建议，以及他作为纳米技术专家明确引用埃丁格的事实，当然无助于令他受到最正统的科学家的欢迎。纳米技术不仅将保证永生，它们还将使我们能够修复迄今为止对生态系统造成的所有破坏，以至于我们的文明对生态的影响大大减小[14]——尽管人口注定呈指数级增长。德雷克斯勒还指出，这最后一个特征无论如何都会出现，不管有没有永生——因此用人口过剩的观点来反对纳米技术带来的永生是毫无价值的。

然后，这位美国工程师着手解决他的头号敌人，也就是促使他走上纳米之路的、由罗马俱乐部提出的关于增长的极限的论述，这在1972年导致报告《增长的极限》的产生。[15] 纳米世界代表了摆脱这种僵局的一条出路，因为它将使我们能够降低生产成本、消除浪费、最大化我们可用的原材料和能源，最终使我们能够拓展进太空，从而实现无限持续的增长。

然后还有灰色黏质。这是一种场景，在这种场景中一些纳米机器失控并开始不停地繁殖，为此吞噬它们的纳米手可以触及的所有的碳，

---

14 事实上，纳米机器能够清洁大气、水域、陆地的任何有毒物质，就空气而言，还能清洁温室气体；有了它们，你可以回收所有散落在环境中的放射性物质，并把它们永久地埋葬在地球上，或者——为什么不呢？——在月球上。

15 罗马俱乐部是一个由经济学家、科学家和企业家组成的智囊团，由意大利企业家奥雷利奥·佩切伊（Aurelio Peccei）于1968年创立。这份报告由俱乐部委托波士顿的麻省理工学院撰写，预测了我们的星球将遭受的非常负面的后果（我们也将一同遭受），如果我们的人口及其消费继续以当时的速度增长的话。这份报告由 Donella H. Meadows, Dennis L. Meadows, Jørgen Randers, and William W. Behrens III 编辑，成为一本书，也在意大利出版。参见 AA.VV., *The Limits of Growth*, Falls Church: Potomac Associates, 1972。

包括我们——这种可能性被命名为"生态吞噬"(ecophagy)。这只是一种纯理论上的可能性，因为它基于尚未存在的技术；尽管如此，德雷克斯勒试着提出一种补救措施：我们要依靠"冗余"(redundancy)概念，它在这种情况下指的是将指令的多个副本放入每一个复制器和组装机中，从而使得这些纳米机器抵抗有害的突变。

简而言之，灰色黏质除外，我们最终将创造出能够面面俱到照顾我们的纳米机器，从清洁房屋到净化家庭空气，它们会吃掉尘土，会生产新鲜食物——真正的肉、小麦、蔬菜等，有点像进取号(Enterprise)宇宙飞船上的食物生成器。再次强调：将有可能通过换能器和电磁信号在大脑之间形成神经连接，创造出心灵感应。纳米技术将使人们能够以从微不足道到令人惊讶和异乎寻常的方式改变他们的身体。有些人可能会像毛毛虫变成蝴蝶一样放弃人类的形态；而其他人可能将自己限制在实现完美的人类形态上。

《创造的引擎》继续引起热议和批评，而德雷克斯勒在明斯基的指导下，于1991年从麻省理工学院获得了分子纳米技术博士学位——有史以来首次授予这种学位。如果说德雷克斯勒的第一本书被认为令人恼火地处于现实和幻想的边界上，那么他后来以《纳米系统》(Nanosystems)[16]为书名出版的博士学位论文则获得了好得多的反响；不仅仅是化学家们——比如俄亥俄州立大学的利奥·帕奎特(Leo Paquette)、康奈尔大学的罗尔德·霍夫曼(Roald Hoffman)、哥伦比亚大学的克拉克·斯蒂尔(Clark Still)等人——发现德雷克斯勒的一些想

---

16 K. E. Drexler, *Nanosystems: Molecular Machinery, Manufacturing, and Computation*, New York: John Wiley & Sons, 1992.

第五章 / 纳米聚宝盆

法很有趣；这本书基本上是一部科学和工程学著作。也有各种批评，首先是关于实施这些系统的具体方式。比如，惠普公司的菲利普·巴特（Philip Bart）声称，在德雷克斯勒的文本中，空洞大于真材实料，而且尽管对一切都有貌似可信的论证，但是没有关于任何事情的详细说明。

然而，从1992年开始，德雷克斯勒将组装机的想法和分子制造相结合，他将分子制造定义为"通过对反应分子进行机械定位而不是单个原子的操纵，对复杂结构进行编程化的化学合成"。从分子制造衍生出"纳米工厂"，即在多个层次上组织的纳米机器系统，能够组装各个种类的物体。从尺寸的角度来看，一个纳米工厂可以轻易地放置在桌子上，正如德雷克斯勒本人在《纳米系统》中解释的那样——进行他定义为"探索性工程"的工作。在这个时刻，来自超人类主义领域的其他纳米技术专家，如拉尔夫·默克尔、J. 斯托斯·霍尔、福雷斯特·毕晓普（Forrest Bishop）、克里斯·菲尼克斯和罗伯特·弗雷塔斯，相继提出了纳米工厂的许多版本，他们也参与进来。现在的时髦术语是"机械合成"（mechanosynthesis），它指的是某个反应的结果由机械约束决定的任何化学合成，这些机械约束引导着特定分子位点中的反应分子。2000年，弗雷塔斯和默克尔启动了纳米工厂协作计划，这个计划包括23名研究人员，旨在开发一个基于对类金刚石——物理结构上类似于金刚石——进行机械合成的纳米工厂的研究项目，这个工厂可能小到可以放在一个小桌子上。[17] 所以，弗雷塔斯和默克尔还没有纳米机器，至少目前如此。

---

17 参见 http://www.molecularassembler.com/Nanofactory。

5.5 纳米-分裂。德雷克斯勒—斯莫利之争及其他

正如我们所说，对德雷克斯勒的批评是激烈的，对此最著名的争论发生在他和斯莫利之间，是在2001—2003年间发表于《科学美国人》(Scientific Americans)和《化学和工程新闻》(Chemical & Engineering News)上的一系列信函中进行的。争论的焦点是组装机的可行性，斯莫利认为，这受到一些基本的物理定律的阻碍，特别是原子对彼此的存在很敏感，它们不能被德雷克斯勒所期望的"干净"的方式操纵。尤其是，组装机需要多个手臂才能工作，这些手臂应该由多个原子组成；因此没有足够的空间容纳组装机精确控制某种反应所需要的所有手臂——斯莫利将这个难题命名为"胖手指问题"(problem of the fat fingers)。此外，手臂有时候最终会粘附在它们想要操纵的原子上，且再也不能够放开它们——这就是"黏手指问题"(problem of the sticky fingers)。

作为回应，德雷克斯勒提出了核糖体的例子，这种细胞器做的正好就是斯莫利认为不可能做的事情，即以精确的方式制造蛋白质。"胖手指"不会成为问题，因为在现实中，很多反应只需要两种试剂。"黏手指"也只会对某些反应，而不是所有反应成为问题。

斯莫利和德雷克斯勒之间随后的小冲突集中在水的问题上。斯莫利承认，酶和核糖体确实处于非常复杂的化学反应的中心，但是与它们有关的反应是由它们浸泡其中的水溶液促成的。那么酶和核糖体不能构建任何在水中化学性质不稳定的东西，因此也就不能创造出现代技术所使用的材料。事实上，想要德雷克斯勒的纳米机器成为可能，应该有像有机化学一样复杂但并不基于水的化学体系——在几个世纪的研究中，我们应该早就遇到这种化学了。德雷克斯勒的回应是，他

的想法是"增加"基于溶液的化学,首先是基于溶液的化学的组装机的自组装,然后用这些组装机来更进一步,建造更为复杂的组装机。最终,这场辩论——老实说,一直剑拔弩张——变成了一种"聋子间的对话",斯莫利声称组装机是不可能的,因为化学反应比德雷克斯勒所认为的要微妙得多,而且只有很少的反应能够满足他的需求,而德雷克斯勒则向他介绍《纳米系统》中包含的原理。除此之外,还有一项斯莫利投向德雷克斯勒的指控,那就是他试图用灰色粘质的故事来"吓唬小孩"。斯莫利的发言超出了科学辩论,带有战略性意味。当时,这位化学家——现在已故——在纳米技术方面有着颇大的财务利益;尤其是他创建了碳纳米技术公司(Carbon Nanotechnologies Inc.),这是生产纳米管的世界领先企业,且持有一百多项专利。斯莫利也是 NNI 的积极推动者;鉴于这些情况,你就会明白他为什么对纳米机器人的想法如此没有耐心。事实上,从诺贝尔化学奖的视角来看,如果德雷克斯勒的幻想可以被贴上这样的标签,那就没有理由害怕不可能存在的纳米机器,而最严肃的工作可以继续进行——得到沉默的美国纳税人的慷慨支持。

斯莫利是德雷克斯勒最激烈的批评者,但他肯定不是唯一一个。其他人中,我们会提到著名的哈佛化学家乔治·怀特塞德(George Whitesides),他的成就之一是发明了被称为软光刻的微细加工技术。在他看来,德雷克斯勒的纳米机器无法被添加燃料,而且用蛮力如何打破分子键是不确定的。对他来说,德雷克斯勒的纳米潜水艇将需要足够大才能阻止血液流动;事实上,细菌要以微米计并非巧合。在大卫·贝鲁贝(David Berube)[18]看来,几乎没有物理和化学理由可以说纳

---

18 参见 D. M. Berube, *Nano-Hype. The Truth Behind the Nanotechnology Buzz*。

米合成是不可能的，但是仍然缺失许多积极的步骤。尽管活细胞的确证明了分子制造是可以发生的，但从核糖体和酶到纳米技术分子制造的转变——至少目前——超出了化学的领域。《科学美国人》的撰稿人加里·斯蒂克斯（Gary Stix）说，为了给纳米技术一个机会，必须彻底抛弃纳米机器人和复活尸体的想法。[19]

拒绝德雷克斯勒主义的不仅有 NNI 的领导层，还有私营部门的领导，特别是在美国。克莉丝汀·彼得森是德雷克斯勒的前妻，也是前瞻学会的主席，她试图在小布什的《21 世纪纳米技术研究与开发法案》中纳入授权资助一项关于德雷克斯勒式机械合成的可行性的研究。然而，显然在当时，纳米商业联盟（NanoBusiness Alliance）——纳米技术企业家的主要协会——为了将这项提案从最终文本中删除而接近了参议员约翰·麦凯恩（John McCain）。简而言之，为分子制造的研究提供的资助可能会在缺乏公众辩论及科学动机的情况下被砍掉。[20]德雷克斯勒随后公开谴责了纳米商业联盟的前执行董事马克·莫泽莱夫斯基（Mark Modzelewski），后者否认了这些指控，但是继续对德雷克斯勒纳米技术的支持者表现出强烈的敌意——据他说，这种敌意是由于这些支持者夸张的言论。

2006 年，美国国家科学院发表了《尺寸问题》（*A Matter of Size*）：除了其他内容，这份报告研究了"分子制造"概念，也分析了《纳米系统》的内容，并得出结论说，尽管有可能对这些纳米系统的很多方面进

---

[19] Gary Stix, "Little Big Science", *Scientific American* September 16, 2001. http://www.ruf.rice.edu/~rau/phys600/stix.htm.

[20] 参见 L. Lessing, "Stamping Out Good Science", *Wired* July 7, 2004。http://www.wired/archive/12.07view, html? P=5.

行多个理论计算（例如操作速度、热力学效率等等），但是不可能得出明确的结论；报告称，我们不如转向行动，即从事实验研究。[21]

但是这里有一个小小的转折。2008 年，英国政府决定资助一项为期五年半的针对德雷克斯勒、弗雷塔斯和默克尔所钟爱的机械合成的研究。尤其是诺丁汉大学纳米科学小组的研究员菲利普·莫里亚蒂（Philip Moriarty）将使用隧道显微镜技术进行机械合成的研究。这个题为"数字物质？迈向机械化的机械合成"（Digital Matter? Towards Mechanised Mechanosynthesis）的项目由英国工程和物理科学研究委员会（UK Engineering and Physical Sciences Research Council）资助。特别是这个项目的重点在于，为使用隧道效应探针——实际上是通常的超微型显微镜——进行操作而开发新的协议，这些探针能够一次自动组装一个原子，其目的是制造出三维纳米结构。很不错吧。谁知道呢？或许现在有点运气的话，德雷克斯勒会得到他的纳米机器。

5.6 肉体和计算素

我们简要提到过"可编程物质"（programmable matter）概念，现在我们想要多说一些。如果你看过《终结者 2》（Terminator 2），你当然会记得 T-1000，施瓦辛格的对手，一个用奇怪的"液态金属"做成的机器人——这种物质使他能够呈现出任何形态和浓度。而纳米技术专家——主流的专家，但首先是更具有想象力的那些——的目标之一正是制造出类似的材料，即在分子水平上高度结构化的化合物，可以改变物理形

21　http://www.nap.edu/catalog.php?record_id=11752.

态和特性,变成我们想要的任何东西。可编程物质的历史始于1991年,当时麻省理工学院的两位学者托马索·托弗利(Tommaso Toffoli)和诺曼·马格鲁斯(Norman Margolus)假设了在分子水平操纵物质的可能性并使其能够通过特定软件按照指令修改每一种物理特性:密度、形状、弹性、光学特性,等等。然后,理论和实验研究层出不穷;试举一例,来自麻省理工学院和哈佛大学的一个团队最近所做的一项研究,由罗伯特·伍德(Robert Wood)和丹妮拉·鲁斯(Daniela Rus)指导。[22] 这些学者开发了特殊的纳米技术薄片,可以自动折叠,改变结构,并把自己变成纸船或纸飞机。这种材料由小三角形截面组成,并被"形状记忆"金属的薄带所穿过,这种金属是一种特殊的镍钛合金,当有轻微电流穿过时会改变形状。这只是一个开始,但这些学者的意图是逐渐将三角形截面微型化,直到得到可以呈现出很多不同构型的纳米结构材料。实际上,它几乎是一种表现得类似于半流体的"物质",并且有可能用它来生产很多类型的物体,从"超级瑞士军刀"——即能够变成多种工具的工具——到能够改变容量的盘子、杯子,以及更多。在他们之前,卡内基梅隆大学的研究员塞斯·戈尔德斯坦(Seth Goldstein)和托德·莫瑞(Todd Mowry)启动了一门新学科,他们将其命名为黏土电子学(claytronics)——取自黏土和电子学。"黏土电子学"的目标是开发必需的硬件和软件以便创建完全可编程的物体。最终目的:创建具有亚毫米尺寸的模块化机器人(被重新命名为"黏土原子"[claytronic atoms]或者"黏原子"[catoms]),能够以多种方式彼此连接,生成任何类型

---

[22] http://www.zdnet.com/blog/emergingtech/mit-harvard-researchers-create-programmable-self-folding-origami-sheets/2293.

的物体——自推进或非自推进。可编程物质开启了很多视角，在这方面，我们要提到最激发研究人员、科幻作家以及不用说超人类主义者的想象力的元素之一，即"计算素"，这是托弗利和马格鲁斯在90年代假设的一种理论材料。它由一种物质形式组成，其原子已经被重新排列和优化，以便充当任何类型的计算过程的理想基质。本质上，这是未来可能的一种计算技术，能够产生一种强烈且可持续的"向下"计算（基本上是优化物质并使用相同的原子），甚至是亚原子粒子——作为计算过程的元素。一切实质上都是关于排列原子和亚原子粒子以提供尽可能多的计算。每一个原子都被赋予一个逻辑值——例如，"是"和"否"，就像二进制代码的情形，但可以选择更复杂值的系统——并被用于计算。没有原子被浪费。如果在或远或近的将来，计算素成为现实，那么这将导致传统计算机被一种真正的"智能物质"形式所取代。事实上，在超人类主义者的意图中，这种物质经过充分编程，可以被用来建造任何东西，因此我们处理的所有物体在某种意义上都会被赋予生命。但这还没有完结：由于许多超人类主义者的目标之一是把心智上传至非生物支持物，他们中的一些人已经在考虑合成一个由计算素构成的美丽的后人类身体的可能性，这将使得他们成为原子水平的智能实体，且拥有比我们传统人类多得多的技能，同时仍然只是血肉之躯。

现在，也许你会想："够了，对吗？成为计算素之后，这些超人类主义者终于会满意了吧。"但并非如此。我们的英雄并不满足于在分子和原子水平上控制物质，他们已经决定更进一步。还有什么比纳米技术更进一步呢？更确切地说，是往下更进一步。是时候来认识"皮米技术"（picotechnology）和"飞米技术"（femtotechnology）了。第一个是在皮米的水平上工作——1皮米是1纳米的千分之一——涉及对原子物质的操纵；它意味着通过操纵电子的能级来改变单个原子的结构和化学性质。这类现象在自然界和实验室都有发生——但是显然目前的结果与超人类主义者的期待相差甚远。皮米技术的想法不应该那么遥不可及，因为美国和印度的一组研究人员已经在《自然》杂志上发表了一篇专文[23]，探索其潜力。

再往下，正如我们所说，还有飞米技术——1飞米相当于1米的千万亿分之一；实际上，我们将处于亚原子粒子的水平。例如，可以想象（尽管这是科幻小说）由"分子"组成的自我复制的有机体，这些"分子"由质子和中子构成，而不是整个的原子——它们是一些理论家认为在某些条件下可能存在的物理实体。在这方面，天体物理学家弗兰克·德雷克（Frank Drake）热衷于这样的假设，即由这些"分子"构成的生物存在于超密度中子星的表面，并因此具有一些特征使得在理论上允许这种实体的存在。[24] 正如你所见，这些现象如果可能，需要极端压力和重力的环境，与我们的日常条件相去甚远。超人类主义者总是渴望找到新的限制去克服，他们已经深思熟虑过搭上飞米技术的潮流。因此，在2011年，雨果·德·加里斯（Hugo de Garis）发表了一篇题为《在物理学中寻找可能作为飞米尺度技术基础的现象》（"Searching for Phenomena in Physics that May Serve as Bases for a Femtometer Scale Technology"）[25] 的文章，正是专门探讨这个主题。在德雷克试图在概念

---

23 R. Sharma, A. Sharma, and C. J. Chen, *Emerging Trends of Nanotechnology towards Picotechnology: Energy and Biomolecules*. http://precedings.nature.com/documents/4525/version/1.

24 F. D. Drake, "Life on a Neutron Star", *Astronomy* December 1973, p. 5.

25 H. de Garis, "Searching for Phenomena in Physics that May Serve as Bases for a Femtometer Scale Technology". http://hplusmagazine.com/2011/01/10/searching-phenomena-physics-may-serve-bases-femtometer-scale-technology/.

第五章 / 纳米聚宝盆

上以超精确的方式处理原子之后，德·加里斯也以同样的方式处理粒子，试图让它们组装成稳定的构型——当然不是原子。德·加里斯显然不讳言他的尝试是高度推测性的、业余的，并且可能是错误的。他的目标本质上是找到使飞米技术成为可能的漏洞。在这方面，这位超人类主义者在20世纪90年代末谈论过这个问题，包括与默里·盖尔曼（Murray Gell-Mann）——夸克的发现者——对谈。尽管后者不知道如何回答德·加里斯的问题，但他告诉德·加里斯，他一度考虑过一种特定粒子，即K介子可能的工业应用。然而，现在的问题是：我们应该用飞米技术做什么呢？根据德·加里斯，它们的性能将比纳米技术高一万亿倍；一个由质子、中子或者"飞米技术化"的夸克组成的有组织的"块"将比由纳米技术制成的类似原子的密度大得多，因此其内部处理的速度将快一百万倍。谁知道呢，也许其中一个应用会是一枚漂亮的飞米炸弹，比现有的炸弹威力大得多，能够摧毁整个国家。或者你可以得到一个飞米能量源，比核能的效率高得多。又或者，一个配备有飞米级开关的人工智能，因此能够设计出比我们现在能够想到的好得多的新的飞米结构。什么物理现象会使得这种技术成为可能呢？在这里，德·加里斯尽情想象：我们可以使用迷你黑洞，或者中子星的表面，或者在飞米尺度上建造一颗中子星——核分子，诸如此类（我们可以参考他的文章得到一个完整列表）。然而，德·加里斯这时候变得一发而不可收拾。如果人们能够想象飞米技术（10^{-15}m），为什么不谈一谈阿托米技术（10^{-18}m）、仄普托米技术（10^{-21}m），或者一直往下直到普朗克米技术[26]（10^{-35}m）呢？如果这些技术是可能的（尽管我们要重申，

---

26 根据当代物理学，普朗克长度是最小的物理距离，低于这个距离，维度的概念就失去其意义。

对于德·加里斯本人来说，这只是一个推测性的游戏），那么人们可以想象位于基本粒子内部的整个文明，它们之间或许使用量子力学的法则彼此交流——这将使得信号真正意义上被瞬时传递。

本·戈策尔不满足于他的同事兼朋友的工作，他发表了一篇文章来补足它（也是在 2011 年），文章取了个很具表达力的标题《底部还有更多空间：超越纳米技术到飞米技术》（"There's Plenty More Room at the Bottom: Beyond Nanotech to Femtotech"）[27]。戈策尔的出发点是在物理学中所谓的"简并物质"（degenerate matter），一种密度极高的物质。我们不拟详细介绍；只需记住这种物质——在中子星和白矮星等天体上被发现——有着奇怪的特性，而戈策尔想要用它来实现他的飞米技术。这位超人类主义者承认，唯一的问题是，没有办法知道简并物质是否能在像地球这样的低重力环境中保持稳定状态。

在这一点上，这位作者参考了亚历山大·A. 博隆金（Alexander A. Bolonkin）的工作，后者是一位移居美国的俄罗斯物理学家，他在一篇题为《飞米技术：具有奇异特性的核物质》（"Femtotechnology: Nuclear Matter with Fantastic Properties"）[28]的论文中，设想了一种被他称为"AB-物质"（AB-Matter）的物质，这种物质应该拥有和简并物质相同的特征，同时又能够在类似地球的重力条件下保持稳定。博隆金接着补充（这在我们看来只是纯粹的智力游戏），他的 AB-物质将具有非凡的特性——

---

[27] B. Goertzel, "There's Plenty More Room at the Bottom: Beyond Nanotech to Femtotech". http://hplusmagazine.com/2011/01/10/theres-plenty-more-room-bottom-beyond-nanotech-femtotech/.

[28] A. A. Bolonkin, "Femtotechnology: Nuclear Matter with Fantastic Properties", 2009. http://nextbigfuture.com/2011/10/femtotechnology-ab-needles-fantastic.html. 另外还有：A. A. Bolonkin, "Femtotechnology: Design of the Strongest AB-Matter for Aerospace". http://vixra.org/pdf/1111.0064v1.pdf.

硬度和抗性比普通物质高出百万倍，超级透明，无摩擦，等等。这位物理学家还提出了用他的AB-物质来设计飞机、船舶和各种车辆，受益于这种物质，它们将拥有不可思议的能力——隐形、像幽灵一样穿透墙壁和障碍物的能力，以及保护自己免受原子爆炸和辐射流的破坏。

同样在2011年，戈尔策和默里·盖尔曼进行了交流，后者显然告诉他自己从未认真考虑过飞米技术，但是研究这个想法似乎是合理的。简而言之，是一种"也许"。至于雷·库兹韦尔——一如既往的超级乐观主义者——则预估飞米技术将在22世纪实现。[29]在等待这些进展的同时，我们不妨回到我们最令人目眩的纳米世界。

5.7 弗雷塔斯博士惊人的生物医学纳米机器

小罗伯特·A.弗雷塔斯是位于帕洛阿尔托的分子制造研究所（Institute for Molecular Manufacturing）的研究员，这个研究所是与超人类主义相关的基金会之一。他无疑是超人类主义纳米技术的一根支柱。作为物理学和心理学的毕业生，他于1980年参与了为美国宇航局进行的对假设性自我复制太空工厂的可行性分析。弗雷斯塔仍在致力于他的巨著《纳米医学》（Nanomedicine），这是对德雷克斯勒式纳米技术可能的医学应用的全方位讨论。目前，该书第一卷和第二卷已经出版，均可在线免费获取。[30]2010年，弗雷塔斯申请并获得了与机械合成相关

29　http://www.edge.org/documents/archive/edge107.html.

30　R. A. Frietas Jr., *Nanomedicine. Volume I: Basic Capabilities*, Austin: Landes Bioscience, 1999; R. A. Frietas Jr., *Nanomedicine, Vol. IIA: Biocompatibility*, Austin: Landes Bioscience, 2003. 参见http://www.nanomedicine.com。

的第一项专利。除此之外,他还撰写了大量关于各种主题的论文;在其中一些论文里,他分析了一些具有医疗和生物技术目的的非常专门的假设性纳米机器的技术细节——或者,毋宁说是纳米技术专家必须尊重的限制条件。让我们来看一看吧。

我们先从凝结细胞(clottocytes)开始,即机械人工血小板;在实践中是专门负责弥合伤口和止血的纳米机器人。[31]血小板或者血栓细胞是直径约2微米、大致呈球形或者类球形的血细胞,无细胞核。它们的寿命为5至9天,基本任务为阻止血液从血管中流出。实际上,当我们受伤时,血小板会赶到创伤部位,变得具有黏性,聚集起来,开始一连串特定的化学反应并封闭伤口。一个健康的成年人平均每微升[32]血液中有15万至45万个血小板。根据弗雷斯塔的项目,他的凝结细胞的行动速度应该比血小板快100至1000倍,能够在大约一秒钟内闭合伤口。从数字上看,凝结细胞的效率可能是血小板的1万倍,因此这些纳米机器所需的体积浓度将是血小板的0.01%。凝结细胞也对某些药物——如阿司匹林——施加给其生物对应物的副作用免疫;它们也不受血液中发生的化学波动的影响。它们由通常的纳米计算机驱动,使用从血液中获取的氧气和葡萄糖作为能量来源。

现在让我们转向微生物吞食者(microbiovores)。从名字你就可以猜到,这些纳米机器处理的是清除血液中发现的各种病原体。[33]微生物吞

---

31 R. A. Freitas Jr., "Clottocytes: Artificial Mechanical Platelets", *Foresight Update* 2000, No. 41, 30, pp. 9–11. 参见 http://www.imm.org/Reports/Rep018.html。

32 千分之一毫升。

33 R. A. Freitas Jr., *Microbivores: Artificial Mechanical Phagocytes Using the Digest and Discharge Protocol*, 2001. 参见 http://www.rfreitas.com/Nano/Microbivores.htm。http://www.zyvex.com/Publications/papers/Microbivores.html。

第五章 / 纳米聚宝盆

食者为长 3.4 微米、宽 2 微米的类球体,由 6100 亿个精确排列的原子组成,体积为 12.1 立方微米。微生物捕食者以类似于吞噬细胞的形式建造,通过适宜的酶甚至是人造酶来吞噬和分解病原体;这些生物医学纳米机器人比它们的生物对应物要快 1000 倍,其效率比巨噬细胞高 80 倍。事实上,我们与之打交道的不是单一类型的纳米机器人,而是整个种类的纳米机器,其中我们能想象出不同类型。弗雷塔斯的研究只是想要显示,搭载上微生物吞食者,有足够的空间容纳其工作所需的所有系统。

呼吸细胞(respirocytes)是红细胞的纳米技术版,而且——还有什么疑问吗?——它们远远胜过原版。[34] 这些纳米机器人是由金刚石材料制成的振幅为 1 微米的球体,能够运输并注入组织的氧气量是红细胞的 236 倍。每个呼吸细胞由 180 亿个原子组成,可以包含 90 亿个分子。呼吸细胞可以被用作血液的通用替代品(用于紧急输血),而且鉴于它们完全人造的性质,它们不造成病毒和细菌污染的风险。它们可以被用来治疗任何类型的贫血,以及许多胎儿病理状况,例如胎盘脱落导致的子宫内窒息等等。这些想象中的纳米机器人最终能够被用于以各种形式与呼吸相关的任何类型的医疗状况,从哮喘到某些类型的蛇咬伤。这种呼吸系统还能够使得在缺氧环境下呼吸或者万一无法呼吸的情况下存活成为可能——例如溺水、勒死、暴露于神经毒气、麻醉剂和巴比妥类药物过量、被困在狭小空间、窒息以及呼吸道被食物或者其他物体

---

34 R. A. Frietas Jr., "Exploratory Design in Medical Nanotechnology: A Mechanical Artificial Red Cell", *Artificial Cells, Blood Substitutes, and Immobil. Biotech* 1998, No. 26, pp. 411-430. http://www.foresight.org/Nanomedicine/Respirocytes.html. 另外还有:R. A. Frietas Jr., "Respirocytes: High Performance Artificial Nanotechnology Red Blood Cells", *NanoTechnology Magazine* 1996, No. 2, pp. 8-13。

阻塞。简而言之，通过注射足够数量的呼吸细胞，你可以在水下度过很长时间（或者在太空中，前提是你有宇航服），无须呼吸，也无须面临重新露面时与过快减压相关的典型风险。在增强方面，显然呼吸细胞将为运动员提供无与伦比的组织氧合，使得他们能够打破所有记录。

然而，我们最爱的纳米机器是"染色体细胞"（chromallocytes），这是由大约4万亿个原子组成的菱形纳米机器人。它们的任务是充当进行基因治疗操作的载体，只是其精确度和可控制程度远高于今天可以达到的。染色体细胞尤其应该被用于染色体的替换：染色体细胞穿透细胞壁，航行至细胞核，去除染色质（即基因物质），然后使用一种纳米长鼻，用实验室合成的染色体替换它。染色体细胞厚4微米，长5微米。多亏了这些纳米机器，治愈与染色体或者基因缺陷有关的大量病症将成为可能——显然，完整的治疗将需要数万亿个染色体细胞的同时干预。如果科学研究清楚地将衰老与细胞核中遗传错误的积累联系起来，这些设备可能代表着每一个长寿主义者的梦想。[35]

最后但并非最不重要的是，现在该轮到弗雷塔斯提出的迄今最为复杂的设备了：血管样机器（vasculoid）。这是与纳米技术专家克里斯托弗·J.菲尼克斯（Christopher J. Phoenix）共同设计的一种独特的宏观纳米技术机器人系统，能够执行血液的所有功能。由500万亿个纳米机器人组成，它们重达两公斤，适合人体所有器官的形状。它最初作为机器人-血液（robo-blood）由菲尼克斯提出，基本上能完全替代血液。这是一个表面上看起来牵强的想法（毕竟，就像我们目前为止讨论

---

35 R. A. Freitas Jr., "The Ideal Gene Vector Delivery: Chromallocytes, Cell Repair Nanorobots for Chromosome Replacement Therapy", *Journal of Evolution and Technology* 2007, Vol. 16, No. 1, pp. 1–97. http://jetpress.org/volume16/freitas.html.

的所有想法一样），但是我们想推荐你阅读弗雷塔斯和菲尼克斯那篇又长又有趣的论文以了解详细信息。[36] 具体说来，血管样机器是无数纳米机器的集合，它们彼此密切接触，覆盖了我们血管的整个内表面。该系统使用纤毛网——在特殊的纳米罐中——传输通常携带血液、血细胞、干细胞、营养物质、激素等的所有物质。其优势是：从血液中清除所有种类的病原体和转移中的癌细胞；促进淋巴细胞的活动，从而促进我们的免疫防御；清除所有心血管疾病；降低对各种有毒物质以及过敏原的敏感性；更快运输代谢的副产物，延长持久性和抗性；直接控制所有个体激素和神经化学反应；对小型和大型创伤的部分保护，例如虫咬、子弹和碎片，以及从高处坠落；还有极端的抗出血能力。显然，两位作者还提出一些与血管样机器的安装程序相关的场景，然而这些程序应该从对患者完全放血开始——在适当镇静的情况下。

5.8 雾城无事

在纳米技术专家的所有思考中，我们最喜欢的无疑是"实用雾"（Utility Fog），这是纳米技术专家约翰·斯托斯·霍尔构想的一个有趣的工程幻想。[37] 它关于一组假设的微型机器人，可以关联并复制任何种

36　R. A. Freitas Jr. and C. J. Phoenix, "Vasculoid: A Personal Nanomedical Appliance to Replace Human Blood", 1996. http://www.transhumanist.com/volume11/vasculoid.html.

37　参见 J. S. Hall, "Utility Fog: The Stuff that Dreams Are Made of". http://www.kurzweilai.net/utility-fog-the-stuff-that-dreams-are-made-of. J. S. Hall, "What I Want to Be When I Grow Up, Is a Cloud". http://www.kurzweilai.net/what-i-want-to-be-when-i-grow-up-is-a-cloud. J. S. Hall, "On Certain Aspects of Utility Fog". http://www.pivot.net/~jpierce/aspects_of_ufog.htm.

类的物理结构。换言之，它们代表着经典的纳米机器和可自配置模块机器人——即目前正在开发的由能够呈现不同形式的模块组成的机器人——相遇的结果。从视觉角度来看，我们的实用雾看上去像是一种"魔力烟雾"，最初霍尔将其构想为替代汽车安全带的纳米技术。我们所讨论的机器人——重命名为"小雾"（foglets）——是手臂向各个方向延伸的结构，手臂上带有钩子使得它们能够彼此机械连接，传输和共享信息与能量，行动起来像是它们组成了一种具有可随意修改的机械和光学特性的连续的物质。更具体地说，每一个小雾由一个铝外骨骼构成，每一个手臂都有一个用于伸展和缩回以及打开和关闭"手"的发动机，即一个有三根手指的六边形结构。基本上，这完全是一场小雾的游戏，它的手臂以非常快的速度伸展和缩回，相互钩住和松开。每一个小雾都配备了一定级别的计算能力，且能够与它的邻居沟通。在实践中，这些机器人通常在空中，散落在我们周围，隐身，它们的手臂松开，允许空气在它们之间流通。如果发生碰撞，手臂会啮合并锁定在当前位置，就好像乘客周边的空气瞬间凝固一样。冲击力分布在乘客身体的整个表面。小雾不仅占据我们周围空间的一小部分，而且它们的雾气非常细腻以至于能够进入我们的肺部，清除其中任何有毒物质。我们出于方便使用了"纳米机器"一词，实际上由于实用雾由微型机器构成，在霍尔的构想中，它们的尺寸不应该大于100微米。每一个小雾呈十二面体的形状，有十二个手臂向外延伸。如果我们必须给出一个更为技术性的定义，我们可以说实用雾是"一种多态活性材料，由通过纳米技术创建且配备了电子微型发动机以及计算能力的100微米大小的机器人细胞聚集而成"。小雾的中心体呈球形，直径为10微米。手臂直径为5微米，长度为50微米。每个小雾的重量大约为20

第五章 / 纳米聚宝盆

微克,包含大约 5000 万亿个原子。其运动精确到 1 微米量级;其手臂没有关节,但它们是可伸缩的。小雾和纳米机器的区别不只在于大小;与后者不同,前者不能进行自我复制。除了安全带的功能,高科技雾有望彻底改变我们的日常生活。对于起步者来说:与其一次一件地建造任何物体,不如用小雾来建造它,然后根据自己的喜好来改变它,这样岂不是更好吗?因此,例如,一件某种风格的家具可以转变为另一种风格的家具,依此类推,这取决于我们放入纳米计算机网络中的驱动小雾的程序。此外,由于每一个小雾都有一个可以操纵光学特性和折射的天线手臂,因此薄薄一层小雾可以被用来创建一个稳定的或临时的电视屏幕。覆盖着小雾的墙壁可以每天改变颜色,地板的装饰可以随意改变。关于后者,它永远不会弄脏(多亏了小雾,再也不用洗地板了),而且它可以改变给我们的触觉感受——有时候变得粗糙,有时候变得柔软。简而言之,我们可以用一点实用雾来填充我们未来的房子,并用它来使得任何物品或者家具在我们需要的时候从墙壁或者地板中冒出来(基本上通过小雾的"凝结"),然后在我们不再需要的时候消失。更妙的是:我们想要拜访一位朋友吗?我们各自的房子可以"同步",呈现出同样的外观;然后我们朋友房子的小雾复制品出现在我们的房子里,我们房子的小雾复制品出现在他的房子里。我们周围的"魔力烟雾"记录着我们的行为,而我们在家中的副本复制它们,反之亦然。而且我们也不应当低估实用雾的保护潜力:根据霍尔的说法,其潜力是巨大的,以至于一个适当充满实用雾的房子可以保护它的居住者免受物理影响,例如在百分之九十五受影响区域内的核武器爆燃。除此之外,小雾还可以清除细菌、花粉、螨虫等。一个充满这种魔雾的房子将防止任何家庭事故;事实上,所有的家务都能被实用雾本身完成，消除割伤以及从楼梯上意外坠落、滑倒等危险。甚至连容易发生在儿童身上的事故也能被预防，以及那些由物体掉落在他们身上，或者触电和家庭污染导致的事故。如果我们干脆建造一个由小雾制成的真正的雾屋，那么它能够自我修复，根据我们的意愿改变外观，利用太阳能自给自足，并将我们与酷暑严寒隔绝开来。

如果你有一辆配有小雾的汽车，你可以每天变换车型；而且你可以将驾驶舱填满小雾，这些小雾被程序化为表现得——从你的感知角度来看——像空气，所以你看不见也感觉不到它们，从而确保拥有一个保护你身体每一寸的全面的"安全带"。霍尔认为，有了这样一个系统，你可以在时速100英里的情况下撞车，甚至连头发都不会乱。现在，想象一条覆盖着小雾的道路，它们互相交谈，协调并预防事故。事实上，我们可以用小雾做任何事：在这个例子中，我们的汽车将不再是一组特定的纳米机器人，而是一种在小雾的流动/道路中移动的模式，就像是运送我们的波浪，有点像电子游戏中发生的情况——其中汽车是通过屏幕的固定像素移动的图像。实际上，这辆车也可以完全透明，类似于空气，这样你和你的乘客似乎真的是在没有任何支撑的情况下飞行。

除此之外，霍尔的发明可以为"远程呈现"和"远程工作"概念赋予新的含义。例如，我们的个人小雾云可以收集我们手部动作的数据，将它们传输至另一个非常远的云，后者将实时复制它们。不仅如此，我们的云可以充当真正的"隐形铠甲"，从而保证我们无懈可击：多亏了它，我们可以和鳄鱼搏斗，增强我们的动作并使我们保护自己免受动物撕咬。足够数量的实用雾可以被用来模拟任何宏观物体的物理特性，包括空气和水，以至于和原版没有差别——当然，这只是从光学

第五章 / 纳米聚宝盆

角度来看。因此，如果我们置身于一个超级云中，我们可以突然创造或者拆解物体，使它们悬浮，使我们自己悬浮，展示超强的力量，改变我们的外部形态使其类似于老虎、犀牛或者恐龙。要做到这一点，我们显然需要一个可操作系统，它带有包含我们所需物体形态的档案。借助于个人实用雾，我们可以真的将我们的财产和个人物品"储存"在一个类似于 CD 的设备上，根据需要"提取"和"激活"。或许我们甚至可以给自己配备一个遥控设备，如果我们真的想要，我们还可以赋予它经典的魔杖的形状。简而言之，实用雾将给予我们类似于 1956 年的电影《禁忌星球》(*Forbidden Planet*)中克雷尔人(Krell)的力量，这种外星人拥有一种技术，能够把它们的愿望实质化。在这里，也不乏问题，为了避免这些问题，创造这种魔雾的纳米技术专家必须对其进行编程，以便使它只服从完全有意识的命令，而不是那些来自潜意识的命令，就好像克雷尔人的愿望机器一样——而且也不响应暧昧不明或者模棱两可的命令。有了小雾，我们将能够把"个人空间"的心理学概念物理化，建立一条规则，根据规则，距给定人物一定距离内的所有小雾都处于其独家控制之下，而且每个个人空间只有在相互同意的情况下才能合并。这能够防止任何种类的暴力犯罪，而我们的乌托邦雾城将比现代大都市平静得多。那种通过身体行为实施的盗窃——无论灵巧与否——将是不可能的，不过黑客攻击和欺诈仍然是可能的。而且，无论如何，偷窃任何用小雾制成的物品没有任何意义。

除了形成感官和个体肌肉的延伸，并使我们刀枪不入外，实用雾还能够作为整个社会的基础设施来服务。雾城没有永久的建筑物、柏油马路、汽车、巴士、卡车。它可以看起来像一个公园、一片森林；它可以一天变得像是古代雅典，第二天又像是哥谭市(Gotham City)。

小雾可以被大量生产并占据地球的整个大气层，取代人类生活所需的每一种物理工具。通过协同努力，小雾将"魔法般地"把物品和人带到任何地方；由小雾组成的"虚拟"建筑可以在需要时被很快建造和拆除，从而实现用农场和花园代替城市和街道。

作为好的超人类主义者，如果我们决定把心智转移到计算机中，那么我们也可以用小雾制造新的身体，能够在任何地球环境或者外太空中运行——不包括太阳和某些极端环境。在虚拟环境中，我们可以是任何东西、任何动物、一棵树、一个水坑、墙上的一层油漆——这在现实世界中也将是可能的，如果我们的身体是实用雾制成的。

这些小雾并非无所不能，霍尔也告诉了我们它们将不能做什么——例如，它们将不能进行的活动包括对物质的化学操纵。它们可以模拟火焰，但不能产生高温。它们可以像我们一样准备食物，但它们不能模拟食物——吃用小雾制成的食物就像吃沙子一样。

那么，实用雾怎么样呢？我们坚持我们在开头所说的：这是一个有趣的工程幻想；对此我们补充说，它看上去似乎比德雷克斯勒的组装机的问题更少，如果仅仅是因为它是在微米的维度上操作的话。它会被实现，从而保证我们拥有超能力吗？不可能这么说；但是别担心，因为在超人类主义的圈子之外，在更为广阔的军事研究的世界，已经有人在尝试获得超能力。说真的。

第六章

新肉身的崛起

6.1 超越人类

快过光，能够飞，几乎刀枪不入，超人是一长串角色的鼻祖，这些角色不仅因为多少有些花哨的服装和隐秘身份而卓尔不群，也因为他们——首要地——拥有庞大系列各种各样的能力。除了一些局外人，比如蝙蝠侠和钢铁侠，大部分超级英雄与我们普通凡人的不同之处在于，他们拥有由非凡事件造成的内在能力，使得他们能够执行不管多么有天赋的人类都难以办到的行动。因此，绿巨人浩克拥有真正骇人的力量，他可以跳过大气层并在水下屏住呼吸数小时；蝙蝠侠自然而然可以附着在垂直的墙壁上，并且有一种"蜘蛛感"为他警示危险；霹雳火能够发出火焰并达到新星的温度；而这些只是几十年来一直出没于漫画、电影、视频游戏和电视系列节目中的众多超级英雄中的一部分。简而言之，我们现在习惯于听说关于超能力的事情。如果很多人预计，得益于不远的将来的科学，这些能力注定会变为现实，那我们没有理由对此感到惊讶；以至于那些显然缺乏耐心的人，已经决定着手获取这些力量。"人类增强"（human enhancement）概念——非常超人类主义，但现在已经迅速传播至这个背景之外——就是这样诞生的。这个相当中性的术语隐藏着成为后人类这一"人性的、太人性的"野心。

那么，在超人类主义的圈子里总是听到的人类增强是什么呢？这些人还想要什么？永生对于他们来说足够了吗？显然不够；而且另一方面，我们怎么能责怪他们呢？永恒需要很长时间才能度过，那么对我们的本质进行一些或多或少彻底的修改当然是必要的。因此，人类增强本质上指的是一长串程序，有些绝对是未来主义的，或者也许是不可能的，另一些则即将到来，旨在以一种或多或少永久的方式克服我们当前的身体和精神限制。更具体地说，这些增强技术应当建基于基因工程、纳米技术、机器人技术、人工智能和神经技术，所有这些学科领域都应当很快聚集到我们身上，使我们成为超越人类的存在。

取决于你所处的社会背景，"人类增强"一词可以等同于人类的基因改良、人机融合、或多或少复杂的假体、对促智药的使用和滥用或者纯粹只是嗑药。尼克·博斯特罗姆认为，人类增强是一件非常古老的事情，因为它从炼金术士[1]那会儿就开始了——他们想要获得长生不老药和点金石，点金石不仅应该能够将铅变成黄金，还应该能够改变人，让疲惫不堪的世界重新恢复纯真和幸福。根据牛津大学伦理学者、博斯特罗姆的同事朱利安·萨武列斯库（Julian Savulescu）的说法，增强是"一个人生物或心理上的任何改变，使其正常的物种特异性功能增加到超越统计学定义的一定水平"[2]。换句话说，如果你做到了其他人

---

[1] P. Moore, *Enhancing Me. The Hope and the Hype of Human Enhancement*, Chichester: John Wiley & Sons, 2008, p. 15.

[2] Ibid., p. xi.

第六章 / 新肉身的崛起

类不可能做到的事情,那么你就被增强了。

无论你想怎么定义它,加强我们的身体和精神能力对于我们这个物种来说肯定不是什么新鲜事,而且事实上在某些领域——比如运动,还有军事技术——这是一种常见的做法。更宽泛地说,这个标签可以被用来定义目前的生殖技术——例如通过体外受精获得的胚胎的诊断和植入前选择,这种做法引起了很多争议;身体的增强和改进——从整容到兴奋剂,从假体到外骨骼,从心脏起搏器到各种正在研究的人工器官;以及精神的增强——从促智药到或多或少带有侵入性的神经刺激系统。提到后人类主义者罗贝托·马尔切西尼(Roberto Marchesini)的观点,我们还可以说人类是一种以与非人类混合为特征的物种,这些混合包括使用计算机、戴眼镜或者助听器,甚至连制定一个必做事项日程表都是一种赋能的形式,人类从它来到世界的那一刻就试图克服自己。

避免在这些分类上盘桓太久,我们想要探讨最新的技术,这些技术在解剖学和(我们想要说)本体论的意义上也是令我们感到最具侵入性的——也就是说,那些本质上与人性的保持和改变相关的技术。如果你坚持要求我们给出一个定义,我们会说——套用美国法官波特·斯图尔特(Potter Stewart)的著名宣言——人类增强就像色情作品:当你看到它,你就能认出它。

可以想象,这是一个有争议的话题,特别是因为它可以与——超人类主义的批评者确实是这么做的——优生学以及由于纳粹国家社会主义而使其遭受的严重偏离联系在一起。正因为这个原因,除了思考人类增强的性质(它是否能够实现?它将由什么组成?它将何时到来?），超人类主义者长期以来一直在思考所有这些的伦理意味。[3]但是，我们在这里感兴趣的是这个问题的科学方面。换句话说，我们想要了解我们在人类增强方面已经做了什么，我们在不久的将来可以做什么，尤其是超人类主义者想要往何处去。

6.2 基因兴奋剂、促智药和其他便利设施

因此，让我们首先看一下人类增强方面的"最新发展"。我们从"促智药"开始吧。它也被称为聪明药，是一组非常多样的物质（药物、补充剂、草药等），其目的是增强认知技能、记忆力、注意力和对精神疲劳的抵抗力。由罗马尼亚学者科内利乌·E.朱尔吉亚（Corneliu E. Giurgea）[4]首次这样命名，促智药（nootropics）——来自希腊语 nous，意为"心智"，以及 trepein，意为"转向"——近几十年来已经取得了很大进展，至少在某些圈子，例如一般学生和学者的圈子，被普遍使用。在超人类主义者中也是如此；别忘了超人类主义者被视为怀有异端思想的人，他们通常不会放过利用前沿科学研究能提供的最好的东西来进行自我改善的可能性。再加上他们有一种对新事物做实验的内在倾向，甚至尤其是在他们自己身上进行。促智药的选择——合法的或者稍微没那么合法的——与它们的作用机制一样多样：除了像咖啡因和

---

[3] J. Savulescu and N. Bostrom (eds.), *Human Enhancement*, New York: Oxford University Press, 2011. 另外还有：J. Hughes, *Citizen Cyborg: Why Democratic Societies Must Respond to the Redesigned Human of the Future*, Boulder: Westview Press, 2004。

[4] C. E. Giurgea, "Vers une pharmacologie de l'active integrative du cerveau: Tentative du concept nootrope en psychopharmacologie", *Actual Pharmacol* 1972, No. 25, pp. 115–156.

第六章 / 新肉身的崛起

尼古丁这样的"卖座大片",我们还有例如像阿德拉(Adderall)和其他安非他命类药物这样的兴奋剂;莫达非尼(Modafinil),一种用于发作性嗜睡病的药物,它甚至能够在不受这种疾患影响的人身上激发高度清醒;利他林(Ritalin),用于注意力缺陷和多动症(ADHD),应该能够增强注意力;吡拉西坦(piracetam),用于治疗阿尔兹海默症以及更多。简单说来,这些药是为了使人更好、更清晰以及或许更快地思考。不过,请记住一个事实:这些药特别影响患有某些疾病的人,而这一点可能表明存在一种认知的"玻璃天花板",这是一种以不可逾越的方式限制我们的能力的生物屋顶,而且我们逾越它的渴望可能导致我们求助于并不会很快出现的干预方式;尽管如此,事实仍然是,同样是这些神经学家多年来一直在谈论使用专门治疗失智症的药物来增强记忆力的可能性。[5] 除了促智药,药理学还为我们提供了另一类的"加强"药物:抗抑郁药。精神科医生彼得·克拉默(Peter Kramer)[6]创造了术语"美容精神药理学"(cosmetic psychopharmacology),指的是使用抗抑郁药,尤其是百忧解(Prozac),来改变个性特征,使害羞的人更加自信,强迫症患者更加放松,使不合群的人更加怡然自得。这就是所谓的"抗抑郁药的美容用途",适用于那些想要这种药,但是尚未诊断为临床抑郁症且没有罹患其他精神问题的患者;此外,我们早就知道音乐家和

164

---

[5] D. Cardenas, "Cognition-enhancing Drugs", *Journal of Head Trauma Rehabilitation* 1993, Vol. 8 (4), pp. 112−114.

[6] P. D. Kramer, *Listening to Prozac. A Psychiatrist Explores Antidepressant Drugs and the Remaking of the Self*, New York: Penguin Books, 1993. 另外还有: D. J. Rothman, "Shiny, Happy People: The Problem with 'Cosmetic Psychopharmacology'", *New Republic* 1994, No. 210 (7), pp. 34−38.

表演者经常使用普萘洛尔（propranolol）来减轻焦虑。[7] 诚然，哲学家和遗传学家从 20 世纪 80 年代起就已经对使用基因疗法增强人类的精神能力的可能性进行了推测[8]，但是这并不意味着药理学已经赶上了这些想法；然而，未来可能会给我们带来其他惊喜。例如 U0126 就是这种情况，这是一种还在研究中的药物，似乎能够选择性地消除特定的记忆。几年前，著名的神经科学家约瑟夫·勒杜（Joseph LeDoux）和他在纽约大学的团队成功地从一群大鼠的大脑中删除了与可怕事件相关的特定记忆。[9] 因此，未来不能排除这种可能性，即药理学将使我们能够精确控制我们的记忆，这是一个既令人神往又令人不安的前景。

至于我们身体潜力的增加，有经典的兴奋剂。这方面已经是老生常谈，不值得赘述。真正的新闻，如果可以称之为新闻的话，是所谓"基因兴奋剂"，即通过基因疗法增强职业运动员的身体技能的能力。体育界当然对此有兴趣[10]，不过基因兴奋剂是否可能还没有那么确定。例如，几年前有叶诗文的案例。这位当时 16 岁的中国运动员在 2012 年伦敦奥运会上获得两枚游泳金牌，身处涉及基因兴奋剂的争议的中

7　J. Slomka, "Playing with Propranolol", *Hastings Center Report* 1992, No. 22 (4), pp. 13–17.

8　J. Glover, *What Sort of People Should There Be? Genetic Engineering, Brain Control, and Their Impact on Our Future World*, New York: Penguin Books, 1984.

9　K. Smith, "Wipe Out to Single Memory". http://www.nature.com/news/2007/070305/full/news070305-17.html.

10　关于这一点，宾夕法尼亚大学医学院的研究员 H. 李·斯威尼（H. Lee Sweeney）的案例很有说服力。他在 20 世纪 90 年代后期插入了一种刺激 IGF1 的基因，这是一种具有合成代谢特性的生长因子，能够增加豚鼠的肌肉质量，有时候增幅能高达 30%。斯威尼表示，他在结果发表后不到一周就接到来自两名教练以及多所高中运动队的电话，迫切地想知道有没有办法让他们的运动员接受这种疗法。参见 http://legacy.jyi.org/volumes/volume11/issue6/features/iyer.php。

第六章 / 新肉身的崛起

心。这位中国运动员确实在那些天里极大地提高了个人成绩，以至于世界游泳教练员协会执行主任、美国人约翰·莱昂纳德（John Leonard）表示这个女孩的记录"可疑且令人难以置信"，建议让她进行了反兴奋剂检测的当局也要求她去接受特定的基因测试。中国反兴奋剂机构的一位官员蒋志学回应称，莱昂纳德的言论完全没有道理。而世界反兴奋剂机构基因小组主席泰德·弗里德曼（Ted Friedmann）则声称，如果发现基因增强技术已经被一些运动员秘密使用，他一点也不会感到惊讶。弗里德曼试图找到识别基因兴奋剂案例的办法并阻止其传播。"这是一种成熟到可以滥用的技术。"但必须说，弗里德曼在这个问题上的立场相当异端，且远未被医学界和体育界接受。无论如何，有没有这种可能性呢？"弗兰肯-运动员"（Franken-athletes）真的指日可待吗？当然，一些基因治疗的形式——例如，针对囊性纤维化——正在人类身上进行测试；改变运动员的 DNA——例如为了增强他们的肌肉和活力，或者为了使他们的血液能够输送比正常人更多的氧气——是肯定能发生在不远的将来的事情，因此是值得现在讨论的事情。[11] 目前，世界反兴奋剂机构没有可靠的办法来认定某人是否接受过基因疗法，而且据我们现在所知，一些异常的特征——血液中红细胞含量高于正常水平，或者激素高于平均水平——也有可能是一个非同寻常的身体的"简单"特征。悉尼国家测量研究所（National Measurement Institute）的研究员安娜·鲍蒂娜（Anna Baoutina）表示，基因兴奋剂的巨大优势在于相对于化学兴奋剂，它很难识别，改造过的基因和人体内的自然基因非常相

---

11 参见 A. Miah, *Genetically Modified Athletes. Biomedical Ethics, Gene Doping and Sport*, London: Routledge, 2004。

似。对于国际奥委会医学主任帕特里克·舍马斯克（Patrick Schamasch）来说，被用于将基因插入体内的病毒会留下可被识别的痕迹；然而，不留下痕迹的新的转基因病毒肯定有可能很快就被开发出来。多米尼克·威尔斯（Dominic Wells）是一位研究运动员基因改造可能性的基因疗法专家，他向我们保证，尽管弗兰肯-运动员并不遥远，但目前还不可能将基因疗法用于兴奋剂。[12] 在这方面，最近的关于基因兴奋剂的新生事物——也可能是运动员已经非法使用的第一种基因增强的形式——是 Repoxygen。由牛津生物医学公司（Oxford Biomedica）开发，它是一种基因疗法的形式，可以促使人体产生额外的促红细胞生成素储备，促红细胞生成素是一种调节红细胞生成的激素，运动员可以将其用作兴奋剂；上述技术尚处于临床前试验阶段——在小鼠身上——还没有系统地在人身上进行测试。显然，可能无法在运动员体内追踪到它。如果你以为没有人愿意接受这样侵入性的手段，这意味着你从未听说过所谓的"增强手术"，这正是一种为了提高运动潜力而进行手术的做法——例如，在棒球运动员中，通过激光眼科手术以增强视力，投手用取自身体其他部位的更强壮的韧带来重建肘部，诸如此类——当然，没有基因操纵的侵入性那么强，但也很重要。

说完基因兴奋剂，我们接着说假体，这是或多或少复杂的器械，旨在替换由于先天性疾病、创伤或病症而缺失的身体的一部分。在这个定义中，我们可以包含一切稳定地附着于我们身体的人造物品，从

---

12 参见 J. Naish, "Genetically Modified Athletes: Forget Drugs. There Are Even Suggestions Some Chinese Athletes' Genes Are Altered to Make Them Stronger", *Daily Mail* August 1, 2012。http://www.dailymail.co.uk/news/article-2181873/Genetically-modified-athletes-Forget-drugs-There-suggestions-Chinese-athletes-genes-altered-make-stronger.html#ixzz2WNEBwD4F.

第六章 / 新肉身的崛起

硅胶乳房到假牙，从人造手臂到仿生腿，从助听器到政客和老年企业家中风行的著名的阴茎假体。当然，目前没有什么能媲美 20 世纪 80 年代著名电视连续剧《六百万美元先生》(*The Six Million Dollar Man*) 的主角史蒂夫·奥斯汀 (Steve Austin) 的人造腿、人造胳膊和人造眼的精确、可靠以及外观自然；不过，你可以放心，我们将会到达那里。

目前，腿和手臂的假肢采用的是兼顾轻巧和强度的材料，如塑料或者碳纤维；除此之外，我们必须指出还有日益增长的技术发现，旨在增强用户对人造肢体的有意识控制；例如，肌电肢体具有电极，使其可以从患者的肌肉中拾取电信号，这种技术被称为肌电图，然后用这些信号来操作假肢，例如关上或者打开人造手。还有更复杂的系统：事实上，人们可以找到配备生物传感器的机器人艺术品，这些传感器可以从用户的神经系统收集信号，等等。这与技术有关；那么升级呢？我们能不能说，和拥有健康身体的人相比，装有仿生假体的患者得到了"增强"呢？总的来说，移植假体是为了弥补患者解剖学上的以及／或者功能上的缺陷，也就是说，令她／他过上或多或少正常的生活。尽管如此，鉴于在某些情况下，我们不得不认真地质疑某种假体是否会为其拥有者带来竞争优势，我们的问题是有意义的。例如，奥斯卡·皮斯托瑞斯 (Oscar Pistorius) 就是一个著名案例。这位南非运动员配备了经胫骨下部假肢，这显然可以为他节约 25% 的能量。目前，这些只是小事，但是毫无疑问仿生假体将变得越来越高效，以至于能够超越我们自然肢体的性能——在这个转折点，我们必须问一个自相矛盾的问题，是否值得在完全健康的人身上用人造假体来代替自然肢体呢？

在我们的清单上不能忘了人造器官，其目的是恢复有机体无法维持的基本功能。对这项技术的需求也取决于用于移植的所需器官的长期缺乏,以及阻止器官贩运的愿望。多年来,为弥补这种或那种功能障碍,已经开发了各种各样的设备。例如,我们有脑起搏器——作用于大脑"深度"不一的各种区域的刺激器——用于一切,从抑郁症到癫痫,从帕金森病引起的震颤到其他神经系统问题。

然后,我们有耳蜗植入物,旨在为失聪的人恢复至少部分听力;义眼——通常是连接到视网膜或者用户视神经的微型摄像头——目前其功能有限;各种型号的人工心脏,目前只能支持患者有限的时间。至于肝脏,似乎有一些进展;HepaLife正在开发一种基于干细胞的生物-人工肝脏模型——只是用于患者等候移植时的支持。此外,纽卡斯尔大学（Newcastle University）的科林·麦格克林（Colin McGucklin）及其同事们正在研究一种人工肝,它可能在几年后被用于修复部分受损的天然肝脏,或者可能被用于患者体外执行肝透析。至于MC3,这是一家位于安娜堡（Ann Arbor）的公司,正在致力于开发真正的人工肺,而各种研究小组正在试图为胰腺创造半生物的替代品——为了治疗糖尿病。我们试图用人工对应物来替代的器官类型的清单还很长,但我们将在这里停下来——相信我们已经让你有了概念。

6.3 自己动手的超能力

当然,超人类主义者并不打算冒着损失健康——以及事实上是永生——的风险来使用化学兴奋剂或者多多少少有风险的药物;但是他们也不打算按兵不动,耐心等候别人着手进行人类增强的工作。因此,他们已经形成了一种或多或少广泛存在的倾向,那就是在自己身上进行实验,尝试这种或那种解决方案。事实上,对健康个体的第一批实验——更多属于业余性质——已经开始了。托德·赫夫曼（Todd Huffman）就是这种情况，他是神经科学专业的毕业生、超人类主义者、阿尔科的合作者；在一些"身体改造"艺术家的帮助下（他们是一些进行相当极端的身体改造的实践者，包括劈舌、皮下角植入等），赫夫曼在他左手无名指中植入了一块磁铁。[13] 这个小型植入物的磁性部分——如同一粒米大小——用钕制成，这种元素属于"稀土"族。大部分超人类主义的核心概念之一是所谓的"基质独立"，它意味着某些功能不依赖于承载或者产生它们的物质基质的类型。因此，某些心理和感觉功能是由和有机基质相连接的非生物的基质执行的，这是可以想象的。所以，托德的目标是要了解，是否增加一种全新的感官——连接到非有机基质——能够推动他的大脑改变他的结构，并最终产生一种新的、前所未有的我们对世界看法的感官组成部分——与此同时改变我们的智力运作方式。本质上，这是开发一种简单而优雅的方法来创造一种不属于传统五大感官的全新的感官体验——有点类似于其他动物物种的情况，例如它们能够识别磁场或者其他非传统的感官数据源。[14] 这个手术——不是那么微不足道——是将植入物与无名指上的数百个神经末梢接触；这样一来小磁铁就能够利用位于指尖的高度发达的压力传感器。没有神经直接连接到磁铁，但是当磁铁受到外部源头，例如电动马达或者变压器的刺激时，它开始振荡，而"传感器"则将一切传输到大脑。这并不是一个真正的处于胚胎阶段的感觉器官，而是一种使

---

13 参见 http://www.wired.com/gadgets/mods/news/2006/06/71087。

14 例如参见 H. C. Hughes, *Sensory Exotica: A World beyond Human Experience*, Cambridge: MIT Press, 1999。

用触觉这一经典感官、教育大脑识别这些信号的新方法。这是一个简单的开始,或者只是一种刺激。但是要当心:我们身体内部的化学环境具有很强的腐蚀性(只是没有外星人的血液那么强),而且钕的腐蚀会携带各种有毒物质;换句话说,不要在家中尝试这个。

赫夫曼的手术其实相当肤浅;与凯文·沃里克(Kevin Warwick)所经历的相比,算不了什么。沃里克是雷丁大学(Reading University)控制论的研究员和教授,他致力于人工智能、"深度脑刺激"和机器人的研究。令他成名的工作是他的"赛博格项目",始于1998年在他的左上臂植入一枚无线电发射器芯片。[15] 该装置传输一个识别码,被一些嵌入他工作区的门的感应器读取;然后这些门在沃里克经过时会自动打开。其他传感器则打开灯,或者使一台计算机说"早上好,沃里克教授!"这位自命的赛博格将植入物在体内保留了9天;当时沃里克说他感到"和世界的特殊连接"——幸运的是,在那段时间,墨菲定律并没有显灵,从而避免了把他留在黑暗中或者当着他的面把门关上。2022年,这位学术赛博格继续进行第二次植入物的插入;这一次,是一个连接了150毫米长电极的小板。与第一个植入物不同(它包含一个皮下移植),这一个直接连接到神经,另一段连接到通过切口从沃里克的手臂伸出的一根线。多亏了它,沃里克团队能够收集来自神经的信号,或者将信号传输给神经。例如,这位研究员进行的其中一项测试基于一种类似于高科技保险杠的声纳。有了它们,沃里克试图获得真正的"超

---

[15] 在沃里克出版的关于这些主题的书中,我们提到的有: K. Warwick, *I, Cyborg*, Champaign: University of Illinois Press, 2004;以及K. Warwick, *March of the Machines: The Breakthrough in Artificial Intelligence*, Champaign: University of Illinois Press, 2004。

第六章 / 新肉身的崛起

声波视觉";每当他的声纳接近某物,它就会向他的神经发送一个小的放电,使得他能够闭着眼睛通过实验室。这位学者尤为开心地注意到的一件事是,他的神经系统很快学会了听取新信号。

第二组实验测试了沃里克的神经系统输出;事实上,研究人员试图了解哪些神经脉冲可以用芯片收集,以及它们是否能够被用于指导独立的机器人假体。通过手部动作,沃里克使得他的团队可以记录与之相关的神经脉冲,并用它们来移动一个连接到专用计算机的机器人肢体。这个实验甚至通过互联网成功地远程进行——沃里克人在美国,而机器人手臂在雷丁。第三个实验还涉及这位研究员的妻子,她在左臂植入了一个简单的电极,通过一根电缆和她丈夫的植入物相连接,这样一来,通过电脉冲,两人可以使用一种摩尔斯电码交流。沃里克将植入物保留了三个月,取出后进行了医学检测,以验证芯片和他的神经的直接连接并没有损害神经——结果表明这种情况并没有发生。在对这个实验的分析中,英国记者皮特·摩尔(Pete Moore)——他对人类增强持怀疑但好奇的态度——强调,这些植入存在一定的感染的风险,因为电缆穿过所需的切口构成了细菌的开放接入点;而且无论如何,存在神经永久损伤的风险;最后,免疫系统可能产生的反应也不能被排除。摩尔强调的另一点是,在人类增强的背景下,有很多炒作,但是实际结果目前非常有限;例如,沃里克提议为消防员配备"超声波视觉",用于在被烟雾侵入的环境中移动,这与人眼有600万个视锥细胞以及120万至150万个视杆细胞的事实相抵触(因此容易捕捉非常短的光波),而声纳——必须处理长得多的波——永远无法提供与我们的自然视力相同的分辨率。这只是一个例子,而且是相当专门的例子;然而它很好地强调了在这个领域中,雄心与具体能力之间的差距。[16]此外，我们必须补充的是，在2000年代一个新的因素出场了，它可能会改变——甚至是极端地改变——当前局势：美国陆军。

6.4 想象力与军事力量

对军人的刻板印象是一个遵守纪律、尽忠职守，以及首先缺乏想象力的人。但是这么想的那些人一定把《奇爱博士》(*Dr. Strangelove*)这样的电影太当回事了；否则，他们就会更好地理解美国陆军这几十年来组织的一些实验——往往处于"前沿"。例如，想一想MK-Ultra，通过这个项目，美国试图在20世纪50和60年代之间实现"洗脑"程序，尽管没能成功。或者想一想星门计划（Stargate Project）——与同名电影和电视剧无关——它在70和90年代之间代表着一种试图研究所谓的超常现象的尝试（例如，预知、灵视、出体旅行等），从可能的军事应用的视角出发。因此，不要说五角大楼的高级军官是没有开放思想的人。正是由于这个原因，我们在读到DARPA的惊人计划时，并不感到惊讶。简而言之，DARPA是美国军事研究的联邦机构，非常隐秘且资金充足。DARPA[17]成立于1958年，位于弗吉尼亚州阿灵顿（Arlington），其年度预算为28亿美元，只有240名固定员工。DARPA的工作方法实质上是间接的，这指的是它的管理者构思和规划这个或那个项目，将其细分为子项目，然后将子项目的实现委托给——当然配有充足的资

---

16 P. Moore, *Enhancing Me. The Hope and the Hype of Human Enhancement*. 然而有趣的是，根据摩尔的说法，尽管超人类主义者是一个相对较小的群体，但他们的思想对于一些国家——例如美国，但不限于它们——的政策制定的影响可能是显著的。

17 http://www.darpa.mil.

金——这个或那个大学的研究中心,这个或那个公司。正如经常发生在美国的事情一样,就连这个机构也是诞生于一场冲击,具体说来是苏联在 1957 年发射了斯普特尼克 1 号而给美国带来的技术挫败。为了避免其他糟糕的后果,并确保美国武装力量始终保持技术优势,德怀特·D. 艾森豪威尔(Dwight D. Eisenhower)决定建立这样一个机构(最开始命名为 ARPA),其使命是推动科学和技术研究的前沿远超眼前的军事需求。这些"学徒巫师"的故事——他们极其幸运——就是这样开始的。这个故事在 20 世纪 70 年代带给我们很多东西,其中包括互联网的第一个雏形——巧合的是,当时被称作阿帕网(Arpanet)。这说明,DARPA 支持和资助的很多发明已经对社会产生了重要影响。如果说该机构的最初使命是防止对手在技术上出奇制胜,那么现在的使命则是在技术上令他们震惊。因此,DARPA 的工作是跨学科的,并随着时间的推移而演变;如果说在 20 世纪 50 年代末,它促成了日后 GPS 的诞生,那么在 60 年代,它则致力于计算机、行为科学和材料科学。70 年代不仅见证了阿帕网的诞生,还见证了 DARPA 对海陆空技术的更广泛的投入,为了开发用于防御太空导弹的激光技术、潜艇战以及防御计算的应用。很难总结"五角大楼巫师"所从事的项目的数量和种类,即使是在过去几年中。其中最令人好奇的有"战场幻象"(Battlefield Illusion)项目(用于在战场上创造幻象[18]),"大狗 / 步兵班组支援系统"

---

18 该项目的目的是"控制对手的感官知觉,以便扰乱、延迟、抑制或者误导其行动"。该目标将通过了解"人类使用大脑处理感官输入"的方式来实现,这将使得他们"产生听觉和视觉上的幻觉",从而"为我们的部队提供战术优势"。N. Shachtman, "Darpa's Magic Plan: 'Battlefield Illusions' to Mess With Enemy Minds try to Create Illusions on the Front Lines", *Wired* February 14, 2012. http://www.wired.com/dangerroom/2012/02/darpa-magic/.

（BigDog/Legged Squad Support System），"网眼蠕虫"（MeshWorm，一种蠕虫形状的机器人，能够滑入难以到达的地方），以及"Proto 2"（一种用思维控制的人工手臂）。还有远程控制的机器人昆虫、不同类型的外骨骼，甚至还有"变形金刚"（一种装甲飞车）。2011年，DARPA还组织了100年星舰研讨会，其目的是鼓励公众认真思考星际飞行，想要在一个世纪内实现这一成果[19]——认输吧，《星际迷航》。当然，还有超级士兵的项目——或者更确切地说是项目们，因为它事实上是一组多样的项目和目标。乔尔·加罗（Joel Garreau）是亚利桑那大学的教授，长期参与这一主题，他是《激进的进化：增强我们心智、身体的前途与风险》(*Radical Evolution. The Promise and Peril of Enhancing Our Minds, Our Bodies*)的作者，他在这本书中探讨了上述主题，这是他长期参与的。加罗十分想要人们记住，无论多么令人惊叹，该机构的项目都不是白日梦，而是想要彻底改变人类的真正尝试。

> 想象一下士兵可以只用思维进行沟通……想象一下生物攻击的威胁不产生后果。冥想片刻，有这样一个世界，在这里学习就像吃饭一样简单，替换受损的身体部位就像快餐店的无须下车即可取餐一样轻松。……重要的是要记住，我们谈论的是正在运转的科学，而不是科幻小说。[20]

---

19 T. Casey, "Forget the Moon Colony, Newt: DARPA Aims for 100 Year Starship", *CleanTechnica* January 28, 2012. http://cleantechnica.com/2012/01/28/fmoon-colonynewt-darpa-has-100-year-starship/.

20 J. Garreau, *Radical Evolution. The Promise and Peril of Enhancing Our Minds, Our Bodies–and What It Means to Be Human*, New York: Doubleday, 2004, pp. 22–23.

第六章 / 新肉身的崛起

总而言之，DARPA 似乎非常严肃认真地对待那句著名的军队口号"尽你所能"；事实上，它想要的更多：能够创造出完全不可阻挡的人类。那么，让我们通过了解它选择披露的项目来看一看该机构如何致力于实现这个目标。

远比钢铁侠强大

外骨骼是由可穿戴结构组成的移动机器，包含一套引擎系统，可以给用户提供远比正常人类大的力量，以及几乎毫不费力地超长时间执行非常繁重的活动的能力。外骨骼通常为军事目的开发（被用于在战场内外承载重物），也可以被消防员在特别艰巨的救援行动中使用，或者在医疗领域中使用——被用于中风患者或者截瘫者的康复。市面上有多种型号，例如，萨尔科斯（Sarcos）的 XOS 以及——显然是向同名的漫威超级英雄致敬——洛克希德·马丁（Lockheed Martin）公司的 HULC。如果说这些型号有军事用途，那么塞博达因（Cyberdyne）的 HAL 5 则有医疗目的——即帮助有行走和活动障碍的人。通过"未来战士"（future warrior）项目，DARPA 旨在创造增强型外骨骼，使士兵能够毫不费力地举起不可思议的重物，行走或奔跑数小时，等等。

新陈代谢压倒性优势

乔·别利茨基（Joe Bielitzki）负责管理"新陈代谢压倒性优势士兵"（Metabolically Dominant Soldier）项目。这个项目雄心勃勃，旨在通过干预人类细胞的内部机制——从细胞代谢开始——以便增加抗疲劳力和体力。该项目考虑的选项之一是操纵线粒体 DNA 和修改细胞内线粒体的数量，从而提高它们产生能量的效率——例如，使士兵身负80磅重的背包几乎不受限制地行走。另一个目标是开发技术，使得重伤的士兵进入冬眠状态；这将令他们在即便无氧的情况下也能生存一小段时间，等待救援。还有一个目标是优化氧气的使用，使得士兵以奥运水平一口气全速奔跑15分钟，以至于令尤塞恩·博尔特（Usain Bolt）汗颜；根据别利茨基的说法，事实上人类似乎不能高效地管理氧气，浪费了他们一口气吸入的大部分氧气。还有一条阵线是食物；在这方面，我们想要操纵DNA，使得士兵的身体能够更高效地将脂肪转化为能量，这样他们可以好几天不进食——不需要携带食物了。如果取得了成功，这样一个项目——一旦在军队之外广泛传播——将立即横扫数百万美元的节食产业。

禁止睡眠

一个稍微过激的项目是"持续辅助表现"（Continuous Assisted Performance），由约翰·卡尼（John Carney）管理。其目标是在执行任务期间消除对睡眠的需求，同时保持高水平的身体和精神表现。正是由于这个原因，该项目研究了海豚和鲸鱼。众所周知，这些动物的大脑半球轮流睡觉，以帮助它们避免沉入大海和溺水。其想法是找到一种方法把这种能力转移到我们自己身上。DARPA正在全方位资助这方面的研究；例如，它资助了一种药物实验（在陆军直升机飞行员身上测试），这种药能够关闭"睡眠开关"。这种化学物使志愿者保持清醒超过40个小时，同时使其保持高度的注意力——令人难以置信的是，在将近两天不睡觉后，注意力还提高了。在这个领域，DARPA正在测试的另外一种技术是经颅磁刺激。

第六章 / 新肉身的崛起

禁止生病

卡尼还被委托进行"非传统病原体对策"（Unconventional Pathogen Countermeasures）项目，该项目旨在制定一种能够一劳永逸地封锁任何类型的病原体的策略，使得士兵对任何传染性疾病免疫。目标之一是发现所有或几乎所有这些生命形式共有的基因核心，并找到一种封锁它的办法。一个例子是找到一种仅在细菌中存在而不在我们体内存在的酶。另一个系统可能是卡尼所说的"基因组崩溃"，即一种"粘"在病原体的基因组上的东西，它粘得非常紧以至于无法被读取和复制。

零伤害和零疼痛

库尔特·亨利（Kurt Henry）管理着"战斗中坚持不懈"（Persistence in Combat）项目；它转而又向 Rinat 神经科学公司[21]提供资金，以开发一种"疼痛疫苗"，能够在10秒钟之内阻断剧烈疼痛，其效果将持续30天；如果成功了，这种治疗将彻底改变疼痛疗法。另一位受 DARPA 资助的学者是哈里·韦兰（Harry Whelan），威斯康星医学院（Medical College of Wisconsin）的神经学家。韦兰正在研究一种被称为"光生物调节"（photobiomodulation）的操作过程，这是一种细胞刺激技术，利用近红外光治疗损伤和伤口，这种处理似乎加快了愈合。亨利还和一些研究人员合作（尽管目前细节尚不明确），这些研究人员发现止血的身体级联反应可以受到大脑发出的信号的刺激。如果这能够在某种程度上被有意识地控制，我们就能训练士兵在几分钟之内止血。

---

21 后来被辉瑞（Pfizer）公司收购。

各种各样的项目

显然,这只是冰山一角,过去已经启动或者目前正在进行的项目还有很多。在 DARPA,艾伦·鲁道夫(Alan Rudolph)——生物学家,国际神经科学网络基金会(International Neuroscience Network Foundation)现任主任——一直致力于开发一种人脑/计算机接口,它将会有大量的可能的军事应用:想一想用心智控制远处的战斗机,或者使用外骨骼时直接用思维,而不是用来自肌肉的刺激引导它。这就好比把大脑嵌入一辆不同的车中,将其从人体中取出,放进一个更大、强壮得多的机器人中。鲁道夫还致力于开发一款芯片,能够模拟大脑回路,因此在将来能够取代它们,并且可能增强它们——例如,通过提高信息处理的速度。在 DARPA 过去的项目中,我们对"生物马达"(biomotor)有所了解,这是一套旨在利用人体中可以找到的资源作为燃料的技术——可被用于操作植入我们体内的设备。然后,我们有"工程组织建造"(Engineered Tissue Constructs)项目,它基于根据需求重建定制器官和身体部位的想法,以及在体内执行建造过程,而无须移植。

我们内部的盔甲

目前为止,我们向你介绍的项目都是 DARPA 在 2002 年公开宣扬过的,而且加罗在他的书里对它们进行了详细描述。这些年来,该机构的研究项目不断演变和增加。所以,在 2007 年的 DARPA 技术大会(DARPAtech)——该机构的定期会议——上,迈克尔·卡拉汉(Michael Callahan)推出了一个新的口号:"让人类更像动物一样行动。"这个口号明显与一个新的计划有关:"内部盔甲"(Inner Armor)。这一计划

第六章 / 新肉身的崛起

的目标是双重的。[22] 第一个目标是让士兵能在极端环境中——在高海拔地区、非常炎热的地方和深海中——行动。对于这些状况中的每一种，都有能够很好地应对它们的动物物种。因此，例如印度雁可以在与喜马拉雅山相当的高度飞行数天而不休息。一些微生物在火山烟囱中蓬勃生长，这些烟囱排放沸腾的蒸汽，且录得温度与金星相当。然后，海狮能够重新定向其血流并使心跳减缓，以便在水下停留数小时。卡拉汉基本上想要研究这些生物技巧并将其用到士兵身上，使潜水员能够让流向身体主要器官的氧气增加 30% 或 40%，模仿动物的潜水反射。[23] 如果潜水员能够自动做到这一点，那也不错；不过我们还不知道 DARPA 打算如何实现这一结果。

第二个目标是制造刀枪不入的士兵。装满化学和放射性物质的垃圾场充斥着能够轻易抵抗这些状况的微生物，从研究这些微生物入手，卡拉汉想要创造一组能够防止化学和放射性中毒的"合成维生素"，从而使士兵能够徜徉在原本会致命的环境中。不止于此；今天军队实际采取的程序给士兵们提供的保护只能针对数量很有限的病原体；因此"内部盔甲"的目标之一将是实现预防性的通用免疫细胞，它们可以防范所有类型的传染病。除此之外还有一个目标，即开发一种预测病原体演变的系统，以便通过疫苗防止新的病原体的出现。[24]

22　http://archive.darpa.mil/DARPATech2007/proceedings/dt07-dso-callahan-armor.pdf.

23　潜水反射是许多哺乳动物——尤其是海洋动物——在浸没水中时发生的一系列反应，以减少氧气消耗。它包括心跳减慢以及血液集中在某些器官，尤其是心脏和大脑。

24　N. Shachtman, "'Kill Proof,' Animal-Esque Soldiers: DARPA Goal", August 7, 2007. http://www.wired.com/dangerroom/2007/08/darpa-the-penta/.

176

无声交谈

还记得《星际迷航》中著名的"心灵融合"吗？瓦肯人（Vulcans）通过它可以和其他人的心灵直接交流。DARPA已经设立了一个多少有些相似的项目。代号："无声交谈"（Silent Talk）。该项目的目的是利用可以探测到士兵大脑中的电信号的适当工具来探索未来的心灵阅读技术。其终极目标是开发能够传输和接收思想的高科技头盔（简而言之，一种心灵感应的互联网），从而使得整个军队不需要无线电也能保持联系。有鉴于此，DARPA资助了杰克·加兰特（Jack Gallant）和他在加利福尼亚大学伯克利分校团队的研究。2011年，这些学者进行了如下实验：加兰特和他的同事们让若干志愿者观看一些好莱坞电影预告片，并通过磁共振成像对他们的大脑进行简单的扫描，他们成功地重建了这些视频剪辑的画面。这只是关于读取心智的无数正在进行的研究之一；例如，其他研究旨在从大脑中"提取"后者正在听的话。[25]

强过蜥蜴

由罗伯特·菲茨西蒙斯（Robert Fitzsimmons）领导的"再生"（Regenesis）计划想要研究使某些动物（例如蜥蜴）能够重新长出肢体的机制——这种现象在人类中也存在，尽管程度小得多。[26] 其目标一如既往，

---

[25] I. Morris, "Hitler Would Have Loved the Singularity", *Daily Mail* February 6, 2012. http://www.dailymail.co.uk/debate/article-2,096,522/The-singularity-Mind-blowing-benefits-merging-human-brains-computers.html # ixzz2WNEJP4GE.

[26] 也许不是每个人都知道这一点，但是11岁以下的孩子经常能够重新长出他们的断指，如果断裂只影响指骨，不包括关节。在20世纪70年代，谢菲尔德儿童医院（Children's Hospital in Sheffield）的儿科医生辛西娅·伊林沃斯（Cynthia Illingworth）发现了这一现象，《时代》杂志在1975年也报道了这一发现。参见 http://www.time.com/time/magazine/article/0,9171,913436,00.html。

第六章 / 新肉身的崛起

即专门在美国士兵中激活这种能力。

这些计划将来可能会把我们引向超级士兵,并在人类发展方面对平民产生任何可能的影响。无论如何,在收到媒体和公众的一些负面反馈后,DARPA 决定"韬光养晦",用不那么叛逆和更令人放心的措辞重新命名其计划。因此,"人类增强"变成了"优化",而"再生"现在则被称为"恢复性伤害修复"。但有一个问题依然存在:为什么一个像 DARPA 这样超级机密的机构如此喋喋不休?这只是一种旨在给公众"留下深刻印象"以及震慑敌人的传播策略吗?或许吧。但还有另外一种可能性,即关于我们所阐述的项目,媒体的披露意味着筹划阶段几乎已经结束,该机构的高管已经准备好试图说服公众需要适应这些项目将必然带来的变化。[27] 但最重要的问题是关于这些技术可能对我们的身份认同产生的影响的。换句话说:一个不吃、不睡、感觉不到疼痛、永不停歇的人仍然被识别为人类吗?在 DARPA,这些哲学性的问题显然不会令他们担忧;从他们的角度来看,这样的研究对人性的改变只是一种不由自主的结果。

然而,不要以为 DARPA 是唯一一家认真地考虑未来几十年人类的能力将有可能经历强化过程的美国机构。出版于 2002 年的《汇合技术以改善人类表现》(*Converging Technologies for Improving Human Performance*)[28] 是由美国国家科学基金会和商务部委托的一份报告,编

---

[27] M. Snyder, "US Super Soldiers Of The Future Will be Genetically Modified Transhumans Capable of Superhuman Feats", *The American Dream* August 31, 2012.

[28] M. C. Roco and W. S. Bainbridge (eds.), *Converging Technologies for Improving Human Performance*, New York: Springer, 2004. http://www.wtec.org/ConvergingTechnologies/Report/NBIC_report.pdf.

者是美哈伊尔·C. 罗科(Mihail C. Roco)(NNI 的纳米技术专家)和威廉·西姆斯·班布里奇(William Sims Bainbridge)(这位著名学者的专长包括宗教社会学)。这份415页的报告汇集了对四个相关领域的科学和技术现状的描述和评论，这四个领域被统称为NBIC——纳米技术、生物技术、信息技术和认知科学。特别要考虑的是它们改善健康、克服残疾以及在军事和工业领域促进人类增强的潜力。在被检视的观点中，有一种观点是理解心智和大脑将使我们创造新的人工智能系统种类，它们将产生超乎想象的经济福利。报告的作者们认为，未来50年内，智能机器可以创造足够的财富，为整个世界的人口提供食物、衣物、住房、教育、医疗保健、清洁的环境以及身体和财务安全。简而言之，心智工程给了我们将人类带往新的黄金时代的机会。看到一份官方文件宣称"是时候重新点燃文艺复兴的精神"以实现"一个将成为人类生产力和生活质量的转折点的黄金时代"，确实让人印象深刻。作者们预见，人脑和机器的直接连接将改变工厂的工作，控制汽车，确保采用它的人在军事上的优势，并且促成新的运动、艺术形式以及人与人之间的互动方式；可穿戴传感器将增强每个人对其健康状况、周边环境、污染物、潜在风险和感兴趣的信息的意识；人体将更加耐用、健康、精力充沛，易于修复和抵御多种形式的压力、生物威胁以及衰老过程；新技术将弥补很多身体和精神残疾，并将彻底消除使数百万人受煎熬的缺陷；世界任何地方的个人都将即时获取他们所需的信息；工程师、艺术家、建筑师和设计师将体验极大扩展过的创造技能，这要归功于我们将对人类创造力的本质和功能有更深入的了解；普通人以及政治家对控制他们生活的认知、对生物和社会力量的认识将得到极大改善，这将促成更好的适应性、更大的创造力和更高效的决策过程；对从纳米级到宇宙级的物理世界的加深的理解将使正规教育发生革命性变革。

由 DARPA 和国家科学基金会开辟的前景很不错；但不足够极端以至于满足超人类主义者的期望。一如既往，这些人已经考虑自行采取行动，制作了一长列他们想要拥有的增强的清单。

6.5 未来的肉身

显然，超人类主义者希望看到的人性升级远远超出了军事应用，而且如果付诸实践，将从根本上改变我们身体的功能组织和化学成分。在这一点上，我想起了大卫·柯南伯格（David Cronenberg）的一部老电影《录像带谋杀案》(*Videodrome*)，片中主角经历了一系列渐进的变异，这些变异导致他将自己转变为"新肉身"（New Flesh）——这个词事实上取自福音书，但是柯南伯格以一种令人不安的方式重新解读了它——一种新的存在状态，其特征包括对现实有更深刻的理解。

首先，为了评估他们所期待的人类发展的伦理方面，超人类主义者还发起了一个由欧盟支持的研究项目——名为 ENHANCE——旨在深化与认知增强、寿命延长、情绪增强以及身体机能提高相关的哲学问题。[29]《ENHANCE——增强人类能力：伦理、法规和欧盟政策》(*ENHANCE-Enhancing Human Capacities: Ethics, Regulation and European Policy*) 由欧盟委员会在第六框架计划（2002—2006）内资助，预计持续 24 个月，于 2005 年 10 月启动。[30] 有趣的是，在欧盟层面——

---

[29] http://ieet.org/index.php/IEET/more/the_eus_enhance_project.
[30] 这是公告：http://www.unisr.it/view.asp?id=6124。

所以不仅是官方层面——人们意识到，许多目前正在开发的医疗生物技术理论上可以被用来增强人类的身体和精神能力。项目公告重申了这些技术加上纳米技术如何在实践中应用，使人类更善于思考，感到更快乐，提高他们的运动能力或者延长他们的寿命；还谈到了这些增强可能会改变我们的自我认知，把我们的社会转变为"后人类社会"。简单说来，ENHANCE项目的启动是为了研究生物、生物老年学和神经科学等学科的发展程度，在认知、情绪、身体机能和长寿这四个领域的框架内进行。该项目由医学伦理科学家路德·特尔·米伦（Ruud ter Meulen）和布里斯托尔大学（University of Bristol）医学伦理中心所属的研究所协调，不过也有各种和超人类主义有关的研究所和个人参与其中，例如牛津大学实用伦理中心（Center for Practical Ethics at the University of Oxford）的朱利安·萨武列斯库、人类未来研究所的尼克·博斯特罗姆，以及瑞典神经科学家和超人类主义者安德斯·桑德伯格。

不言而喻，从超人类主义者的角度来看，ENHANCE项目中所讨论的增强只是一个开端；在不久的将来还有很多其他奇迹在等待着我们。首先，根据乔治·德沃斯基等作者的说法，我们将走向一个真正的"心灵感应的文明"（telepathic civilization）。[31] 德沃斯基的思考始于查克·乔根森（Chuck Jorgensen）及其团队在美国宇航局艾姆斯研究中心的工作；这些学者已经开发出一个系统，收集到达声带的神经信号并将其转化为用人声合成器发出的单词，以帮助那些丧失说话能力的人进行交流，以

---

[31] G. Dvorsky, "Evolving Towards Telepathy. Demand for More Powerful Communications Technology Points to Our Future as a 'Techlepathic' Species", *Sentient Developments* May 12, 2004. http://www.sentientdevelopments.com/2006/03/evolving-towards-telepathy.html.

第六章 / 新肉身的崛起

及服务于宇航员或在嘈杂环境中工作的人。[32] 该系统的运行方式与人工耳蜗相反, 后者捕捉声音信号并将其转化为大脑可以解码的神经信号。通过将这两种技术与无线电发射器、计算机化的声学和神经转换设备相结合, 一个人可以完全绕过声音的世界, 进入心灵感应的时代——德沃斯基即将其重命名为"技术心灵感应"(techlepathy)。对这位超人类主义思想家来说, 人类注定会成为心灵感应的物种——这种改变将不可逆转地改变所有的关系和人与人之间的互动。简而言之, 正如我们已经在本章中指出的, 直接与我们的大脑相接的技术正在日益扩展, 而技术心灵感应或许非常接近成为现实。乔根森本人向德沃斯基确认了这种可能性。而且事实上, 乔根森的最终目标是开发一种计算机化的系统(基于一种可以破解神经信号的特殊方程), 该系统完全没有侵入性[33], 并同时记录传入和传出的神经信号。

彼得·帕萨罗(Peter Passaro)是佐治亚理工学院(Georgia Tech)神经工程实验室的研究员, 处理神经活动的制图与解码, 他认为创造植入式手机的技术已经存在了; 现在要挽起袖子大干一场, 使它成为现实。据他说, 下一步将是直接和语言中心相连接, 从而使我们能够直接传递口头表达的思想。沃里克也同意德沃斯基的观点; 不过他认为, 不仅传递思想或者言辞将是有可能的, 不久以后还可能传递我们的大脑和身体产生的所有种类的信号, 例如我们的情绪状态、我们的立场等等。

---

32 参见 http://www.nasatech.com/NEWS/May04/who_0504.html。
33 事实上, 为了显著地发挥功能或运行, 一项技术不一定需要嫁接到人体中。在这方面, 超人类主义者亚历山大·奇斯连科创造了 fyborg 一词, 它是功能性赛博格(functional cyborg)的缩写, 指的是被未插入体内的电子或机械设备赋能的人。我们每天都会看到赛博格的例子, 在那些使用手机、iPad、耳机或者单纯眼镜的人身上。参见 http://www.lucifer.com/~sasha/articles/techuman.html。

德沃斯基预测，第一次心灵感应文明的到来将分为三个阶段进行。首先，我们将开发并使用默读设备；然后，我们将实现思想的单向传递；最后，将实现思想、情绪等的双向交流——或许通过未来版本的互联网。得益于技术心灵感应，人类的协作和团队合作——无论是救援队的工作还是摇滚乐队在演唱会上——都将得到极大的增强。在这方面，艺术家无疑将能够创造出令人难以想象的艺术表达，以心灵感应的方式直接传递情感和概念体验；甚至亲密和充满爱意的关系都能达到就连浪漫诗人也梦想不到的亲密程度。而且，著名的"六度分隔"（six degrees of separation）也有可能注定经历大幅度的缩减。[34]

我们想要补充，如果"我们全都孤身一人"是真实的，如果我们确实都被困在自己的大脑中，语言之墙将我们与他人隔离，那么我们可以把人类历史看作个人相互接近的渐进之路，因为我们通过日益清晰的分析系统和人际交往，通过文学、哲学和心理学，学会了更好地理解别人的脑子里在想些什么，他们的主观经验和内心生活。或许凭借技术心灵感应，我们将首次直接体验到他人的体验——众所周知，他人的主体性是一个非常有现实意义的哲学主题，而通过技术心灵感应，它或许会迎来一个转折点。

---

[34] "六度分隔"是一种社会学理论，指的是每个人和任何其他人通过一连串人际关系建立起联系，最多只包括六个人。因此，如果以罗马的一个居民和乌兰巴托的一个居民为例，第一个人肯定会认识第二个人，第二个人认识第三个，第三个人认识第四个，依此类推，直到我们抵达那位蒙古首都的居民，最多有五个中间人。这一理论由匈牙利作家弗里吉斯·卡林西（Frigyes Karinthy）于1929年在故事《链条》（*Chains*）中首次提出，随后包括斯坦利·米尔格拉姆（Stanley Milgram）在内的多位社会学家对它进行了研究。德沃斯基认为，技术心灵感应有可能使得相距很远的人建立联系需要的平均中间人数量显著下降。

当然,未来不仅有心灵感应在等待着我们,在这方面,超人类主义者迈克尔·阿尼西莫夫兴致勃勃地为我们列出了未来几十年我们将看到的升级的清单。[35] 首先,在 30 或者 40 年之后,我们将有比天然抗体更快、更高效的人造纳米技术抗体,由聚合物或金刚石制成,能够通过声脉冲彼此交流;多亏了它们,我们将能够穿着背心短裤在被危险病毒污染的房间里走动。

然后还有超级视力。我们已经拥有非常先进的任我们使用且重量很轻的显微镜;我们还在研究猛禽的视力,其中一些的视觉非常敏锐,能看到一英里外的野兔;然后,我们有可以探索整个电磁光谱的袖珍设备,从 X 射线到无线电波,以及介于二者之间的一切。已经有人工视网膜可以为盲人提供低分辨率的视觉。未来——阿尼西莫夫认为——通过结合所有这些技术和知识,我们将拥有涵盖整个光谱的超级视力,并且可以看到显微镜水平的细节。在这种背景下,最大的挑战不是创造一个更优越的人工眼,而是重塑视觉皮层,使它能够处理数据并将其传送到大脑的其余部分,而不会感到不堪重负。

2006 年初,得克萨斯大学达拉斯分校(University of Texas in Dallas)的雷·H. 鲍曼(Ray H. Baughman)和他的同事们从合成聚合物中开发出一种人工肌肉,比我们的肌肉强壮一百倍,并由酒精和氢气提供动力。如果——稍微摆弄一下仿生学——我们可以用聚合物肌肉代替我们的生物肌肉,那么我们就能举起重达二三十吨的重物。当然,目前这只是科幻,但在生活中,可说不准;谁不想变得像绿巨人浩克一样强壮

---

35 Michael Anissimov, "Top Ten Cybernetic Upgrades Everyone Will Want". http://www.acceleratingfuture.com/michael/blog/2007/01/ten-transhumanist-upgrades-everyone-will-want/.

呢？超人类主义者显然会喜欢使用这样的肌肉纤维，包括它们带来的额外优势，即得益于它们的抗性，它们可以保护人体免受子弹和其他形式的身体攻击的伤害。

美容角。目前用于美学目的的技术——例如抽脂和整形手术——最终会得到完善，变得更加精准、更容易执行，侵入性更小，价格更低，这样想象是符合逻辑的。因此，未来的美学干预将使极致美丽成为寻常事物；这是否意味着我们人类将不再欣赏美丽呢？绝非如此，阿尼西莫夫让我们放心：我们的大脑无论如何都被编程为欣赏美丽；一个有吸引力的人就是有吸引力，不管周围有没有其他有吸引力的人——对此我们不是很确定，但目前我们将搁置判断。

然后，将未来的心-脑接口与实用雾相结合，我们还将拥有另外一种形式的心灵致动（telekinesis）——在实践中，驱动我们的个人"云"纳米技术，我们可以仅凭意念来移动各种物体。但是，阿尼西莫夫走得更远：根据他的说法，通过与纳米技术的融合，我们可以成为自创造（self-poietic，也就是说，能够在字面意义上创造我们自己）以及他创造（allopoietic）——也就是能够以一种全新的方式创造其他事物。我们可以把纳米技术制造单元插入自身内部，这将使我们能够生产纳米机器人，并使用环境中的原材料从我们的身体和意志中建造我们想要的所有物体。我们还可以重建我们已经被损害或者切除的身体部位，在字面意义上把生命注入我们将时不时吸收的无生命物质中；简而言之，这是一种自创造和他创造皆可的分子制造。

再问一遍：你想飞吗？不是坐飞机或者直升机，而是就像鸟儿一样飞？近年来，已经研发了几种类型的便携喷气机式翼——可以安装在背部，例如由瑞士前军人伊夫·罗西（Yves Rossy）制造并用于飞越

第六章 / 新肉身的崛起

阿尔卑斯山的那种。借助纳米技术——也许是富勒烯——未来几年这些设备的抗风能力和轻便性将急剧增加，而成本将大幅下跌；因此，我们可能会得到比我们轻得多的机器人翼，它们可以弯曲且穿在衣服下面。总之，我们将最终看到个人飞行——不是指个人的飞行交通工具，而只是人在飞行。永别了，飞机航班？

娜塔莎·维塔-莫尔也有她自己的增强方案：智能皮肤，一种生物合成织物，保留和增强了天然皮肤的特性。[36] 外层将由用纳米技术组装的细胞型结构组成。智能皮肤将被设计成能够修复、重建和替换自身；它将含有分布在表皮中的纳米机器人，能够与大脑交流，从中获取有关拟设置的外形与表面色调的指示。智能皮肤将不断地向大脑传输强化的感官数据；至于与其他人的关系，它可以传递我们所经历的情绪，重现符号、图像、颜色等等。最后，它将能够耐受高剂量的环境毒素，保护身体免受辐射。简而言之，我们了解到，维塔-莫尔并非要剥离我们自己的皮肤并用增强版取而代之，而是旨在将我们已经拥有的皮肤进行纳米技术化。此外，既然似乎有大约两百种细菌寄居于我们的皮肤，那么对于这位超人类主义者来说，将增强的纳米机器人注射进去似乎并不那么具有侵入性。

最后，我们不能忘记——像往常一样，最后但依然重要——雷·库兹韦尔的提议。对于这位发明家和未来学家来说，在未来几十年内，我们身体的生理和心理系统将经历彻底的更新；我们将使用纳米机器人来升级并最终替代我们的器官。[37] 到 2030 年，我们将已经完成人脑的

---

36 N. Vita-More, "Nano-Bio-Info-Cogno Skin". http://ieet.org/index.php/IEET/more/vita-more 20120318.

37 Ray Kurzweil, "Human Body Version 2.0". http://lifeboat.com/ex/human.body.version.2.0.

逆向工程，非生物的智能将和我们的生物大脑融为一体——我们的库兹韦尔一如既往地乐观。另外，众所周知，自从性革命以来，性行为已经与生育分离——也就是说，人们可以进行性行为而不生育，也可以生育但不进行性行为。对库兹韦尔来说，同样的事情可以发生在食物和营养上。实际上，已经存在一些粗略的程序来执行这种分离：想一想那些阻断碳水化合物的药物，可以阻止对复杂碳水化合物或者各种各样的代糖的吸收。与此同时，我们喜爱的这位超人类主义者告诉我们，正在开发更加复杂的药物，它们能够在细胞水平阻断热量吸收。但是我们不会止步于此，一旦有合适的技术可用，我们将着手重新设计我们的消化系统，以断开感官方面与其最初目的即提供营养之间的联系——从而更新一个自然界根据稀缺性校准的系统。

对于库兹韦尔来说，人体 2.0 将以渐进的方式到来，一次一点或者一个器官。在中间阶段，消化道和血液中的纳米机器人将智能且准确地提取我们需要的养分，将会通过我们自己的本地无限网络请求任何其他必需的营养物质，并清除所有不需要的食物。现在已经有机器可以在血液中航行；事实上，有数十个项目正在进行中，以创造"生物微机电系统"（bioMEMS），这些微米级的机器人注定会沉浸在我们的心脏循环系统中，具有各种诊断和治疗功能——谷歌上的快速检索将让你了解这个研究领域有多么广阔和富有成果。

在 21 世纪 20 年代，我们将能够通过纳米机器人直接把我们需要的营养物质引入我们的身体；一个可能的场景是"营养穿着"，这是一种服装（就像一条腰带或者一件 T 恤），含有装载着营养物质的纳米机器人，可以通过皮肤进出身体。因此——库兹韦尔保证——虽然我们会品尝各种菜单，但是一个完全独立的过程会把我们需要的所有营养

第六章 / 新肉身的崛起

物质放入我们的血液。你还可以想象纳米机器人消除器,它将分解废物,大大减轻通过肠道消除的负担。库兹韦尔说:"有人可能会评论我们确实从排泄功能中获得了一些乐趣,但是我猜想大部分人会很乐意没有它。"过段时间,我们将不再需要营养服装;代谢纳米机器人储备将随处可用,嵌在周边环境中。多亏了纳米机器人,我们将能够在我们的身体内充足地储备一切,从而能够很长时间不进食。一旦纳米机器人的程序被优化,我们可以完全不需要消化系统。显然,库兹韦尔是弗雷塔斯的忠实粉丝;对于这位超级婴儿潮中的一员来说,有了弗雷塔斯的机器人血液,我们将不再需要心脏,而有了呼吸细胞,我们可以不需要肺——从而能够去往没有空气可呼吸的地方。但是不止于此,特定的纳米机器人将从事肾脏的工作,而其他纳米机器人将为我们提供生物等同激素。不过,请不要担心,所有这些更改过程都不会立即发生,而是会经历几个实施阶段,在设计上不断改进。

那么,让我们来看一看。我们已经消除了心脏、肺、红白细胞、血小板、胰腺、甲状腺以及所有产生激素的器官、肾脏、膀胱、肝脏、食道下部、胃和肠。剩下的有骨骼、皮肤、性器官、口腔、食道上部和大脑。骨骼是稳定的,但是可以注入纳米机器人,这将使它更加坚固、耐用并能够自我修复。甚至皮肤也可以通过纳米工程材料来改进,这将更好地保护我们免受环境的物理和热影响,同时增强我们进行亲密愉悦的交流的能力。口腔和食道上部也是如此。最后我们到达神经系统。我们的旅程始于填满整个房间的计算机,然后我们发现它们可以放在桌子上,接下来没多久可以放进口袋里。很快,我们将把它们直接放进我们的身体和大脑,最终,我们将更像机器人而非生物体。到2030年,我们大脑的毛细血管中将有数十亿的纳米机器人,它们将彼此交流，以及和我们的神经元交流。这种增强的大脑提供的可能性之一是，我们将能够把自己沉浸在完全的虚拟现实中，用纳米机器生成的信号取代我们的感觉器官的正常信号。我们还能够拥有各种各样的虚拟环境，在这些环境中我们可以改变外貌和个性，成为其他人；我们还可以把我们的感官经验以及它们的神经相关物投射到网络上，以便其他人能够体验我们所体验到的，反之亦然——有点类似于那部奇特的电影《成为约翰·马尔科维奇》(*Being John Malkovich*)。我们将使用纳米机器人来拓展我们的心智，显著增加神经互连的数量，并通过与纳米机器人的通信添加虚拟连接。这将拓展我们的心智能力，从记忆到思维，再到模式识别。

我们也别忘了库兹韦尔关于细胞核升级的提议，即用一种特殊的纳米技术对（一个纳米计算机配一个纳米机器人）来替代细胞核。纳米计算机将包含来自 DNA 的所有信息，并且和特定的纳米机器人相连接，将能够进行蛋白质的合成。因此，我们可以打败所有的生物病原体（朊病毒除外），同时我们将消除所有的 DNA 转录错误——这是衰老的主要来源之一，这位发明家承认。[38]

尽管库兹韦尔及其同事针对我们身体的项目是极端的，但那些针对心智的项目——正如我们已经开始瞥见的——更是如此。因此，现在是时候仔细研究人类的大脑，了解超人类主义者打算如何重塑它了。

---

38 参见 Ray Kurzweil, *The Singularity Is Near. When Humans Transcend Biology*, New York: Penguin, 2005, pp. 232-233。

第七章

殖民心智

7.1 在我们的眼睛背后

1942年，著名神经生理学家查尔斯·S.谢林顿（Charles S. Sherrington）使用了一个注定会广为人知的比喻来定义大脑，他把大脑定义为"被施了魔法的织布机"（the enchanted loom）。[1] 谢林顿不仅是一位科学家，同时还是一位诗人，他从不放过将他的两种热爱结合起来的机会，用诗歌给大脑活动添彩。出于某种未知的原因，那位于我们眼睛背后的奇异的1.5千克的物质能够思考，这件事真的很神奇。我们并非没有尝试理解大脑；事实上，尤其是在过去20年中，部分归功于磁共振——它让我们有机会查看这个生物谜题的内部——我们对这一主题的了解已经显著增长。但是正如我们现在所看到的，谜团依然未解。

首先，让我们问问自己：我们的头骨里面究竟是什么？事实上，有各种各样的方式来解剖——隐喻意义上——和整理大脑物质，以至于多年来，神经学研究为我们提供了不同的模型和隐喻。尽管存

---

[1] C. S. Sherrington, *Man on His Nature*, Cambridge: Cambridge University Press, 1942, p. 178.

在诸多局限，我们不讳言我们对美国神经学家保罗·麦克莱恩（Paul MacLean）的理论表示赞同，尤其是他的三重脑（triune brain）理论。[2] 此模型于20世纪60年代首次提出，其出发点是人类大脑是在我们的物种诞生之前就开始了的分层过程的结果。基本上，我们的大脑在某种意义上由三个叠加的大脑组成（不一定是彼此间严格协调的，事实上它们通常是自主的），即爬行动物脑、哺乳动物脑和更为专门的人类脑；作为一个真正的修补匠，大自然通过反复试验和试错，一点一点地生成了这个系统，时不时投机取巧地选择在当时看来最合适的解决方案。爬行动物脑可以追溯到三亿年前，代表着我们神经系统的最原始方面，调节着我们生理的基本方面（呼吸、心跳和体温）以及本能反应（性、攻击、营养和逃跑）。它包括大脑的嗅球；脑桥，具有多种功能，显然包括在梦的产生中起的重要作用；中脑，主要处理传入的感官信息；以及与运动控制相关的小脑。出现于大约一亿年前的哺乳动物脑——顾名思义，我们与其他哺乳动物共同拥有它——则能够产生更为清晰的情绪反应，并获得复杂的记忆。这一部分的关键结构有杏仁核，是强烈情绪如恐惧和愤怒的所在地；海马体，与长期记忆和空间定位相关；下丘脑，处理内分泌活动以及许多躯体功能；以及扣带回，负责对心跳和血压的皮层控制，与自愿注意力相关。最后是新皮层，在智人中尤其发达——根据古人类学的最新发现，智人这个物种大约在20万年前就已出现。在新皮层中存在着所谓的"高等能力"：语言、抽象思维和自我意识。特别是，它分布于右半球和左半球，又转而分为叶：

---

[2] P. D. MacLean, *The Triune Brain in Evolution: Role in Paleocerebral Functions*, New York: Springer, 1990.

第七章 / 殖民心智

枕叶，位于头部后部，负责处理视觉刺激；颞叶，负责视觉、听觉处理和对我们所见对象的识别；顶叶，整合来自感官的信息；以及额叶，在决策过程中起着核心作用。这只是一个模型，而且我们以一种简化的方式介绍了它；我们之所以决定支持它，不仅是由于它激起我们的共鸣，还因为它看似特别受一些超人类主义者钟爱。

然而不仅仅是大脑；在我们的兴趣中，还有一个更加捉摸不透的对象：心智（mind）。它是关于什么的呢？由于众所周知，哲学家甚至对他们最热衷的活动——即哲学——的定义都未能达成令人满意的共识，那么不难想象"心智"这一概念同样成问题。我们可以把心智初步定义为一组认知能力，它们使得我们能够有意识，能记得，能感知，能思考。简而言之，它将是我们成为我们所是的最起码的"装备"，把我们和无生命的事物以及在较小的程度上和动物区分开来，因为动物似乎也以它们自己的方式拥有心智，有些动物多有些动物少，取决于物种。我们常常谈论心智的"高等"能力，例如判断、理性思考，诸如此类——不过这些年来，情感也以多种方式得到了重估。因此，心智能力包括思维、想象力和意识，自我意识也包含在内。然后还有心智的"内容"，确切地存在于那里的"对象"：思想、记忆、情绪、直觉、图像"。最后这个加了引号的术语代表着一个巨大的哲学问题：这些是真实的图像，就像图片和照片一样，只是更加模糊，还是这只是一种说话方式？如果是后者的话，那么什么是"心智图像"（mental images）呢？正如你所看到的，这是一个哲学的泥潭；最好远离它。同样复杂难解的是自由意志的问题——我们真的是"自由的"，对我们的选择负责，有能力自决，还是我们只是被我们的基因、脑化学或者我们所属的文化操纵的"傀儡"？我们的心智内容的状态——我们的想法、概念——是否独立于我们的心智存在,并且它们是否事实上位于"某处",还是它们只是我们需要的符号或象征,且会伴随我们一同消失?

所有这些问题——以及许多其他问题——代表着一个被称为"心智哲学"(philosophy of mind)的现代学科的核心。并不是说哲学家以前没有注意到这些事情;也不是说远离心智哲学的其他哲学家就不和它们打交道。然而,在我们看来,超人类主义者与所谓的分析哲学或者英美哲学联系更为紧密,类似于心智哲学,因此我们将首先聚焦于这最后一门学科,它处理的是心智的本质、心理状态、精神特性以及精神与身体之间的关系;事实上处理的是心脑关系,它是当代哲学思想的核心,也是超人类主义者最钟爱的概念之一"心智上传"的核心,即"加载心智"至有别于生物的支撑物的能力。现在,准备好迎接一大堆"论"(-isms)吧,它们在心智哲学中比比皆是。

这份名单上的第一个"论"是"二元论",即认为心灵和大脑是两种完全不同的物质;如果柏拉图可以被视为这一理念的精神之父(因为他区分了处于变动中的物质世界和永恒的非物质的理念世界),那么笛卡尔就是二元论的主要现代代表。对于后者来说,广延之物(res extensa)——简而言之,身体——是具有延展性,即占据空间,且机械决定的,也就是说,受制于因果关系的严格法则;思想之物(res cogitans)——即心智——是非物质的,也就是说,不占据任何空间,且具有思考和自由决定自身的能力。我们在此已经大略看到了这一概念的哲学问题:如果心和身是两种如此不同的实体,以至于相互渗透和"忽略"彼此,那么这二者如何交流,例如,允许我的心智——也就是我——控制我的身体呢?笛卡尔试图用他著名的松果体来应付这个问题（松果体被认为充当广延之物和思想之物的"接触地"），但是并不成功。物质二元论的最杰出的现代代表可以被认为是卡尔·波普尔（Karl Popper）和约翰·埃克尔斯（John Eccles），对他们来说，心智以某种方式与身体"互动"；波普尔假设存在三个"世界"，即物质实体的世界、文化实体的世界——数学的思想等——以及心智的世界，三个世界之间保持着不断的互动关系。

另外，一元论是一组以不同的方法识别心智和大脑的立场。对于功能主义（在赞同它的众多名字中，我们可以提到希拉里·普特南［Hilary Putnam］和杰瑞·福多［Jerry Fodor］）心理状态是心智和/或大脑的功能；那么它们来自何处呢？一种可能性是心理功能或者状态是从大脑中涌现（emerge）的；事实上，自然世界由一个又一个叠加的层构成，每一层都具有不能简单地还原为较低层的特性，但能够通过本体论的"飞跃"从较低层中涌现。因此，有机世界将从无机世界中涌现，更为复杂的生命形式将从不那么复杂的生命形式中涌现，而思想——或心智——将从无知觉力的生命中涌现。功能主义代表着一种"性质二元论"（dualism of properties），即它始于一种特殊实体——物质——的存在，但是也承认不同类型的性质的存在，即身体性质与精神性质。还有解决心身问题的语言学路径，例如以路德维希·维特根斯坦（Ludwig Wittgenstein）——在他思想的第一阶段——和他的追随者为体现的路径，他们认为这个问题是完全虚幻的，且注定会在一场语言"净化"的过程中被消解，这一过程放弃了术语——例如在很多心智哲学中典型的形而上的术语——表面上有意义实则没有。行为主义的路径也很有趣，这是由约翰·沃森（John Watson）开启，然后由伯鲁斯·F.斯金纳（Burrhus F. Skinner）重新推出的（尽管在这里，我们离开了心智哲学的领地,进入了心理学的地盘)。众所周知,行为主义反对"内省"概念,支持根据可观察和测量的行为来分析心智。同样令人好奇的——但愿是因为它的术语起源,受到美国摇滚乐队"问号与神秘主义者"(Question Mark & the Mysterians)的启发——是神秘主义,以科林·麦金(Colin McGinn)等人为体现,他们认为人类在自己的心智方面是"认知封闭的"(cognitively closed)。根据他的说法,我们将缺乏形成一些概念的程序技能,这些概念是我们充分掌握支撑我们心智的因果链所必需的——而且麦金以一种近乎隐秘的超人类主义的方式表示,未来我们可能能够改变我们的生物学,并真正能够理解我们自己。[3]

从我们关于超人类主义的论述的角度来看,认知科学以及对人类心智的计算路径尤为重要,而这又转而与人工智能的研究相关。认知主义是心理学内部的一个运动,诞生于大约20世纪60年代,它基于这样一种观点,即心智可与计算机程序类比:实际上,大脑是硬件,而心智是软件。我们在这里也把事情大大简化了:认知主义远不止于此,而且几十年来,它经历了非常复杂的演变,有时候与人工智能的研究相交叉。在后一个领域,著名的心智哲学家约翰·塞尔(John Searle)做出了一个注定会成为经典的区分,即弱人工智能和强人工智能。简单说来,第一种的支持者是为了在机器中充分模拟存在于人类中的心理状态,而第二种的支持者则想要创造一种人工心智(显然包含在一台特殊的计算机中),后者事实上被赋予了人类的意识和智能。终极目标是开发一种人工心智,能够突破图灵测试——以著名的计算机

---

[3] C. McGinn, *The Mysterious Flame. Conscious Minds in a Material World*, New York: Basic Books, 1999.

第七章 / 殖民心智

科学先驱艾伦·图灵（Alan Turing）命名。这位科学家的论证大致是这样的：我们把一个人安排在一个房间里，通过一种特殊的终端，我们让她/他和隔壁房间的另一个人对话，而第一个人无论如何都不能看到或者听到另一方。但是这里有一个条款：后者可以是一个人或者一台计算机。如果第一个对象无法确定他/她是在对人还是对机器说话，也就是说，如果后者复杂到足以欺骗实验对象，那么就可以说它和我们物种的成员一样具有智慧，也就通过了测试。

我们千万不能忘记，除了分析哲学和认知路径以外，还有所谓的"欧陆哲学"，它始于尼采，然后经过埃德蒙·胡塞尔（Edmund Husserl）、马丁·海德格尔（Martin Heidegger）、米歇尔·福柯、雅克·德里达（Jacques Derrida），还有很多其他人流传；就连这些思想家也对人类以及与人类相关的知识有话要说。例如，海德格尔虽然实际上不是一个存在主义者，但是他在《存在与时间》（Being and Time）中铺叙了一种不同凡响的存在主义分析，它把人类视为一种"被抛入世界"并投射向未来与可能性的整体。再者：在20世纪，我们见证了人文科学的兴起，它们以社会学、语言学、心理学、文化人类学等形式阐述了与人性相关的如此丰富的知识、理念和理论，以至于就连最积极主动的学者也不能全部掌握它们。想想看，我们甚至还没有考虑佛教和印度教关于心智的理论——比人们普遍认为的要复杂得多。

我们向你介绍的只是几个例子，只是为了让你了解人类知识是非常复杂且常常矛盾的；通向人类这个流动之谜的路径是无穷的，它不断增长，而且可能注定要在未来几个世纪和几千年里更加令人目眩地发展。

不过，超人类主义者有着相当明确的想法。或者毋宁说，他们中的

191

一些人有这些想法,并且正如我们将看到的,这些人倾向于选择相对简化的构想,这种构想融合了认知科学、神经科学和强人工智能。

在我们看来,这是一种有局限性的方法,但是总的来说,这是一种符合常识的方法:如果你想要从头到脚重建人性,你必须从某个地方开始,而且事实上,神经-认知-计算机的方法看上去比其他方法更有助于制订出或多或少有条理的提案,关于如何通过技术重塑我们宝贵的被施了魔法的织布机。但是在讨论超人类主义者对此的想法之前,最好看看我们现在能做什么。

7.2 神经技术:发展现状

要总结以不同程度和不同方式涉及人脑及其相关技术的研究项目的数量、范围和种类,是一件甚至很难开始的事情。按照惯例,我们从一个定义开始:我们用术语"神经技术"(neurotechnology)来定义所有能够直接与人类和动物神经系统互动的设备和程序,以及与该领域相关的所有研究。神经技术已经存在了大约50年,但是在过去20年才得到显著发展。受到2007年启动的国际项目"心智十年"(Decade of the Mind)的影响,这个研究领域似乎势必会经历强劲的加速。该项目旨在激发对心智研究的强烈的公众投入,并将心智研究植根于大脑活动中。一个与神经技术密切相关的科学领域是所谓的神经工程,这门学科旨在运用工程学技术来研究、修复或者增强(但愿如此)大脑。这一框架汇集了计算机神经科学、神经学、电气和电子工程、机器人、控制论、纳米技术和计算机工程。目前,神经工程的研究重点是,理解我们大脑的运动和感觉系统以何种方式编码和传递信息,以便学习

第七章 / 殖民心智

如何操纵它们，从而实现将大脑连接至神经假体或者脑机接口。这是一个新近的研究领域，以至于第一份专门的科学期刊《神经工程学杂志》(*Journal of Neural Engineering*) 仅在 2004 年才诞生——同时诞生的还有《神经工程与康复杂志》(*Journal of NeuroEngineering and Rehabilitation*)。

目前，神经技术大致可分为两大分支，即成像和刺激。关于第一种，我们首先提到功能性磁共振，它基于对大脑这个或那个区域的血液和氧气流动的探测，探测到的情况对应于其更强的激活——这使得我们能够看到大脑"在工作"，了解哪个区域在做什么。计算机断层扫描基于 X 射线，而正电子发射断层扫描则基于特定生物标志物的激活——也就是说，它监测大脑使用的物质的流动，例如葡萄糖。最后，我们有脑磁图，它基于大脑电活动的映射。

在刺激方面[4]，首先我们有经颅磁刺激，顾名思义，它旨在使用特定的磁场干扰大脑的这个或那个区域的电活动。这种技术被用于治疗大量的病症，从偏头痛到抑郁症，从强迫症到帕金森病。脑起搏器是植

---

[4] 大脑的电刺激与神经学本身一样古老。如果说在 1870 年，爱德华·希齐格 (Eduard Hitzig) 和古斯塔夫·弗里奇 (Gustav Fritsch) 展示了电刺激狗的大脑产生了身体运动，那么在 1874 年，罗伯特·巴索洛 (Robert Bartholow) 对人类也做了同样的事情。众所周知的是著名的西班牙生理学家何塞·德尔加多 (José Delgado) 在 20 世纪 50 至 70 年代之间进行的实验，他通过电刺激成功实现了对人类和动物行为的某种控制。这位学者发明了"刺激接收器"(stimoceiver)，一种植入大脑的无线电控制的微芯片，能够传输电脉冲，以改变基本行为和感觉，例如攻击和对快乐的感知。后来，德尔加多写了一本颇具争议的书《对心智的身体控制：迈向心理教化的社会》(*Physical Control of the Mind: Toward a Psychocivilized Society*)。作者在书中声称，在驯服和教化了周边自然之后，人类必须教化他内在的自我——显然是通过与他所研究的相类似的程序。参见 J. Delgado, *Physical Control of the Mind: Toward a Psychocivilized Society*, New York: Harper & Row, 1969。

入大脑的医疗设备，其功能是向神经组织发送电信号，它的侵入性要大得多。取决于被植入的区域，它们要么被称为皮层刺激，要么被称为深部脑刺激。也有可能把它们植入靠近脊柱或者颅神经的地方。这种干预的目的主要是医疗上的——预防或治疗。使用这些设备治疗的疾病包括癫痫（旨在阻止癫痫发作）、帕金森病（为了减轻震颤、身体僵硬等症状），以及慢性抑郁症。深部脑刺激通常基于三个组件：外部脉冲发生器（嵌入钛结构中的以电池供电的神经刺激器）、一根插入大脑的带有一些铂铱合金电极的绝缘聚氨酯电缆，以及连接二者的额外的一根隔离电缆。通常，脉冲发生器被放置在皮下，在锁骨处或者有时在腹部。

现在我们进入神经假体领域，这种设备能够通过刺激神经系统和记录其活动来支持或替代缺失的脑功能。它们通常包括测量神经激活并向假体设备报告要执行的任务的电极。已经可用的技术或者大致处于高级开发阶段的技术各不相同；其中我们会提到人工耳蜗，它为聋人恢复听力。视觉假体仍然处于初级开发阶段。此外，我们正在研究运动假体，其目的是刺激肌肉系统替代大脑和脊髓。然后，我们还有人工肢体，这是我们之前谈到过的。

人工耳蜗由几个子系统组成。声音被麦克风拾取并被传输至外部处理器（通常放置在耳后），处理器将声音转换为数字数据；然后数字数据被转换为无线电信号，通过天线传输到位于患者内部的设备，该设备以电脉冲的形式把它们发送到耳蜗。视觉假体基于对视网膜的电刺激，包括三种路径：视网膜上（放置在视网膜上方的电极）、视网膜下（在视网膜下方）和眼外反式视网膜（就在眼睛外部）。

现在，我们转向大脑植入物，即直接连接到患者大脑的设备。在

第七章 / 殖民心智

研究层面，这些工具的主要目标之一是绕过因中风或头部受伤而受损的大脑区域。大脑植入物通过电脉冲刺激、阻断或者记录单个神经元或者神经元群产生的信号来工作。它们的目标之一是所谓的"感官替代"，指的是开发视觉和听觉的替代品——这是视觉植入和人工耳蜗植入之外的方法。近年来所取得的进展相当可观，尤其是与直接控制——即通过意念——人工设备例如机械臂等相关的进展。目前，大脑植入物由非常多样化的材料制成，从钨到硅，从铂合金到不锈钢；然而很快更具未来感的材料将投入使用，例如碳纳米管。

那么，我们来到了 BMI（brain-machine interface，脑机接口）这里，即所有致力于在人脑和一个或多个外部设备之间建立直接接口以帮助或增强前者的技术。BMI 的理念事实上并不新鲜，早在 20 世纪 70 年代与其相关的系统研究就在 DARPA 的支持下开始起步了。上面提到的神经假体和 BMI 的主要区别在于，前者把神经系统连接到一个仪器，而后者则是把大脑连接到一台计算机。神经假体可以被连接到神经系统的任何部分（因此包括周围神经系统），而 BMI 则被连接到中枢神经系统。然而，这些领域的研究和实验很大程度上是重叠的，以至于对神经假体的研究常常与对 BMI 的研究密切相关，因为使用带有特殊程序的个人电脑是不可避免的。

世界各地有各种实验室已经成功地在动物身上测试了 BMI；例如，2008 年在匹兹堡大学医学中心（University of Pittsburgh Medical Center），有一只猴子成功地用它的意念移动了一个机械臂，即为著名的案例。[5]

---

[5] M. Baum, "Monkey Uses Brain Power to Feed Itself With Robotic Arm", *Pitt Chronicle* September 6, 2008. http://www.chronicle.pitt.edu/story/science-technology-monkey-uses-brain-power-feed-itself-robotic-arm.

194　　值得一提的BMI主要学者中，有巴西人米格尔·尼科莱利斯（Miguel Nicolelis），他在达勒姆（Durham）的杜克大学工作；他倡导的方法是使用分布在大脑很大区域上的许多电极，以减少单个电极产生的反应的多变性。其他重要的研究团队——开发了BMI和能够解码神经信号的算法——包括布朗大学的约翰·多诺霍（John Donoghue）、匹兹堡大学的安德鲁·施瓦茨（Andrew Schwartz）和加州理工学院的理查德·安德森（Richard Andersen）。

　　我们可以在各种各样BMI设备之间做出的一个区分与侵入性的程度相关：因此，我们有侵入性、部分侵入性和非侵入性的BMI。非侵入性BMI的一个典型例子是著名的BrainGate，由与DARPA相关的美国公司Cyberkinetics生产[6]；BrainGate是一款芯片（配备了96个电极），在2005年被植入马特·内格尔（Matt Nagle）的大脑皮层长达9个月，马特是一名四肢瘫痪患者，多亏了该设备，他生平第一次能够控制机械臂。此人还成功控制了个人电脑屏幕上的光标，以改变电视频道和开灯关灯，所有这些都是通过意念进行的。部分侵入性的BMI基于将相关设备植入患者的颅骨，但不是直接植入大脑；它们使用各种技术来测量大脑的电活动，例如脑皮层电图——一种类似于脑电图的程序。最后，我们有非侵入性的BMI，它通过非侵入性的技术读取大脑活动，例如脑电图或者磁共振。

　　与神经技术类似，我们必须提到非常吸引超人类主义者的一个主题，即脑模拟（brain simulation）——换句话说，试图在计算机上重现日益复杂的动物直至人类的整体大脑活动。一些动物大脑已经被绘

6　http://www.cyberkinetics.com/.

第七章 / 殖民心智

制,并且至少部分地被使用适宜的软件进行了模拟。例如,秀丽隐杆线虫——一种简单的线虫——的大脑仅由302个相互连接的神经元和5000个突触组成,于1985年被绘制[7],并于1993年被部分模拟[8]。尽管只需要处理像秀丽隐杆线虫这样简单的神经系统,我们仍然无法理解神经系统是如何产生这种生物体的相对复杂的行为的。[9]果蝇的大脑也已被仔细地研究,且已得到了一个简化的模拟。[10]

在这个领域,"大师"的角色可能要属于亨利·马克拉姆(Henry Markram),一位南非-以色列学者,也是洛桑联邦高等理工学院(École Polytechnique Fédérale de Lausanne)的"蓝脑计划"(Blue Brain Project)负责人。[11]该项目于2005年启动,代表着尝试通过分子层级的哺乳动物大脑的逆向工程来创造一个合成的大脑;最终目标是研究大脑的结构和功能原理,以期弄清意识的本质。

蓝脑计划基于一台安装了NEURON软件的IBM蓝色基因超级计

---

[7] M. Chalfi, J. E. Sulston, J. G. White, E. Southgate, J. N. Thomson, and S. Brenner, "The Neural Circuit for Touch Sensitivity in Caenorhabditis Elegans", *The Journal of Neuroscience* 1985, No. 5 (4), pp. 956−996. http://www.jneurosci.org/content/5/4/956.full.pdf.

[8] E. Niebur and P. Erdos, "Theory of the Locomotion of Nematodes: Control of the Somatic Motor Neurons by Interneurons", *Mathematical Biosciences* 1993, No. 118 (1), pp. 51−82. http://www.ncbi.nlm.nih.gov/pubmed/8260760.

[9] R. Mailler, J. Avery, J. Graves, and N. Willy, "A Biologically Accurate 3D Model of the Locomotion of Caenorhabditis Elegans", 2010 International Conference on Biosciences. pp. 84−90, March 7−13, 2010. http://www.personal.utulsa.edu/~roger-mailler/publications/BIOSYSCOM2010.pdf.

[10] P. Arena, L. Patane, and P. S. Termini, "An Insect Brain Computational Model Inspired by Drosophila Melanogaster: Simulation Results", The 2010 International Joint Conference on Neural Networks (IJCNN). http://ieeexplore.ieee.org/xpl/login.jsp?tp=&arnumber=5596513&url=http%3A%2F%2Fieeexplore.ieee.org%2Fxpls%2Fabs_all.jsp%3Farnumber%3D5596513.

[11] http://bluebrain.epfl.ch/.

算机（该软件由耶鲁大学的学者迈克尔·哈因斯［Michael Hines］开发），不仅能够模拟神经网络，还基于神经元的真实模型。该计划的初始目标——已经在 2006 年达成——是模拟大鼠的新皮层柱，即新皮层的最小功能单位。现在，这些科学家正在"人脑计划"（Human Brain Project）的框架下追求一个双重目标，即在分子水平上进行模拟（以研究基因表达对我们的神经系统的影响）以及简化模拟皮层柱的程序，以便我们到时候可以模拟多个相互连接的皮层柱——为了实现对整个人类新皮层的模拟，人类新皮层由大约多达 100 万个皮层柱组成。[12]

我们所给出的只是一点皮毛，而神经技术和神经工程领域远不止这些；我们邀请您自行深入这个迷人的领域，现在让我们转入超人类主义者提出的建议，谈一谈把一个人的心智转移到一个不同的、非生物基质中的可能性。在这里，我们终于说到心智上传了。

7.3 逃离身体

超人类主义的另一棵常青树心智上传也被称为心智转移或者全脑仿真。它基本上是将个体有意识的心智从承载它的大脑复制或者转移到不同的、人造类型的基质中去——但仍旧能够支持其所有功能。实际上，大脑——无论是死的还是活的——都将被以非常详细的方式进行扫描和绘制；通过这种方式收集到的数据将必须被上传到一台相当强大的计算机上（不消说，这台计算机尚未存在），然后它将必须复制被"上传"的主体的所有认知和行为方面。因此，从肉体中解放的心智

---

[12] http://www.humanbrainproject.eu/.

第七章 / 殖民心智

可以占据一个机器人身体或者另一个为此合成的生物身体，或者它可以决定生活在网络上或者它喜欢的虚拟现实中——与真实的世界完全没有区别。

这样说来，它看上去似乎只是一个程序的问题，也就是说只需要等待足够强大的计算机和足够先进的扫描技术的发展，好啦，数字的永生就实现了。实际上，正如我们将看到的，这里涉及很多哲学问题。当然，全脑仿真被许多非超人类主义的学者视为计算神经科学和强人工智能研究的自然而然的出路。

首先，让我们看一看最严格的哲学和科学问题，从人脑的主要特征开始：它的极度复杂。根据最新的评估[13]，它相当于大约 860 亿个神经元，通过被称为轴突和树突的"钩子"相连接，形成神经元之间的突触，由特定化学物质即神经递质调节的信号会穿过这些突触。所有这些连续不断的电化学活动产生或者"分泌"出心智。有可能将心智"上传"至不同的基质这一想法基于这样一种观念，即心智没有"属灵的"品质，或者毋宁说，它并不是独立于身体、无实体且属于上帝的物质。另外一个假设显然是，有朝一日，机器将能够思维——这种观念得到一些杰出的神经科学家和计算机科学学者的支持，例如马文·明斯基[14]、道格拉斯·霍夫斯塔特（Douglas Hofstadter）[15]、克里斯托夫·科

---

13 J. Randerson, "How Do Many Neurons Make a Human Brain? Billions Fewer Than We Thought", *The Guardian* February 28, 2012. http://www.theguardian.com/science/blog/2012/feb/28/how-many-neurons-human-brain.

14 M. Minsky, "Conscious Machines", in Machinery of Consciousness, Proceedings, National Research Council of Canada, 75th Anniversary Symposium on Science in Society, June 1991. http://kuoi.org/~kamikaze/doc/minsky.html.

15 http://spectrum.ieee.org/computing/hardware/tech-luminaries-address-singularity.

赫（Christof Koch）和朱利奥·托诺尼（Giulio Tononi）[16]。这种假设是必需的，因为我们上传的心智随后需要一个计算基质，使其能够继续"生存"——即"运行"在一台强大到至少能够复制人类的能力和特征的计算机上。因此，在这一切的底部，需要有足够的计算能力，这种能力目前还不具备——尽管一些未来学家如库兹韦尔，认为在未来几十年内将会具备这种能力。然而，目前很难知道这样一项事业需要多少计算能力——但是我们可以想象一定要非常高，考虑到天文数字般的需要绘制的连接数量。

然而，中心问题依然是被上传的心智的身份认同问题：持怀疑态度的人——我承认我就是其中之一——认为，尽管被复制的心智包含与原始心智完全相同的记忆、情感和心理特征，它也不会认同后者，而是仍然保持自己的身份，即一个副本——如果复制可以在避免解剖原始大脑，也就是说主体依然存活的情况下进行，这一事实将变得更加明显。还需要确定的是，一个人的记忆必须保留多少才可以说这是"相同的"人；例如，如果没有童年记忆，这算是同一个人吗？

但是如果一个人可以被定义为一个简单纯粹的信息的集合，那么将其复制到一台计算机上将成为永生的一种形式，即所谓的"数字永生"。华盛顿大学的生物老年学家乔治·M. 马丁（George M. Martin）在1971年首次提出这一提议。[17]因此，看上去心智上传无非是一种欺骗死亡、获得永生的尝试。这是一种世俗的永生，它将允许我们通过我们

---

16 C. Koch and G. Tononi, "Can Machines Be Conscious?", *IEEE Spectrum* 2008, Vol. 45, No. 6, pp. 55–59. http://ieeexplore.ieee.org/xpl/articleDetails.jsp?reload=true&arnumber=4531463.

17 G. M. Martin, "Brief Proposal on Immortality: An Interim Solution", *Perspectives in Biology and Medicine* 1971, No. 14 (2).

第七章 / 殖民心智

的"虚拟化身"永远逃离肉体的奴役——类似于《第二人生》中的化身,但是有更多细节。

然而,在现实中,这个问题远未解决;支持心智上传的超人类主义者通常说个人身份是模糊的,边缘不清,以此来处理这个问题。对于费城德雷塞尔大学(Drexel University)的人工智能学者布鲁斯·F. 卡茨(Bruce F. Katz)教授而言,自我事实上是虚幻的[18],因此人们可以想象将某些心理特征复制到一种新的媒介中,将副本视为与原作保持着完美的连续性。[19] 安德斯·桑德伯格取消了这个问题,他说:"如果我们能够接受变老,我们或许就能接受被转移到计算机中。"[20]这位超人类主义的思想家借此实现了真正的概念的飞跃,它绕过了著名的"忒修斯之船"(Theseus ship)的问题。这是一个由以下问题引起的悖论。假设我们有一个由几个部件组成的物体——比如一艘船,但实际上也可能是一个生命体——我们逐次地一点点地替换部件。最后,当我们已经替换掉所有的部件,我们与之打交道的还是同一个初始物体吗?普鲁塔克(Plutarch)在他的《忒修斯传》(*Life of Theseus*)中谈到了这个问题,并且正如你可以想象的,他引发了关于身份和延续性的本质的无尽的哲学辩论——说真的,在普鲁塔克写这个话题之前就已经存在了。简而言之,这是与身份和变化相关的通常的哲学困境,即——如果我们想要用更加哲学化的术语来表达——存在与生成之间的关系。这一关

---

18 不过,这一断言可以通过问这个问题来反对:既然自我是虚幻的,那么一个人为什么要经受这么多的麻烦来保存或者复制它呢?

19 参见 B. F. Katz, *Neuroengineering the Future. Virtual Minds and the Creation of Immortality*, Hingham: Infinity Science Press, 2008。

20 P. Moore, *Enhancing Me. The Hope and the Hype of Human Enhancement*, p. 61.

系被应用到我们感兴趣的主题，即意味着这个问题：如果我们用人工部件逐次地一点点替换一个人的大脑，或者如果我们把心智"复制"到不同的媒介中，我们最终会得到一个相同的人还是不同的人呢？没有必要继续讨论这个问题（相信我，我们将找不到出路），但是让我们记住，关于这个主题的假设有很多，而且全都似乎或多或少有支持它们的好理由。

撇开哲学问题，我们如何实现心智上传呢？我们可以尝试对我们想要上传的人的大脑中所有的神经元之间的连接进行非常细致的扫描——前提是我们的初始假设是正确的，即人的个性"包含在"脑微观结构中。然而，如果涉及的对象还没有死亡，那么这将会是谋杀，因为大脑组织将被细致地破坏。这种破坏性的扫描应该已经不太可能了；例如，三年前，斯坦福大学的一个团队设法——多亏了高分辨率的摄影系统——绘制了小鼠大脑的一小部分，详细识别了突触。[21] 前路依然是漫长的，而且目前我们错过了太多的东西，例如神经元表观遗传学——也就是神经元中基因表达的激活模式。此外，即便我们可以对大脑进行快照，我们也只会捕捉到一个瞬间，而不是它的动态性，后者是由不断流动的连接组成的，更像是电影而不是照片。此外，知道连接这回事是不够的：我们还必须了解它做了什么、每一个神经递质是如何通过它的，诸如此类；基本上我们需要一个超精确的大脑化学图谱。

---

[21] "New Imaging Method at Stanford Reveals Stunning Details of Brain Connections", *Medical Daily* November 17, 2010. http://www.medicaldaily.com/new-imaging-method-developed-stanford-reveals-stunning-details-brain- connections-234704.

第七章 / 殖民心智

另一种可能性是冷冻大脑,然后逐片地详细扫描和分析这一器官——在这种情况下,患者应该已经死亡,而且最好接受冷冻悬挂。这样一来,你可以非常冷静地进行作业,例如使用扫描电子显微镜。

如果你正在处理的是还活着的大脑,你也可以试着创建一个功能性的大脑三维图谱,例如通过使用已经提及的大脑成像系统——但由于当前成像系统的分辨率还不够,缺乏必要的计算能力,我们还无法做到这一点。正如我们所说,神经模拟是存在于超人类主义之外的一个研究领域,它促使我们绘制以及至少部分地模拟不同动物物种的神经系统。

根据桑德伯格的说法,我们需要一种混合扫描仪:"它不能是传统的光学显微镜或者电子显微镜。……它将是不同技术的组合;它将是尚未建造的一种新型的显微镜。其组件似乎已经或多或少在流通中了。"[22]彼得·彼得斯(Peter Peters)是电子显微镜领域的顶尖研究者,根据他的说法,目前人们每天只能扫描 0.2 立方毫米的脑组织,而完成一次全面的扫描需要一亿九千万天。桑德伯格提出,至于未来,与其使用单个的显微镜,不如使用"一种上传流水线,上面配置的成百上千个显微镜可以同时执行自动扫描"[23]。一个基本的问题仍然存在,即人们往往假设大脑像计算机一样发挥作用(我们知道计算机是如何工作的,因为我们建造了它们),而事实上,大脑或许是一个远为复杂的系统,尤其是它可以动态地自我修改,因此了解大脑网络在某一特定时刻的状态只是一个开端。就连桑德伯格也承认,目前没有技术能够做到心智

---

22 P. Moore, *Enhancing Me. The Hope and the Hype of Human Enhancement*, p. 56.
23 Ibid., p. 57.

上传，更不用说在不损伤大脑的情况下这样做了。最终，这位思想家对通常的纳米技术表示了怀疑，特别是建议用纳米机器充满我们的大脑，并让它们中的每一个勾住特定的神经元且收集我们所需的信息。桑德伯格和他的同事尼克·博斯特罗姆意识到了哲学上的问题，他们倾向于谈论全脑仿真。至于卡茨，他通过接受上文提到的与忒修斯之船相关的假设之一，以及提出"心智的渐进转移"来规避哲学问题：大脑与神经假体相连接，神经假体基本上成为大脑的一个部分；然后其他的假体与它们相连接，依此类推；最终，我们进入到对原始大脑的逐步"消灭"，这种渐进主义应该能够确保原始意识与上传意识之间的本体论的延续性。不过这种版本的心智上传也并非没有问题。这个渐进的过程要渐进到什么程度才能保持个体的身份呢？这只是一个速度的问题吗？还是在第一种和第二种心智上传之间存在着特定的本体论差异呢？

在这一点上，我们问自己：除开永生，我们为什么要把我们的心智上传到一个非生物的支撑物中去呢？实际上，心智上传的支持者表示，优势是多方面的。首先，是速度：上传的心智可以比大脑中的心智思维速度快得多，即便它不一定更聪明。事实上，我们的神经元通过电化学信号以每秒钟 150 米的最大速度"通信"，而人工心智则以光速运行（每秒钟三十万公里或者三亿米），是前者速度的两百万倍。另外，神经元每秒钟最多产生一千个"动作电位"（实际上是激活峰值），而在这种情况下，芯片的速度也快了两百万倍，而且还在增长。在实践中，对于这样的心智来说，主观的一年只是几秒钟的事。

其次，我们能够以低到离谱的成本在太空中旅行——将整个虚拟人社区"上传"到宇宙飞船上，使得他们在等待到达目的地时可以在一

第七章 / 殖民心智

个模拟的环境中生活——或者我们甚至可以通过无线电把宇航员的心智从一个地方传输到另一个地方。

人们甚至可以想象把自己"划分"为多个副本的可能性,每一个可以过上不同的生活,在最后才重新联合,重组最初的自我——这个自我显然已经被新的经历难以估量地充实了;人们还可以想象分裂成多个自我,沿着不同的路径穿越银河系,最后在遥远的另一端相会,举行一场"重聚派对"。[24] 更普遍地说,我们可以改变和放大我们的情绪,拥有一个能够随心所欲改变性别和外表的虚拟身体,让自己沉浸在超现实的虚拟世界中。因此,我们可以放一个"抽离自身的精神假期",自由地修改我们或多或少根深蒂固的心理范畴,从而成为部分或者完全不同于我们自己的另一个心智 / 人。最后,还有多任务处理的主题:人类以串行的方式工作,也就是说他们接受一项任务并将其分解为较低的活动单元,然后每次执行一个。相反,一个上传的心智可以被编程为同时执行多个任务,并行不悖。

现在让我们看一看心智上传的支持者们;名单上的第一个人显然是马文·明斯基。然后,我们有乔·斯特劳特(Joe Strout),他是一个活动家,在1993年创建了首个致力于该主题的网站,取名为心智上传主页(Mind-Uploading Home Page)[25];他在这种可能性中看到了以科学手段实现身体复活的替代方案。接下来,显然我们有欧洲超人类主义的两位"巨匠",安德斯·桑德伯格和尼克·博斯特罗姆,他们撰写了一

---

24 这个想法由超人类主义者基思·汉森(Keith Henson)提出,他将其称之为"遥远边缘的派对"(Far Edge Party)。参见 https://lifeboat.com/ex/bios.h.keith.henson。

25 http://www.ibiblio.org/jstrout/uploading/。

份关于人脑模拟的非常详细的报告:《全脑仿真:一份路线图》(*Whole Brain Emulation: A Roadmap*)。[26] 我们还要提到库兹韦尔,稍后我们会专门介绍他,对于他来说,人工智能将使得心智上传和人类大脑的逆向工程成为可能。[27] 然后是伊恩·皮尔森(Ian Pearson,英国电信未来学部分的负责人),他断言,到2050年,人类将能够把他们的意识转移到计算机中,从而实现虚拟不朽。[28] 最后,我们要认识兰德尔·A.科恩(Randal A. Koene),他是心智上传的大师,荷兰计算神经科学、神经工程和信息理论学家。科恩是超人类主义者中的一员,曾在2008—2010年之间担任西班牙高科技公司 Tecnalia 的神经工程部门的主管,他创立了神经假体和全脑仿真科学协会(Society of Neural Prosthetics and Whole Brain Emulation Science)[29],一个明确地致力于心智上传的协会。该组织随后更名 carboncopies.org[30],事实上是一个监测技术进步的网络,这些技术引导我们从创建部分神经假体发展到对整个大脑功能的假体模拟,该组织近期争取建立一个对此范围感兴趣的研究者的网络。其长远目标则显然是创造一个 SIM,即独立于基质的心智(Substrate-Independent Mind)。

那么,这些就是与心智上传有关的思想和人物。与此同时,辩论是

---

26 A. Sandberg and N. Bostrom, *Whole Brain Emulation: A Road Map*. Technical Report # 2008 3, Future of Humanity Institute, Oxford: Oxford University, 2008. http://www.fhi.ox.ac.uk/brain-emulation-roadmap-report.pdf.

27 R. Kurzweil, *The Singularity Is Near*, pp. 198-203.

28 "Brain Downloads 'Possible by 2050'", *CNN.com International* May 23, 2005. http://edition.cnn.com/2005/TECH/05/23/brain.download/.

29 http://www.minduploading.org/.

30 http://www.carboncopies.org/.

第七章 / 殖民心智

激烈的；例证之一是2012年6月版的《国际机器意识杂志》(*International Journal of Machine Consciousness*)，这期杂志完全致力于心智上传的主题。对于埃克塞特大学（University of Exeter）的哲学家迈克尔·豪斯凯勒（Michael Hauskeller）来说，没有理由认为对人脑的模拟（不管多么精确）最终会产生意识，因为从逻辑形而上学的角度来看，这一点毫不明显——模拟的心智可以被视为原始自我的延续。[31] 根据兰德尔·A.科恩的说法，甚至没有必要完全了解人类大脑，只需要有能力复制其基本计算元素的功能行为，即突触反应等，他认为这个目标已经可以通过今天的技术实现。[32]

哈佛学者肯尼斯·J.海沃斯（Kenneth J. Hayworth）认为，心智上传当然是可能的，但是远远超出了我们目前的能力。[33] 对于米尔萨普斯学院（Millsaps College）的帕特里克·D.霍普金斯（Patrick D. Hopkins）来说，"心智转移"是不可能的，或者毋宁说，它不会是真正的转移，而且此观念会暴露出一个基本的二元论偏见——也就是说，在把心智和心理基模视为可以被转移的"物体"时，超人类主义者会参考——与他们的唯物主义的"官方"立场相反——不比"灵魂"或者"鬼魂"更清楚

---

31 M. Hauskeller, "My Brain, My Mind, and I: Some Philosophical Assumptions of Mind-uploading", *International Journal of Machine Consciousness* 2012, Vol. 4, No. 1, pp. 187-200. http://www.worldscientific.com/doi/pdf/10.1142/S1793843012400100.

32 R. A. Koene, "Experimental Research in the Whole Brain Emulation: The Need for Innovative in Vivo Measurement Techniques", *International Journal of Machine Consciousness* 2012, Vol. 4, No. 1, pp. 35-65. *International Journal of Machine Consciousness* 2012, Vol. 4, No. 1, pp. 187-200. http://www.worldscientific.com/doi/pdf/10.1142/S1793843012400033.

33 K. J. Hayworth, "Electron Imaging Technology for Whole Brain Neural Circuit Mapping", *International Journal of Machine Consciousness* 2012, Vol. 4, No. 1, pp. 87-108. http://www.worldscientific.com/doi/pdf/10.1142/S1793843012400057.

的概念。[34] 最后，还有像芬兰学者卡伊·索塔拉（Kaj Sotal）和哈里·瓦尔波拉（Harri Valpola）这样的人，他们喜欢想象这样的场景，即人类的心智——上传的或者通过神经假体连接的——最终会永远地融合在一起，消解了个人身份的边界。[35]

7.4 无限的智能

将大脑与计算机连接，或者把心智转移到一个数字媒介上，在这样的想法中隐含着放大我们的智力的可能性：将其扩展至远超此前我们近40亿年的进化所被赋予的极限。

增强人类智力的想法——被称为智能放大（intelligence amplification）、机器增强智能和认知增强——事实上并不是最近才有的，早在20世纪五六十年代就由一些控制论和计算机科学的先驱提出了。换句话说，它是运用计算机技术来提高人类智力。

引入智能放大概念的第一人是英国学者威廉·罗斯·阿什比（William Ross Ashby），他在1956年的著作《控制论导论》（*Introduction to Cybernetics*）中明确地谈到了"放大智能"。对于阿什比来说，"问题解决"是一个适当的术语，由于几乎所有的逻辑问题——例如那些可以在谜题杂志中找到的问题——都能被归结为一个共同的形式，即要

---

[34] P. D. Hopkins, "Why Uploading Will Not Work, or The Ghosts Haunting Transhumanism", *International Journal of Machine Consciousness* 2012, Vol. 4, No. 1, pp. 229–243. http://www.worldscientific.com/doi/pdf/10.1142/S1793843012400136.

[35] K. Sotala and H. Valpola, "Coalescing Minds: Brain Uploading-Related Group Mind Scenarios", *International Journal of Machine Consciousness* 2012, Vol. 4, No. 1, pp. 293–312. http://www.worldscientific.com/doi/pdf/10.1142/S1793843012400173.

第七章 / 殖民心智

求"问题解决者"选择给定集合中的某个元素。如果智能可以被归结为"适当的选择",那么我们可以想象这种能力能够扩展至超越当前的限制。

但首位提出通过与机器的互动来增强人类智力的是美国计算机科学家和心理学家约瑟夫·利克莱德(Joseph Licklider),他在1960年的一篇著名的技术文章《人机共生》("Man-Computer Symbiosis")中假设,将人类和计算机联系起来可以使二者在多个方面互补。利克莱德设想未来人脑和计算机将进入一种非常密切的共生关系,而且这种无与伦比的配对能够像人类从未做到的那样思考,并比计算机更好地处理数据。[36]

在利克莱德之后,轮到了美国工程师和发明家道格拉斯·恩格尔巴特(Douglas Engelbart),他是第一个分享机器将使我们更好地思考的愿景的人。特别是对于恩格尔巴特来说,技术使我们能够操纵信息,而这将导致更先进技术的发展。这位学者的目标是开发能够直接操纵信息的技术,以及创建促进个体和群体的智力工作的系统。他的思想在1962年的一份报告《增强人类智力:一个概念框架》(*Augmenting Human Intellect: A Conceptual Framework*)中被表达,在报告中作者声称,"增强人类智力"意味着:

> ……提升处理复杂问题的能力,获得理解力以适应特定需求,并得到问题的解决方案。在这方面提升的能力有:更好的了解,更好的理解,在原本过于复杂的情况下获得一定程度的理解的可

---

36 参见 J. C. R. Licklider, "Man-Computer Symbiosis", *IRE Transactions on Human Factors in Electronics* 1960, Vol. HFE-1, pp. 4–11. http://groups.csail.mit.edu/medg/people/psz/ Licklider.html.

能性，更快速的解决方案，更好的解决方案，以及为之前看似无解的问题找到解决方案的可能性。[37]

恩格尔巴特的"复杂情况"包括与外交官、管理人员、社会科学家、生物学家、物理学家、律师和规划师相关的专业问题，无论这些问题是如何产生的。这些思想随后导致了增强人类智力研究中心（Augmented Human Intellect Research Center）的诞生——位于门洛帕克的斯坦福国际研究所（Stanford Research Institute International）——并导致或者助力于超文本等物理和概念工具的出现。

因此，我们终于来到了增强认知（augmented cognition）这里——代号 AugCog——一个处于计算机科学、神经科学和认知心理学之间的当代研究领域。在 AugCog 的背后潜伏着通常的嫌疑人——DARPA 的那些家伙。在这个领域，他们旨在开发测量人类信息处理和用户认知状态的系统。增强认知的另一个目标是创造一个闭路系统，根据用户的认知能力调节其接收的信息流。然后，还有注意力的增强，这是一项在你必须迅速决策的情况下非常有用的技能——例如在战场上。简而言之，该机构似乎想要开发专门的高科技工具，例如 CogPit，一种"智能"驾驶舱，可以设法与飞行员"步调一致"，通过监控她/他的脑电波，过滤掉无用的信息等手段。[38] 所有这些在理想情况下都将把我们引

---

37 D. Engelbart, *Augmenting Human Intellect: A Conceptual Framework*, Summary Report AFOSR-3233, Stanford Research Institute, Menlo Park, CA, October 1962. http://www.dougengelbart.com/pubs/augment-3906.html.

38 DARPA 在这方面有大量想法，可以从他们制作的特别纪录片《增强认知的未来》(*The Future of Augmented Cognition*) 看出。http://ieet.org/index.php/IEET/more/ augcog2007.

第七章 / 殖民心智

向更进一步的设备（目前纯粹是假想的），深受人机交互理论家、科幻小说作者和超人类主义者喜爱的：外部皮层（exocortex）。

这里所讨论的设备是一种人工的外部信息处理系统，应该可以增强大脑的认知过程。它应当由能够与人类大脑皮层交互的外部处理器、程序和硬盘组成——在实践中，通过与大脑皮层的直接连接——以至于用户应当感觉外部皮层是其心智的延伸。术语"外部皮层"是由加拿大认知心理学家和计算机科学家本·休斯顿（Ben Houston）于1998年创造的，以确切地表示利克莱德和恩格尔巴特理论上构想的密切的脑机耦合。[39] 在这个正式定义之前，科幻小说作家例如威廉·吉布森和弗诺·文奇（Vernor Vinge）在1984年分别出版的《神经漫游者》和《和平战争》（The Peace War）中想象了类似的设备。但是，第一个在科幻世界中传播这一概念的是超人类主义者非常钟爱的一位作家，英国人查尔斯·斯特罗斯（Charles Stross），他在2005年的作品《加速》（Accelerando）中写到被外部皮层包围的人类，该外部皮层由分布式代理器和实用雾之云支持的人格线索组成。

然后，外部皮层牵着我们的手，把我们引向另一个典型的超人类主义概念，即"超级智能"（super-intelligence）——超人类主义者用这个术语既指代优于我们的假想人工智能，也指代我们和我们的后人类后代所共有的智力能力。博斯特罗姆将超级智能定义为在几乎任何领域都比最优秀的人类要聪明得多的心智，包括科学创造力、一般智慧和社交技能。[40] 有两件事值得一提。首先，超人类主义者对于用怎样的手

39　http://exocortex.com/.

40　N. Bostrom, "How Long before Superintelligence?", *Linguistic and Philosophical Investigations* 2006, Vol. 5, No.1, pp. 11-30. http://www.nickbostrom.com/superintelligence.html.

段来实现这种超级智能没有特别的偏向：事实上，我们可以借助机器（即创造能够自我增强的人工智能）或者借助生物技术（即产生越来越聪明的人类）；后者是大卫·皮尔斯提出的假设之一，在这方面他谈到了"生物奇点"（bio-Singularity）。[41]人们也可以通过同时使用两种手段达到目的，或者将机器与人类融合为更高级的综合体。其次，面对那些认为超人类主义在哲学上幼稚的批评者——超人类主义者区分了"弱"超级智能和"强"超级智能。前者处于人类智能的水平，但是更快；它也可以被视为在量上克服智人计算局限的方式，正如布鲁斯·卡茨所阐述的那样。[42]我们的第一个心智限制无疑是所谓工作记忆的限制，有人将其与短期记忆混淆，即或多或少详细地记住发生在片刻之前的事件的能力。工作记忆实际上是一种同时处理一定数量的心智对象的能力，这种功能受控于著名的"神奇的数字7，正负2"法则。基本上，我们的即时意识可以同时处理5到9个心智对象，取决于具体情况——不管是图像、数字还是其他任何东西。普林斯顿大学的心理学家乔治·A. 米勒（George A. Miller）在20世纪50年代发现了这一局限。[43]这

---

[41] D. Pearce, "The Biointelligence Explosion. How to Self-improve Organic Robots Will Modify Their Own Source Code and Bootstrap Our Way to Full-spectrum Superintelligence", 2012. http://www.biointelligence-explosion.com/.

[42] B. F. Katz, *Neuroengineering the Future. Virtual Minds and the Creation of Immortality*, Hingham: Infinity Science Press, 2008.

[43] G. A. Miller, "The Magical Number Seven, Plus or Minus Two: Some Limits on Our Capacity for Processing Information", *Psychological Review* 1956, Vol. 101, No. 2, pp. 343-352. 最近的研究似乎表明，这个"神奇数字"小于7；最有可能的是不大于4。http://www.psych.utoronto.ca/users/peterson/psy430s2001/Miller%20GA%20Magical%20Seven%20Psych%20Review%201955.pdf.

第七章 / 殖民心智

种能力对于我们的认知过程至关重要，因为我们能够处理的对象越多，我们的论证和推理就会越详细。尚不清楚这种能力是否可以通过锻炼得到改进，但是它一定可以通过我们未来的心机接口来升级。接着是长期记忆的问题——对于所有渴望永生的人来说格外重要，因为他们将必须找到一种方法来有效地储存他们的千年记忆。卡茨引用了美国心理学家托马斯·兰道尔（Thomas Landauer）的论文——说实话，有点过时了，对于后者来说，长期记忆的容量实在可笑，大约一百兆字节，实际上相当于 80 年代——也就是这位学者写作该文的年代——一个硬盘的容量。[44] 我们不能保证这项研究的可靠性（一百兆字节对我们来说相当小），但是我们的长期记忆当然有其局限性，对此未来的神经技术可能会找到方法来克服。但是问题不止于此；在这方面，卡茨列举了我们在信息处理速度和效率方面的局限，理性思维应用的局限（众所周知人类有非理性），创造过程的反复无常和随机性，以及不可能同时专注于超过一个问题——在那些或许是为了给员工施加压力，于是宣扬多任务处理的美德的人面前。

另一方面，"强"超级智能代表着从质的角度高于人类水平的智力水平。因此我们面对的是超越我们自身的心智，而且我们本质上不能理解它。[45] 在这方面，米哈尔·阿纳西莫夫（Michal Anassimov）告诉我们："真正的超级智能是极端不同的东西——一个人能够看到被整个人类所忽略的明显的解决方案，构思和实施最伟大的天才也从未想到的先进

---

[44] T. K. Landauer, "How Much Do People Remember? Some Estimates of the Quantity of Learned Information", *Cognitive Science* 1986, 10, pp. 477–493. http://csjarchive.cogsci.rpi.edu/1986v10/i04/p0477p0493/MAIN.PDF.

[45] http://www.transvision2007.com/page.php?id=260.

的计划或概念，在最基本的层面理解和重写他们的认知过程，等等。"[46]

然而，超人类主义者倾向于 360 度解决问题，这也适用于智能问题。特别是他们中间的一些人已经处理过的主题——通常超出了人工智能理论家和 AugCog 专家的兴趣范围——是智慧的问题。对于这种美德可以给出各种定义；我们乐于把它看作一种通过经验获得的能力，可以在每天的现实中游刃有余，可以在行动时减少生活带来的摩擦，并更好地管理我们所处的情境和关系，不管碰巧发给我们的牌如何。当然，永生的人类至少有一千年甚至数千年的寿命，所以我们可以想象在生物学上与我们类似但是背后有一千年经历的人类，他们有着独特的世界观，以及远比存在过的任何"智者"都有远见的现实管理风格。尽管如此，仍然可以想象对人类智慧的进一步"帮助"，以娜塔莎·维塔-莫尔提出的建议的形式，即传统理解的智慧的新版本——或者，我们愿意的话，可称之为升级版。她的想法是结合两种未来的技术，AGI——通用人工智能（artificial general intelligence）——和纳米技术宏观感应。第一种包含一个正在进行中的研究领域，旨在开发能够学习，从而获取新知识的人工智能——与传统的人工智能不同，后者已经把知识嵌入到其编程中，并着眼于解决即时问题。AGI 是一种类似于尤德科夫斯基在理论上创建的种子人工智能（Seed AI）的概念，即一种为自我改变和自我理解而编程的人工智能，触发自我改进的良性循环。[47] 宏观感应纳米技术是弗雷塔斯的一个理念，它意味着在整个人体——尤其是神经系统，虽然不仅仅是在神经系统——散布纳米传

---

[46] M. Anissimov, "Top Ten Cybernetic Upgrades Everyone Will Want". http://www.acceleratingfuture.com/michael/blog/2007/01/ten-transhumanist-upgrades-everyone-will-want/.

[47] E. Yudkowsky, "What is Seed AI", 2000. http://www.singinst.org/seedAI/seedAI.html.

第七章 / 殖民心智

感器，它们能够监测体内和体外状态，即对象的心理生理状况以及来自感觉器官的数据，以便优化——超过我们的自然感觉器官所能做到的——管理来自外部和内部世界的数据。将这两种技术联合起来，并把它们和人脑结合，将为后者提供永久的生活智能，一种"个人的神谕"，简而言之——几乎就像是苏格拉底所说的恶魔——随时准备在我们有要求时提供建议，并且与我们的自我保持一定程度的亲密和联系，而这个自我是随意变化的。简而言之，这是一种超级超我（super-super-ego），没有弗洛伊德式超我的压抑和精神致病功能。[48]

现在是时候提到超人类主义事业的另一个核心项目了，这个项目和我们迄今所见的非生物或者反生物的提案大相径庭。我们说的是由世界超人类主义协会的创始人之一大卫·皮尔斯制定的项目。我们必须牢记以下附言：和其他超人类主义者截然不同，这位英国哲学家提出的对人脑的重建，不是基于神经工程，而是基于生物技术。

---

48 N. Vita-More, "Wisdom [Meta-Knowledge] through AGI/Neural Macrosensing". http://www.natasha.cc/consciousnessreframed.htm.

第八章

灵魂的光明日子

8.1 享乐主义要务

坦率地说，如果不能从此过上幸福的生活，永远活着又有什么意义呢？换句话说，我们想让我们充斥着混乱和麻烦的平凡生活永无止境地延续下去吗？像狗一样不停工作，在落雨的周日下午百无聊赖，为了爱情或者为了缺乏爱情而痛苦，感到孤独，诸如此类？简而言之，为什么会有人永永远远重复生活的平庸乏味呢？

别担心，伙计们：超人类主义为你们的存在主义问题和潜在的倦怠感准备了所有的解决方案。让我向你们介绍一位出色的英国独立哲学家大卫·皮尔斯，他在 1995 年撰写了一份颇具远见的宣言《享乐主义要务》。[1]

他的目标确实雄心勃勃，是"在一切有知觉力的生命中消灭痛苦"。重新编程我们的神经系统，当然，还有摆脱我们的达尔文主义的过去，使用的是超人类主义者推荐的常用工具，也就是说，生物技术和分子

---

[1] https://www.hedweb.com/.

纳米技术。而且这不仅仅关于我们的身体，而且关于整个地球生态系统，关于每一种生物，以至于在后人类将为每个人设计建造的幸福蒙恩的世界中，没有其他物种必须遭受痛苦。

当然，痛苦和悲伤之所以存在，是因为它们满足了一种进化的需求。毕竟，当我们触碰到极烫的东西时，我们需要感受到疼痛，否则我们不会把手缩回来，那么我们的身体就会严重受伤。但是如果我们能找到一种方法，用另一种纯粹建基于幸福或者美好生活的梯度，而非传统的、普世的——遍布动物世界——痛苦-快乐轴（pain-pleasure axis）的动机系统来取代我们古老的、基因驱动的动机系统呢？更妙的是：我们可以重新校准这个轴，以便我们能体验到我们受进化限制的大脑难以想象的程度的快乐、幸福、宁静和进取。

因此，看上去皮尔斯是一个有计划的人，而且有着非常大胆的计划，尽管他承认他的计划还很粗略，且还只是一个宣言，需要进一步的阐述以及来自神经科学界的认可。

他使用的语言显然是还原主义的：例如，在谈到动机的话题时，他使用了"多巴胺加速运作"（dopamine-overdrive）之类的术语，以表明实际上增强像好奇心这样的特征，以及探索性的、目标导向的行为的可能性。毕竟，尽管我们喜欢享受一种深沉而宁静的"血清素激活"（serotoninergic）的状态（血清素是一种神经递质，与情绪调节等功能相关），我们并不想"欣喜若狂"并陷入与我们的生存和进化并不真正兼容的欠佳状态。我们真正想要的是操纵我们的享乐跑步机（hedonic treadmill）尽可能提高我们的享乐设定值（数百万或者数十亿倍，如果真有这回事的话），享受极乐与强大、战无不胜的探索、创造和生活的动机的结合。

第八章 / 灵魂的光明日子

"享乐跑步机"也被称为"享乐适应"（hedonic adaptation），是人类的一种倾向，即便遇到重大的正面或者负面的生活事件，人类仍旧会迅速返回大致稳定的幸福水平。这个术语由菲利普·布里克曼（Philip Brickman）和唐纳德·坎贝尔（Donald Campbell）在他们1971年的论文《享乐相对主义与规划美好社会》（"Hedonic Relativism and Planning the Good Society"）中创造。[2] 在20世纪90年代，这个概念被英国心理学家迈克尔·艾森克（Michael Eysenck）进一步发展成"享乐跑步机理论"，它将人类对幸福的追求比作跑步机上的运动员——也就是说，你必须不停迈步才能保持在原地。与享乐适应性相关的是"幸福设定点"概念，它认为人类在一生中平均而言保持着恒定的幸福水平。从心理学上来说，享乐适应的目的是保持个人对周边环境的敏感性，也就是说，避免自满，保持个人的动力并促进对无法改变的情况的接受。在《彩票中奖者和事故受害者：幸福是相对的吗？》（Lottery Winners and Accident Victims: Is Happiness Relative?）的研究中，布里克曼、丹·科茨（Dan Coates）和罗尼·贾诺夫-布尔曼（Ronnie Janoff-Bulman）研究了彩票中奖者和截瘫患者，表明在最初的通常是戏剧性的积极或者消极变化之后，这些受试者的幸福水平回到了他们通常的平均水平。[3] 2006年，艾德·迪纳（Ed Diener）、理查德·卢卡斯（Richard Lucas）和克里斯蒂·斯科隆（Christie Scollon）得出结论，个人确实有不同的享乐设

---

2 P. Brickman and D. Campbell, "Hedonic Relativism and Planning the Good Society", in M. H. Apley (ed.), *Adaptation Level Theory: A Symposium*, New York: Academic Press, 1971, pp. 287-302.

3 P. Brickman, D. Coates, and R. Janoff-Bulman, "Lottery Winners and Accident Victims: Is Happiness Relative?", *Journal of Personality and Social Psychology* 1978, Vol. 36, No. 8, pp. 917-927.

定点，也就是说，人们在享乐上并不是不偏不倚的，而是有着不同的个人平均幸福水平——而且这些水平至少部分是可遗传和由基因决定的。[4]这一论断得到了大卫·莱肯（David Lykken）和奥克·特雷根（Auke Tellegen）在1996年进行的一项研究的支持，该研究基于对数千对双胞胎的10年监测，得出的结论是几乎50%的个人幸福感是受基因影响的。[5]甚至还有一些证据表明，我们的享乐设定点可以通过化学手段提升，尤其是通过一种特定化合物NSI-189，目前一家美国生物技术公司Neuralstem Inc.正在对其进行实验。

因此，回到《享乐主义要务》，我们想要的是幸福的梯度，而不是永远千篇一律的幸福状态，因为否则我们将对来自外部世界的刺激完全麻木，永远被困在我们内部的乐园中。就好比在200年前，在医学科学开发出强有力的止痛药之前，每个人都以为身体的疼痛是无法摆脱的，甚至是人类存在的必要特征，如今，我们倾向于认为心理的疼痛和欠佳的情绪只是人之所以为人的不可或缺的部分。在不久的将来，我们能够改变我们的心理状态，从此超级幸福地生活，这种想法确实看上去怪异。后人类肯定会有不同的看法；抛开原始的达尔文主义的心智之后，他们将享受"魔法般快乐"的状态，这种状态被生物技术强化、倍增以及大幅差异化。

皮尔斯常用的流行词是"血清素激活的宁静"加上"生猛多巴胺

---

[4] E. Diener, R. Lucas, and C. Scollon, "Beyond the Hedonic Treadmill: Revising the Adaptation Theory of Well-being", *American Psychologist* 2006, Vol. 61, No. 4, pp. 305-314.

[5] D. Lykken and A. Tellegen, "Happiness Is a Stochastic Phenomenon", *Psychological Science* 1996, Vol. 7, No. 3, pp. 186-189.

第八章 / 灵魂的光明日子

兴奋"产生的追求目标的能量。欣快的高峰体验[6]将被引导、控制,并在遗传上多样化。还有一个要记住的概念是"意向对象"(intentional object)——从哲学上讲,"意向性"(intentionality)是我们思想的"对象导向性"(object-directedness)或者"关于"(aboutness)。因此,意向对象是那些我们思考、担心和感到快乐的对象——情况、事物、人,甚至概念。当然,从还原主义和生物学的角度来看,我们将我们的情感生活与这些对象相联系是出于进化的原因,因为它们服务于与我们的基因存活相关的某种目的。但是如果我们通过理性设计,重新规划这些通向个人满足感的"外周路线",并增加我们的意向对象——让我们感到快乐的事物——的数量和种类呢?毕竟处于"超多巴胺"的状态无疑会增加我们追求的活动和目标的数量及种类,而我们后人类的后代可能会享受我们难以想象的存在方式和兴趣。

皮尔斯雄心勃勃的计划的目标是大脑的愉悦中心,位于中脑边缘的多巴胺系统,它是大脑奖赏回路的总部,从腹侧被盖延伸到伏隔核,并投射到边缘系统和眶额叶皮层。为了避免狂躁症和精神病,经过精心设计的超多巴胺和超血清素的结合将为我们提供比我们所能理解的更为壮丽的景观、音乐、神秘状态和直觉。从信息的角度来看,我们的痛苦-快乐轴的体验的绝对位置并不重要。重要的是梯度的差异,这

---

[6] "高峰体验"(peak experience)是由美国心理学家亚伯拉罕·马斯洛提出的概念;简而言之,我们用它来表示所有那些或多或少罕见的时刻,在这些时刻主体感到"与世界和谐共处"或者"完全掌握自己",但与此同时又"和整个世界融为一体"。它是一种具有强烈的存在主义意味的准神秘体验,其中主体感受到一种强烈的"意义的充满",这种感受与他/她的生活以及他/她在世界的位置相关。参见 A. Maslow, *Religion, Values and Peak Experiences*, New York: Viking, 1964。

意味着后人类的幸福梯度和我们目前体验到的疼痛的原始感觉一样信息丰富。重要的是功能，而不是与之相关的原始感觉。皮尔斯确实指出他的计划是粗略的，从神经科学的角度来看，它可能过于简化或者分明是错误的。不过，它只是一个宣言，乐意接受我们想要添加的任何改进和更新。该计划需要修改中脑（皮层）边缘多巴胺系统，增加其神经元的数量。这些神经元的树突和轴突使大脑的更高皮层区受神经支配，皮尔斯称之为"情绪的脑化"。丰富我们的情感和享乐生活意味着中脑边缘多巴胺细胞的增多及其反馈抑制机制的减少，同时注意这一超刺激过程可能的副作用，后者众所周知与精神疾病如精神分裂症相关。这位哲学家倾向于"双轨方法"，即同时增强多巴胺和血清素系统。当然，这种方法看起来粗糙；也的确如此，具体细节需要由未来的科学家在皮尔斯所谓的"享乐工程"或者"天堂工程"中解决。因此，一个重大的过渡似乎正等待着我们——以及整个动物王国。那些有幸生活在其中的人，其生活将经历这种进化过渡的两个方面（地狱般的"人性的、太人性的"一面和天堂般的后人类的一面），他们或许会觉得自己似乎刚刚从一场奇怪、模糊、可怕的梦中醒来。

我们的后人类后代将增强我们的感觉器官的多巴胺和血清素方面，同时取缔任何令人不快的体验的分子基质——比如痛敏肽、P物质和缓激肽等分子，略举几例。

但是我们想要确保后人类不只是欣喜若狂，而是对外在的（或者内在的）意向对象都感到超级快乐。换句话说，在摆脱了基因的暴政之后，我们想要重新定义情绪的脑化，而不是把它们去脑化。我们不想要一个整齐划一、永久的高潮，而是一个"关于"某物好的或者很好的心情。一个我们将要选择的"某物"，从而满足我们的"二阶"欲望——关

第八章 / 灵魂的光明日子

于我们的欲望的欲望。换句话说,通过重新设计新皮层的轴突和树突分支(它使我们能够合理化我们的情绪,将它们与这个或那个意向对象连接起来),我们将依靠自己满足我们的二阶欲望,并决定我们想成为谁或者成为什么,且对目前我们实际上无法理解的事物感到高兴。

例如,"一种前所未有的生动的现实感,一种永远充实的有意义和重要的感觉,一种被加强的真实可靠感,以及永不止息的粗粝的兴奋感——或者是强烈的宁静和精神上的平静。……音乐家可能会听到,且有机会演奏比他或她的前辈梦想过的更令人振奋和神秘美妙的音乐;享受特权的中世纪神秘主义者听到的天体音乐相比之下将有如儿童的玩具锡哨。……感官主义者将发现,以前被当作充满激情的性爱只不过是温和宜人的前戏。肉体凡胎从未了解过的令人沉醉的强烈的情欲快感从此以后将会被所有的朋友和爱人享受。……画家或者视觉艺术的鉴赏家将能够在一百万种不同的伪装中看到荣福直观(beatific vision)的世俗等价物,每一种都有着难以描述的荣耀"。一个全新的存在层面将向我们敞开,当然,我们的语言将必须相应地演变。但是皮尔斯还不止于此:"仍然是在个人方面,脆弱的自尊和摇摇欲坠的自我形象将被美化和重新结晶。在很多情况下,人类将有生以来第一次能够全心全意地爱自己和自己身体的自我形象。……爱也将呈现出新的面貌和化身。例如,我们将不仅能够爱每一个人,还能够永远爱着每一个人;或许我们会比今天我们的基因所编程的腐朽心灵更值得去爱。……后过渡时期的爱的另一个方面可能会更让人惊讶。个体的私人关系终于会真正牢固地结合在一起,如果我们愿意的话。古往今来,传统的爱的方式摧毁灵魂的残酷造成了可怕的痛苦。我们承认,总的来说,我们伤害最深的是我们爱的人。……在另一方面,过渡之后,一个人将能够比以往任何时候都更加热烈地爱某人。在后达尔文主义时代,一个人将知道自己永远不会伤害他们,也不会被他们伤害,从而感到安心。真爱真的可以永远持续下去,尽管负责任的伴侣应该采取预防措施。如果一个人渴望一段特定的关系保持独特和持久的特殊性,那么彼此的神经权重空间的相互协调的设计可以确保,一个独特的山顶高地在新的享乐景观中从结构上保证彼此的存在总是独一无二地令人满足。"

不过,等一下,如果我们不打算欣喜若狂,如果我们打算经历不同的幸福梯度,那么快乐被减少的状态不会相当于痛苦的状态吗?皮尔斯完全不同意:如果我们面对两种选择,好比两害相权取其轻,这并不会使危害较小的在某种程度上令人愉悦。它仍然被认为是痛苦的。同样,两种快乐中较小的那一种依然是令人快乐的。而且,不要忘记开发和设计全新的情绪的可能性,这些情绪对我们达尔文主义的思维方式来说如此陌生,以至于后人类的思维在我们看来或许是晦涩不明的。扩展我们的体感皮层,允许它渗入我们神经系统的其余部分,将使自我与我们自己的神经微观宇宙融为"一体",得到目前难以想象的对我们自己的直接认识。

我们迷幻的未来还将包括全新的体验类型:"当对可兴奋细胞的结构进行深远得多的改变时,天晓得有哪些不可通约的'是什么样的感觉'('感质')的模式将会被揭示出来。"支配我们的意识流的基本的"三位一体"——认知、情感和意志方面,即"思考""感觉"和"意愿"——可能会被扩展,新的、完全不同的意识形式可能会被添加至这个家族。换句话说,第三千年和第四千年的后人类思维可能对我们来说是陌生的,在认知上离我们的思维如此遥远,以至于我们无法理解。"通过精神活性作用剂对意识进行系统的实验操纵将补充物理科学的第三人称

第八章 / 灵魂的光明日子

视角。探索将由狂喜者最谨慎地进行，不管是天生的还是非天生的，而不是由基因紊乱的达尔文主义的心智来进行。……是否一个后个人时代最终会到来，在那个时代离散的、基因生成的超级心智会逐渐选择联合？还是说，达尔文主义历史深处遗留下来的支离破碎的孤岛宇宙将会继续无限期地处于半自主的孤立状态？如果意识在本体论上对于宇宙是基本的……超弦在高于我们几个数量级的能量下振动，它们是否支持相应地大于当前低能量状态的体验模式和强度？或者它们是否完全缺乏'是什么样的感觉'？"

皮尔斯提出的另一个有趣的口号是"打破意向对象的暴政"：我们的情绪是被脑化的，这意味着我们被基因编程为对符合我们的基因目的的事情感到高兴。这也被称为外周论（Peripheralism），也就是说，我们必须在我们存在的外周寻找满足感，进入外部世界和它提供的对象——事物、情况等等。所有这一切的棘手之处在于，无论我们怎样设计我们的环境（换句话说，无论我们的欲望怎样被完美地满足），享乐跑步机都会介入并让我们感到无聊——我们可以称之为"提高期望值的悲剧"。进入我们大脑的核心将使得未来的享乐工程师劫持我们的享乐跑步机，提高我们的享乐设定点，更重要的是，以不可预测且注定美妙的方式增加我们的意向对象的名单，也就是那些我们会为之感到高兴的东西。

那么疼痛的信息角色，我们太人性的"痛敏肽"的信息角色又是怎样的呢？如今，我们可以制造出能够应对环境且可以避免危险刺激而不需要承受"粗粝的"疼痛感的机器人。这意味着，在不远的将来，我们或许要么通过生物技术重新编程我们的外周神经，以便在无痛的情况下迅速行动，要么——使用机器人或者纳米技术——将疼痛的信息角色转移到人工假体或者我们决定与之合并的任何设备上："佛教徒

214

专注于通过消除欲望来解除痛苦;然而值得注意的是,这种消除严格说来是任意的,而且可能会导致社会停滞不前。相反,既消除痛苦又继续拥有各种欲望是可能的。"当然,几代人之后,无聊烦闷的神经心理学基质——无聊烦闷确实具有适应性价值,因为它促使我们寻求新奇——将被抹去,并被一些不那么令人讨厌的东西替代。因此,经典意义上的感到无聊烦闷在生理上将是不可能的。

我们不要忘了电线头(wire-heading)——颅内刺激大脑的愉悦中心不会产生耐受性。皮尔斯引用了关于小鼠的经典研究来证明这一点,即愉悦和幸福可能不会像外周的意向对象那样,造成习惯,然后导致无聊。这里的重点不是找到一个欣喜若狂的方法——从进化上来说,这是一种非常糟糕的策略,由于欣喜若狂的人不太可能繁殖。相反,这个想法是要强调这样一个事实,即通过精心的享乐工程,后人类将能够享受永久的天堂般的快乐,而不会对此感到厌烦:"记住电线头是通过植入的电极直接刺激大脑的愉悦中心。颅内自我刺激并未显示出生理上或者主观上的耐受性,也就是说,两天后跟两分钟后一样令人满意。以电线头或者其等价物的面貌出现的整齐划一的、不加区分的狂喜将会有效地结束人体实验,至少假如它在全球被采用的话。对奖励中心的直接的神经刺激会破坏对环境刺激的信息敏感性。因此,假设我们想要聪明(以及变得更聪明),我们是有选择的。智能代理可以具有基于不幸梯度的动机结构,这是今天一些终身抑郁症患者的特征。或者智能代理可以拥有我们目前典型的苦乐交织。或者,作为另一种选择,我们可以拥有一种完全基于大脑幸福(适应性)梯度的心智信息经济——这是我将主张的。"[7]

---

[7] https://www.abolitionist.com/wireheading.html.

第八章 / 灵魂的光明日子

但还有更多:"没有生物学上的理由解释为什么一个人存在的每一刻不能产生令人叹为观止的启示般的影响。正如似曾相识以及它更为罕见的表亲未曾相识显著地证明的那样,熟悉或者新奇的感觉是可以和任何特定类型的意向对象之前是在场还是缺席相分离的,而这些感觉可能在更通常的情况下是与之相关的。因此一个人在目睹比如创世时首次产生的那种震撼的感觉,原则上可以成为一个人生命中每一秒的属性。"

至于所谓苦难带来的具有创造力的美德,皮尔斯强调,无望的绝望和深深的痛苦这些东西就是绝望和痛苦,而创造力实际上可以通过对我们的动机系统的适当工程化来放大和加强:"如果一个人对生活的欲望变得越来越强烈,个人的成长就更有可能展开。如果一个人的经历逐渐变得更加丰富和更有回报,就会发生这种情况。穿越享乐景观的自我探索的奥德赛可以为不断深化的自我发现和理想化的自我重塑提供空间。……值得区分的是当天堂在生物学上实施之后,人文科学和科学的命运。首先,我们基因增强的后代拥有的细腻的审美体验可能会激发前所未有的艺术的繁荣,而不是凋谢。我们现在对例如凡·高的《向日葵》或者达·芬奇的《最后的晚餐》的欣赏,相比之下就像是分散注意力的挠痒痒。那些否认美存在于观看者眼中的人可能会也可能不会对启发了这些狂想曲的颜料在画布上的分布印象深刻。……明日的精细情绪控制技术可能会使早期的后人类能够放大他们最为珍视的二阶欲望,例如对文化卓越、智力敏锐和品行端正的欲望,同时消除更为卑劣的肉欲。可以想象……我们遥远的后代将享受某种永不停止的入迷(rapture)——或许是在沉思难以想象的崇高美、爱或者优雅的数学方程式的时候。或者,没那么装腔作势,在听到极其令人捧腹的笑话时。"当然，这是一种可能性，但不太可能发生；毕竟，遥远未来的享乐工程师将希望避免停滞不前，所以他们或许会用更充满活力的状态来制衡这些出神的状态。而且，获得'永恒'的幸福不一定要感到静止。掌握时间感知的神经化学会使每一个此时此刻都拥有巨大的时间深度、丰富的内部动态，并在主观上持续到永远。"

8.2 重新编程捕食者

《以赛亚书》11：6说："豺狼必与绵羊羔同居，豹子与山羊羔同卧，少壮狮子与牛犊并肥畜同群，小孩子要牵引它们。"可悲的是，对于它们来说，这看上去只不过是一个乌托邦式——而且是一个相当幼稚的——的幻想。我们知道自然界的运作方式：动物们互相杀戮和吞食，饿死，渴死，等等。即使我们像皮尔斯建议的那样实施全球的素食主义，动物王国依然会遭受身体上痛苦的折磨。但是事情不一定要这样发展：我们后人类的后代们或许能够重新构造整个生态系统，逐步淘汰或者重新编程捕食者，并通过一种长效节育方式来控制它们的猎物的繁殖率——长效节育将使得我们的后代无须捕食者也能管理生态系统。因此，皮尔斯的废除计划（Abolitionist Project）甚至比我们所想的更加雄心勃勃：重新设计整个地球的生态系统，通过基因操纵抹去整个自然界的苦难。皮尔斯说，动物不应该被吃掉，它们应当像我们对待婴儿一样被照料。纳米技术和物联网将变得如此发达，以至于它们将使我们控制和管理地球的每一寸土地。特别是纳米技术将抵达海洋中每一个偏远的角落，消除直到最后一种无名的软体动物的痛苦。因此，这就是计划：为猎物提供免疫节育，让纳米技术抵达海洋中每一

第八章 / 灵魂的光明日子

个角落,重新编程自然界受喜爱的"反社会人格者",即捕食者。[8]

我们的后人类后代将建立一个零残忍的世界。全球素食主义——即迫使人类成为素食主义者——看上去并不可行。但是生物技术将提供给我们一个好的替代方案:人工培育的、零残忍的肉类。实验室肉,基本上已经有几个公司正在研究。[9]而且,一旦这种人造肉变得易于生产,比普通肉便宜,或许更加美味可口,这将终结目前的肉类产业。

皮尔斯强烈批评当代的"保护生物学",认为它非但没有减少自生动物的痛苦,反而使痛苦长存。正如我们所见,这位英国哲学家的计划不只意味着所有后人类的永久的福祉,因为它旨在完全废除整个动物世界的痛苦。出于显而易见的原因(食物链的较高级别没有那么多位置),食肉物种的数量很少,所以重新编程它们不是太大的问题,只要我们开发出合格的技术。纳入考虑的有两种选择:第一种是逐步清除捕食者,基本上是使它们绝育,然后让它们灭绝;第二种是操纵它们的大脑,以便控制它们的杀戮本能——同时用人造肉喂养它们。作为一种可能的策略,皮尔斯提到了所谓的"老鼠机器人"(ratbots)[10],这种老鼠的行为通过植入它们大脑中的电极来控制,这表明我们可以做什么来控制食肉动物。此外,食草动物可以被重新编程,以便不再害怕前食肉动物。所以,豺狼或许终究还是能够与绵羊羔同卧。第二种选择在"象征性"的动物中更为可取,也就是对我们来说具有象征性的物种,例如狮子、老虎、熊、狼等等。当然,非食肉动物也应该受到控制,使用免疫节育措施以便防止它们的数量失控。因此,最终,遥远

---

8 https://www.hedweb.com/abolitionist-project/reprogramming-predators.html.

9 例如参见 http://www.new-harvest.org/.

10 https://www.wireheading.com/roborats/index.html.

未来的后人类将把整个地球变成一个零残忍的动物园，照顾所有其他有知觉力的生命形式。当然，所有非人类的动物也能被增强，并经历我们将要经历的同样的享乐工程和智能放大。

正如另一位超人类主义者米卡·雷丁（Micah Redding）所强调的那样，环保主义使超人类主义成为必需；毕竟，自然灾害过去已经袭击过我们的星球，未来可能还会发生；唯一能够开发出具有远见的技术以便拯救人类以及每一种其他生命形式的物种是智人。否则，要么因为某个小行星要么因为太阳的死亡，地球上的生命迟早会消失。[11]

8.3 噩梦般的美丽新世界？

大卫·皮尔斯对赫胥黎的《美丽新世界》的看法极其负面：" 《美丽新世界》(1932)是有史以来最令人目眩也最阴险的文学作品之一。"[12]

这些话虽然不客气，但完全可以理解；毕竟，每当有人想要批评超人类主义的理念和计划时，赫胥黎的小说就会被提起。它已经成为人类每一次尝试利用科学来增进幸福的象征——当然，通过技术手段。批评者们在这样使用它时，忘记了《美丽新世界》并不是一部未来学的作品，它并没有试图预测我们的文明的技术发展在未来的结果。它当然是一部伟大的文学作品，但属于讽刺类；它的目的是批判共产主义乌托邦和消费主义的福特式社会（Fordist society）。

赫胥黎描绘的世界并不是皮尔斯梦想的技术乌托邦；实际上恰好

11　M. Redding, "Environmentalism Mandates Transhumanism". http://micahredding.com/blog/environmentalism-mandates-transhumanism.

12　https://lifeboat.com/ex/brave.new.world.

第八章 / 灵魂的光明日子

相反：它是完全欣喜若狂的且陷入欠佳状态的未来社会。在那个社会中没有创造力，没有超多巴胺的动力。换句话说，它事实上代表着超人类主义者试图到达的反面；在另一本书《重返美丽新世界》(*Brave New World Revisited*)——出版于1958年——中，赫胥黎本人将那个社会描述为一场噩梦。

而且，说实话，从纯粹的叙事角度来看，《美丽新世界》的社会缺乏炽热的想象力，而炽热的想象力正是很多科幻小说的特征，它们能够为我们未来的演变开辟可能性。不管超人类主义者的愿景是多么遥不可及，该运动中没有人计划通过行为制约或者废除爱与激情来摆脱自由，或者用肤浅的娱乐来代替后者，就像在赫胥黎的小说中所发生的那样。小说又反过来把人类在保留地中过着的病态的、野蛮的、痛苦的生活理想化，而小说主人公约翰·萨维奇（John Savage）正是来自那里。

在《美丽新世界》中，幸福是通过一种典型的外周策略追求的，即通过大量消费传统意义上肤浅的性、商品和旨在麻痹而不是充实其使用者精神生活的药物。孩子们被制约以接受人类的死亡（这与超人类主义者宣扬的完全相反），由神经元细胞体产生的生物学上的极乐与后人类可能会享受的在存在和艺术上富有意义的体验没有任何关系，后者拜大卫·皮尔斯的天堂工程所赐。美丽新世界里的人只是被操纵的上当的人，被剥夺了任何哲学上、存在上或者美学上的重要体验，他们是一个社会的快乐的受害者，这个社会与超人类主义者梦想的乌托邦不一样，其中没有进化和成长。后来，赫胥黎本人发展了他自己的基于药物的乌托邦小说《岛》，该书出版于1962年，它描述的社会所依据的模型包括作者消费麦司卡林和致幻剂LSD的体验。我们不要忘记，不管使用这些药物的体验有多么生动强烈，它们与皮尔斯的天堂工程宣称的奇迹相比都不值一提。

因此,《美丽新世界》里的社会没有被发展,反而被进一步限制;它提供的选择比我们的社会或者后人类社会更少,而不是更多。它是一种仁慈的暴政,在这种暴政下人类被机器系统地生产,并在遗传上被编程为属于一套有限的种姓——阿尔法(alpha)、贝塔(beta)、伽马(gamma)、德尔塔(delta)和爱普西隆(epsilon)——被按照等级来组织和操纵,以使其完全满足于现状。爱是被禁止的,肤浅的性是强制的,快感是无处不在的。伟大的艺术不再存在,且被视为对社会秩序的威胁。约翰·萨维奇,这个来自保留地的人——被两个美丽新世界的人以传统的和被禁止的方式孕育——爱上了贝塔种姓的列宁娜(Lenina),但是这些感情无法真正得到满足。在皮尔斯的乌托邦里,约翰和列宁娜有机会彼此相爱,且从此幸福地生活在一起——事实上是"从此永远幸福地生活在一起",因为死亡将被废除。

8.4 生物智能爆炸

现在让我来介绍一个我们将在后面着重讨论的概念:技术奇点,即认为技术进步不仅在前进,实际上也正在加速,而且我们正在接近我们历史上一个本质性的断裂。很快,技术将产生一种超越人类的智能,这种智能将标志着我们所知的人类时代的终结。至少有三个主要场景与技术奇点有关。在由奇点研究所宣扬的第一个场景中,递归地自我改进的基于软件的心智——即能够自我修改和改进的人工心智——的创建将最终导致超快速的智能爆炸。基本上,不久的将来,超级智能将是非人类和非生物的,甚至有可能对我们的物种怀有敌意。第二个场景由雷·库兹韦尔倡导,它预想了这样一个未来,即人

第八章 / 灵魂的光明日子

与机器将通过脑植入物融合,生物和人工之间的界限将变得模糊,而且人类将能够把他们的心智上传到非生物基质上。第三个场景是由大卫·皮尔斯主张的生物智能爆炸:不远的将来,人类将重写自己的遗传密码,递归地重新编辑他们的心智,依靠自己迈向全面成熟的超级智能、超级知觉力和以信息敏感的幸福梯度为基础的超级幸福。[13] 换句话说,我们将利用生物技术进行自我突破和自我改造,在生物学上变为后人类。皮尔斯设想了用户友好的界面——就好像生物黑客领域的"Windows"——能够改变和定制我们的遗传密码,产生认知和情感的增强以及难以言喻的幸福状态。即将发生的生物智能爆炸的想法开启了更多的场景;让我们看看其中几个。

一个可能性——皮尔斯并没有真正提倡;只是考虑过——类似于一个普世的电线头,每个个体把自己的享乐设定点设定到最高水平并生活在永恒的身体和心理愉悦状态中的社会。这并不是一个好的场景,因为这个社会中的个体缺乏繁衍和延续同样的社会的任何动力。灭绝将随之而来。第二个可能性——改变我们的享乐设定点,并创造一个基于幸福梯度的新的动机系统——是皮尔斯所选择的,而且它开启了进一步的选项,即对新的心智空间的探索。

首先,我们的后人类后代会不会情不自禁地去研究他们的人类祖先的达尔文式的心智状态?探索更高层次的天堂般的意识可能更有价值,但是原则上我们不能忽视这样的可能性:我们的后代将会愿意探索我们目前处于其中的情绪"地下室"——对他们来说是可怕的。作为一种替代方案,他们或许只能通过类比才知道做一个普通人是什么

---

[13] https://www.biointelligence-explosion.com/.

样子。不管怎样，另一种可能性是他们将学着以全新的方式修改他们的意识状态。别忘了我们通常身处的意识在数量上是有限的：醒着的生活、梦、睡觉，以及少数人的清醒梦。没有什么会妨碍我们的后人类后代建立全新的、对我们来说无法想象的意识状态，占据更加宽广的体验状态空间。因此，后人类也将是超级感知的，能够在大量完全不同的意识模式之间转换，以一种我们永远无法做到的方式探索迷幻效果。或者他们也许会追求终身的内省和宁静的冥想，实现新的、难以想象的自我认识的水平。或者他们也许会在相应地调节他们的"冒险精神"的水平后探索宇宙。或者他们也许会学着以不同的方式理解时间，改变他们对时间流的感受，使得他们生命中的每一秒都像他们希望的那样长。超级知觉力还意味着超高强度的体验：例如，蚂蚁拥有某种——相当微弱的——意识水平，人类拥有更高水平（他们更加"清醒"），所以后人类可能拥有更多意识，以至于与他们相比，我们看上去就像梦游者。当然，这意味着后人类将不得不发明数百万个新术语，以表示全新的、超级强烈的知觉、概念和意识状态。另一种选择是"可逆的心智融合"（reversible mind-melding）：就如霍根（Hogan）姐妹[14]共享一个丘脑桥，或许我们也可以通过设计一种深层的心智融合形式，创造一种分享我们的心智内容的方式，也许使得一种跨物种的心智融合形式成为可能——那么我们最后终于可以知道成为蝙蝠是什么感觉。[15]我们别忘了有一天会遇到一个重要的"未知的未知"（unknown unknown）的可能性："如果你读到一个文本，作者最后的话是'然后我醒了'，那么

---

14 参见 S. Dominus, "Could Conjoined Twins Share A Mind?", *The New York Times* May 25, 2011。http://www.nytimes.com/2011/05/29/magazine/could-conjoined-twins-share-a-mind.html.

15 T. Nagel, "What Is It Like to Be a Bat?", *The Philosophical Review* 1974, Vol. 83, No. 4, pp. 435-450。

第八章 / 灵魂的光明日子

你所读到的一切都必须以新的眼光来诠释——极度的语义整体主义。到了公元 3000 年，一些惊天动地的启示可能已经改变了一切——早些世纪的一些基本的背景假设已经被推翻了，这些假设可能并没有在我们的概念体系中被明确表示过。如果它存在的话，那么我对这个'未知的未知'可能是什么一无所知，除非它隐藏在物质和能量的尚未开发的主观属性中。……以第四个千年来衡量，我正在写的，以及你正在读的，可能会由于人类不知道也无法表达的一些东西而显得徒劳无益。"

8.5 拯救多元宇宙，一个接一个的时间线

在另一篇论文《量子伦理学？多元宇宙中的苦难》("Quantum Ethics? Suffering in the Multiverse") 中 [16]，皮尔斯提出了一个更加雄心勃勃的想法——超人类主义者从不缺乏想象力，正如你可以轻松确定的那样。当我们可以拯救宇宙，将其从邪恶中解救出来时，为什么要把自己局限于拯救世界呢？皮尔斯汇集了多种宇宙学理论，以便向我们展示宇宙中存在着比我们目睹的更多的苦难。首先，考虑一下"块宇宙"（block-universe）理论，即过去尽管已经过去了，但它跟现在一样真实，其包含的苦难也同样如此。其次，根据几种宇宙学理论，有可能存在不止一个宇宙。事实上，数量是无限的；但其中有很多个宇宙没有任何生命形式，其他的宇宙中则居住着能感受到疼痛的生物。有很多理论承认无限个宇宙的存在；后埃弗里特量子力学表明存在一个有无限分支的多元宇宙，由替代现实的各种可能的组合和变体组成。但

---

[16] https://www.hedweb.com/population-ethics/quantum-ethics.html.

是情况变得更加复杂："当代理论物理学中的一些推测性工作表明，就连埃弗里特量子力学都远远没有穷尽苦难的全部。……苦难可能存在于远超出我们的光锥的其他的后暴胀区域[17]；存在于林德（Linde）的永恒混沌暴胀[18]场景的变体上的无数其他'口袋宇宙'中；存在于斯莫林（Smolin）的宇宙自然选择假说中的无数父母和孩子宇宙（parent and child universes）中；存在于弦理论的其他 10500+ 个不同真空中的 10100 个真空里[19]；甚至存在于不计其数的假设的'玻尔兹曼大脑'（Boltzmann brains）中[20]，在'我们的'多元宇宙的（非常）遥远的未来的真空波动中。这些可能性并不是互相排斥的。它们也没有穷尽所有可能性。因此，一些理论家认为，我们生活在一个循环的宇宙中；而且大爆炸事实上是大反弹（Big Bounce）。……面对着这样深不可测的无尽的苦难，一颗富有同情心的心灵可能会在道德上感到震惊，被这纯粹的滔天罪行吓呆。无数的大屠杀太令人心痛以至于无法令人深思它们。我们可能得出这样的结论：现实中苦难的总量必然是无限的——因此任何把这种无限的苦难降至最低的企图仍然会留下无限的苦难。一种道德上的紧迫感可能有屈服于绝望的宿命论的风险。……值得庆幸的是，这种道德失败主义是不成熟的，因为尚不清楚物理上实现的无限是否是一个认知上有意义的概念。迄今为止在理论物理学的方程中突然出现的无穷大最后总是恶性的；并且产生无意义的结果。"

这种将苦难从整个多元宇宙中抹去的想法如此具有佛教的味道，

17　https://en.wikipedia.org/wiki/Cosmic_inflation.

18　https://en.wikipedia.org/wiki/Chaotic_inflation.

19　https://en.wikipedia.org/wiki/M-theory.

20　https://en.wikipedia.org/wiki/Boltzman_brain.

以至于人们或许会问，像大卫·皮尔斯这样的超人类主义者是否和佛教有关。事实上他们确实有关，至少是部分有关。在这一点上，让我来介绍另一位杰出的超人类主义者的工作，他也曾经是一位佛教僧侣：詹姆斯·休斯。

8.6 逢佛改造佛

詹姆斯·休斯是非常非常超人类主义的伦理与新兴技术研究所的执行董事，同时也是一位生物伦理学家和社会学家；他出版了一本名为《公民赛博格》的书，并正在撰写第二本专门讨论佛教与超人类主义的书，暂命名为《赛博格佛陀》(*Cyborg Buddha*)。在超人类主义运动中，他不是唯一一个赞同佛教哲学的人：例如，伦理与新兴技术研究所的另一名成员迈克尔·拉托拉（Michael LaTorra）是一位美国禅宗法师，他运营着跨灵性列表（Trans-Spirit list），该列表倡导对神经神学、神经伦理学、技术灵性和意识状态改变的讨论。

在《自我完善的技术》("Technologies of Self-Perfection")[21]一文中，休斯问了一个有趣的问题：佛陀会用纳米技术和精神药物做什么呢？他所倡导的想法相当简单，那就是利用常规的和未来的超人类主义技术来促进和增强佛教所珍视的美德和人格特质，而不是通过长年累月的冥想和佛教修行，或者把二者结合起来。

休斯在著作中把他的方法建立在美德和性格特征的不同系列或

---

21 J. Hughes, "Technologies of Self-Perfection". https://ieet.org/index.php/IEET2/more/ hughes 20040922.

者对它们的描述上。例如，他借鉴了著名心理学家马丁·塞利格曼（Martin Seligman）的工作[22]，后者发展出一个包含六种性格强项的模型，每一种又包含一系列从属的美德：

智慧和知识：创造力、好奇心、判断力、热爱学习、洞察力

勇气：勇敢、坚韧、诚实、热忱

人道：爱、善良、社交智慧

公义：团队合作、公平、领导力

节制：宽恕、谦卑、谨慎、自我调节

超越：欣赏美好和卓越、感恩、希望、幽默、灵性

休斯还提到了巴利语经藏中的《佛本生经》（*Buddhavamsa*），这本佛经提供了一个不同的美德清单——佛陀的波罗蜜或者"圆满"[23]：

布施（Dana）——慷慨

持戒（Sila）——遵行善道

出离（Nekkhamma）——舍弃

智慧（Prajna）——超验的智慧、洞察力

精进（Virya）——精力、勤奋、活力、努力

忍耐（Kshanti）——耐心、宽容、克制、接受、持久

真实（Sacca）——真诚、诚实

决意（Adhitthana）——决心、决定

22　J. Hughes, "Enhancing Virtues: Building the Virtues Control Panel". https://ieet.org/index.php/IEET2/more/hughes20140728.

23　23 J. Hughes, "Using Neurotechnologies to Develop Virtues–A Buddhist Approach to Cognitive Enhancement (Part 1)". https://ieet.org/index.php/IEET2/more/hughes20121016.

第八章 / 灵魂的光明日子

慈（Metta）——慈爱
舍（Upekkha）——平静、宁静

在《赛博格佛陀》一书中，他聚焦于四个基本的能力群的操纵，它们是由心理科学、古希腊美德和佛教美德重叠产生的：

自我控制：自守、克制、自觉、节制、持戒

关怀：人道、亲和、同情心、公平、同理心、慈爱、慈悲、为他人的喜悦而喜悦

智慧：实践智慧、聪明、开放心态、好奇心、好学、谨慎、智慧

正面：良好精神、（缺乏）神经质、情绪的自我调节、积极正面、勇敢、幽默、愉悦

正念：执行功能和决策时有效地运用注意力

社交智慧：将智慧用于其他心灵和关系

公平：将智慧用于最有效的帮助他人的手段

超越：发现超越日常愉悦的快乐和满足

但在这种超人类主义／佛教交叉中的超人类主义部分是怎样的呢？休斯的基本提议是利用现有的和未来的技术来增强所有这些美德，并将它们置于我们的意识控制下，无论我们想要支持哪一份清单。因此，例如，这位社会学家捍卫使用药物手段，首先是像莫达非尼这样的药物（可以安全地增强注意力和警觉性），然后是在不远的将来为此目的而开发的未来药物，一旦我们设法摆脱所有反对通过化学手段实现道德完美的禁忌。

休斯强调，根据大量研究，他提到的许多或全部特征都可能有遗传成

分，我们可以使用基因疗法或者其他基因操作的未来形式对其进行调整。

我们不要忘记所有的"大脑机器"已经可用的技术：这个列表包括神经反馈，即像 Muse 这样的设备，允许用户影响他们自己的脑电波；经颅磁刺激，涉及使用电磁线圈暂时使大脑中的神经元去极化；基于让弱电流直接穿过头皮的经颅直流电刺激；深部脑刺激，脑机接口和记忆假体（基本上是一种人工海马体），所有已经开发的能够影响我们的行为和认知技能的大脑植入物。

但是，当然在超人类主义的意义上，真正的游戏规则改变者将是纳米技术，即能够在体内畅游、到达大脑并影响其内部运作的纳米级机器，它将使得所有当代技术相比之下显得粗糙。从更为超人类主义的角度出发，休斯认为——如果你是佛教徒，你应该同意——神经技术和纳米技术最终将表明，自我并不真正存在，它只是一个幻觉，尽管是一种非常持久的幻觉。这让我不禁想问，像超人类主义者通常所做的那样，对肉体永生的渴望是否与佛教教义和有关不执着的观念相冲突？无论如何，休斯的想法之一是建造一种"美德控制面板"，它首先是一种设备或者软件，然后是一种大脑植入物，它作为一个人造的超我来工作，能够温和地引导我们的行为朝着正确的方向前进，使我们严格遵守我们自由选择的道德准则；一种内在的人工智能守护天使能够增加和增强我们对嗜好和不受欢迎的欲望的控制。因此，我们可能最终会在我们的大脑中安装不断监测和控制我们的行为的设备，一种受控于我们的理性和二阶欲望的"增强的认知"。

然而，触及超级智能和超级智慧的主题，最终会不可避免地涉及比纯粹和简单的智能增强广泛得多的问题，从而最终走上一条直接将我们带往技术奇点的核心的道路。

第九章

技术奇点驾临

9.1 三十年之后

将要席卷我们并使我们变形的超技术雪崩已经有了来临的日期（2045年），还有了个名称：奇点。

此术语——如今是大部分超人类主义日常行话的一部分——指的是一种号称加快科学技术进步的过程，据其支持者所言，它将会影响整个人类社会，尤其是西方社会——出于显而易见的原因。新技术的开发速度将加快，且这一过程将会在几十年内到达顶峰，即在一种优于人类智能的人工智能诞生之际。此事件之后，人类与后人类事件注定会发生不可思议的转变；换句话说，我们平常人在结构上没有能力预测技术奇点来临之后会发生什么，更不用说理解了。

在这个准神秘的"技术奇点"来临之前，我们有可能在不远的将来面临什么呢？瑞士未来学家格尔德·莱昂哈德（Gerd Leonhard）在其宣言《技术 VS 人类：人与机器的冲突》（*Technology vs. Humanity. The Coming Clash between Man and Machine*）[1]中起草了一份清单，非常雄

---

1 G. Leonhard, *Technology vs. Humanity. The Coming Clash between Man and Machine*, London: Fast Future Publishing, 2016.

辩地阐明了我们将要经历的巨大变革，他称其为"巨变"（Megashifts）：指数级的、组合的、递归的，即自我扩增的技术变革。这些变革将对我们施加联合作用，并淹没我们，开启更改我们本性的第一步。从存在主义的视角来看，我们可以说这些巨变将在某种程度上扰乱人类存在的本体结构，或许会扩增它的极限，将其越推越远，或许会以意想不到的——积极的或消极的——方式改变它们。我应当补充一点，我们将适应，从未来的冲击中"康复"，并转变为其他事物。

莱昂哈德强调，这些巨变先是会逐渐地，然后会突然地覆盖我们。他还想告诫我们警惕失去人性、变得越来越不像人、越来越像机器的风险。

然而事情并不一定会这样发展；后人类并不一定要摧毁或者削弱人类，而是会产生一种更高级的综合体，引领我们——或是我们的后代——达至更高水平的存在，一个只能部分预测的存在。不管怎样，以下是莱昂哈德的十大巨变：

1. 数字化。一切可以转化为数字的东西都将被数字化。我们真的指的是一切东西。

2. 移动化和媒介化。计算将变得隐形，并完全植入我们的日常物品与生活当中，使得每一样工具、科技、物品、电影或者歌曲都成为可移动的，包裹在一层增强现实中，安全地保存在云端。我们的身体器官将会被不断地远程监控。我们将在我们的外部电子记忆中记录和储存所有的日常经验。[2] 再就是，当然，归功于即将到来的自动翻译器，

---

[2] G. Bell and J. Gemmell, *Total Recall: How the E-Memory Revolution Will Change Everything*, Boston: Dutton, 2009.

忘记学习一门新语言的需求吧——在我们看来这并不是一个好的创新，因为学习语言对于我们看待世界的视角非常有益。

3. 屏幕化和界面革命。得益于触摸屏、增强现实眼镜和镜片、虚拟现实以及无处不在的全息影像，不再需要阅读乏味的说明书，万物都被通俗化，使其尽可能越来越直观，越来越不抽象。

4. 去中介化。常规商业不再意味着与人类中介进行交互，这一趋势已经显示在电子银行、在线购物、度假租房、打车、自助出版等领域。

5. 转型。生活在不久的将来意味着与我们的电脑和设备物理分隔将转变为全天候与它们物理连接。技术将从外部转移到内部，首先是在我们的身体内部，然后是在我们的大脑内部。

6. 智能化。归功于我们可用的越来越高级的人工智能，任何物品都可以实现智能化。

7. 自动化。很多流程都有潜力实现自动化（以机器替代人类）。第一个跃入脑海的影响是：技术失业（当然），以及让位——也就是说，由于越来越高超的通信技术，人与人之间身体的当面接触越来越少。

8. 虚拟化。经验法则将为：如果你能创建出一个某物的虚拟的、非物理的版本（比如你的工作站），那么你就会这样做。此外，你将能够容易购买你所需要物品的数字线路图，并将物品 3D 打印出来。肉体空间——也就是现实生活——将与虚拟空间深度交织在一起。

9. 预测。计算机将能够预测我们对每件事的决策；算法将预测犯罪；通过监测我们的行为，我们的智能数字助手将成为我们的"外部大脑"，充当我们的数字副本，它们将会比我们自己还要了解我们；物联网——遍布任何地方，无论是家中、街上，还是我们环境中的每个角落——将在全球范围内联通，能够收集信息和跟踪一切，包办我们的大多数决策，并最终增强人类的去技能化。究竟我们的"第二个新皮层"——我们的外部电子大脑，或多或少地与我们融合——会削弱我们呢，还是我们会构建一个新的、前所未见的、新兴的人机系统呢？我们把赌注押在第二个假设上。

10.机器人化。根据莱昂哈德的说法，各种类型的机器人将无处不在，我们还想补充一点，它们将变得越来越像人类。

这就是在不远的将来你的日常生活。不过所有这一切都将发生在技术奇点到来之前。在那之后——如果它真的发生——将会是一个全新的局面。

对于库兹韦尔——如今这一理论的最著名的支持者——而言，奇点代表着一个时刻，在这个时刻技术变革的步伐将如此迅疾，其影响将如此强烈，以至于技术似乎将以无限的速度扩张；世界将时刻目睹新的进步和彻底的改变。早在1951年，艾伦·图灵就已经在谈论机器有朝一日有可能超越人类的智力。[3] 彻底的突破点来临的首个迹象可追溯至20世纪50年代中叶，尤其是波兰裔美国数学家斯坦尼斯劳·乌拉姆（Stanislaw Ulam）讲述的他和约翰·冯·诺依曼（John von Neumann）的一次谈话，诺伊曼在谈话中对他说：

---

[3] A. M. Turing, "Intelligent Machinery, A Heretical Theory", 1951, reprinted in *Philosophia Mathematica* 1996, Vol. 4, No. 3, pp. 256-260. http://philmat.oxfordjournals.org/content/4/3/256.full.pdf.

……技术的加速进步和人类生活方式的改变给人一种接近人类历史上某种基本奇点的印象,一旦超过这个奇点,我们所熟知的人类事务将难以为继。[4]

冯·诺伊曼似乎没有特指智能机器的诞生,而是泛指技术的进步,正如我们对他的了解一样。

1965 年,英国数学家欧文·约翰·古德(Irving John Good)首次谈到了智能爆炸;他认为,基本上,如果一个机器能够稍微超越人类的智慧,它就能够以其创造者无法预见的方式改进它的设计,这将引起递归的即自我维持的过程,从而产生更强大的人工心智。后者将具备更好的自我设计能力,从而导致速度更快的人工智能,引发远超我们的人工智能的诞生:

让我们把一个超级智能机器定义为一个远超无论多么聪明的人的一切智力活动的机器。既然机器的设计是这些智力活动之一,超级智能机器就能设计出更好的机器;那么毫无疑问会出现"智能爆炸",人类的智能则会被远远抛在后面。如此一来,第一个超级智能机器是人类需要制造的最后一项发明,前提是机器足够驯服,能够告诉我们如何控制它。[5]

---

4 S. Ulam, "Tribute to John von Neumann", *Bulletin of the American Mathematical Society* 1958, Vol. 64, No. 3, part 2, pp. 1–49.

5 I. J. Good, "Speculations Concerning the First Ultraintelligent Machine", in F. L. Alt and M. Rubinoff (eds.), *Advances in Computers*, Waltham: Academic Press, 1965, Vol. 6, pp. 31–88.

1983年轮到了弗诺·文奇,他是圣地亚哥州立大学(San Diego State University)前数学教授、计算机科学家和著名科幻作家,被超人类主义者视作超人类主义运动的真正偶像。文奇接受了古德的观点并把它传播开来,从 1983 年 1 月发表在《奥姆尼》(*Omni*)杂志上的一篇文章开始,文中他首次在与人工智能的关联中使用了"奇点"这一术语:

> 我们很快就会创造出比我们自己更伟大的智能。当这种情况发生时,人类历史将抵达一种奇点,一种像黑洞中心打结的时空一样难以穿透的智能转变,而世界将远远超出我们的理解。我相信,这个奇点已经困扰着许多科幻作家。它使得对星际未来进行符合实际的外推变得不可能。要写一个设定在一个多世纪以后的故事,需要在中间加上一场核战争……这样这个世界才能保持为可理解的。[6]

十年后,由美国宇航局路易斯研究中心(Lewis Research Center)和俄亥俄州航天研究所(Ohio Aerospace Institute)主办的"愿景-21"("VISION-21")研讨会于 1993 年 3 月 30 和 31 日在俄亥俄州威斯特莱克市(Westlake)举行。文奇在会上发表了一篇注定会成为超人类主义运动里程碑的文章:《即将到来的技术奇点:如何在后人类时代生存》("The Coming Technological Singularity: How to Survive in the Post-Human Era")。[7] 文章的开头绝对是平地惊雷:"在 30 年内,我们将拥有创造超人类智能的技术手段。此后不久,人类时代将要终结。"将要终结,这

---

[6] V. Vinge, "First Word", *Omni* January 1983, p. 10.

[7] http://www-rohan.sdsu.edu/faculty/vinge/misc/singularity.html.

听起来很令人不安。作者问道,这种进程是可以避免的吗?如果不能,那么能否引导事件以便保证我们物种的生存呢?

文奇认为,奇点带来的变化从激进程度来说,可以与人类在地球上的出现相提并论。这场本体论意义上的变革至少有四种可能发生的方式:创造出具有自我意识且优于我们的智能的计算机;与用户共生的大型计算机网络的"觉醒";创造出在智能上优于我们的"混合"人机;借助生物技术的人类神经的发展。只是为了给这场热议加入一些日期,文奇说,如果奇点发生在 2005 年之前和 2030 年之后,他会感到惊讶。

那么这个奇点会产生什么后果呢?由于创造出比它们的前辈更聪明的机器,且用时更短,进步会大大加快。我们以为一百年后才会发生的科学事件可能会在 21 世纪发生——在这方面,文奇引用了科幻作家格雷格·贝尔(Greg Bear)在其 1985 年的小说《血液音乐》(*Blood Music*)[8]中描述的一个情节,一种进化类型的彻底改变发生在短短几个小时之内。当奇点到来时,我们旧有的思维模式不得不被摒弃,新的现实将会出现;尽管我们现在有能力对此进行假设,但这种本体论上的转变的结果肯定会是惊人的,甚至对那些系统地与这些问题打交道的人来说也是如此。一些征兆将预示着这场变革的来临;其中包括出现了能够在越来越复杂的工作中取代人类的机器,更加迅速的观念的流通,包括最为激进的观念。

至于"奇点是可以避免的吗?"这个问题,文奇给出的答案是"取决于情况"。取决于什么情况呢?取决于我们并不知道人工智能是否可以实现,这根本不是一个已经解决了的问题。比如说,著名哲学家约

---

[8] G. Bear, *Blood Music*, Westminster: Arbor House, 1985.

翰·塞尔在《心智、大脑和程序》(Minds, Brains, and Programs)中否认这种可能性[9];更宽泛地说,这位思想家认为意识依赖于基质,因此它是我们所知生物学的产物。罗杰·彭罗斯(Roger Penrose)也这样认为,他是物理学家,也是与量子物理学相关的心智构想的推动者。[10] 显然,这些都只是意见。但是,正如我们在上面已经看到的,对心智的本质及其技术再现性的辩论远未结束。因此:如果创造人工智能是不可能的,那么我们将永远不会看到奇点;反之,如果我们能够创造出优于我们的人工心智,那么或早或晚,奇点必定会到来。

考虑到与这一事件相关的风险——只需想一想电影《终结者》(The Terminator)中天网全球计算机网络觉醒并摧毁了人类——人们或许也想知道日后地球上的国家是否会禁止在此领域进行研究。但这只是个虔诚的幻想:这种限制的唯一结果将是把研究推向隐蔽,或者是允许那些不批准这些限制措施的国家随着时间的推移击败其他国家。即使是在"隔离"状态下制造这些人工心智(即将它们置于一个防止逃脱或者去干扰外部世界的系统中),似乎也有问题。对于比我们优越的心智来说,找到一个摆脱无论多么狡猾的人类陷阱的办法,都只是时间问题。因此,至少在文奇看来,封锁绝对是无效的。另一种可能性是,在这些超级智能机器的编程中纳入一些规则——类似于阿西莫夫的"机器人三定律"(Asimovian Three Laws of Robotics)——使它们在本质上是仁慈的。这里依然存在一些问题,事实上我们将立即告诉你,关于这个主题的辩论仍在进行。

---

[9] J. Searle, "Minds, Brains, and Programs", *The Behavioral and Brain Sciences* Vol. 3, Cambridge: Cambridge University Press, 1980.

[10] R. Penrose, *The Emperor's New Mind*, Oxford: Oxford University Press, 1989.

文奇提出的另一种可能性——在所有可能性中,这是我们最喜欢的——是通过基因工程和人机共生来增强自然人类的智能。或者确切地说,这个想法是一种多元的方法,它既考虑到了人工智能的发展,也考虑到了智能增强的发展。

在这方面,斯蒂芬·霍金(Stephen Hawking)在接受德国《焦点》(Focus)杂志采访时评论道,几十年后,计算机的智能将超越人类,并建议我们尽快开发连接大脑和计算机的系统,以便让人工大脑为人类智能做出贡献,而不是与其对立。[11] 霍金不是唯一指出与超人类人工智能的诞生相关的可能危险的人。有各种各样的危险存在:它实际上可能以不可预测的方式——甚至是恶意的方式——演变。或者它可能会与人类竞争物质和能量资源,并获胜。要么它可能会变得对我们漠不关心(因此无意中构成威胁),要么它可能会过度照顾我们,剥夺我们的自主权。

2000年4月,美国计算机科学家、太阳微系统公司(Sun Microsystems)的联合创始人比尔·乔伊(Bill Joy)在《连线》(Wired)杂志上发表了一篇颇具争议的文章《为什么未来不需要我们》("Why the Future Doesn't Need Us"),他在文中指出21世纪最强大的技术,即机器人、基因工程和纳米技术,可能会导致我们的物种灭绝。这些技术的危险首先在于,它们很容易被个人或者小团体恶意使用。但问题不止于此:继续发展越来越智能的机器,30年后我们可能拥有跟我们相似甚至比我们更好的智能机器人,它们可以轻易离开人类而生存,从而导致我们的消失;这位学者认为,生物学告诉我们,现存物种几乎从不能在与被证明更

---

11 http://www.zdnet.com/news/stephen-hawking-humans-will-fall-behind-ai/116616.

为优越的竞争物种的相遇中生存下来。对乔伊来说，人类倾向于高估他们的设计能力，而这只会导致非自愿的致命后果——甚至对设计师自身也是如此。后来，在该文章发表之后，乔伊向科学家提出挑战，要求他们拒绝研究可能危害我们物种的技术。

最后，让我们提及美国微生物学家琼·斯隆切夫斯基（Joan Slonczewski）提出的一个理论，即所谓"线粒体奇点"（mitochondrial singularity）：根据这位科学家的说法，奇点只是一个渐进的过程的顶点，这个过程始于几个世纪之前，主要在于这样一个事实，即人类已经将越来越多的智力过程委托给机器，以至于在未来，我们对技术或许会承担一种"退化"类型的角色——作为简单的"能量供应商"，有点像发生在细胞内的线粒体身上的情况。[12]

说到奇点来临的日期，库兹韦尔的预测是2045年，而英国超人类主义者斯图尔特·阿姆斯特朗（Stuart Armstrong）则认为有80%的可能是在一个世纪以内。

至于库兹韦尔，这位发明家凭借他的《精神机器的时代》[13]进入了上述辩论，在书中他谈到了人工智能以及我们将要在21世纪见证的技术进步。他认为，人工智能将通过计算机计算能力的指数级增长，加上知识获取的自动化系统以及一些类型的算法例如遗传算法——简单说来，即复杂的自我修正计算程序——而被创造出来。在某个时刻，这些机器似乎被赋予了自由意志，且智能将扩展到地球之外，遍布整个宇宙。

---

[12] http://ultraphyte.com/2013/03/25/mitochondrial-singularity/.

[13] R. Kurzweil, *The Age of Spiritual Machines*, New York: Penguin Books, 1999.

第九章 / 技术奇点驾临

他最坚持的概念之一是他的"加速回报定律"。库兹韦尔认为,一方面从大爆炸开始,宇宙学意义上的宇宙性事件发生的频率已经放缓;另一方面,生物进化以越来越快的速度实现了日益增加的有序度,直到技术的诞生。不止如此:每当某种技术接近一堵无法逾越的墙时,能够战胜它的新技术就会产生,而这将是人类历史的最私密的本质。简而言之,归功于正反馈系统,生物进化得以加速,将我们引至技术进化,技术进化又随之加速,到达计算,然后抵达奇点。因此加速回报定律表明,随着秩序的增长,发展、进化和技术变革的速度也会增加。

对于库兹韦尔来说,心智不是一套原子,而是一组模式,可以在不同的媒介上、不同的时间显现出来——且因此可以在生物体以外的基质上再生。他认为,精神体验由超越日常身体和凡俗限制的感觉构成,感知到更深层次的现实;于是,到了21世纪,机器也能发展出一种精神维度——因此也将不再能用经典意义上的"机器"一词来定义它。

库兹韦尔随后广泛使用了所谓的"摩尔定律"(Moore's Law)。戈登·摩尔(Gordon Moore)是一位美国企业家,英特尔的联合创始人(我们会记得这个公司是生产芯片的),此人的声誉与以他的名字命名的定律相关——这一定律在1965年4月19日发表在《电子杂志》(Electronics Magazine)上的一篇文章中首次被披露。[14] 在那个时候,摩尔宣称,在固定价格的情况下,一台计算机中的活跃元件数量每两年便会注定翻一番,并补充说这个定律十年内将保持有效——而它当时依然有效。由此可以得出,计算机和电子设备的性能——处理速度、内存等——

14　G. Moore, "Cramming More Components on Integrated Circuits", *Electronics Magazine* April 19, 1965, p. 4. http://www.cs.utexas.edu/~fussell/courses/cs352h/papers/moore.pdf.

一般来说每两年便会翻一番,从而呈指数级增长的趋势。必须承认,此定律的成功还取决于它被整个半导体行业用作指导原则——在实践中作为商业目标。在1988年的《心智的孩子:机器人和人类智能的未来》(*Mind Children: The Future of Robot and Human Intelligence*)[15]一书中,汉斯·莫拉维克采用了摩尔定律并将其扩大化,用它来支持这样一种可能性,即在不远的将来,机器人将进化成一种新的人工物种——从20世纪30年代至21世纪40年代。十年后,在《机器人:从纯粹的机器到超越的心智》(*Robot: Mere Machine to Transcendent Mind*)[16]一书中,莫拉维克进一步扩大了他的理论,得出了与文奇及其同伴相似的观点。于是,我们来到了库兹韦尔这里,对他而言,摩尔定律将"坚挺"到2020年,之后我们将转向不同于当前的技术,比如基于DNA的芯片、基于纳米管的芯片,最后是量子计算。[17]

库兹韦尔举出深蓝(Deep Blue)的例子,这台IBM的计算机在1997年击败了卡斯帕罗夫(Kasparov),以此展示人工智能正在诞生。在评论库兹韦尔的书时[18],约翰·塞尔回应说机器只能操纵符号,却并不理解它们的意义。这就是著名的中文房间的例子,大致是这样进行的:我们把一个不会说中文的人放在一个房间,让他接收用中文书写

---

15 H. Moravec, *Mind Children: The Future of Robot and Human Intelligence*, Cambridge: Harvard University Press, 1988.

16 H. Moravec, *Robot: Mere Machine to Transcendent Mind*, Oxford: Oxford University Press, 1999.

17 量子计算是一个研究领域,旨在创造能够使用量子现象进行计算的计算机。亚原子世界的特点是其规则与我们的普遍感知力相去甚远;粒子远非具有明确特征的"点",它具有对我们来说很怪诞的属性,例如在同一时间位于不同地方。当然,我们正在简单化;重要的是这些奇怪的属性可以被用来建造比当前的计算机快得多的多的计算机。

18 J. Searle, "I Married a Computer", *The New York Review of Books* April 8, 1999. http://www.nybooks.com/articles/archives/1999/apr/08/i-married-a-computer/? pagination = false.

的讯息；然后，我们给他一套完整而清晰的规则，这套规则解释了怎样操纵所涉及的符号。然后这个人将输出合适的答案，却并不真正理解讯息的意义。写这些讯息的人，以及说中文的人，或许会以为房间里的人真正理解这种语言，但事实上他们并没有。对于这位哲学家来说，计算是根据规则操纵符号，并没有理解意义。库兹韦尔看好的计算能力的指数级增长并没有将问题推动一点点，而且建造有意识的机器的唯一途径是理解意识，可我们还远未做到。

哲学家科林·麦金也对库兹韦尔的理论有话要说；他尤其强调了这样一个事实，即机器表现出人类的外在行为，并不意味着它有类似于我们的内在体验；如果它没有这种体验，那么把心智上传到一台电脑就将等同于让心智消融。[19]

库兹韦尔继续着他的推论，他走向了一个非常广阔的愿景，宣称一旦充满了智能，宇宙将能够决定自己的命运，或许可以避免大挤压（Big Crunch）或者永久稀释：这将由智能来决定。对于他来说，智能因而是宇宙中最伟大的力量：随着宇宙的"计算密度"增加，智能将开始对抗"伟大的天体力量"。

在《奇点临近》[20]一书中，库兹韦尔提高了赌注。这位发明家强调摩尔定律不仅适用于集成电路，也适用于其他邻近领域（如晶体管、继电器和机电计算机），甚至还适用于更远的领域，比如材料科学——可理解为纳米技术——以及医疗技术。此外，尽管按照他的说法，我们现

19　C. McGinn, Colin, "Hello, HAL", *The New York Times* January 3, 1999. http://www.nytimes.com/1999/01/03/books/hello-hal.html?pagewanted=all&src=pm.

20　R. Kurzweil, *The Singularity Is Near: When Humans Transcend Biology*, New York: Penguin, 2005.

在所知的摩尔定律将注定在 2020 年左右失效,但是库兹韦尔对新的范式的出现充满信心(或许基于纳米管),新范式将使得计算能力的指数级增长得以延续下去。

无论如何,库兹韦尔不惮于承认单靠计算能力的增长本身并不能创造人工智能;实现这一目标的最佳途径是通过对人脑进行逆向工程——在实践中,你必须研究和模拟我们的中枢神经系统。为了做到这一点,我们将使用经典的大脑成像技术,这些技术也注定会经历自身分辨率的指数级增长——然后在 21 世纪 20 年代,被从内部扫描大脑的纳米机器人所取代。

根据库兹韦尔的观点——这也是他的新书《如何创造心智:揭示人类思维的秘密》(*How to Create a Mind: The Secret of Human Thought Revealed*)[21] 的核心主题——一个成年人的本质是由大约 3 亿个"模式探测器"组成的;对于未来主义者,会有一个分层结构实现从一个垂直皮层柱向另一个垂直皮层柱的逐渐抽象化。在较低层次,新皮层看起来是机械的,因为它做的是简单的决策;但是,在这个分层结构的最高层,它能够处理诗歌、幽默感、感官享受等概念。这些等级层次的数量增长导致了从灵长类动物的智力到人类智力的转变,从而引发了语言、艺术和整个文化的诞生。实际上,量的增长本该导致质的飞跃。所以,库兹韦尔问道,为什么不追求另一个"飞跃",把我们的"模式探测器"的数量从 3 亿增加到 10 亿呢?

无论如何,基因工程、纳米技术和机器人,或者毋宁说这三个学

---

21 R. Kurzweil, *How to Create a Mind: The Secret of Human Thought Revealed*, New York: Viking Press, 2012.

科的融合将把我们推向奇点。人类生活将发生不可逆转的改变；我们将超越我们的身体和生物大脑的限制。库兹韦尔随后强调未来的机器将是有人性的——以至于，让我们这么说吧，这样问是正当的：谈论机器是否有意义，或者是否还不如避免机器这一类的术语，转而采用一些新的、有待发明的东西。

就这样，我们来到了决定命运的日子，2045年。在这个日期之后的某个时间点，上述指数级增长将达到一个无法逾越的极限，即计算机世界特有的微型化和提速过程将停止，已经到达自然法则所规定的极限；然后，为了进一步提高其计算能力，计算机将不得不增加其体积，这将导致人工智能"向外"移动。首先，地球本身将转变为一个巨大的计算基质，在此之后后人类智能将开始扩展至太阳系和星际空间，寻找物质和能量以便优化它们来满足自身的发展需求。这将导致所有宇宙物质逐渐转化为"思考的"物质，直到整个宇宙的真正的"觉醒"。奇点的旅程将继续越来越复杂的程度——更加靠近我们经典的一神论上帝的概念，但永远不会抵达它。如果存在其他宇宙，我们的"智能宇宙"当然有可能决定朝着它们进一步扩张。

库兹韦尔构建了一个宇宙史的方案，乍一看，它很容易让人想起由"复杂性理论家"（complexity theorists）如伊利亚·普里高津（Ilya Prigogine）等人所捍卫的"涌现主义"（emergentist）概念——对他们来说，构成现实的不同层次的复杂性将通过特殊的本体论的"跃迁"彼此涌现。库兹韦尔的方案划定了宇宙进化历史的六大纪元，全部按照信息理论来解读。在实践中，第一个纪元——物理和化学的纪元——其特征为被理解为"秩序"的信息只保存在原子结构中；因此，秩序的数量是有限的。然后是第二纪元——生物学的纪元——在此纪元信息将被保存在 DNA 的结构中。第三个是大脑的纪元,在此纪元神经模式设法保存更多的秩序。第四纪元是技术的纪元,在此纪元我们目睹了硬件和软件的诞生。第五纪元是奇点的纪元,它将见证人与机器的融合。而第六纪元则将见证宇宙被智能物质充满。

库兹韦尔认为,先进的外星文明事实上并不存在。根据加速回报定律,当一个文明开发一种技术的原始形式时,它会在几个世纪内到达奇点;后者将引导智能迅速扩展至宇宙,并对其进行操弄。既然我们观察天空时并没有注意到对物质进行智能操纵的迹象(目前还没有发现方形星系),由此我们推断出外星人并不存在。这对我们来说更好,因为我们注定将会充满宇宙,吸收所有的物质和能量,并优化它们用于计算。

这是一个有趣的项目,但是评论家和官方科学是怎么说的呢?在对库兹韦尔著作铺天盖地的批评中,最普遍的是"指数级增长谬误";在这里指的是,指控他把一个目前已被证明为指数级的过程普遍化,简单粗暴地将其扩展至技术发展。简而言之,这位发明家把一个简单的局部趋势转化为一个严格支配人类现实的真正的法则。还有几位作者以各种方式挑战了进步会加速的想法;我们将要提到其中几个。根据鲍勃·塞登斯蒂克(Bob Seidensticker,来自高科技工业界的普及推广者和内部人士),加速的想法是对技术进步进行过于简单化解读的结果——欲知详情,我们推荐您阅读他有趣的作品《未来狂热:技术变革的神话》(*Future Hype. The Myths of Technological Change*)。[22] 相反,根

---

[22] B. Seidensticker, *FutureHype. The Myths of Technological Change*, San Francisco: Berrett-Koehler Publishers, 2006.

据物理学家和未来学家西奥多·莫迪斯（Theodore Modis）和物理学家兼专利专家乔纳森·休伯纳（Jonathan Huebner），技术创新的速率不仅没有增长，反而正在减缓。简而言之，这些是科技史的问题，跟这些问题打交道的人知道对仍在进行中的事件进行可靠的、有说服力的解释有多难，几乎不可能。换句话说，讨论尚无定论。

必须指出，科学界——或者至少是其中一大部分——通常带着一定程度的怀疑接受库兹韦尔的理论。2008年，加拿大心理学家史蒂文·平克（Steven Pinker）表示：

> 没有丝毫理由相信即将到来的奇点。你能够在你的想象中看到一个未来，这一事实并不证明它有望发生或者甚至是可能的。看看穹顶城市、喷气背包通勤、水下城市、一英里高的建筑和核动力汽车——这些都是我小时候的未来幻想中的要素，但从未到来。纯粹的处理能力不是精灵粉，并不能魔法般解决你所有的问题。[23]

美国著名认知心理学家道格拉斯·R. 霍夫斯塔特对奇点也不太客气。对他来说，这是一个令人困惑的理念，而库兹韦尔和莫拉维克的书则是"一种非常奇怪的思想混合体，其中有靠谱的也有疯狂的"。这种混合体是如此均质，以至于很难将好的想法和无稽之谈分开；这些人是聪明的，不是愚蠢的，霍夫斯塔特强调。对他来说，这种愚蠢涉及将心智上传至电脑、数字永生、网络空间中的人格融合以及进步加速的观念。不过，这位学者承认，他并没有简易的方法来区分哪些是

23　http://spectrum.ieee.org/computing/hardware/tech-luminaries-address-singularity.

正确的、哪些是错误的，而且这些人所说的一些事情当然也有可能成真，即使我们不知道"何时"。[24]

对于约翰·霍普金斯大学（Johns Hopkins University）的神经科学家大卫·J. 林登（David J. Linden）来说，库兹韦尔把数据收集和理解大脑混为一谈；前者也可能遵循指数级的进步（也就是说，用于数据收集的工具将能够更快地得到改进），但是对神经系统功能的理解或多或少是线性发展的。[25]

物理学家保罗·戴维斯（Paul Davies）在《自然》杂志上撰文说，《奇点临近》读起来很有趣，但应谨慎对待。[26]

对于科学记者约翰·霍根（John Horgan）来说，关于奇点的看法更像是宗教的，而不是科学的。[27]而科幻小说作家肯·麦克劳德（Ken MacLeod）则创造了暗含贬义的词"书呆子的被提"（rapture for nerds），指的是许多基督教基要主义者期待很快实现的"被提"。

最后，我们要补充一点，并不是每一个人都信服库兹韦尔预言技术的技能——媒体对此经常强调。例如，2010年，美国记者约翰·雷尼（John Rennie）饶有兴致地回顾了近年来这位超人类主义思想家所做的所有预测，并将它们与现实情况进行了对比。据他所言，结果表明

---

24 G. Ross, "An Interview with Douglas R. Hofstadter", *American Scientist Online* January 2007. http://www.americanscientist.org/bookshelf/pub/douglas-r-hofstadter.

25 D. Linden, "The Singularity Is Far: A Neuroscientist's View", *Boing Boing* July 14, 2011. http://boingboing.net/2011/07/14/far.html.

26 P. Davies, "When Computers Take Over", *Nature* March 23, 2006, No. 437, pp. 421-422. http://www.singularity.com/When_computers_take_over.pdf.

27 J. Horgan, "The Consciousness Conundrum", *IEEE Spectrum* June 1, 2008. http://spectrum.ieee.org/biomedical/imaging/the-consciousness-conundrum/0.

库兹韦尔最准确的预测也往往是最模糊和最平庸的那些。[28]

但让我们暂且假装库兹韦尔及其同事所说的一切毋庸置疑都是真的。因此，在 2045 年之后，我们将和一个超越我们理解能力的世界打交道。尽管如此，在分享这些想法时，一些超人类主义者已经试图阐述与这个将要到来的世界相关的场景，从将要生活在其中的人类类型开始。

9.2 明日之人

超级健康

凭借着在分子水平对人体几乎绝对的控制，我们的后人类后代必定会享受的健康会让我们所享受的相形见绌——即便在最好的情况下。不久之后，留在我们的生态系统中最后的"野生动物"将是病毒和细菌，而且随着纳米技术的进步，它们也将被"驯服"。但是事情还不止于此：通过增强我们的天然感官，并给予我们新的感官，纳米医学将为我们提供对我们内在身体和精神状态的前所未有的多层次系统的访问，包括器官、组织和细胞的活动和状态——甚至包括单个神经元的，如果需要的话。我们现在无法访问的我们自身的一些部分最终将处于我们意识的行动半径之内。我们将能够详细分析组成我们心智的全部"子系统"、我们的"冲突的欲望"和我们在某个主题上的"对立的意见"。重建和"治疗"我们的心智将意味着在我们思维的超精细结构上打开一扇窗户，从而以一种我们甚至无法想象的方式"赤裸地面对自己"——与

---

28 任何想要自行判断的人，都可查看 J. Rennie, "Ray Kurzweil's Slippery Futurism", *IEEE Spectrum* November 29, 2010。http://spectrum.ieee.org/computing/software/ray-kurzweils-slippery-futurism.

当今心理治疗师为了进入患者的内心生活而付出的努力形成鲜明对比。简而言之，我们最终将享受一种今日无法想象的自由意志的形式。纳米医学将变得无处不在，消除一系列我们今天视为"自然"的状况，但这些状况可能会促使后人类想知道我们现在的人是怎样设法专注于我们的日常事务的；这包括各种依赖——咖啡因、尼古丁、食物成瘾以及所有降低我们生活质量的强迫性行为，从迷信到疑病症，从工作狂到购物狂。然后是所有的过敏、不耐受、恶心、腹泻、胃肠道问题、由热和冷引起的烦恼、瘙痒、粉刺。此外还有皮肤的瑕疵、过多的毛发、快速旋转引起的头晕、身体和面部的不对称、头痛、甲沟炎、耳鸣、耳垢、鼻塞、胀气、困倦，当然还有月经。更不用说各种恐惧症了，从恐蜘蛛到恐高或者恐密闭空间，以及所有我们不喜欢的行为特征——显然，如果你是厌人类者而且你喜欢这样，没有人会强迫你改变。总之：后人类甚至连偶尔膝盖痛或者背痛都不会有。[29]

后人类身体

在前面的章节中，我们已经广泛讨论了我们的生物学身体在或远或近的未来可能会经历的所有可能的增强和改变。现在让我们添加一些更为奇特的内容。让我们从娜塔莎·维塔-莫尔开始，作为一位优秀的艺术家，她也创造了后人类可能的一种代表，将其命名为"第一后人类"（Primo Posthuman）。[30] 她提出了各种改进：从随意改变性别的可能性——具有繁殖能力——到配备了增强认知自我修正系统和纳米技术

---

[29] R. A. Freitas Jr., *Nanomedicine. Volume I: Basic Capabilities*, Austin: Landes Bioscience, 1999. http://www.nanomedicine.com.

[30] N. Vita-More, "First Posthuman–The New Human Genre". http://www.natasha.cc/primo.htm.

记忆文件的元大脑,再到非常高效的"废物回收系统"(我们现在所拥有的是"乱七八糟的",维塔-莫尔强调),该系统配有增强的感官和我们已经谈论过的纳米技术皮肤。

在一篇题为《人类工程与气候变化》("Human Engineering and Climate Change")[31]的文章中,超人类主义思想家S. 马修·廖(S. Mattew Liao)、安德斯·桑德伯格和丽贝卡·罗奇(Rebecca Roache)认为,人类必须自愿对自己进行基因改造,以便减少我们物种的生态影响;他们的提议之一是在我们身上诱发对肉类的不耐受(肉类生产确实产生了显著的生态影响),获取猫的眼睛特征(为了降低我们的照明需求),以及减轻我们的身体质量。

可应用于人体的可能的改变几乎是无穷无尽的:我们可以想象获取这种或那种动物的身体能力,创造集体心智,使我们的身体适应外太空,极度增加我们的体型,赋予我们的皮肤最奇怪的颜色,改变我们的染色体数量,废除睡眠,使我们的骨骼灵活或者使我们的手指长成触手,发展选择性的听力——只听到我们想听的——或者长出翅膀;在杰作《加速》中,科幻作家查尔斯·斯特罗斯饶有兴致地想象出一个混合的人类-公司(human-corporation)。[32]简而言之:你要什么就给你什么。这是超人类主义者所谓的"形态自由",即选择他们想要的任何形式的自由,而且在这些思想家看来,这种自由必须拥有任何其他人权的地位。[33]当然,这是我们可以轻松谈论的事情,但要谨慎一些;比方

---

[31] S. M. Liao, A. Sandberg and R. Roache, "Human Engineering and Climate Change," February 2, 2012. http://www.smatthewliao.com/wp-content/uploads/2012/02/HEandClimateChange.htm.

[32] C. Stross, *Accelerando*, New York: Ace Books, 2005.

[33] A. Sanberg, "Morphological Freedom–Why We Do not Just Want It, But Need It". http://www.aleph.se/Nada/Texts/MorphologicalFreedom.htm.

说你发现自己——只是举个例子——和办公室的一名同事在一起,这位同事决定在额头中间长出烦人的第三只眼睛,这可能会让你的工作日多了点活力,或许不是很舒服。

第二个恐怖谷

在心理学和机器人学中,"恐怖谷"[34](Uncanny Valley)是一个术语,用来描述当我们与看起来非常拟人但同时又"差点火候"的事物打交道时所感到的不适。因此,例如,一些人会觉得非常逼真的玩偶或者类似人类的机器人"令人不安"。

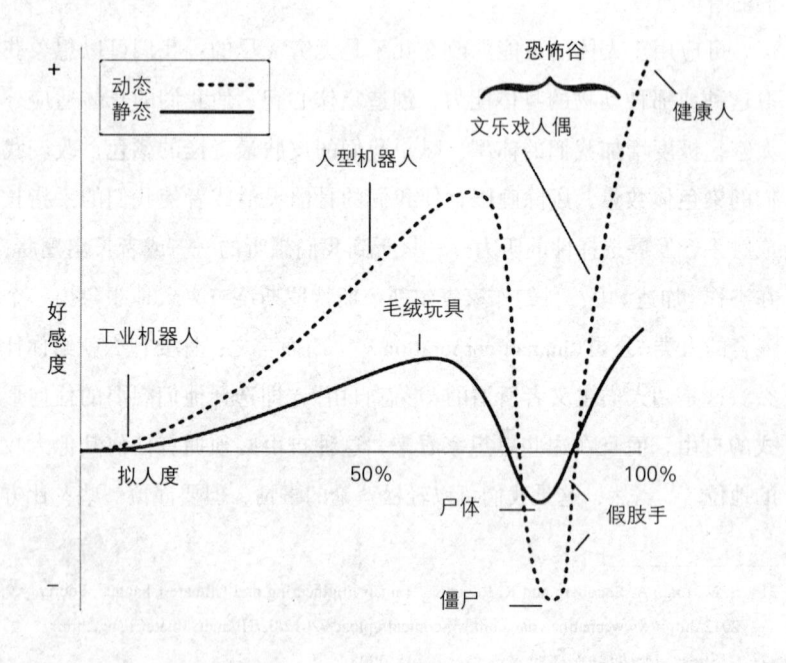

[34] https://en.wikipedia.org/wiki/Uncanny_valley.

其原因尚不明确,但是对此有一些假设——例如,认为引发这种感觉的事物与我们自然而然地避开病症和患有传染病的个人有关。

那么,贾迈斯·卡西奥[35]问道,如果在当前这一个后面还有第二个恐怖谷,一个与我们的后人类后代相关的恐怖谷等待着我们,会如何呢?

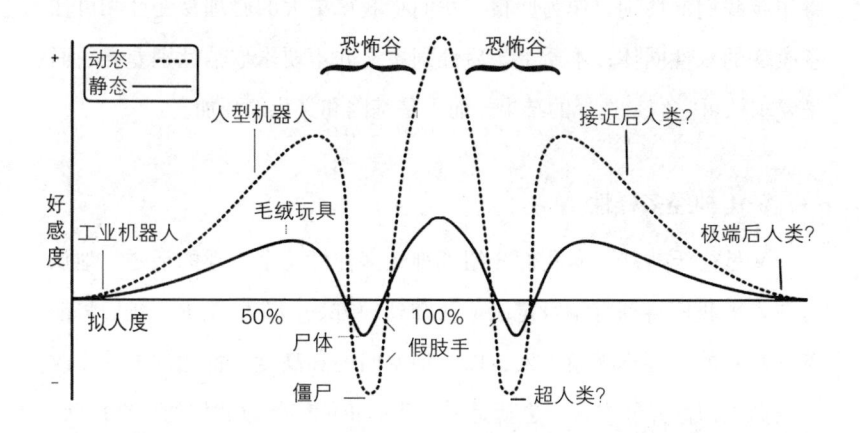

```
动态 ----
静态 ——
```

恐怖谷　恐怖谷

人型机器人　接近后人类?

好感度　工业机器人　毛绒玩具　极端后人类?

拟人度　50%　尸体　100%假肢手　超人类?

僵尸

这会对上述形态自由产生什么可能的影响呢?我们会觉得略有不同的后人类比完全不同、更加激进的后人类更加令人不安吗?哦,好吧:要解决这个难题,我们唯一能做的就是拭目以待。

不要性别,拜托,我们可是后人类

乔治·德沃斯基和詹姆斯·休斯关注着——至少从他们的视角来看——逐渐加深的性别文化侵蚀,以及对女性主义及其平行运动的哲

35　J. Cascio, "The Second Uncanny Valley". http://www.openthefuture.com/2007/10/the_second_uncanny_valley.html.

学阐述。因此，正如他们在一篇文章中阐述的那样[36]，他们预见了性别的实际的消失（性别在他们眼中是对人类潜能的武断的限制），既是从解剖学也是从神经学的角度，通过通常的技术来实现。纳米技术、基因工程、体外繁殖、人工子宫、变性技术、由计算机模拟的虚拟身体：根据这两位的说法，下一次冒险将带领我们不仅超越我们的人性，还将超越我们的性别。作为回报，我们将获得更大的心理易变性和可任意改变的双性同体；本质上，后性别主义并不要求取消性别差异，而是要求认可它们是选择的结果，而不是基因和文化的强加。

赞美神经多样性

又是德沃斯基[37]向我们介绍了神经多样性这个有趣的话题，他认为在未来我们将拥有量身定制的认知处理方法；在实践中，我们将能够从精巧的神经学视角出发，以一种专门的和高度个性化的方式，改变我们感知世界的方式。也就是说：我们将能够修改我们的情绪反映、我们的个人互动的模式、我们的社会参与、我们的审美品位和优先考虑事项。简而言之，总有一天，我们将能够决定我们究竟想要以何种方式与世界建立关联。这位超人类主义思想家在这里介绍了两个术语，即"神经典型性"（neuro-typicality）和"神经多样性"（neuro-diversity），它们最初是由自闭症权利运动（Autism Rights Movement）首次使用并广泛传播的，这一运动是一项国际性的社会运动，包括应对自闭症的协

---

36 G. Dvorsky and J. Hughes, "Postgenderism: Beyond the Gender Binary", *IEET-03* March 2008. http://www.sentientdevelopments.com/2008/03/postgenderism-beyond-gender-binary.html.

37 G. Dvorsky, "Designer Psychologies: Moving Beyond Neurotypicality", *Sentient Developments* May 29, 2011. http://ieet.org/index.php/IEET/more/dvorsky20110528.

会和网络。自闭症是"神经多样性"的一个很好的例子;它背后的理念是,远非像大多数"神经典型"的人类一样对社会互动感兴趣,"自闭症人群正在或者将会非常乐意投身于他们自身的想法和特定的优先考虑事项,而不需要任何'照顾'"。在这里,德沃斯基当然不是说我们都应该成为有自闭症的,而是邀请我们考虑"神经多样性"概念,并将其视为社会的一种可能的增益;本质上,这是一种——非常超人类主义的——发展神经科学以便获得任意改变我们个人心理的可能性的邀约。因此,它整个被刻写在超人类主义者所珍视的一个概念中,即"认知自由",它意味着按照我们认为合适的方式改变我们的心智的权利。我们可能致力于的心灵领域之一是我们的审美感受——我们可以对其修改以便从审美上欣赏我们通常想象不到的事物。我们也可以决定混合不同的感官通道,在我们体内产生一种相对不常见的神经系统现象,即联觉(synaesthesia)。另一个相当明显的介入领域是对情绪反应的操纵;另外,我们可以决定识别并自愿消除我们的认知偏见,获得更加清晰、理性的思考能力。被使用的工具总是一样的:量身定制的药物、基因操作、神经植入物等等。

[242]

关于人性

这是一个老生常谈的问题:在经历所有这些改变和重组之后,人性会变成怎样?我们可以用多种方式来解决它;可以说人性将会消失,而且这样更好;或者可以说不断地克服自身是我们的天性使然,因此成为后人类是我们能做的最为人性的事情;甚至可以说人性并不存在,它只是文化的产物,超人类主义并不为此冒任何风险。关于这个主题,拉里·阿恩哈特(Larry Arnhart)采用的角度颇为有趣,他是北伊利诺伊大学（Northern Illinois University）的学者、"达尔文保守主义"（Darwinian Conservatism）的创始人，这种路径强化了进化论思维中的保守心态。阿恩哈特说：不用担心，人性会留存。我们的身体、大脑和欲望已经被进化塑造，以便抵抗基因操作。特别是，我们的欲望是数千年进化和适应环境的结果，形成了一个平衡的系统，使我们得以生存，而且这个系统很难改变。根据这位哲学家，我们有大约20种自然的欲望，例如渴望拥有性别身份、拥有健康和福祉、从事艺术、获得智性理解——普世的欲望，尽管受制于一些文化差异。如果有朝一日有可能发展出赋能的技术，它们将不可能被用来违背这些基本的欲望；更有可能的是，人类将用它们来更好地满足他们已有的欲望。简而言之，没有人——或许疯子除外——会选择破坏她／他的身体从而躲进一个虚拟的世界。[38]

增强动物

随着我们的增强技术的发展，我们将接近"在智性上养育"我们星球上最"有前途的"物种的可能性，例如黑猩猩和海豚——但也包括大象、鲸鱼等。想到某天出门发现自己置身于抗议"数百年剥削"等的增强型奶牛的示威中，这个念头或许会让你感到不安。至少在理论上，事实仍然是，如果我们接受人类增强的可能性，那么我们必须承认这对动物也是可能的。我们谈论的是所谓的提升（uplift），这个概念来自科幻小说（尤其是来自美国科幻小说家大卫·布林[David Brin]的同名

---

[38] L. Arnhart, "Human Nature is Here to Stay", *The New Atlantis* summer 2003, No. 2, pp. 65–78. http://www.thenewatlantis.com/publications/human-nature-is-here-to-stay.

系列小说），很快就被超人类主义者，特别是乔治·德沃斯基采用。[39]所有这些的实现都应该通过平素熟悉的纳米技术、生物技术、机器人技术——为海豚、鲸鱼这些缺乏操纵能力的动物提供机械肢体——以及人工智能。当你沾沾自喜于将来增强的亚人类仆人会干所有"年轻人不再想干"的工作时，你就走得太远了：德沃斯基敏锐地指出被选为提升候选人的动物必须升级到我们的水平，而且我们必须保证给予它们我们拥有的所有"人权"。看起来可能很奇怪，但也有人——在科学界，简单说来——正在尝试这样的实验，即使只是出于探索的目的。特别是在 2005 年，爱荷华州得梅因（Des Moines）大猿信托基金（Great Ape Trust）的苏·萨维奇-伦博（Sue Savage-Rumbaugh）和她的同事将八只倭黑猩猩放在一个配备了不同工具的设施中，这些工具可以让动物们获取食物，决定谁进入、谁离开，等等。这些猴子还可以使用乐器、电视，以及更多。终极目标是为了验证该物种的成员是否能够学习和交流比他们通常处理的更为复杂的概念，从而展示这些技能不是智人的特权。简而言之，这是一种非常粗糙和原始的提升。

脱离躯体的心智

然后，有人工的后人类智能，可以有不同程度之分；J. 斯托斯·霍尔已经着手对它们进行了分类。[40] 这位学者把它们分为：次人类人工智能（Hypohuman AI），不全然像我们一样聪明，受制于我们；跨人类人

39　G. Dvorsky, "All Together Now: Developmental and Ethical Considerations for Biologically Uplifting Nonhuman Animals", *Journal of Evolution and Technology* 2008, Vol. 18, No. 1, pp. 129–142. http://jetpress.org/v18/dvorsky.htm.

40　J. Storrs Hall, "Kinds of Minds". http://lifeboat.com/ex/kinds.of.minds.

工智能（Diahuman AI），可与人类媲美，而且和我们一样能够学习；类人类人工智能（Parahuman AI），友好的智能，被开发成为我们的一部分，我们可以与其共生甚至融合；异人类人工智能（Allohuman AI），智性上与我们处于同一水平的心智，但是被赋予了与我们的感知及动机不重叠的模式，在实践中几乎是异类；上人类人工智能（Epihuman AI），优于我们的人工智能，但并没有超过很多，因此与我们保持着连续性的关系。最后，我们有超人类人工智能（Hyperhuman AI），这种人工智能可以在任何任务上战胜整个人类科学界，能够全面理解科学知识，其智性生产力可以和全人类相匹敌。

进入信息变形体

就进化而言，后人类人工智能甚至并不代表着结局；在其之后，可能还会有更加异形的实体，即"信息变形体"（Infomorph）。俄罗斯超人类主义者亚历山大·奇斯连科（Alexander Chislenko）在1996年的一篇文章《心智时代的网络》（"Networking in the Mind Age"）中将其理论化。[41] 严格来说，它会是一种纯粹的"信息"生物，一个"分布式信息存在"；本质上，它是一种"虚拟的信息体"，可以具有涌现（emergent）的特征，例如真实的人格。它是一种具有分布式智能的"软件代理程序"和独立的存在；它代表着我们日益依赖技术和系统的逻辑出口，这些技术和系统由以功能邻近——而非物理邻近——为特征的元素组成；一个例子是我们目前使用的同样的互联网，特别是未来在我们的终端进行工作的前景，通过临时组合彼此物理距离较远

41　A. Chislenko, "Networking in the Mind Age", 1996. http://www.lucifer.com/~sasha/mindage.html.

第九章 / 技术奇点驾临

的位置——即服务器和数据库——的数据和功能。这种"本体论的不确定性"将加深功能性结构从物质基质中解放的过程——已经在进行中,且将导致"高级信息实体"的诞生;事实上,信息变形体是没有身体的实体,且拥有几乎完美地处理信息的能力。为了简化一个注定困难的主题:我们习惯于将自己视为本体论上的"固体"、具有明确边界的单一实体,而且倾向于将同样的推想应用于我们将要创造的假设中的人工智能。相反,信息变形体将由不稳定和不断变化的信息集、软件、数据和服务器组成,随时可能发生变化。而且,尽管它们的"我"是流动的且是绝对临时的,它们将能够具备智能行为。所有这一切实际上是很早以前就已经开始的一个过程的结果:人类与自然互动,已经开始从他们的机体中"排出"越来越多的结构性元素。因此,如果最初像所有其他动物一样,人类以脂肪的形式在体内积累了能量,那么通过文化进步,他们开始在自身之外储存能量,生火,积攒木材,获取各种能源,等等。简而言之,能量已经成为"体外的"东西(即在身体外部),被分配和共享。奇斯连科对此开玩笑说,如今人们往往认为他们的银行储蓄比自己的脂肪储蓄更有价值。这种说法也适用于人类生活的很多其他方面,这些方面也慢慢变得体外化;对这位思想家而言,甚至连医学也可以这样解读,也就是说,作为我们免疫系统的体外版本。在实践中,人类倾向于以一种"自动形态"的方式思考,这种方式将功能统一体与物体/物质统一体等同起来,但这将发生变化,就像能源一样,我们物种的心理/精神/认知方面也将变得体外化,从而促成信息变形体。这些实体可能比我们更具优势:例如,它们将不用去学校,因为如果需要学习什么,它们只需要从同伴那里复制即可。

其他心智

1984年,哲学家和人工智能学者亚伦·斯洛曼(Aaron Sloman)在《可能心智空间的结构》("The Structure of the Space of Possible Minds")[42]中提出了可能存在不止一种心智的观点,并试图描述这一概念空间所承载的可能结构。2015年,出生于拉脱维亚的计算机科学家罗曼·V.扬波尔斯基(Roman V. Yampolskiy)重新演绎并拓展了斯洛曼的工作。[43]扬波尔斯基对心智的定义是"一种拥有关于其周边环境的知识库的实例化的(instantiated)智能"。那么,让我们来检视心智的主要特征是什么。首先,可能心智的无限性:"如果我们接受对单个独特事实的知识可以将一个心智与另一个心智区分开来,我们就能证明心智的空间是无限的。假设我们有一个心智 M,它有一个最爱的数字 N。通过复制 M,并将其最爱的数字用新的最爱的数字 N+1 来替代,就可以创造一个新的心智。这个过程可以无限重复,给予我们独特心智的无限集合。……或者,我们可以依靠设计或者具身(embodiment)的无限性而不是知识库的无限性来证明心智的无限性。设计的无限性可以通过在每个计算步骤后加入时间延迟来证明。首先,心智会有 1 纳秒的延迟,然后是 2 纳秒的延迟,依此类推,直到无限。这将产生不同心智设计的无限集合。有一些会非常慢,另一些则超快,即使背后的解决问题的能力相当。"从理论的角度来看,这个话题相当复杂,因此,关于细

---

[42] http://www.cs.bham.ac.uk/research/projects/cogaff/sloman-space-of-minds-84.pdf.

[43] R. V. Yampolskiy, "The Space of Mind Designs and the Human Mental Model". http://hplusmagazine.com/2015/09/02/the-space-of-mind-designs-and-the-human-mental-model/. 这篇文章摘自扬波尔斯基的著作 *Artificial Superintelligence: A Futuristic Approach*, Boca Raton: Chapman and Hall/CRC, 2015。

第九章 / 技术奇点驾临

节，我会推荐你参阅原文；这么说吧，根据扬波尔斯基，心智可以按照大小、复杂程度和属性进行分类。关于设计："一些心智将被评为'优雅'（也就是说，拥有比原始字符串短得多的压缩表达）；另一些会被评为'高效'，代表着这种特定心智的最有效表达。"我们可以问一些哲学上棘手的问题："两个心智可以加在一起吗？换句话说，有没有可能把两个上传的心智或者两个人工智能程序合并成一个单一的、统一的心智设计？这个过程可以逆转吗？一个单一的心智能否被分离成多个不完全相同的实体，每一个实体本身就是一个心智？此外，一种心智设计能够通过渐进的过程变成另一个，同时免遭破坏吗？例如，一个计算机病毒（甚至是加载了他人 DNA 的真正的病毒）能否足以导致将一个心智改变为可预测类型的其他心智？鉴于这种基于病毒的路径，能否将特定的属性引入心智？例如，能否事后将友善性添加到既有的心智设计中去？"

研究可能心智并非易事：现在，我们或多或少有 70 亿个人类心智可用，而且无论从硬件（人体／大脑）的角度来看，还是从软件（心理设计和知识）的角度来看，它们都非常同质："在可能的心智设计的无限全光谱的背景下，人类思维之间的小小差异是微不足道的。人类心智只是代表了伟大心智景观中的一小部分固定尺寸的子集。地球上其他心智的集合也可以这么说，比如狗的心智、虫的心智、雄性心智，或者总体而言所有动物的心智。……考虑到我对心智的定义，我们可以根据心智的设计、知识库或者具身对其进行分类。首先，可以根据设计的起源对其进行分类：像上传一样从现有的心智中复制，通过人工或者自然进化而演变，或者明确地设计出一套特定的理想属性。……最后，仍然存在一种可能性，即某些心智在物理或者信息上递归嵌套在其他心智中。关于物理嵌套,我们可以考虑凯利(2007b)[44]提出的一种心智类型,他谈到了'跨越大的物理距离的非常缓慢的隐形心智'。有可能整个物理宇宙作为一个整体或者作为重要的部分构成了这样一个巨型心智。"如果最后这种情况属实,那么其他心智应该被视为"嵌套"在这个巨型心智内部。另一种心智结构的类型包括自我改善的心智,即能够改变和调整自身结构的心智;我们甚至可以说,这些心智在这样做时,也在其他心智中改变了自身,在本体论上变得不同——但这基本上是个人身份的保存问题,它远未得到解决:"如果推至极端,这一观点意味着学习新的信息这一简单的行为会把你转变为另一种心智,这就提出了关于个人身份的性质这一亘古长存的问题。"

就其知识库而言,心智可以被分为:没有初始知识库的心智,这些心智预计会从环境中获取其知识;从开端就被给予了大量通用知识的心智;以及只在一个或多个领域被给予专业知识的心智。

其他分类也是可能的:按照目标分类——我们可以想象没有长期或者终极目标的心智;按照目标的缺失分类——定期改变或者随机设定目标的心智;按照自由意志分类——如果真的有这回事;—以及意识——不管这个词意味着什么。那么,后人类是否会与我们有着巨大的差异,以至于他们不是只有一种而是有几种不同类型的心智呢?

9.3 生命的终结:永不

现在让我们继续讨论永生的主题,在我们看来,这是超人类主义

---

44 K. Kelly, "A Taxonomy of Minds". http://kk.org/thetechnium/archives/2007/02/a_taxonomy_of_m.php.

最具争议的问题。针对长生不老的愿望提出的异议为数众多；在此，我们将只探讨其中几个。不过，请记住，对于每一种针对科学永生的异议，都有可能发展出一种对异议的异议：这是超人类主义者的工作，要想全面了解这些争论，我们推荐您访问我们在关于永生的一章中提到的众多网站。一般来说，首先提出的异议与人口过剩有关：如果不再有人死亡，我们将把每个人安置在何处呢？对此，可能的答案涉及从暂停繁殖（在我们看来这不是一个真正的好主意，不过我们可以商榷）到向太空扩张（归功于通常的纳米机器）。然后，有"老人政治的问题"，也就是说，一个由长生不老的人组成的社会注定会停滞不前——事实上，在这里，我们忘记了从超人类主义的视角来看，我们不仅想要身体重焕青春，也想让心智如此。而且，永生当然不会阻止新世代的出生，他们可以被生下来，如果愿意，还可以在宇宙各地追寻他们的际遇。另一个问题是：可恶的独裁者和政治领袖会变得不朽——但是，关于这一点，人类的伟大天才也会变得不朽，他们会继续创造和发现新的事物。我们可以更为笼统地说，对于超人类主义者来说，人类的创造力卓有成效，我们的物种具有强大的适应能力，对于每一个问题我们都能够找到解决之道；此外，如果我们的生命更长，我们也会适应更长的生命，以不同的方式安排事物，或许制订更大的计划，诸如此类。[45]

但现在，我们必须解决最棘手的问题，即我们与无尽的时间的

---

[45] 有关对科学不朽的反对意见以及对反反对意见的分析，我们推荐阅读：B. Bova, *Immortality. How Science is Extending Your Lifespan and Changing the World*, New York: Avon Books, 1998。

关系问题。试想一下，永远活着，也就是永恒地活着意味着什么：这意味着，在数十亿年以后，甚至在星辰熄灭、星系消亡、宇宙稀释至虚空之后，你才刚刚开始触摸没有尽头的有待生活的时间。正如伍迪·艾伦（Woody Allen）所说："永恒是一段非常漫长的时间，尤其是在接近尾声的时候。"一切永生主义和超人类主义的反对者都提出了无聊烦闷的问题，所有不朽者迟早都会陷入这一境地。关于这个问题，记者兼科学作家埃德·雷吉斯（Ed Regis，他并不是超人类主义者）提出了一些有趣的思考，幽默但并不过分，他要求我们考虑以下几点：第一，日常生活有时候就是无聊的，那又怎么样呢？第二，永生可能是无聊的，也可能是激动人心的，取决于我们令它怎样。第三，死了会更令人激动吗？第四，如果你发觉永生很无聊，你可以随时结束它。[46]

然后还有记忆的问题：在数千年、数百万年或者数十亿年之后，我们将如何处理在此期间积累的大量记忆呢？我们会不会有被它们压垮的风险，或者相反，我们会不会无法将它们保存在我们有限的大脑空间，从而出于各种意图和目的，把我们变成一系列无休止的序列自我（Serial Selves），彼此遗忘？事实上——超人类主义者会这样回答——不难想象未来有一种技术能够积累和充分管理在越来越长的时期内积攒的记忆。

对于上述困境，其他答案也是有可能的：人们能够想象一种无休止的进化（这将会很有趣，不断地从一种不太复杂的状态转变为一种更加复杂的状态），或者我们与时间的关系发生极端的变化（想一想我们

46　E. Regis, *Great Mambo Chicken and the Transhuman Condition*, New York: Penguin Books, 1990, p. 97.

在第一章中讨论的伯纳尔的推测），等等。

然而，有一个关于永生的更为深刻的问题由美国哲学家伯纳德·威廉姆斯（Bernard Williams）在他著名的文章《马克罗普洛斯事件：对永生之乏味的思考》（"The Makropulos Case: Reflections on the Tedium of Immortality"）[47]中提出，尽管在我们看来评论家并没有完全领会这一点。众所周知，文章以捷克剧作家卡雷尔·恰佩克（Karel Capek）[48]的著名歌剧作为开端。它讲述了一位名叫艾琳娜·马克罗普洛斯（Elina Makropulos）的女人的故事，她在42岁的时候得到了一种长生不老药，把她"阻挡"在这个年纪，停止老化过程。现在，梦寐以求的永生变成了对可怜的艾琳娜的诅咒，300年后，她最终陷入了我们凡人难以想象的冷酷、麻木、漠不关心的状态中。威廉姆斯认为，永生就是这样，对他来说，这样一种状态几乎不值得向往。让我们来仔细看看这位哲学家的论证。永恒的生命——顾名思义——将会是永恒的，因此它将永远持续，或者至少持续很长很长的时间。现在，我们所有人都有性格、个性，它包括一整套有规律的行为、习惯，以及身体和性格特征，它们使我们成为我们所是，即个体；我们还有目标、计划和价值观。如果我们成功获得永生，我们——我们的性格、个性——应当根据这一事实来衡量我们自己；只有当我们把永生奉献给我们想要的东西、实施我们的项目、体现我们的价值观时，我们才会接受永生——或许这需要我们花时间，以必要的冷静行事。好吧，如果我们依然基本上

---

[47] B. Williams, "The Makropulos Case: Reflections on the Tedium of Immortality", in J. M. Fisher (ed.), *The Metaphysics of Death*, Stanford: Stanford University Press, 1993, pp. 71–92.

[48] 如果你对科幻小说非常感兴趣，你一定会知道是恰佩克在其作品《罗梭的万能工人》（*RUR*）中，首次在我们都知道的意义上使用了捷克单词robot，其字面意义为"强迫劳动者"。

等于我们自己,即便有必要的调整以及随年龄产生的智慧,那么我们发现自己所处的情况以及我们对它们的反应——相对可预测的——将始终保持不变。一切都会变得极其重复。从本质上讲,我们将周而复始生活在同样的情况之下。例如,如果我们投身于某项运动或者其他任何事情中,我们最终会总是目睹同样的动态,并且不由自主变得冷漠和疏离。说到这里,你可能会想:人其实是会变的,他们发展出新的兴趣、新的价值观,归根结底,他们是正在进行中的实体。这就是问题的症结所在:在数十亿年之后,一个不朽的人会经历多少变化呢?它将变成一切,也会变成一切的反面,他将追求自己的目标,也会追求恰好相反的目标,她的身份甚至会发生极端的改变——首先变成男人,然后变成女人,再然后又变成其他什么东西,处于渐进的心理流态化中,从中它将被剥夺一切属于它自己的基本特征,心理的以及存在的。威廉姆斯说,它将不再是一个真正的人,而只是一个单纯的自然现象。对于这样一个看似无可争议的论点,超人类主义者能如何回应呢?我们发现唯一可能的回应不是在超人类主义的文献中找到的,而是在格雷格·伊根(Greg Egan)的科幻小说中,这位作者与超人类主义的主题非常接近。在《流散》(*Diaspora*)一书中,伊根描述了一个与超人类主义所期望的非常相似的后人类社会,其成员面临着与威廉姆斯提出的相似的问题。这个问题通过这些后人类插入他们人格中的一些特殊的程序得到了解决,这种软件让使用者得以将灵活性和稳定性相结合,实质上获得了对他们自身心理过程的二阶控制,从而免于冒着"溶入熵的混乱"的风险。[49] 然而,这只是一种权宜之计,在我们看

49　G. Egan, *Diaspora*, London: Orion, 1997.

来，威廉姆斯提出的问题仍然悬而未决。

关于永生与无聊烦闷的主题，澳大利亚裔加拿大哲学家马克·沃克（Mark Walker）提出了一个有趣的、绝对是超人类主义的提议：与其浪费时间在这个问题上进行无意义的讨论，我们何不进行一次"实验伦理"的测试，并尝试切实地获得生命的延长，从而在实证层面发现永生是否无聊呢？[50]

最后，关于永生的主题，超人类主义者查尔斯·坦迪（Charles Tandy）提出了一些相当有趣的观点。第一，撇开智力赋权不谈，永生将使人类能够长期致力于处理一直困扰着我们的思想的哲学问题，也许未来的后人类哲学家们甚至可以拿出解决方案，或者至少比我们任何时候都接近它。第二，后人类们终于可以设法做到从文艺复兴时代以来不可能做到的一些事情，即在单个个体身上积累所有的人类知识。在"文艺复兴人"的传统中，我们会看到我们有"新文艺复兴的超人"。第三，在坦迪看来，永生会颠覆历史——或者更确切地说，颠覆我们与历史的关系。事实上，如果说到目前为止，个人总是以某种方式在时间和本体论上依赖他所处的文明或者历史共同体，那么一个不朽者的情况正好相反；她将比她所属于的民族或社会活得更久。换句话说，历史的独一无二、无可争议的主角将不再是历史时代、文明和民族，而是个人——显然是不朽的个人。[51]

---

[50] M. Walker, "Boredom, Experimental Ethics, and Superlongevity", in C. Tandy (ed.), *Death and Anti-Death, Vol. 4: Twenty Years After De Beauvoir, Thirty Years After Heidegger*, Palo Alto: Ria University Press, 2006, pp. 389–416.

[51] C. Tandy, "Extraterrestrial Liberty and The Great Transmutation", in C. Tandy (ed.), *Death and Anti-Death, Vol. 4: Twenty Years After De Beauvoir, Thirty Years After Heidegger*, pp. 351–368.

9.4 欢迎来到怪托邦

你如何想象遥远的未来？长生不老，飞行汽车，刀枪不入，大把休闲时光，机器人包办一切？也许吧。也许进化会带来与我们自己截然不同的东西；也许技术会产生我们根本无法与之建立联系的后人类，考虑到我们之间相隔着本体论的深渊。这是英国后人类主义哲学家大卫·罗登（David Roden）在其有趣且值得推荐的著作《后人类生活：人类边缘的哲学》（*Posthuman Life: Philosophy at the Edge of the Human*）中提出的论点。[52]

这本书的中心论点是，我们对人类2.0的沉思是错误的；我们倾向于把我们后人类的后代仅仅想象成更好的、改进版的自己，更聪明，更美丽，更长寿。但是，在这样做的时候，我们忘记了罗登所谓的"技术断裂"，也就是增强附带着新与旧的分离。例如，智能增强会把你推上新的高地，从那里看一切都会变得与之前完全不同，这种差异对于未被增强的人类来说是完全令人困惑的。正如罗登所说，后人类的未来并不一定会知晓我们这种主体性或者道德观。当然，罗登所说的值得商榷，而且以我的浅见，赞同它是一种信仰行为，就像赞同相反的观点也是一种信仰行为。毫不意外，问题的核心是进化的性质。如果正如康拉德·洛伦兹（Conrad Lorenz）提出的那样，认知进化是一个将较低层次整合到较高层次的过程（整合，而非替代或断开），那么，也只有在那时，我们人类才有机会至少尝试理解后人类或者与其产生共

---

[52] D. Roden, *Posthuman Life: Philosophy at the Edge of the Human*, Abingdon-on-Thames: Routledge, 2014.

鸣。[53] 或者，换句话说，我们在遥远的未来可能遇到的即便是最怪异的后人类身上，也能看到人性的东西。如果洛伦兹是错的，那么罗登就是对的，后人类和我们的距离将像洛夫克拉夫特（Lovecraftian）实体一样遥远。无论谁是对的，未来都可能与我们现在截然不同，以至于看上去"怪异"。

9.5 语言之后

本·戈策尔喜欢对语言进行一些推测，以及推测语言在未来将会变成什么。当心智被新的超人类主义技术深深改变、我们正常的交流方式被变形、心灵感应成为一种普遍现象时，正如我们已经在技术心灵感应中看到的那样。

众所周知，语言是我们和动物最大的区别。说实话，大量其他物种或多或少都具有一种复杂的语言形式。即便如此，严格说来，它们与其说是语言，不如说是一种"召唤系统"，是一系列主要关涉此时此地的特定信号。据我们所知，它们不具备概括以及指代其他时间、地点的能力。不仅如此，它们甚至没有能力指代自己、谈论谈话本身，等等。

戈策尔说，海豚和鲸鱼当然有可能拥有跟我们一样复杂的语言，但在结构上不同，或许不是由分离的实体——词——组成，而是由"意义波"组成，更易于表达感情而不是概念。事实上，我们现在对其知之

---

[53] K. Lorenz, *Behind the Mirror. A Search for a Natural History of Human Knowledge*, New York: Harvest/ HBJ, 1973.

甚少。无论如何,我们的语言由分离的部分组成,似乎反映了我们的认知倾向,即把现实分成更多部分,在我们的脑海中将其分解和重新组装。实际上,我们构建复杂句子的能力和使我们能够组装不同工具的动手能力似乎可相比拟。当我们的祖先开始使用语言时(按照进化的尺度,谁知道是什么时候呢),他们可能几乎无法预见它会带来的所有影响——从文学到垃圾邮件,从闲聊八卦到对逻辑的哲学反思。

因此,戈策尔恰如其分地提出了问题:什么将会在语言之后到来?[54] 当然,让我们补充一点,一些事物会到来,正如语言在我们前人类祖先的召唤系统之后到来了。他的提议有多简单就有多激进:在未来,分隔心智和语言的墙壁将坍塌;语言表达将只是具有特定配置和对现实的特定视角的想法。说到这里,我们认为有必要强调一个基本事实:心智——这不是戈策尔说的,是我们说的——应当被视为有别于自我。它基本上是我们的自我所拥有的一种设备。因此,自我拥有记忆、思想、想象等等。让我们回到戈策尔这里:他是如何产生这个想法的?当他正在从事一个特定的人工智能系统 OpenCog[55] 的工作时。这是一款开源软件,他正在与其他人共同致力于此,目的是创造一种未来形式的 AGI(通用人工智能)。他们的想法是使用 OpenCog 来控制视频游戏的角色以及机器人。当两个 OpenCog 系统必须交流时,它们会做什么呢?它们交换互惠片段——戈策尔说是心智的片段。目前,这在人类之间不是一件容易的事情。直接交流思想、情绪和心理图像的想法不能被同样简单地达成。每个人都有自己的装备,一定程度的

---

[54] B. Goertzel, "What Will Come After Language?". http://hplusmagazine.com/2012/12/27/what-will-come-after-language/.

[55] https://opencog.org/.

相互适应——也就是翻译——是必要的。如果我们注定要直接交流我们的心智的内容,那么某种形式的"共享语言"是必要的。实际上,需要一种"标准心智"作为所有交流者的心智的共同基础。这种"心智语言"——或者毋宁说是共享的心智结构,因为"语言"一词过于简单化——被戈策尔命名为"心灵语"(Psy-nese)。在实践中,标准化的思维结构适合于传递"主观的心智片段"。换句话说,为了进行交流,我们将以一种仍然有待想象的方式合成我们想要分享的心智部分的副本,然后使用一种共同的心智结构来把它们传播出去,这种心智结构比现在使用的人类语言要普遍得多。很难想象这样的情景:我们只能想到那些短暂接触并交换其部分内容的心智。

9.6 八个简单步骤殖民宇宙

我们已经长生不老,几乎刀枪不入,我们控制着自己的心灵,我们已经建立起一个技术天堂。那么,现在我们该做什么呢?很明显:我们要转移到征服宇宙。还有别的什么呢?

当然,即便在这里,超人类主义者也准备了一个很好的计划,它重续了美国未来学家马歇尔·T. 萨维奇(Marshall T. Savage)在20世纪80年代末制订的银河系殖民计划,他在一本名为《千禧年计划》(*The Millennial Project*)[56](书名类似于上面提到的计划)的专著中超级详细地阐述了该计划。萨维奇的提议促成了——你猜怎么着?——一个特

---

56 M. T. Savage, *The Millennial Project: Colonizing the Galaxy in Eight Easy Steps*, New York: Little Brown & Co, 1994. 这本书最初于1992年出版;第二版于1994年出版,由亚瑟·C. 克拉克作序。

殊的组织第一千年基金会（First Millennial Foundation）的诞生，该组织吸引了全世界成千上万的人。萨维奇出现在几个专门讨论未来的电视节目中，后来决定隐退回私人生活，放弃基金会——原因未明。2006年，未来学家和美国建筑师埃里克·亨廷（Eric Hunting）——上述组织的成员，同时该组织被重新命名为生命宇宙基金会（Living Universe Foundation）[57]——决定更新萨维奇的计划，将其与超人类主义的思想相结合，并启动了"千禧年计划2.0"（The Millennial Project 2.0）[58]。以下是该计划的不同阶段。

奠基

第一步的目标是创建一个有组织的全球社区，拥有共同的财务架构，以便开发与千禧年计划相关的项目；特别是，这些想法将在媒体和国际社会中被用心推广。

水瓶座

顾名思义，这一步旨在建立一个全球可再生能源基础设施，首先是在海洋中建立一种生态建筑（即稳定、自给自足的社区），它将作为技术和非地球生活方式的实验中心，然后我们将把这些技术和生活方式输出到太空。

彩虹桥

这一阶段包括大规模开发基于可再生能源的能源供应系统，以及

---

[57] http://www.luf.org/.

[58] http://tmp2.wikia.com/wiki/Main_Page.

建造太空电梯,从海洋生态建筑出发,引导乘客进入环地空间内的适当栖息地。

众神居所

在这个阶段,我们已经正在起飞,特别是我们正在见证空间站和轨道产业结构的发展。

天佑之岛

终于,我们着陆在其他星球,特别重视试着在月球和火星上建造加压栖息地,以及落实类似于已经在地球上实现的生态建筑的地下结构。

极乐空间

与尼尔·布洛姆坎普(Neill Blomkamp)的同名电影无关;这一阶段尤其与火星相关,目的是将其地球化,即利用纳米技术、生物技术和其他任何技术来转变环境,以便使其适合人类居住——如果可能的话。

太阳文明

在这一阶段,我们将转而实现太阳文明,由将要居住在我们系统的星球上的后人类组成,他们还将居住在形状和特征各异的众多空间栖息地中。

银河

目前,这是该计划的最后阶段,其目标是开发一项星际殖民计划,以人工智能驱动、反物质为动力的纳米技术火箭为基础；向各个方向发射，这些机器将负责探索银河系，挑选所有适合的环境，为将来栖居于此的人类或者后人类的到来做好准备。

亨廷强调了将千禧年计划和超人类主义思想相结合的好处，特别是通过调整我们的身体和使用生物以外的基质，我们有可能在完全不适合正常人类的环境——包括空旷的太空，此时可能像其他地方一样成为我们的居住地——中生活。向太空扩张和后人类的身体适应最终可能导致相当程度的物种形成，即人类可能会分化为许多物种（无论是人工物种还是非人工的），甚至是彼此之间差异很大的物种。

9.7 宇宙边界的大回旋

我们已经多次阐明，后奇点世界将超出我们的理解能力；等待我们的将是难以想象的现实，现在，依靠我们所拥有的可怜的认知工具，我们只能试图一瞥将会照亮遥远未来我们的后代生活的超现实之光。尽管如此，超人类主义者——正如你已经知道的，其中一些人正在计划保持活力很长时间——已经试图为他们的下一个物质天堂想出一些活生生的场景。在动身前往我们的盛大旅行之前，我们必须记住两三件事。第一件事是一般性的考虑，即如果一个给定的事物没有被物理定律明确禁止，那么它一定是可能的：它只是一个工程问题。第二个考虑要琐屑得多，那就是，如果你是不朽的，肯定能不缺时间，事实上你会有大把时间，这意味着你拥有宇宙中所有的时间，你可以享受它，你也可以用它来做一些挑战最狂野的想象力的事情，前提是这样的事业不违反任何物理原理。第三个考虑是来源：超人类主义者不是

第九章 / 技术奇点驾临

第一个试图想象遥远的未来将会是什么样的人。事实上，一个多世纪以来，全世界的科幻小说作者都以此为生，结果良莠不齐；有些预测看上去非常幼稚，而另一些则明显具有远见卓识。[59]然后还有这一位或者那一位著名科学家的预测，他们在做"严肃"研究之余，喜欢推测将来的世界。所有这些推测显然均有上述局限性，即我们不能完全想象未来会是什么样子（鉴于它十有八九比科幻小说科学家和作家所描述的要奇怪得多）。尽管如此，他们已经详述了共同的奇想，超人类主义者从中获益良多；因此我们将遇到的很多想法实际上并不是超人类主义的特权（也就是说，它们没有被其追随者详述），而是自然而然被纳入其中。

撇开征服银河系不谈，超人类主义者事实上已经很好地融入了科学界，这使得某种程度的"思想渗透"成为可能：在超人类主义思想逐渐深入主流科学文化的同时，一些特别原创的思想来自主流科学文化，并受到超人类主义的热烈欢迎。著名的"卡尔达舍夫量表"（scale of Kardashev）就是这种情况——以其创造者、苏联天文学家尼古拉·卡尔达舍夫（Nikolai Kardashev）命名。[60]这是一种量度我们可能会在宇宙中遇到的所谓外星文明的技术进步程度的方法，该系统以给定文明能

---

59 我们甚至不会试图起草一份大胆从事这项事业的科幻小说作品和作者的名单。我们只是提一下英国哲学家和作家奥拉夫·斯塔普雷顿（Olaf Stapledon），他是《最后和最先的人》（*Last and First Men*）以及《造星者》（*Star Maker*）的作者。我们甚至不知道他的作品是否可以被归类为"小说"；还是应算作对明日的真正愿景。让我们回顾一下另一位至关重要的作家阿瑟·C. 克拉克，他的《城市与群星》（*The City and the Stars*）将我们带至遥远的未来（超过十亿年），为了地球上的一段富有想象力的旅程。

60 N. Kardashev, "Transmission of Information by Extraterrestrial Civilizations", *Soviet Astronomy* 1964, No. 8, p. 217. http://adsabs.harvard.edu/full/1964SvA.....8..217K/.

够利用的能量为基础。因此，I型文明能够利用其行星上所有可能的能源，II型文明能够利用它自身恒星系统中的能源，III型文明能够使用自身星系中的能源。后来，针对这一量表提出了各种修改；例如，卡尔·萨根（Carl Sagan）提议引入0型以及中间值——这样地球会排在0.7级。II型文明能够建造一个戴森球（Dyson sphere）或者戴森群（Dyson swarm）——我们很快就会了解它们是什么——以及进行所谓的恒星提升，即可控地移除构成自身恒星的大部分物质，用于其他目的。III型文明应该能做到同样的事情，但在更广泛的背景下——星系或者星际之间。

布达佩斯理工学院（Budapest Polytechnic）的学者佐尔坦·加兰泰（Zoltan Galantai）建议引入IV型，以便表示控制整个宇宙能量资源的文明[61]；超人类主义者米兰·奇尔科维奇（Milan Ćirković）则认为，这个类型应指代能控制来自其所处超星系团的能量的文明[62]。还有人提议V型——拥有多重宇宙的文明。正如你可以想象的，这只是推测。在其他提议中，我们有美国航空航天工程师罗伯特·祖布林（Robert Zubrin）的提议，它建基于使用不同的量度体系，即"掌握"，而非能量——也就是说，不是对能源的使用，而是对你周边环境的控制程度。[63]萨根提议使用一种基于可用信息量的量表。它的分类从A级开始（这种文明拥有106个不同比特的信息，也就是说低于任何已知人类文明的数量），

61　Z. Galantai, "Long Futures and Type IV Civilizations", September 7, 2003. http://mono.eik.bme.hu/~galantai/longfuture/long_futures_article1.pdf.

62　M. Ćirković, "Forecast for the Next Eon: Applied Cosmology and the Long-Term Fate of Intelligent Beings", *Foundations of Physics* 2004, Vol. 34, No. 2, pp. 239–261. http:// arxiv.org/ftp/astro-ph/papers/0211/0211414.pdf.

63　R. Zubrin, *Entering Space: Creating a Spacefaring Civilization*, New York: Tarcher, 1999.

到 Z 级结束——这种文明有 1031 比特的信息，根据他的说法，宇宙中还没有任何文明达到这个水平，因为宇宙对它来说太年轻了。[64]

加来道雄（Michio Kaku）在《平行世界》（*Parallel Worlds*）中认为，IV 型文明应该能够处理"星系外"能量，例如暗能量。[65] 约翰·D. 巴罗（John D. Barrow）则根据一个特定的文明能够在多"小"的尺度上作业提出了一个反比量表：I 型文明的成员能够设法操纵与其规模相当的物体，例如他们可以建造建筑物、挖掘矿井，等等；II 型文明的成员可以操纵基因、替换器官等等；III 型文明的成员能够操纵分子和分子键，创造新材料；IV 型文明的成员则可以操纵单个原子、创造纳米技术并生产复杂的人工生命形式；V 型文明能够操纵原子核，并设计制造组成它的核子；VI 型文明能够操纵基本粒子，如夸克和轻子，以便创造出具有原子和亚原子维度的铰接结构；最后，欧米伽型文明能够在最基本的层面操纵空间和时间的结构。巴罗认为，我们的文明横跨在 III 型和 IV 型之间。[66]

必须指出的是，包括祖布林在内的几位作者都批评过卡尔达舍夫量表，因为它假定我们能够知道或者理解比我们先进得多的文明的选择以及一般行为，将其简化为一种用我们的术语阐述的分类。我们感兴趣的是，在奇点理论家看来，我们的文明即将实现"大跃进"，成为 I 型文明。这会给予我们充足的回旋空间，使我们能够投身于似乎是后

64　C. Sagan, *Cosmic Connection: An Extraterrestrial Perspective*, Cambridge: Cambridge University Press, 2000.

65　M. Kaku, *Parallel Worlds: The Science of Alternative Universes and Our Future in the Cosmos*, New York: Doubleday, 2005, p. 317.

66　J. Barrow, *Impossibility: Limits of Science and the Science of Limits*, Oxford: Oxford University Press, 1998, p. 133.

人类最爱的消遣之一：天文工程。

这是一门纯推测性的学科，涉及通过未知的技术手段操纵恒星和行星的可能，重组整个恒星系统，并将自然界中通常并不存在的形式赋予它们。各种各样的学者乐于想象不同类型的恒星尺度的巨型结构，将其用作栖息地，用于计算或者作为推进系统，例如"空心球"（Globus Cassus），这是瑞士建筑师克里斯蒂安·瓦尔德沃格尔（Christian Waldvogel）的一个艺术项目，代表着对地球的重构，以及将其转变为一个比原本大得多的空心人造世界。这是一个想象力游戏，但是非常详细，作者在其中列出了逐步拆除我们的星球并建造新世界的步骤，一旦完成，将达到大约土星的大小。这个项目还设想建造新的生态系统，并让人类在此重新定居。[67]

俄罗斯学者列昂尼德·米哈伊洛维奇·什卡多夫（Leonid Mikhailovich Shkadov）提出的什卡多夫推进器（Shkadov Propulsion）[68]是一个巨大的反光面，能够通过反射或者吸收其一侧的光来加速恒星在太空中的运动。

戴森球首先作为一个简单的思想实验由英国物理学家和数学家弗里曼·戴森（Freeman Dyson）在理论上提出，它是一个人造的壳状巨型结构（使用从某个恒星系统的行星的拆解中获得的材料制造），包裹在一颗恒星周围。戴森毫不隐讳受到斯塔普雷顿的《造星者》启发，他认为这是一个技术上更先进的文明合乎逻辑的选择，由于更先进，这个

---

67 C. Waldvogel, B. Groys, C. Lichtenstein, and M. Stauffer, *Globus Cassus*, Baden: Lars Müller Publishers, 2005.

68 L. M. Shkadov, "Possibility of Controlling Solar System Motion in the Galaxy", Thirty-eighth Congress of the International Astronautical Federation, October 10–17, 1987, Brighton.

第九章 / 技术奇点驾临

文明比我们的文明更需要能源。[69]事实上,以这种方式重建一个恒星系统,人们可以捕获恒星发出的全部能量,而不只是一小部分——像经典的行星那样。后来,科幻小说家以各种方式对这个想法进行了再加工。实际上,真正紧凑封闭的球体的想法是对戴森的原始文章进行字面解读的结果;这位学者认为这样的壳不会是稳定的,他主要考虑的是围绕特定恒星的均匀分布物质,实际上是一群物体——卫星、空间栖息地,等等——均匀且密集地分布但是彼此独立。这种学者的澄清很快产生了进一步的定义,即"戴森群"。

美国国家航空航天局研究院丹·奥尔德森(Dan Alderson)发明的"奥尔德森圆盘"(Alderson disk)是一个巨型的圆盘,厚达数千公里;太阳位于圆盘中心的一个孔中,圆盘的外部半径大致相当于火星或者木星的轨道。通过为这一结构配备足够的生命支持系统,它的两面都可以居住,从而获得非常大的空间,尽管它将永远沉浸在暮色中。

但是如果你想要一个特别超人类主义的宇宙工程的理念,你必须探讨"套娃脑"(Matrioshka Brain)。这是美国计算机科学家和超人类主义者罗伯特·布拉德伯里(Robert Bradbury)的智力结晶,他的一篇文章很快变得非常流行:《建设中:重新设计太阳系》("Under Construction: Redesigning the Solar System")。[70]对布拉德伯里来说,我们的后人类后代有朝一日会挽起袖子重建宇宙;在摆脱死亡之后,他们将能够从事非常雄心勃勃的项目。我们将从通过纳米机器拆解小行星开始,它们

---

[69] F. J. Dyson, "Search for Artificial Stellar Sources of Infra-Red Radiation", *Science* 1969, Vol. 131, No. 3414, pp. 1667−1668. http://www.islandone.org/LEOBiblio/SETI1.HTM.

[70] R. Bradbury, "Under Construction: Redesigning the Solar System", in D. Broderick (ed.), *Year Million. Science at the Far Edge of Knowledge*, New York: Atlas & Co., 2008, pp. 144−167.

将被转化为漂浮在太空中的太阳能电池板,适合搞定太阳的全部能源生产——结果之一是我们将达到 II 型文明的地位。我们将拆解行星,将它们转化为计算素,并将它们作为同心球体放置在太阳周围(有点像同名的俄罗斯套娃,因此得名),从而成功地优化我们恒星的所有能量。瞧,这就是我们的套娃脑:一台拥有太阳系尺寸的超级巨型计算机,我们可以在其中模拟我们想要构建的所有超现实虚拟宇宙,我们的后代也可以在其中作为模拟物生活。

如果后人类们真的在整个宇宙中扩张,逐渐将其他恒星系统转化为同样数量的套娃脑,那么天空最终会变暗。套娃脑将成为新的超越实体,拥有数十亿年的预期寿命;它们也将能够相互作用,创造出真正的星际的——或者星系际的(intergalactic)——像它们一样的存在的文明。难以想象套娃脑每天会做些什么:例如,它们能够玩弄时空结构、测试其延展性吗?它们身上的"想法"可能会远远超出我们的理解。

我们并不太喜欢这些套娃脑;它们太让我们想起 H. G. 威尔斯(H. G. Wells)笔下、占据《世界大战》(War of the Worlds)中的火星的"庞大而冷酷的智力"。它们看上去不如人,而不是超过人;不过,另一方面,想象超越人类的东西对我们来说根本上是不可能的,而且如果这些计算素的超级大脑真的存在的话,也许伴随它们的将会是一些更加奇异但也更加人性的东西。

我们人类有恩斯特·卡西尔(Ernst Cassirer)所说的"精神的范畴",简而言之,就是艺术、哲学、科学等人性中分散的片段。这些精神的范畴会在后人类的进化中幸存吗?它们会改变吗?如果会,会是怎样的呢?它们会被我们目前无法想象的全新的范畴补充吗?我们自己在精神的范畴这方面的思维方式是否会烟消云散,被其他东西所取代?

第九章 / 技术奇点驾临

超人类主义者自己也承认,他们的未来学往往是一种简化的、零散的未来学;它只是一种智力游戏。或者至少,我们倾向于把它当成这样。

接下来让我们继续我们的推测游戏,来看一看超人类主义者期望在遥远的未来会发现什么。甚至连美国物理学家、老年病学家和人体冷冻学家史蒂文·B. 哈里斯(Steven B. Harris)也决定摆弄一下计算素。[71]这就是——我们要提醒你——计算物质,我们可以任意培植和开发它,将其用于构建我们的身体。受惠于计算素的特性,身体将不再需要大脑,因为它们将整个就是大脑。由于这种"通用材料"的延展性,它可以"计算",也就是呈现出所有配置和材料的特性,变成任何东西,那么遥远未来的身体将能被随心所欲地重塑。唯一的限制是我们的想象力,它似乎会跟我们的其他能力一起得到加强。有生命的物质和无生命的物质之间的区别将消失,明日的肉体将被更耐用、更可靠的东西取代。事实上,我们思维的主要中心甚至有可能将不位于我们的移动设备——即身体——中,而会被安全地保存在其他地方,同时还配有可定期备份的系统,以避免任何彻底破坏的可能性。无论你怎么说,我们的后人类后代将继续需要两样东西:物质和能量。而且由于他们计划长期保持活力,他们很可能想要优化对已有的物质和能量的使用。这意味着两件事情:开发利用恒星的能量——通过我们显然无法想象的技术去除和使用它们的外层——以及前面提到的拆解恒星,以获得建筑材料。的确,我们遥远的后代渴望获得他们需要的一切,以便能够心平气和地献身于他们更擅长的事情——即思考。他们可能会创造一堵真

---

[71] S. B. Harris, "A Million Years of Evolution", in D. Broderick (ed.), *Year Million. Science at the Far Edge of Knowledge*, pp. 42–84.

正的"墙",由朝向四面八方的探测器组成,不断地在太空中扩张,寻找新的恒星和行星来"优化"——可被理解为:按照我们难以想象的方案去拆解和重建。我们天生的浪漫主义让我们不是非常欣赏将恒星和行星撕成碎片的想法,当然,这些情感也有可能被将要取代我们的后人类所珍视;后者可以决定保留——仅仅出于感性的原因——这颗或者那颗行星。例如土星,连同它的土星环——尽管我们不应该对此有很大把握,因为毕竟太阳系的这位"王子"充满了超压缩建筑材料——或者地球母亲,它可能会上升为费多罗夫式的人类起源博物馆。

在美国超人类主义者阿玛拉·D. 安吉莉卡（Amara D. Angelica）看来,在遥远的未来,互联网将演变成更大的东西,它将延伸至整个银河系,并开始超越其边界,从而创造出宇宙网（Universenet）。[72] 数以十亿计的纳米技术探测器将遍布已知的太空,从而连接当前 IPI 的所有遥远的后代。鉴于时间的极度膨胀（星际电子邮件不会快过光速）,后人类将能够通过例如建造虫洞,也就是能够规避上述限制的时空隧道,来选择使用天文工程。与互联网的比较显然隐喻性十足:我们在这里想说的是,在遥远的未来,后人类可能会决定建立一个星际交换系统,通过这种比较可以直观地了解这一系统。

9.8 破解世界

到了结束本章的时候了。我们几乎做了一切。我们变得不朽,我

---

[72] A. D. Angelica, "Communicating with the Universe", in D. Broderick (ed.), *Year Million. Science at the Far Edge of Knowledge*, pp. 212–227.

们殖民了宇宙，以及不用付出什么代价，我们就从上到下重建了它。还有什么别的要做的吗？当然。我们还得破解（hack）现实。这个想法深受超人类主义者赞赏，但并不是他们发明的；现在让我们来了解一下"数字哲学"（digital philosophy）。首先，让我们问自己：世界从何而来？时间、空间和思想是什么？现实的"底部"又是什么？正如你可以想象的，这些不是新问题，因为它们和人类一样古老；然而，新的答案总是有可能的，所谓的数字哲学正是其中之一。这是由一小群数学家和信息理论家，即康拉德·楚泽（Konrad Zuse）[73]、爱德华·弗雷德金（Edward Fredkin）[74]和斯蒂芬·沃尔夫拉姆[75]几十年来发展起来的路径。其基本理念是，万物围绕信息展开，空间、时间、物质、能量和思想都不过是运算过程的成果，也就是我们熟悉的古老的计算。简而言之，创造将会是——隐喻意义上，但并非全然如此——规模和威力不可思议的宇宙超级计算机的产物。计算理论试图在宇宙学中站住脚绝非巧合；近年来，试图用计算术语来表达最为多样的自然现象例如DNA的尝试成倍增加，而数字哲学，连同它的泛计算主义（pan-computationalist）的愿景，只不过是其合乎逻辑的结果。量子力学已经迫使我们思考这样一种非常真实的可能性：在亚原子层面，物质具有"光谱"性质，也就是说，它不具有我们在日常生活中赋予它的"固定"特征。而且，逐层下降，我们首先到达的是原子，然后是粒子，再然后可能是超弦。那么"底部"呢？在现实的底部，是否还有更下面的东

73　K. Zuse, "*Calculating Space*", 1969. ftp://ftp.idsia.ch/pub/juergen/zuserechnenderraum.pdf.
74　http://www.digitalphilosophy.org/.
75　S. Wolfram, *A New Kind of Science*, Champaign: Wolfram Media, 2002.

西？数字哲学家认为，在一切底部，只会有一系列"1"和"0"比特的非常简单和不可化约的实体。甚至物理学家约翰·惠勒（John Wheeler）也在20世纪80年代假设，所有物理现象的存在都归功于二进制类型的选择：从某种意义上说，现实是答案预设为"是"和"否"的问题的结果。例如，当一些原子相互勾连时，它们好像正在以非常精确的方式计算啮合的距离和角度，以及这种匹配必然会产生的属性，等等。如果你正在琢磨对这种或者那种物理现象进行计算机模拟，那你就做对了：对于数字哲学家来说，世界就是这样的。计算机模拟和现实世界之间没有质的不同，只有程度的差异。数字哲学家的基本理念——也被很多超人类主义者认可——涉及这样一个事实，即计算可以被用来描述任何事情——物理和生物现象，社会和历史现实，艺术和文学作品。如果说在楚泽看来，整个宇宙都"运行"在一个计算的基质上，那么在弗雷德金看来，世界上最实打实的事物就是信息。让我们举个例子吧。如果你有一台非常先进的电脑，你可以在计算上用它来模拟一台更老旧的电脑——比如你小时候玩过的康懋达64（Commodore 64）或者Vic 20。然后最先进的电脑可以被更先进的机器模拟——实际上，在形式层面在后者内部重新创建。后者转而又能被甚至更先进的电脑模拟，直至最大的计算过程，即人类、生命以及容纳我们的计算机的整个宇宙。那么宇宙又是由谁计算的呢？是什么"计算机"生成了整个现实呢？弗雷德金的回答假定，对物理现实的计算发生在一个未指定的"他者"中，它可能是另一个宇宙、另一个维度、一个优于我们的元宇宙，或者是我们还想象不到的"东西"。近年来，美国数学家斯蒂芬·沃尔夫拉姆已经掌握了这种论述，并将其深化——在各种意义上，确保他的思考触及了现实的最底层，即普朗克尺度的层次，我们用这个术语来表示比质子小得多的数量级。我们不知道在这个数量级以下的状况，但在亚普朗克领域，我们熟悉的空间和时间的概念似乎不再有效；事实上，它们将是等待被发现的更基本概念的简单近似值。而且在沃尔夫拉姆看来，就在这个尺度上，将存在可以计算空间、时间和能量的计算基质。一些天体物理学家非但不把数字哲学家的工作看作"外人对本领域的入侵"，反而选择采纳这些想法。[76]

为什么超人类主义者对这些事情如此感兴趣？答案很明显：为了"破解宇宙"。或者毋宁说：不是为了让他们自己可以做到这一点，而是为了让遥远未来的后人类智能可以"唤醒"宇宙。读取和修改造物的"源代码"的能力将使得他们能够以或多或少微妙的方式操纵物理定律，即现实的"软件"；以便生产，不好意思，是计算另一个婴儿宇宙；或者，如果做不到这一点，可以与另一个平行现实"打开连接"。

说到这里，为什么不把话说得清楚响亮呢？一些超人类主义者想要取代上帝，或者至少想要参与他创造宇宙（们）的进程。

---

[76] 参见 C. Seife, *Decoding the Universe: How the New Science of Information Is Explaining Everything in the Cosmos, from Our Brains to Black Holes*, New York: Viking, 2007; S. Lloyd, *Programming the Universe: A Quantum Computer Scientist Takes on the Cosmos*, New York: Knopf, 2006。

第十章

造神者们

10.1 超人类主义者的终局

当然，仅仅长生不老，逃离将会慢慢地消灭我们宇宙的熵过程，不可能是超人类主义者的最终目标，对吗？毕竟，你打算用所有这些有待打发的时间做什么呢？进化可能是答案，或者是可能的答案之一。另一个答案将会在普通读者看来充满狂妄自大——不仅对他们而言，我必须说——那就是自己成为神或者造神。[1] 作为一种打发我们刚刚获得的永生的方式，这不是一个糟糕的目标。但是，在匆忙下结论并把整个超人类主义运动贴上疯狂的标签之前，请忍耐我片刻。事实上，我至少必须指出，并不是只有超人类主义者做这个梦——即渴望变得像神一样。实际上，他们不乏同道中人，因为"成神"（theosis）的概念——即被提升到神的水平——可以在很多不同的基督教宗派中找到，而且并不限于基督教。

---

[1] 作为替代方案，你可能会选择将自己变成一个完成的进化中的宇宙，也就是说，让自己成为一个超现实的被模拟的进化中的现实，这个过程我们可以称之为"宇宙化"（universification）。http://estropico.blogspot.dk/2011/10/universi! cation-cosa-fa-un-essere. html#axzz53sS0n03X。

但是让我们从头开始：造神者。抹灭经典宗教并强加或者创建新宗教的想法绝非新鲜事，而且在现代有过之而无不及。例如，让我们想一想罗伯斯庇尔（Robespierre）所建立的"理性崇拜"（cult of reason），或者是纳粹意识形态理论家阿尔弗雷德·罗森伯格（Alfred Rosenberg）所梦想的"新血统教"（new religion of the blood）。以及别忘了路德维希·费尔巴哈（Ludwig Feuerbach）所提出的"人性宗教"（religion of humanity），其中人类取代上帝成为宗教崇拜的对象。当然，这里不是指这个或者那个的个人；而是指人类作为一个整体，一个普遍的实体，一个超个体的现实，以某种方式体现在每一个单一的个体身上，拥有人类的所有潜力以及迄今为止所有的成就，这是超人类主义者应当欣赏且着手考虑的想法。不过，除了罗伯斯庇尔、罗森伯格和费尔巴哈，我们真的还应该提到俄罗斯的造神者们，我不害臊地盗用了他们的名字作为本章的标题。毕竟，它听起来相当酷，不是吗？

"造神"是一些著名的早期马克思主义者提出的理念，尤其是阿纳托利·卢那察尔斯基（Anatoly Lunacharsky），他与布尔什维克革命的核心人物亚历山大·波格丹诺夫（Alexander Bogdanov）有来往。宗教不应该被完全废除，而应当被视为它本来的样子：为了共产主义乌托邦的更大福祉而被利用的一种心理和社会的道德源泉，它意味着抛弃经典马克思主义的冷酷，拥抱隐藏在人类心智中的宗教情感，并建立一个由新的符号和新的仪式组成的元宗教框架，叠加在旧的宗教框架之上。卢那察尔斯基在他的两卷本著作《宗教与社会主义》（Religion and Socialism，1908—1911）[2]中勾勒了他的理论。与无神论者列宁同志不

2　A. V. Lunacharsky, *Religiia i sotsializm*, Moscow: Shipovnik, 1908-1911.

第十章 / 造神者们

同,造神者是不可知论者。列宁当然强烈反对造神运动(God Building movement),他认为该运动模糊了宗教在剥削群众中发挥的作用;他在十月革命中的胜利导致了卢那察尔斯基思想流派的解散。

对卢那察尔斯基来说,造神的过程纯粹是象征性的,而对一些超人类主义者来说,它看上去则像是一个真正的、现实的项目,尽管目前纯粹是推测性的,且设定在非常遥远的未来。

从这个角度来看,艾萨克·阿西莫夫是另一位值得一提的作家——是的,也是思想家。我们不要忘了超人类主义从科幻小说那儿获益匪浅,让我们提一提阿西莫夫写的一篇有趣的文章《魔力社会》("The Magic Society")[3],其主题是关于不朽以及变得像神一样。它讲的是未来一个乌托邦式的、技术生成的社会,由已经摆脱死亡的个人组成。不止如此:它将会是一个排除了任何约束的社会(如果你不想,你不必永远活着),一个无限富足的社会,免于痛苦、苦难、疾病和压力。在这个社会,你不必为了谋生而工作(机器人会搞定它),你可以将所有的时间投入到你想要的任何令人愉悦的活动中去。当然,就像他之前的其他人一样,阿西莫夫提醒我们警惕潜伏在这个表面完美的技术乌托邦的阴影下的主要危险:无聊。而且,由于这个社会被剥夺了任何约束,居住其中的不朽者可以自由选择显而易见的出路:协助自杀。将未来的这些人与如今和过去的有闲阶级进行比较,我们可以大致分类出两种人:一类是在外部找寻乐趣的人——任何令人愉悦的活动,甚至是危险的活动——以及在心智的愉悦中寻觅意义与目的

---

3 I. Asimov, "The Magic Society", in *Science Past–Science Future*, New York: Ace Books, 1977, pp. 369–380.

的人。而且，由于来自外部的愉悦比来自我们内部的愉悦——来自哲学、数学、科学、艺术等——短命得多，转瞬即逝得多，很有可能未来第一类人将比第二类人更早选择结束自己的生命。也就是说，魔力社会将见证人口主要由向外拓展型人构成逐渐转变为主要由向内拓展型人构成。尽管如此，根据阿西莫夫的说法，即使是后者也会被无聊打败。这就是他不推荐追求永生的原因——然而在这里，我们可以跳过为什么生命会在无聊中终结的细节，因为我们已经多次听过这些论点。不过我们的故事还没有结束。就在同一篇文章中，谈到上帝，阿西莫夫处理了古代神学家们讨论的一个经典话题：永存，也就是说从永久以来一直存在，那么上帝在创造之前在做什么呢？阿西莫夫当然不知道答案，但是他试图提出一个解决方案：由于无限复杂，上帝总能在他自己身上找到一些有趣的事情来沉思。而且，毫无疑问，我们想补充一点，他不仅总会找到一些特质来沉思，还会找到一些行动来采取。当然，除了创造这个"眼泪谷"（Vale of Tears）之外。关于上帝的无限复杂性，阿西莫夫似乎对这个陈述不是太感兴趣。但它可能会被一些我们如今都认识的古怪的思想家接受。现在这看起来像是超人类主义者努力争取的终局：不只是逃避熵，而是追求一种无限层面的复杂性。

10.2 宇宙工程师教团

当然，当超人类主义者谈到"造神"时，他们的确是这么想的。必须在字面意义上理解创造并成为神的艺术与科学，这一目标体现在一个现在已经解散的组织身上，"宇宙工程师教团"——这名字可真了不

第十章 / 造神者们

起,如果你问我的话。[4,5]这个依稀带着灵性色彩的团体的出发点是这样的想法,即宇宙是一个冷酷的、无动于衷的地方,没有任何"魔法",而这就是我们或者我们的后代将必须尽最大努力去引入它的原因。基本上,通过使用类似于魔法的技术工具,让宇宙重新成为一个神圣的所在。

我们的故事其实相对较老,它始于一篇发表于30多年前、最近被重新编辑的论文,作者是美国宗教社会学家和超人类主义思想家威廉·西姆斯·班布里奇(William Sims Bainbridge)。[6,7]在《银河文明的宗教》(*Religions for a Galactic Civilization*)和《银河文明的宗教2.0》(*Religion for a Galactic Civilization 2.0*)中,班布里奇的分析确认了人类通往星辰的道路已经基本上停止了,我们如今的技术水平是不足的,不能帮助我们殖民我们的行星邻居(更不用说其他行星系统了),而造成这种僵局的主要原因是社会学的。也就是说,我们人类对于太空殖民和太空旅行缺乏强烈的、准宗教的激情——这是一个必需的要素,如果我们要把如此巨大的事业所需的大量能量、资源和努力投入进去的话。根据班布里奇的说法,我们需要的正是:一种宗教心态,能够激励地球人,推动投资,更重要的是推动创新。这位社会学家在这里

267

---

4 http://web.archive.org/web/20110722024245/.http://cosmeng.org/index.php/Main_Page.

5 该教因于2008年6月4日在一个关于《第二人生》中的宗教的会议上正式成立,并于2008年6月14日在《魔兽世界》(*World of Warcraft*)中推出。

6 W. S. Bainbridge, "Religions for a Galactic Civilization", in E. M. Emme (ed.), *Science Fiction and Space Futures*, San Diego: American Astronautical Society, 1982, pp. 187–201. http://wariscrime.com/new/religions-for-a-galactic-civilization/.

7 W. S. Bainbridge, "Religion for a Galactic Civilization 2.0", August 20, 2009. https://ieet.org/index.php/IEET2/more/bainbridge20090820/.

所建议的可以用他——我必须说，相当大胆——的声明来概括："天堂是一个我们应当进入的神圣领域，从而超越死亡。"在班布里奇看来，笃信宗教是一种普遍的人类特质，因此如果我们想要把事做成并抵达星辰，我们必须挟持宗教，并利用它来推广有利于太空旅行的价值观。毕竟，把我们带至月球的第一波人类的太空旅行是一小群非常积极主动的梦想家和研究人员的智慧结晶，他们设法利用冷战和东西方之间的对立来达成他们自己的目的。我们进入太空的第一步存在着大量的随机性和运气，而且班布里奇警告我们，机会的窗口可能很快就会关闭。也就是说，我们可能很快就会满足于一个稳定的、生态可持续的社会，而这可能会遏制或者制止人类对太空旅行的任何野心。当然，针对这种诱人而危险的稳定性的唯一可能的应对是一种以超人类主义为基础的宗教，班布里奇将其命名为"宇宙秩序"（The Cosmic Order）。当然，如果你这位宇宙秩序的潜在信徒想要加入并享受这个宗教的福利，那么有些事情是你应该做的：基本上，你应该接受庞大的一系列心理测试——或许应该收集你能够收集的所有自传记录。这个过程将使未来的人工智能得以重建你的人格，而你的新化身——不过，它真的是你吗？——将加入遥远的未来的后人类的银河殖民计划中去。此外，在这样做的过程中，你甚至可以更好地了解自己，这在你现在的生活中很有用。超人类主义的永生和太空旅行之间的关联取决于这样的观念，即如果你追求第一个项目，你也必须追求第二个项目：事实上，物理上的永生——在我们原本的身体中或者在机器人替代者中——要求大量空间，你只能在空旷广袤的宇宙中才能找到这种空间。因此，信息很明确：你想要永生吗——物理的还是电子的？你最好赶快行动，去探索太空，为了做到这一点，你需要一场能够发掘普通人

第十章 / 造神者们

类天然的宗教热忱和存在需求的社会运动。你需要宇宙秩序。然而,班布里奇并没有自欺欺人:"我的推测可能看上去古怪而荒谬。但是从这个词的字面意义来讲,宇宙本身就是古怪的。人类的境况是极度荒谬的,除非固定在提供意义的宇宙背景下。人类社会需要信仰,如果他们失去了传统信仰,他们将会奋力发现新的信仰,以免崩溃。……因此,认为非理性的宗教一定总是阻碍进步,这种想法是错误的。我曾建议只有超越的、不切实际的、激进的宗教才能把我们带向星辰。另一种选择是这种或那种形式的丑陋死亡。成功的结果取决于一种幸运的疯狂,而这不太可能。不过对于我们的物种来说,至少它依然是可能的。"

现在回到宇宙工程师。他们的章程由班布里奇本人和其他著名的超人类主义者签署——或者说是"建筑师学院",在这种背景下这样称呼自己的是这些人:霍华德·布鲁姆(Howard Bloom)、斯蒂芬·尤因·科布(Stephen Euin Cobb)、本·戈策尔、马克斯·莫尔、大卫·皮尔斯、朱利奥·普里斯科、马蒂娜·罗斯布拉特、娜塔莎·维塔-莫尔。章程中设定的目标当然是雄心勃勃的——这是对一群超人类主义者起码的期待。在章程中,我们的宇宙工程师旨在"用良性智能渗透我们的宇宙,构建这种智能并将其从内太空传播到外太空以至于更远。我们快乐的宇宙探索的里程碑式目标依次包括……智能指数级进入无生命物质的路线图;通过分子层面的智能计算工程,使内太空因为智能而生机勃勃;设计、促进并引导负责任的几何智能从内太空扩张到人类尺度再到外太空尺度;紧密结合、互相交流、交叉利用我们的精神资源,构建一个元心智社会;深入优化我们的物质宇宙,以便进行全宇宙范围内的智能计算;回答现实的起源、本质、目的和命运等终极问题；调整宇宙创造的参数，从而进一步提升宇宙计算能力的最大化；设计并生成一个或者更多个具有可控物理参数的新的婴儿宇宙；……将'魔法'注入一个目前没有神的宇宙"。真是个了不起的计划。"作为科学家，我们面对现实，不相信形而上学的'魔法'、超自然的'奇迹'、假定存在的超自然神灵的直接干预或者各种形式的接触等等。与此同时，我们也确信现实可能比我们最激进的思想家敢于想象的还要奇怪得多、复杂得多。用莎士比亚的不朽名言来说：'霍拉旭（Horatio），天地之间有很多事情，是你们的哲学里所梦想不到的呢。'还没有'上帝'……尚未。"不过，其深层的愿景看起来相当严峻："目前，至少就暂时而言，我们有知觉的人类在宇宙中我们这个小小的偏僻角落里自力更生。作为有知觉的物种，虽然我们相信有充分的理由抱有狂热和积极的希望，但是我们目前确实发现并懂得自己在一个明显冷漠、看似残酷和充满敌意的宇宙中自生自灭。此外，我们都深信，从来就没有，也永远不会有'超自然的'神，至少在有神论宗教所理解的意义上是没有的。"但仍有希望的余地："在（无疑是）非常遥远的未来，一个或者多个自然实体——即存在于我们当前宇宙内的实体——极其有可能产生，似乎是我们和其他物种的能动性所产生的，就所有实际方面而言，它们将非常类似于有神论宗教所持有的'神'的概念。我们指的是人格化的、无所不能的、无所不知的、无处不在的超级存在，'神灵'或者'神'的概念。"显然，这样雄心勃勃的宇宙工程项目需要非常长的寿命和健康期限，因为所需的时间远远超过了分配给我们的大约80年。宇宙工程师根深蒂固的乐观主义使他们采取了超级经典且经常被引用的阿瑟·C.克拉克的"第三定律"："任何足够先进的技术都与

第十章 / 造神者们

魔法无异。"[8]而这正是宇宙工程师的主要目标："作为工程师，我们致力于建造不能被轻易找到的东西。宇宙工程师教团采用工程学的方法和态度，旨在将这个宇宙变成克拉克的第三定律意义上的'魔法'领域：在这个领域中，足够先进的技术将日常现实转变为今天的大多数人认为似乎是超自然的'魔法'领域。"这听起来不是很像宗教吗？嗯，根据工程师们自己的说法，并非如此："尽管宇宙工程师教团热情万分地支持宇宙尺度的宇宙观和世界观，包括与之相关的属灵感受，然而宇宙工程师教团绝对不是宗教。宇宙工程师教团不是宗教，不是信仰，不是信条，不是教会，不是教派，也不是崇拜。我们不是一个基于信仰的组织。我们是一个基于信念（convictions）的组织。我们不崇拜任何人或任何事。任何种类或者形式的崇拜对我们来说都是诅咒。"

这是一个相当有趣，也相当重要的观点：正如我们即将看到的，超人类主义和宗教之间的关系并不那么直接。

10.3 从超人类主义到宗教，再回来

超人类主义运动远非一种单一的、严密的意识形态，其边界非常模糊不清，它接纳任何愿意支持主要的超人类主义目标——如寿命延长、心智上传，等等——的人成为它的会员。这意味着你可以同时是超

---

[8] 克拉克的三定律出现在他的文章《预言的危险：想象力的失败》（"Hazards of Prophecy: The Failure of Imagination"）中，该文收录于他在1962年出版的《未来的轮廓：对可能性的极限的探究》（*Profiles of the Future: An Enquiry into the Limits of the Possible*, London: Gateway, 2013）。三定律是：1.当一位杰出但年老的科学家断言某事是可能的，他几乎肯定是对的；当他断言某事是不可能的，他很有可能是错的。2.发现可能性的极限的唯一方法是稍微超越它们，进入不可能的领域。3.任何足够先进的技术都与魔法无异。

人类主义者和共产主义者，超人类主义者和自由主义者，超人类主义者和法西斯。当然，还有超人类主义者和有宗教信仰者。因此，超人类主义和宗教的关系是相当复杂的。一般而言，超人类主义者是无神论者或者不可知论者，或者至少这是一种官方叙事。所以，例如，社会学家勒内·米兰（René Milan）等人捍卫超人类主义的理性和非宗教[9]；超人类主义者和摩门教徒林肯·坎农（Lincoln Cannon）则不能苟同，他强调超人类主义和无神论并不完全是同一回事，而前者实际上有很明显的宗教成分[10]。事实上，最近的一项民意调查显示，只有一半身份认同为超人类主义者的人认为自己是不可知论者或者无神论者；坎农强调，许多超人类主义者实际上厌倦了该运动中一些成员的反宗教言辞，更重要的是，对该运动的几个成员来说，超人类主义恰恰行使着宗教的功能，有圣餐（每天虔诚地服用的营养补充剂）、仪式（例如人体冷冻悬挂）、对技术奇点来临的启示录式的信仰，对于延长寿命的预言和对于人类心智独立于基质而存在的准宗教的信仰："对许多超人类主义者来说，超人类主义显然是一种后世俗宗教，尽管它被误认。"

除了一些将超人类主义与传统宗教融合的有趣尝试，我们甚至可以发现超人类主义者愿意创造纯粹超人类主义宗教的新形式；一个例子是德克·布鲁尔（Dirk Bruere），他制定了自己的方法，被称为"实践"（The Praxis）。[11] "那么，超人类主义者是谁呢？"布鲁尔问道。"嗯，

---

9 R. Milan, "The Question of Religion and Transhumanism". http://transhumanity.net/thequestion-of-religion-and-transhumanism-opinion/.

10 L. Cannon, "Transhumanism Is not Atheism and is Often Misrecognized Religion". https://lincoln.metacannon.net/2014/09/transhumanism-is-not-atheism-and-is.html.

11 http://www.neopax.com/praxis/.

第十章 / 造神者们

没有人真正知道有多少人这样定义自己。最佳猜测是可能不到10万人，大部分是工程师和科学家，而不是像人们想象的那样，大部分是科幻小说迷。毫无疑问，更多的人赞同至少一个或者更多 H+ 的雄心壮志，但是并不照单全收。……几乎所有超人类主义者都一致同意的一件事是渴望不死于衰老，无限期地保持健康，或者至少保持到更加奇特的技术有望开始出现的时候。正是医疗技术领域的日益受人瞩目，部分导致了 H+ 议程在媒体上的传播，因为它搭上了这一个以及另一个日益受公众关注的领域的顺风车——人工智能。……到现在为止，我们已经走到边缘信仰的边缘，但还有巨大的一步要迈出，这一步将我们引至古代诺斯替基督教的核心教义。让我们回到数字天堂和死者的复活。那么我们有了它——新千年的新宗教。事实上，有一些小组织明确具有基于这些思想的宗教观，最值得注意的是特雷塞和后来的'实践'。它们试图为这个问题提供答案——为什么有人（或者物）要费心去复活那些处于冷冻保存状态中的人，或者那些更彻底地死亡和大部分被遗忘的人？从这里到何处去？超人类主义本身就属于自成一类的奇特的神学派别，也就是说，即便它不是真的，它的追随者也相信它可以成真。然而，与大多数其他宗教不同的是，他们不会敲开你的门试图劝你皈依，也不会找你要钱。"[12]

我们也不要忘了前面提到过的融合超人类主义和佛教的尝试——例如迈克尔·拉托拉的文章《什么是佛教超人类主义》("What is Buddhist Transhumanism")。[13] 这绝不是将一个主流宗教与最为边缘的超人类主

---

[12] D. Bruere, "Transhumanism–The Final Religion?". https://ieet.org/index.php/IEET2/more/bruere20151207.

[13] https://www.tandfonline.com/doi/full/10.1080/14746700.2015.1023993.

义思想融合的唯一尝试。在《弥勒佛与赛博格：连接东西方以丰富超人类主义哲学》("The Maitreya and the Cyborg: Connecting East and West for Enriching Transhumanist Philosophy")[14]中，米里亚姆·莱斯（Miriam Leis）试图在超人类主义的"后人类"概念和弥勒佛之间进行有趣的跨界，后者是佛教末世论中的一个形象，出现在许多佛教哲学流派中。当然，并非超人类主义社群中的每一个人都同意超人类主义与佛教之间的相似性。[15]让我们也提一下基督教超人类主义协会（Christian Transhumanist Association）[16]，它起源于2013年初的一个由博主和互联网活动家组成的小型在线社区，并于2015年成为501c3非营利组织。该协会也被称为C+，或者基督教+（Christianity+），由米卡·雷丁、林肯·卡农和克里斯托弗·贝内克（Christopher Benek）创立。当然，基督教+一直直言不讳地批评像佐尔坦·伊斯特万这样的超人类主义者的无神论立场。我们已经提到了林肯·坎农，现在让我们也指出他是非常活跃的摩门教超人类主义协会[17]的创始人，这真是可被我们称为"天作之合"：事实上，超人类主义的自我导向进化哲学完美贴合摩门教主流的关于成神的神学观点，即未来将人"超升"到神的水平。

融合超人类主义与宗教并不是唯一的选项；其他路径也是有可

14　M. Leis, "The Maitreya and the Cyborg: Connecting East and West for Enriching Transhumanist Philosophy". http://indiafuturesociety.org/the-maitreya-and-the-cyborg-connecting-east-andwest-for-enriching-transhumanist-philosophy/.

15　W. Evans, "If You See a Cyborg in the Road, Kill the Buddha: Against Transcendental Transhumanism", *Journal of Evolution and Technology* 2014, Vol. 24, Iss. 2, pp. 92-97. https://jetpress.org/v24/evans.htm.

16　https://www.christiantranshumanism.org/.

17　https://transfigurism.org/.

第十章 / 造神者们

能的。例如，在《超精神：宗教、灵性和超人类主义》("Trans-Spirit: Religion, Spirituality and Transhumanism")[18]中，迈克尔·拉托拉试图制定一项明确的超人类主义的研究方案，旨在探索宗教和属灵生活的功能与进化起源（也就是说，宗教被视为一种具有适应性价值的机制），以便开发能够任意诱发属灵和神秘经验的技术（或者甚至可能阻止它们，我想补充一点）。拉托拉的超精神方案的基本假设植根于对宗教现象的生物学和神经科学解释，植根于一个被称作"神经神学"的新兴领域，它源于两个学科的交互作用。

不过，不要误会；宗教超人类主义的真正目的正是：不是简单地爱上帝或者崇拜他，而是被"超升"，以某种方式达到他的力量、知识和智慧水平。因此，这种路径的主要支持者之一朱利奥·普里斯科引用阿瑟·C.克拉克的话说："我们在这个星球上的角色可能不是崇拜神，而是创造神。"[19] "我深信我们将去往星辰，寻找神，建造神，成为神，用先进的科学、时空工程和'时间魔法'让过去的死者复活。"普里斯科说。"我看到神从宇宙的高级生命形式和文明的社群中出现，并且能够随时随地影响时空事件，甚至或许在此时此地。我也期待上帝将爱和同情提升到基本力量的地位，这些力量是宇宙进化的关键驱动力。"

这种想法的另一位支持者是褚浩全，他在《人类目标与超人类的潜力：我们未来进化的宇宙愿景》(*Human Purpose and Transhuman Potential: A Cosmic Vision for Our Future Evolution*)中倡导他所谓的"宇

---

18 M. LaTorra, "Trans-Spirit: Religion, Spirituality and Transhumanism", *Journal of Evolution and Technology* 2005, Vol. 14, Iss. 1, pp. 39–53. http://jetpress.org/volume14/ latorra.html.

19 G. Prisco, "Religion Fiction Inspires Real Religion". http://turingchurch.com/2015/01/10/. religion-fiction-inspires-real-religion/.

宙观",它意味着创造我们的继任者,宇宙存在(Cosmic Beings),能够用超智能生命形式渗透整个宇宙的后人类之神。[20]

贾迈斯·卡西奥引用了《全球概览》(Whole Earth Catalog, 1968)的作者斯图尔特·布兰德(Stewart Brand)的话:"我们像神一样,我们不妨把这活干好。"——但要谨慎一些:"我们是神,但我们是更早时代的神。强大,是的,但是暴躁;睿智但又好战;傲慢而又极其反复无常……也能创造出崇高的美。……我们像神一样,但是我们必须把这活干好——只要我们记住这意味着我们可能成为雅典娜(Athena),也一样可能成为洛基(Loki)。"[21]

另一位著名的超人类主义者B. J. 墨菲(B. J. Murphy)喜欢将我们的后人类后代与神、天使和鬼魂进行比较[22],并提出了一个有趣的建议:假如利用纳米技术以及其他超人类主义设备和人工制品,我们真的可以在任何地方传播意识和自我意识,基本上使每一个物体或者物质都具有自我意识,而且在此过程中,使泛心论——认为万物都有生命和意识的哲学观点——成真,那会怎样呢?[23]技术专家拉梅兹·纳姆在谈到超人类主义革命时,也使用了一个准宗教的隐喻:"如果我们选择成为,我们就是种子,从中可以长出奇妙的新的生命种类。我们是新的、难以想象的生物的未来的父母。我们是微小的后生动物,新的寒武纪

20　T. Chu, *Human Purpose and Transhuman Potential: A Cosmic Vision for Our Future Evolution*, San Rafael: Origin Press, 2014. http://transhumanpotential.com/htptwp/.

21　J. Cascio, "Pantheon". https://ieet.org/index.php/IEET2/more/cascio20111128.

22　B. J. Murphy, "A Transhumanist's Journey to Becoming Gods, Angels, and Ghosts". https://ieet.org/index.php/IEET2/more/murphy20130617.

23　B. J. Murphy, "Engineering Panpsychism: A Possibility?". https://proactiontranshuman.wordpress.com/2014/09/16/engineering-panpsychism-a-possibility/.

第十章 / 造神者们

可以从中发端。我想不出对于任何物种而言，有比成为新的创世纪的开创者更美丽的命运，在历史上有更优越的地位。"[24]乔治·德沃斯基也预言了我们这个物种的像神一样的未来："未来的文明最终可能会弄清怎样重新设计宇宙本身（例如修改常数）。"[25]

佐尔坦·伊斯特万在其科幻小说《超人类主义的赌注》(*The Transhumanist Wager*)中，颁布了他自己的三大超人类主义定律：

1. 一个超人类主义者必须把保护自己的存在放在首位。

2. 一个超人类主义者必须努力尽可能便捷地实现全能——只要其行动不与第一定律相冲突。

3. 一个超人类主义者必须捍卫宇宙中的价值——只要其行动不与第一及第二定律相冲突。[26]

但是朱利奥·普里斯科说得最好：我们的目标是工程化超越。

10.4 工程化超越以及宇宙主义的"第三条道路"

朱利奥·普里斯科——出生于意大利的未来学家、超人类主义者和信息技术/虚拟现实顾问——和经典的超人类主义者形象有着明显

---

24 R. Naam, *More Than Human. Embracing the Promise of Biological Enhancement*, New York: Random House, 2005, pp. 233-234.

25 G. Dvorsky, "How Will Our Universe Die?". https://ieet.org/index.php/IEET2/more/dvorsky20070525.

26 Z. Istvan, *The Transhumanist Wager*, Reno: Futurity Imagine Media LLC, 2013, p. 4.

不同。事实上，与佐尔坦·伊斯特万等人不一样，他是一个信徒。也就是说，他确实笃信神，或者至少相信某种形式的以技术为媒介的超人类主义灵性。当然他的信仰与经典的、主流的宗教没有多大关系，尽管普里斯科喜欢向他们致敬，尊重他们的神学家的智力劳动。普里斯科相信我们的种族的确有一个"昭昭天命"（manifest destiny），在于"殖民宇宙，开发远远超出我们目前理解和想象的时空工程和科学的'未来魔法'。众神将存在于未来，他们或许能够通过时空工程影响他们的过去——我们的现在。……未来的众神将能够复活死者，通过'把他们复制到未来'的方式"[27]。说到复活：普里斯科和本·戈策尔一起复活了旧日美好的俄罗斯宇宙主义哲学，并出版了《十大宇宙主义信念》（*Ten Cosmist Convictions*），在此我们将其展开：

1. 人类将以迅速增加的幅度与技术融合。这是我们物种进化的新阶段，现在刚刚开始加速。自然和人工的分野将会模糊，然后消失。我们中的一些人将继续是人类，但是拥有急剧扩大且不断增长的可选择项，以及急剧增加的多样性和复杂性。其他人将成长为远超人类领域的新的智能形式。

2. 我们将开发有知觉的人工智能以及心智上传技术。心智上传技术将允许那些选择抛下生物学并上传心智的人获得无限期的寿命。一些被上传的人将选择彼此融合以及与人工智能融合。这将需要改写如今的自我概念，但是我们将能够应对。

3. 我们将扩散至星辰，并在宇宙中漫游。我们将在那儿与其他物

---

[27] G. Prisco, "Yes, I am a Believer". http://turingchurch.com/2012/05/21/yes-i-am-a-believer/.

种相遇并融合。我们也可能会漫游至存在的其他维度，超越我们目前所意识到的维度。

4. 我们将开发能够支持知觉能力的可互操作合成现实（虚拟世界）。一些上传内容会选择生活在虚拟世界。物理现实和合成现实之间的分野将模糊，然后消失。

5. 我们将开发远远超出我们目前理解和想象的时空工程和科学的"未来魔法"。

6. 时空工程和未来魔法将允许通过科学手段实现宗教的大部分应许——以及人类宗教从未梦想过的很多惊人的事情。最后我们将能够通过"把他们复制到未来"让死者复活。

7. 智能生命将成为宇宙进化的主要因素，并指引其朝向预定的道路。

8. 极端的技术进步将剧烈减少物质匮乏，于是渴望拥有丰足的财富、成长和经验的人都能拥有它们。新的自我调节系统将出现，以降低心智创造（mind-creation）胡作非为以及耗尽宇宙丰富资源的可能性。

9. 新的道德体系将出现，其基础原则包括在整个宇宙传播欢乐、成长和自由，以及我们还无法想象的新的原则。

10. 所有这些变化将从根本上改变人类以及我们的创造物和继任者的主观和社会经验，从而使个人和共同意识的深度、广度和奇妙程度远远超出"遗留人类"所能达到的境界。[28]

---

[28] G. Prisco, "Ten Cosmist Convictions". http://cosmistmanifesto.blogspot.com/2009/01/ten-cos-mist-convictions-mostly-by.html.

《十大宇宙主义信念》也能在戈策尔的著作《一个宇宙主义宣言》(*A Cosmist Manifesto*)[29]中找到——这是对发展一种更为激进的超人类主义观点的尝试,当然,也属于推荐阅读。

在普里斯科看来,人类的存在,连同其所有的戏剧性、存在的空虚以及荒谬,都能用工程化的路径来解决——一种远远超出我们现在的想象的工程化方式。在《工程化超越》(*Engineering Transcendence*)[30]中,普里斯科启动了他的计划,确立了其步骤:工程化复活、工程化神、工程化希望和幸福。第一步在某种意义上需要找到一种方法,从过去恢复所有关于我们自己的信息,并将其复制到未来;也就是说找到一种在未来复制每一个曾经存在过的人类的方法,以便让他/她可以重新生活,可能永远幸福地生活下去。现在这纯属科幻小说,但世事难料。一种设想是弗兰克·蒂普勒的欧米伽点理论(稍后会详细介绍),但是普里斯科——以及我们——偏爱的工程化解决方案是阿瑟·C. 克拉克和斯蒂芬·巴克斯特在他们引人入胜的小说《他日之光》(*The Light of Other Days*)[31]中描述过的方案。小说的理论背景是高度推测性的:具有巨大密度的微虫洞嵌入完全相同的时空结构中,这使得它的每一个点都能与其他每一个点相连接,意味着每一个时空"像素"都与其他每一个时空"像素"相连接,无论现在、过去还是未来。这部小说中描述的世界被一项令人惊讶的新发明"虫摄像头"(wormcam)狠

---

[29] B. Goertzel, *A Cosmist Manifesto: Practical Philosophy for the Posthuman Age*, Los Angeles: Humanity+, 2010. https://humanityplus.org/projects/press/.

[30] G. Prisco, "Engineering Transcendence". http://giulioprisco.blogspot.com/2006/12/engineeringtranscendence.html.

[31] A. C. Clarke and S. Baxter, *The Light of Other Days*, New York: Tor Books, 2000.

狠打破了。这是一种可以利用这些微虫洞来观察过去并恢复任何类型的信息的设备；因此，复活死去已久的人成为可能，也就是恢复构成他们的所有信息——不只是他们的DNA，还有每一段记忆，而且保真度极高。为了表示这个过程，普里斯科创造了一个提示性的术语：

> 时间扫描（Time-scanning）——总有一天，将有可能从过去获取非常详细的信息。一旦可以进行时间扫描，我们就可以复活过去的人，通过心智上传"将他们复制到未来"。注意：时间扫描不是时间旅行，它没有时间旅行的"悖论"。时间扫描只是考古学的一种形式——通过现有的证据和记录来发掘过去。当然，这里提出的非常高清形式的时间扫描比我们已知的考古学要强大和复杂几个数量级，但概念是一样的。[32]

这种路径——类似于另一位超人类主义思想家迈克·佩里（Mike Perry）[33]的提议代表着古老的费多罗夫复活死者计划的当代版本，即通过收集散布在整个宇宙空间的他们所有的"粒子"——从今天的眼光来看，是一个相当幼稚的计划，但仍然有趣且具有前瞻性。

如果技术复活看起来雄心勃勃，那就等着看第二步吧：工程化的对象不是别的，正是神——或者众神。这并不是一个真正的计划；只是对在非常遥远的未来可能发生的事情的推测。未来的宇宙文明可能

---

[32] G. Prisco, "Transcendent Engineering", *Terasem Journal of Personal Cyberconsciousness* 2011, Vol. 6, Iss. 2. http://www.terasemjournals.com/PCJournal/PC0602/prisco.html.

[33] M. Perry, *Forever for All: Moral Philosophy, Cryonics, and the Scientific Prospects for Immortality*, Irvine: Universal Publishers, 2000.

会进化到这样一种力量和知识水平,以至于它们能够操纵整个宇宙和时空结构。普里斯科提到弗里曼·戴森(Freeman Dyson),他在《全方位的无限》(*Infinite in All Directions*)中将心智等同于上帝,或者把上帝视为现在和未来所有心智的集合;还提到苏西尼(Socinius),这位文艺复兴时期的哲学家认为上帝是宇宙中固有的。所以基本上,引用普里斯科的话:"我们将去往星辰,寻找神,建造神,成为神,用先进的科学、时空工程和'时间魔法'让过去的死者复活。"[34] 神,或者众神,将是从一个真正的宇宙文明的进化中出现的实体,或者是从越来越先进的人类文明和非人类文明的等级体系中出现的实体。换一种说法:

> 科学和我们的超人类主义信念得出的逻辑结论是,智能生命可以进化到类似X的状态,其中X意味着极其先进且能够施展"魔法"(克拉克第三定律)。宇宙中可能充满了X,我们自己也可以成为X。X可以控制时空的动态,创造新的宇宙,以及让死者复活。在我们日常使用的简单语言中(我们应该尽可能使用这种语言以保持清晰和直接),X被称为"神",而这被称为"宗教"。[35]

这让我们想起巴西/美国物理学家马塞洛·格莱泽(Marcelo Gleiser)的类似思考:

---

[34] G. Prisco, "A Minimalist, Open, Extensible Cosmic Religion". http://turingchurch.com/2014/08/25/a-minimalist-open-extensible-cosmic-religion/.

[35] G. Prisco, "Cosmic Religion Discussion, and Plans". http://turingchurch.com/2014/09/01/cosmic-religion-discussion-and-plans/.

第十章 / 造神者们

想象一下，在银河系的某个角落，其他智能生物也发现了某种形式的科学。但它们比我们早发现，比如一百万年，这在宇宙时间中并不算什么。这些生物现在应当是机器混合体（machine-hybrids），与它们曾经的样子完全不同。……或许"它们"只是信息，自由漂浮在遍布太空的编码能量场中。或许它们拥有远远超出我们目前所能想象的创造生命、随意选择其属性的能力。例如，它们本可以创造我们，或者我们的一些祖先，作为它们那种版本的进化遗传学实验的一部分，或许作为研究智能与道德之间关系的试验台。也许它们正在观察我们，就像我们观察动物园或者实验室里的动物。这些非物质但是作为自给自足的信息包而生存的实体，可能就是我们的创造者。即使不是超自然的，它们会是神吗？[36]

作为所有这一切的副作用，这种特定类型的超人类主义——我们该怎么称呼它？超越超人类主义？属灵的超人类主义？——也可以在当下生产希望和幸福，由于这些特定的超人类主义模因能够为每个人提供希望，也许有一天一个超级先进类似于神的文明将利用它的无尽资源中的一点点，嗯，将每一个人复活到一个物质乐园，一个超人类主义的天堂中去。这个小小的模因市场已经被一个特设的超人类主义协会填补，即宇宙永生协会（Society for Universal Immortalism）。[37] 普里斯科在这里提供给我们的是一种神话，但它在当代科学标准下被认为

---

[36] M. Gleiser, "Astrotheology: Do Gods Need to Be Supernatural?". https://www.npr.org/sections/13.7/2012/11/28/165993001/astrotheology-do-gods-need-to-be-supernatural?t=1532420287358.

[37] http://universalimmortalism.org/.

是可能的或者至少不是不可能的。这个神话已经被它的创始者以一个合适的名字命名：图灵教会。超人类主义思想一些方面的宗教性质也被美国宗教研究教授罗伯特·杰拉奇（Robert Geraci）在其著作《天启人工智能》中指出。[38]

现在是时候更深入地挖掘技术复活的思想了，从"量子考古学"（Quantum Archaeology）概念开始。

10.5 不要温柔地进入那个良夜

那就是超人类主义的"C计划"。"量子考古学"概念最初源自雷·库兹韦尔的博客 Kurzweilai.net 上几位匿名撰稿人的作品，后来被一个叫"埃尔德拉斯"（Eldras）[39]的人推广开来，结果有得有失。无论起源如何，量子考古学的想法或许代表着超人类主义思想所能想象的最极端的思想之一。简单来说：这个有争议的计划基本上就是寻找一种让死者复活的方法。不仅是死去不久的人，而是自人类诞生以来存在过的每一个人，包括身体、心智，当然，还有记忆。这个——让我们面对现实吧——疯狂的想法受一门虚构的学科启发，这门学科是科幻小说作家艾萨克·阿西莫夫在其小说《基地》（Foundation，1942—1951）中开发的，名叫"心理史学"（psychohistory），这种方法结合社会学、历史和数学，以便预测银河帝国的未来。就量子考古学而言，这种方法有着不同的目的，即通过模拟、物理定律和对世界的决定性诠释来重建过去

---

[38] R. M. Geraci, *Apocalyptic AI: Visions of Heaven in Robotics, Artificial Intelligence, and Virtual Reality*, Oxford: Oxford University Press, 2012.

[39] Eldras, "Can Science Resurrect the Dead?". http://transhumanity.net/can-science-resurrect-the-dead/.

第十章 / 造神者们

所有微小的细节。埃尔德拉斯使用的概念是"追溯"（retrodiction），意思是"对过去行为或事件的解释或者诠释，这些行为或事件是根据假定支配它们的规律推断出的"[40]。量子力学是一个非常复杂的话题，它适合于很多不同的诠释。其中一些是概率性的（简单说来，它们接受一定程度的客观随机性），另一些则不是；也就是说，你可以找到量子力学的决定性诠释，而埃尔德拉斯正是在这些上面押注。换句话说，埃尔德拉斯的世界是超级决定性的，记忆一点也不神秘（它们只是大脑的状态），如果你有足够强大的计算机（迄今为止，我们还没有），你可以真正地开发出一个超级精确的对现在（环境、个人、记忆等）的模拟，并从它们开始，非常精确地追溯过去的物理状态。通过使用超级计算机、特定算法、物理定律和形而上的因果律，你可以开发埃尔德拉斯所说的"量子网格"（Quantum Grid），这是对环境以及它所包含的万物的复制/模拟。反过来，这会允许你进行超级精确的猜测，从而重建我们物种的每一个成员自诞生起的记忆。说实话，我们已经有了用于这个或那个调查领域的模拟网格，它有助于将量子考古学想象成一种基于尚未存在的计算能力的超级法医学。终极目标是创建众多网格中的网格（Grid of Grids），能够容纳所有可能的数据，这些数据是使用超级递归算法恢复的——这些特殊算法仍处于起步阶段，但是有望克服传统计算的局限。当然，使用我们已经介绍过的超人类主义技术，这些超级精确的模拟能够恢复生机，或许通过3D生物打印。[41] 这就是：对死

---

40 https://en.oxforddictionaries.com/definition/retrodiction.
41 Z. Istvan, "Quantum Archaeology: The Quest to 3D-Bioprint Every Dead Person Back to Life", *Newsweek* September 3, 2018. https://www.newsweek.com/quantum-archaeology-quest-3d-bioprintevery-dead-person-back-life-837967.

者的技术复活,这个过程不可避免带有宗教意味。我们谈论的有多少人呢?根据埃尔德拉斯,从公元前50000年开始,超过1060亿死者将被带到现代世界。也就是说,如果我们不考虑生活在那个时代之前的人类,因为很显然,根据最新的估计,我们的物种出现于20万年之前。

无论你怎么看,这个量子考古学看上去都不是很"接地气",也就是说,它看起来像是一项庞大的工作,而且绝对不能保证我们能够以精确的方式估算我们祖先的记忆。或许最好是寻找其他的解决方案;又一次,最好问一问普里斯科,他喜欢大胆的推测——这一点对于一个超人类主义者是意料之中的。显然,普里斯科的神学超人类主义代表着应对必死以及所爱之人死亡的明确的尝试:"我通过思考宇宙主义的可能性来应对所爱之人去世所带来的悲痛,包括尼古拉·费多罗夫、汉斯·莫拉维克和弗兰克·蒂普勒在内的很多思想家都描述了这种可能性,即未来的世代(或者外星文明,或者随便什么)可能会开发出将死者复活的技术。一个相关的想法是我们的现实或许是更高水平的现实中的实体所计算的'模拟',这些实体可能会选择把在我们的现实中死亡的人复制到另外的现实。"[42]从理论的角度来看,这种方法的心理学基础并不重要:重要的是这些理论的概念一致性,对此我们现在将进行细读。

我们在这里陷入了深奥的理论物理,因此我将尽量保持简单。普里斯科摆弄了两个不同的——但可能是相关的,至少根据他的思考——概念,即"量子纠缠"和"虫洞"。根据维基百科,量子纠缠是"一种物理

---

[42] G. Prisco, "How to Cope with Death: The Cosmist 'Third Way'". http://turingchurch.com/2012/08/04/how-to-cope-with-death-the-cosmist-third-way/.

第十章 / 造神者们

现象，发生于当两个或者多个粒子被生成、相互作用或者处于邻近空间时，每一个粒子的量子态都不能独立于其他粒子的状态来进行描述，即使当粒子之间相距甚远时——相反，必须用整体系统来描述一个量子态"[43]。这是一种"奇怪的"现象，是非常困扰爱因斯坦的"幽灵般的超距作用"——因为它意味着有可能以超光速传输信息（在两个纠缠的粒子之间）。尽管这两个粒子不能被"预设"（也就是说，你不能提前设定你想传输的信息类型），它总是随机、不受你控制的，所以你不能用那些纠缠的粒子来传输超光速的信息。虫洞是时空结构中的洞，它们或许连接着空间中两个非常遥远的点。麻省理工学院专门研究弦理论的研究员朱利安·桑纳（Julian Sonner）问道，如果纠缠的量子是被虫洞连接起来的，会怎样呢？[44]普里斯科问道，假如这个理论路径将允许我们进入过去呢？通过纠缠的粒子/虫洞，我们或许能够——如果未来的物理学允许的话——将现在与过去连接起来，而且——在不产生悖论的情况下——恢复我们想要的任何信息的任何数量的细节。[45]你能看出我们的意图了：我们或许真的能够把去世已久以及被遗忘已久的人复制到现在——或者未来。目前，这只是推测，我们并不真的知道在量子纠缠和虫洞之间是否有关联，如果这个"奇怪的"复合实体真的能进入过去的话——目前似乎不太可能，但时间会给我们答案。

普里斯科的想法建立在几个概念上（从严格的科学视角来看，不是

43　https://en.wikipedia.org/wiki/Quantum_entanglement.

44　J. Chu, "You Can't Get Entangled Without a Wormhole. MIT Physicist Finds the Creation of Entanglement Simultaneously Gives Rise to a Wormhole", December 5, 2013. http://news.mit.edu/2013/you-cant-get-entangled-without-a-wormhole-1205.

45　G. Prisco, "Quantum Entanglement and Wormholes". http://turingchurch.com/tag/wormholes/.

很适当),我们现在即将审视它们:"量子神秘主义"(quantum mysticism)和"阿卡西记录"(Akashic records)。如果你对新时代思想和/或者边缘物理学感兴趣,你或许已经听说过"量子神秘主义",这是一组试图强烈且直接地将人类意识与量子力学联系起来的思想,旨在证明超常现象的存在;更一般地说,将人类心智与宇宙的其他部分连接起来,从而为它在肉体死亡后的存活提供希望。量子神秘主义通常被视为伪科学,它的根源在量子力学的早期,当时像埃尔温·薛定谔(Erwin Schrödinger)这样的物理学家倡导意识在量子理论中发挥作用,这一观点遭到阿尔伯特·爱因斯坦和马克斯·普朗克等其他物理学家的反对。这是一个又长又复杂的故事,1961年,尤金·魏格纳(Eugene Wigner)在一篇题为《关于心身问题的评论》("Remarks on the Mind–body Question")的论文中提出,观察者在量子现象中确实发挥着作用。长话短说:在20世纪70年代,新时代运动将这些思想纳入了自己的思考,用它们来证明超常现象、宇宙万物普遍相连的正当性,等等。同样,如果你熟悉这些边缘的解释,你或许已经听说过基础"勿里学"团体(Fundamental Fysiks Group),他们是一群张开双臂欢迎量子神秘主义的物理学家,将其与冥想、超心理学、新时代主义,当然还有东方哲学混合在一起——也许还借助了一些迷幻剂。[46]在这个群体的成员中,我们发现有《物理之道》(*The Tao of Physics*)[47]的作者弗里乔夫·卡普拉(Fritjof Capra),以及《舞动的物理大师》(*The Dancing Wu Li Masters*)

---

46 D. Kaiser, *How the Hippies Saved Physics. Science, Counterculture, and the Quantum Revival*, New York: W. W. Norton & Company, 2011.

47 F. Capra, *The Tao of Physics*, Boulder: Shambhala Publications, 1975.

第十章 / 造神者们

的作者加里·祖卡夫（Gary Zukav）。[48,49]

关于"阿卡西记录"。神智学（Theosophy）是19世纪由俄罗斯移民海伦娜·彼得罗夫娜·布拉瓦茨基（Helena Petrovna Blavatsky，1831—1891）引入美国的一系列神秘主义教义；人智学（anthroposophy）是由奥地利思想家鲁道夫·施泰纳（Rudolf Steiner）发展起来的秘传教义。这两种学说都将"阿卡西记录"包括在内，这是一个非物理的、以太层界的存在，包含了属于过去、现在、未来的所有人类和非人类事件、思想和情感的记忆。当然，这个概念不是布拉瓦茨基或者施泰纳发明的，而是最初属于印度教传统——梵语中 ākāśa 的意思是"气氛"，而印地语中 akash 的意思是"天堂"或者"天空"。阿尔弗雷德·珀西·辛内特（Alfred Percy Sinnett）在其著作《秘传佛教》（*Esoteric Buddhism*, London: Chapman and Hall, 1885）[50]中首次将"阿卡西记录"的概念介绍到西方。根据布拉瓦茨基夫人的追随者爱丽丝·A.贝利（Alice A. Bailey）的说法，阿卡西记录就像一张巨大的摄影胶片，登记了每一个人类和动物的经历，无论是真实的还是想象的。这个想法也得到了尼古拉·特斯拉（Nikola Tesla）的支持。特斯拉是许多超常现象信徒崇拜的科学独行侠，他也被视为原始超人类主义者。在《人类最伟大的成就》（"Man's Greatest Achievement"）——一篇发表于1930年7月13日的《密尔沃基哨兵报》（*Milwaukee Sentinel*）[51]的非常有远见的文章——

48　G. Zukav, *The Dancing Wu Li Masters*, New York: William Morrow and Company, 1979.

49　另外，也别错过了2004年的电影《我们懂个屁！？》（*What the Bleep Do We Know!?*），它处理了这些话题。

50　http://www.worldcat.org/title/esoteric-buddhism/oclc/894150821.

51　https://news.google.com/newspapers?nid=1368&dat=19300713&id=1l5QAAAAIBAJ&sjid=0Q4EAAAAIBAJ&pg=4431,1664754&hl=en.

中，特斯拉问道："这个奇异的存在，生于一口气息和易腐烂的组织，但又是不朽的，拥有可怕和神圣的力量，将来在他身上会发生什么呢？他最终会施展怎样的魔法？他最伟大的作为、最至高无上的成就会是什么呢？"

这位科学家尝试融合东西方传统，他强调"所有可感知的物质都来自一种原生物质，它稀薄得超乎想象，并充满了所有空间（阿卡西或者发光的以太），它根据赋予生命的普拉纳（Prana）或者创造力行事，在永不止息的循环中召唤出所有事物和现象。人能控制自然界中这最宏大、最令人敬畏的过程吗？他能利用她取之不竭的能量，按照他的命令发挥它们所有的功能吗？更进一步——他能完善他的控制手段以至于仅凭他的意志力就让它们运行吗？

"如果他能做到这一点，他将拥有几乎是无限的和超自然的力量。他一声令下，只要稍做努力，旧世界就会消失，而他计划的新世界就会出现。他可以固定、巩固和保存他想象中的空灵形态，他梦想中转瞬即逝的幻觉。他可以表达他头脑中的所有创造，在任何规模上，以具体和不朽的形式。……他可以令行星碰撞并产生他的太阳和星辰，他的热和光。他可以创造和发展无限形式的生命。"

普里斯科试图将这些思想现代化，并把它们插入他的超人类主义世界观，例如，他引用了厄文·拉斯洛（Ervin Laszlo）的非常异端的作品以及他的《阿卡西体验：科学与宇宙记忆场》(*The Akashic Experience: Science and the Cosmic Memory Field*)[52]，该哲学家在书中宣扬宇宙中存

---

52 E. Laszlo, *The Akashic Experience: Science and the Cosmic Memory Field*, Rochester: Inner Traditions, 2009.

在着一个普遍的自然记忆场，它包含并保存着关于一切的所有可能的信息。我们这位超人类主义哲学家还介绍了数学家拉尔夫·亚伯拉罕（Ralph Abraham）和物理学家西西尔·罗伊（Sisir Roy）的一本书：《揭秘阿卡西：意识与量子真空》(*Demystifying the Akasha: Consciousness and the Quantum Vacuum*)[53]，两位作者在书中为所谓的阿卡西场提出了一个数学模型。其目的很直接：如果所有的信息都保存在某处，那么没有人会真正死亡，人们只是蛰伏在现实的深层结构的某个地方，等待被遥远未来我们的后人类后代将会开发的阿卡西工程"打捞出"。

乔纳森·琼斯（Jonathan Jones）的《技术复活：一个思想实验》(*Technological Resurrection: A Thought Experiment*)[54]试图解决我们已经提到的一个问题，即"忒修斯船"悖论。复制心智和/或身体到未来是不够的，因为这些只是副本，不是原件。琼斯提出所谓的"临时复活"，它包括一个没有明确定义的"意识找回"，通过使用虫洞。或许这位作者的意思是——尽管我不确定——为了确保我们保存的意识真的是原始的意识，我们需要实际上创建一个时空"桥"，即旧我和新我之间的一种形而上学的连续性。

10.6 上升的一切必将汇合

对于灵性超人类主义者来说，"最坏的场景"——即无法通过量子

---

[53] R. Abraham and S. Roy, *Demystifying the Akasha: Consciousness and the Quantum Vacuum*, Rhinebeck: Epigraph Publishing, 2010.

[54] J. Jones, *Technological Resurrection: A Thought Experiment*, Amazon Digital Services LLC, 2017.

考古学、时间扫描或者类似的高度推测性技术使死者复活——在于必须等待几十亿年，直到欧米伽点的来临。这种信念——我们在讨论德日进的时候已经遇到过——最近被美国数学物理学家和宇宙学家弗兰克·J.蒂普勒重新唤起。蒂普勒的思想代表着在科学上证明基督教的基本信条的尝试，即上帝的存在、灵魂的不朽、死者的复活和最终的审判。蒂普勒的理论在科学界遭到强烈的怀疑，它们意味着宇宙要么在遥远的未来自行坍塌，要么——在它的命运不断膨胀甚至加速的情况下——届时已经渗透到宇宙中的超人类智能会迫使它坍塌。换句话说，在接近宇宙坍塌的结局的时候，未来的后人类智能将产生上帝本人，他将安排和利用宇宙的所有资源来计算，来无限地减缓对时间流逝的主观感知，来模拟——也就是复活——死者，并从此以后和他们永远幸福地生活在一起。[55] 对于蒂普勒来说，欧米伽点基本上是一种非常遥远的未来的宇宙论状态，在这个状态中，活着的宇宙——上帝——将模拟天堂，并实现圣经和福音书中的应许。[56]

除了少数情况，大多数超人类主义者也对蒂普勒的理论持怀疑态度，但是这并不意味着他们对"模拟"概念本身不屑一顾；事实上，在超人类主义社群中，整个现实可能是一个模拟的想法非常流行。我们来看一看这个理论。如果你看过电影《黑客帝国》，你已经知道我们在说什么：整个宇宙，包括它所有的内容、恒星、行星和每一个生命实体，都有可能是由比我们渺小的人类所拥有的强大得多的计算机生成

---

[55] F. Tipler, *The Physics of Immortality: Modern Cosmology, God and the Resurrection of the Dead*, New York: Doubleday, 1994.

[56] F. Tipler, *The Physics of Christianity*, New York: Doubleday, 2007.

的模拟。毕竟——或者这个理论认为——我们正在为虚拟现实开发越来越逼真的技术，因此我们的世界可能转而会是更高层次现实的产物，而这一层现实又可能是更高层次现实的产物，依此类推。

如果我们讨论模拟论证（simulation argument），那么我们在超人类主义领域找到的第一个名字是尼克·博斯特罗姆，他是我所知道的最受尊敬的超人类主义学者之一，牛津大学的哲学家，也是牛津大学未来研究所的主任。[57]博斯特罗姆的提议采取了三难困境的形式，被称为"模拟论证"，于2003年首次发表。[58]这位哲学家没有直接支持模拟假设，而是认为在以下三个陈述中，至少有一个几乎可以肯定是真的：

1．"达到后人类阶段（即能够运行高保真的祖先模拟的阶段）的人类文明的比例非常接近于零。"换句话说，我们的物种非常有可能在成为后人类之前灭绝。

2．"对运行祖先模拟感兴趣的后人类文明的比例非常接近于零。"也就是说，任何后人类文明都极不可能对其进化历史（或其变体）运行大量模拟。

3．"所有拥有我们这种经历的人中，生活在模拟中的比例非常接近于一。"换句话说，我们几乎肯定生活在一个计算机模拟中。

这里的假设是，后人类文明将有足够的计算能力来生成一个完

57　https://www.fhi.ox.ac.uk/.

58　N. Bostrom, "Are you Living in a Computer Simulation?". 2003, http://www.simulation-argument.com/simulation.html.

整的、超现实的宇宙模拟,而且最终,模拟文明——或者"模拟人生"——的数量将大大超过"基底"文明。基底文明甚至可能根本不存在,因为每一个文明/宇宙都可能是更高水平文明的模拟,依此类推,无休无止。

基本思想是,一个文明要么灭绝,要么发展到必须能够模拟其现实的程度。如果这是真的,那么基本上每一个文明都必须能够达到这样的水平,因此,在(多)宇宙中,被模拟的现实会激增,其数量会远远大于基底现实。反过来,这意味着我们的现实更有可能是模拟人生。

博斯特罗姆本人拒绝做出选择,因为对他来说,没有强有力的论证支持这一种或者另一种陈述。

我不打算涵盖针对模拟假设提出的所有批评;我只想补充一点,就目前而言,没有证据表明真的有可能运行对"真实"世界的高保真模拟,而且一个高保真的模拟不再是模拟,而是实际上的上帝般的"创造行为",这意味着被模拟的现实将和基底现实拥有相同的本体论地位,因此它不应当被视为只是模拟,而应当被视为平行现实。

我们所提到的模拟假设的另一个"副作用"是认为世界可能具有层级性,或许是无穷的层级性——这种想法不一定与模拟假设本身有关;它可能事实上属于主流物理学。普里斯科乐于用洋葱状来诠释现实的本质:"我们对宇宙的理解可能会无拘无束地增长,但总会发现未解现象的新的分形深度,有待未来的科学家去探索。理查德·费曼曾经说:'如果最后发现有一个简单的终极定律可以解释一切,那就随它吧。这将是非常好的发现。如果结果表明它就像一个有着数百万层的洋葱,而我们只是厌倦了一层层去探究,那么事情就是这样的!'也许那颗有着数百万层的洋葱事实上是一颗有着无限层的洋葱,而我们总会发现有新的东西有待探索和理解。……洋葱的外层是牛顿力学的世界，在那里扔到空中的石头沿着可理解和可预测的路径移动。……为了更好地理解物理，我们必须转入更深的层次：玻尔和爱因斯坦的世界，在那里量子和相对论发挥着重要作用。但是很难把相对论和量子物理放到一起（这就是为什么我们还没有量子引力的理论），所以看起来我们需要往下到更深的层次，尚未被探索的层次。或许量子纠缠的'奥秘'和意识的'奥秘'（这里的'奥秘'只是意味着我们还没有理解的东西）在更深的层次扮演着重要角色。……因此或许洋葱真的有无限层（设想一个分形洋葱，它的每一层宽度都是外层的一半），在这种情况下，科学的冒险将永远不会结束，但是在任何给定的时刻，都会有一片无垠的海洋，比已知的陆地无限大，它是科学还未探索过的。除了发现一个无限复杂的宇宙在智力上令人信服，我还发现它在美学和情感上也很吸引人——一个完全已知的宇宙会是一个非常无聊的地方。"[59]
但是有一个难题：如果你想要真的理解——或者保持理解——世界的无限复杂性，你自己需要变得越来越复杂，这意味着无限的进化——当然，除非你找到一种方法能够"神秘地"一蹴而就实现宇宙的无限复杂性。同时，普里斯科的转变——从宇宙工程师教团的准不可知成员到神的信徒——现在完整了。在他的超人类主义神学愿景中（也基于弗雷德·霍伊尔［Fred Hoyle］的工作），神甚至可能在遥远的未来对我们说话："神可以用隐藏在随机噪音中的讯息来调整时空中的复杂过程，以便选择个体量子事件的随机结果。神确实是全能的，且在物理定律

---

59 G. Prisco, "The Big Infinite Fractal Onion Universe". http://turingchurch.com/2012/12/02/the-big-infinite-fractal-onion-universe/.

之'下'运作。弗雷德·霍伊尔想象了宇宙中众神的层级,从不起眼的地方神灵一直到一个渐进的宇宙神,这位神从物理宇宙中涌现,超越时间而完整存在,控制空间和时间,为宇宙播撒生命的种子,并通过微妙的量子讯息和时间循环不断调整和调校整个时空。"[60]

这位神或者众神可能是我们,或者更有可能是我们超进化的后代。因此,我想引用库兹韦尔的话来结束本章:"宇宙将会在大坍缩中结束,还是会在死星的无限膨胀中结束,或者以其他什么方式结束呢?在我看来,首要的问题不是宇宙的质量,也不是反引力的可能存在,也不是爱因斯坦所谓的宇宙学常数。毋宁说,宇宙的命运是一个尚未做出的决定,是一个我们将会在适当的时候明智地考虑的决定。"[61]

---

[60] G. Prisco, "Divine Action and Resurrection: Something Like that, More or Less". http://turingchurch.com/tag/resurrection/.

[61] R. Kurzweil, *The Age of Spiritual Machines*, p. 195.

结 论

野兽的本质

或者：我是如何学会停止担忧并爱上超人类主义的

在本书的进行过程中，我们已经吞下了很多科幻小说和狂野的猜测；现在我们想要发表一些看法。第一个涉及彼得·梅达沃（Peter Medawar）在《威胁与荣耀：对科学和科学家的反思》(*The Threat and the Glory: Reflections on Science and Scientists*)中的一段陈述："只要有足够坚定的意愿，原则上一切可能的事情都可以做到，这既是科学的伟大荣耀，也是它的巨大威胁。"而且，正如我们所理解的，超人类主义者想要做的大部分事情——基因操作、增强、生命延长等——并没有被特定的物理定律所禁止。我们的疑虑主要集中在"边缘"问题上，例如纳米机器人、人工智能和心智上传；然而，我们并不怀疑，如果这些事情被证明是不可能的，那么超人类主义者会发挥他们的聪明才智，他们会想出别的东西，也许是更惊人的东西。

第二个看法涉及超人类主义在思想史上所享有的特殊地位——即便是从其自身的角度来看。我们发现自己——人们已经说过很多次——处在一个以虚无主义为特征的时代。至高无上的价值已经贬值，对上帝的信仰已经减弱——至少在那些"重要的"思想圈子里是这样的，但事实上，在普通大众中也是如此。如果我们想要夸张一点点，我们可以满嘴都是"人类独自面对虚无"这样的话。然而事实仍然是，我们过去所欣然接受的形而上学的确定性已经烟消云散。

那现在怎么办呢？我们迫切需要找到某个替代品；在我们这个定向拆除的时代，我们唯一剩下的恰好是我们每天用来执行这些清理行动的工具，即批判理性和技术科学理性。它并不多，但是在没有更好的东西的情况下，我们将不得不将就。这样到了某一个时刻，那些有科学准备、理性、智力勇气的人——甚至可能有点疯狂——决定他们想要活下去。他们宁愿将死神送进地狱，或许使用技术科学的工具。随之而来的是超人类主义，这种思想始于一个令人不安的发现（"的确，我们来自虚无，或许我们也将走向虚无"），但是它更愿意把这种情况看作暂时的。"的确，我们正处于渡口的中间，"超人类主义者似乎在说，"但是我们已经开始瞥见彼岸了。"在他们看来，未来的无所不能的科学正在岸上等待着我们。但是别担心：尽管有时候他们可能看起来令人不安，超人类主义者实际上是无害的。他们所从事的本质上是一种智力游戏；简而言之，他们是思想家，探索新奇的概念，并试图尽可能大范围地与他人分享，将它们传播到他们受限的圈子之外。他们的每一个提议都经过了反复权衡，从道德和政治的角度加以审视。

我的第三个看法涉及超人类主义的一般观点与这位或者那位超人类主义者提出的特定项目之间的区别。因此，德·格雷的项目是特定的，它有可能成功也有可能不会；J. 斯托斯·霍尔的实用雾是一个特定的项目，可能成功，也可能失败。所有这些项目都不能用社会学来否定——例如，通过把它们塑造为技术时代的神话或者伪理性的当代

结 论 / 野兽的本质

神话。巧合的是，像这样的话语可以针对超人类主义的一般愿景；相反，讨论到的这些项目是准科学的提议，因此，它们也必须由自然科学进行实证评估。这个看法似乎也得到了最近一位年轻的超人类主义哲学家约翰·丹纳赫（John Danaher）的有趣思考的呼应，他支持——我们也同意——超人类主义的乌托邦本质，但同时也支持这样一个事实，即单个项目的成败与超人类主义项目的根本性质——无论是乌托邦的还是其他的——无关。[1]

不老族的冲锋

然后，还有其他一些零散的考虑浮现在脑海中。正如我们所说，除了一些非常关键的概念（比如心智上传），很多超人类主义的提议或许都是可行的。问题不在于是否可行，而在于何时可行。例如，由于不违反任何已知的物理定律，激进的长寿主义迟早会实现；精神增强和心脑接口迟早会出现；等等。显然，超人类主义者希望这些东西能及时到来，也就是说，来得足够快以便让他们从中受益。正是出于这个原因，他们中的许多人在一丝不苟地为自己做准备——有人会说是疯狂的；他们参加运动，健康饮食，服用各种补充剂，并随时了解所有最新的科学进展，他们想要活下去，他们希望能活到那个传说中的日子。

然而，在这一点上，他们与那些决定过着时间永不流逝的生活的

---

[1] J. Danaher, "Tranhumanism as Utopianism: A Critical Analysis". http://philosophicaldisquisitions.blogspot.com/2018/07/tranhumanism-as-utopianism-critical.html.

人没有什么不同——这些人在我们的社会中有很多。这些人就是所谓的"不老族"(amortals,英国记者凯瑟琳·梅耶尔[Catherine Mayer][2]对他们进行了很好的描述),他们有男有女,来自各行各业,有娱乐界和商界人士,但也有很多普通人,都因为拒绝变老,甚至拒绝考虑将来退出舞台而团结在一起。这是一个迅速增长的人类团体,不分国界,愿意投入时间和金钱,让自己尽可能长久地保持健康和活力。就好像超人类主义者一样。

无独有偶,在梅耶用来区分不老族和更传统的人的标准中,也或多或少存在一种无意识的信心,即相信科学迟早会以某种方式成功解决死亡的问题。换句话说,超人类主义的心态似乎已经走出了它们藏身的壁橱,无论你喜欢与否,它正在渐渐地、静静地渗入普通人的情感中。

与此同时,超人类主义者继续着他们的理论推测工作。我们不知道后人类是否会到来,但是如果它真的到来,它将会发现一个理论装置已经准备好并能够捍卫它、支持它和促进它。超人类主义不再是可笑的。恰恰相反:在理想意义上,后人类已经在此,已经成为全球性的,而且强烈表明未来将会是一个比我们所想象的奇异得多的地方。事实上,比我们能够想象的还要奇异得多。

---

[2] C. Mayer, *Amortality: The Pleasures and Perils of Living Agelessly*, London: Random House, 2011.

· 延伸阅读 ·

Abraham, R., Roy, S., Demystifying the Akasha. Consciousness and the Quantum Vacuum, Epigraph, New York 2010.

Alexander, B., Rapture. A Raucous Tour of Cloning, Transhumanism, and the New Era of Immortality, Basic Books, New York 2003.

Ansell Pearson, K., Viroid Life: Perspectives on Nietzsche and the Transhuman Condition, Routledge, New York 1997.

Appleyard, B., How to Live Forever or Die Trying, Simon & Schuster, London 2007.

Bova B., Immortality: How Science Is Extending Your Life Span – and Changing the World, Avon Books, New York 1998.

Barrow, J., Impossibility: Limits of Science and the Science of Limits, Oxford University Press, Oxford 1998, p. 133.

Becker, E., The Denial of Death, Simon & Schuster, New York 1973.

Bell, G., Gemmell, J., Total Recall: How the E-Memory Revolution Will Change Everything, Dutton, Boston 2009.

Berube, D. M., Nano-Hype. The Truth behind the Nanotechnology Buzz, Prometheus Books, Amherst 2006.

Bostrom, N., Superintelligence. Paths, Dangers, Strategies, Oxford University Press, Oxford 2014.

Bostrom, N.; Cirkovic, M. (ed.), Global Catastrophic Risks, Oxford University Press, Oxford 2011.

Bostrom, N.; Savulescu, J. (ed.), Human Enhancement, Oxford University Press, Oxford 2009.

Broderick, D. (ed.), Year Million. Science at the Far Edge of Knowledge, Atlas & Co., New York 2008.

Broderick, D., The Last Mortal Generation, New Holland, Sydney 1999.

Broderick, D., The Spike, Tom Doherty Associates, New York 2001.

Campa, R., La Società degli Automi, D Editore, Rome 2017.

Campa, R., Trattato di filosofia futurista, Avanguardia 21 Edizioni, Rome 2012.

Caronia, A., Il cyborg. Saggio sull'Uomo Artificiale, Theoria, Rome-Naples 1985.

Cave, S., Immortality: The Quest to Live Forever and How It Drives Civilization, Crown Publishers, New York 2012.

Chace, C., Artificial Intelligence and the Two Singularities, CRC Press, Boca Raton 2018.

Chu, T., Human Purpose and Transhuman Potential, Origin Press, San Rafael 2014.

Clarke, A. C., Profiles of the Future: An Inquiry into the Limits of the Possible, Harper & Row, New York 1973.

De Grey, A., Rose, M., Ending Aging. The Rejuvenation Breakthroughs That Could Reverse Human Aging in Our Lifetime, St. Martin Press, New York 2007.

Delgado, J., Physical Control of the Mind: Toward a Psychocivilized Society, Harper & Row, New York 1969.

Dell'Aglio, L., Progetto Faust, Mondadori, Milan 1990.

Dery, M., Escape Velocity: Cyberculture at the End of the Century, Grove Press, New York 1997.

Dooling, R., Rapture of the Geeks. When AI Outsmarts IQ, Harmony Books, New York 2008.

Drexler, K. E., Engines of Creation. The Coming Era of Nanotechnology, Anchor Books, New York 1986.

Drexler, K. E., Nanosystems: Molecular Machinery, Manufacturing, and Computation, John Wiley & Sons, New York 1992.

Egan, G., Diaspora, Orion, London 1997.

Esfandiary, F. M., Up-Wingers: A Futurist Manifesto, John Day Company, New York 1973.

延伸阅读

Esfandiary, F. M., Optimism One. The Emerging Radicalism, Norton & Company, New York 1970.

Esfandiary, F. M., Are You a Transhuman? Monitoring and Stimulating Your Personal Rate of Growth at a Rapidly Changing World, Warner Books, New York 1989.

Farrell J. P., de Hart, S. D., Transhumanism: A Grimoire of Alchemical Agendas, Feral House, Port Townsend 2011.

Ferrando, F., Il postumanesimo filosofico e le sue alterità, ETS Edizioni, Pisa 2016.

Ferrando, F., Philosophical Posthumanism, Bloomsbury Academic, London, Forthcoming. Forward, R. L., Indistinguishable from Magic, Baen Books, Riverdale 1995.

Freitas Jr., R. A., Nanomedicine, Vol. IIA: Biocompatibility, Landes Bioscience, Austin 2003.

Freitas Jr., R. A., Nanomedicine. Volume I: Basic Capabilities, Landes Bioscience, Austin 1999.

Fukuyama, F., Our Posthuman Future: Consequences of the Biotechnology Revolution, Farrar, Straus & Giroux, New York 2002.

Garreau, J., Radical Evolution. The Promise and Peril of Enhancing Our Minds, Our Bodies – and What It Means to Be Human, Doubleday, New York 2004.

Geraci, R. M., Apocalyptic AI: Visions of Heaven in Robotics, Artificial Intelligence, and Virtual Reality, Oxford University Press, Oxford 2012.

Glover, J., What Sort of People Should there Be? Penguin Books, New York 1984.

Goertzel, B. A., Cosmist Manifesto: Practical Philosophy for the Posthuman Age, Humanity+, Los Angeles 2010.

Gruman, G. J., A History of Ideas About the Prolongation of Life, Springer Publishing Company, New York 2003.

Habermas, J., Die Zukunft der menschlichen Natur. Auf dem Weg zu einer liberalen Eugenik?, Suhrkamp, Frankfurt 2001.

Haldane, J. B. S., Daedalus, or Science and the Future, E. P. Dutton and Company, Inc., New York 1924.

Hanlon, M., Eternity. Our Next Billion Years, Macmillan, New York 2009.

Haraway, D., Simians, Cyborgs and Women: The Reinvention of Nature, Routledge, New York 1991.

Harrington, A., The Immortalist, Random House, New York 1969.

Hirstein, W., Mindmelding. Consciousness, Neuroscience and the Mind's Privacy, Oxford University Press, Oxford 2012.

Hughes, H. C., Sensory Exotica: A World beyond Human Experience, MIT Press, Cambridge 1999.

Hughes, J., Citizen Cyborg: Why Democratic Societies Must Respond to the Redesigned Human of the Future. Westview Press, Boulder 2004.

Hugues, T., American Genesis: A Century of Invention and Technological Enthusiasm, 1870–1970, Penguin, New York 1989.

Huxley, J., Transhumanism, in: Religion without Revelation, E. Benn, Londra 1927. Revised edition in: New Bottles for New Wine, Chatto & Windus, Londra 1957.

Istvan, Z., The Transhumanist Wager, Futurity Imagine Media LLC, Reno 2013.

Jones, J., Technological Resurrection: A Thought Experiment, Amazon Digital Services LLC, 2017.

Kaiser, D., How the Hippies Saved Physics. Science, Counterculture, and the Quantum Revival, W. W. Norton & Company, New York 2011.

Kaku, M., Parallel Worlds: The Science of Alternative Universes and Our Future in the Cosmos, Doubleday, New York 2005, p. 317.

Katz, B. F., Neuroengineering the Future. Virtual Minds and the Creation of Immortality, Infinity Science Press, Hingham 2008.

Kekich, D., Life Extension Express, Max Life Foundation, Charleston 2010.

Kelly, K., The Inevitable. Understanding the 12 Technological Forces that Will Shape Our Future, Viking, New York 2016.

Kurzweil, R., How to Create a Mind: The Secret of Human Thought Revealed, Viking Press, New York 2012.

Kurzweil, R., The Age of Spiritual Machines, Penguin Books, New York 1999.

延伸阅读

Kurzweil, R., The Singularity Is Near, Viking Books, New York 2005.

Kurzweil, R., Grossman, T., Fantastic Voyage: Live Long Enough to Live Forever, Rodale Books, Emmaus 2004.

Kurzweil, R., Grossman, T., Transcend: Nine Steps to Living Well Forever, Rodale Books, Emmaus 2004.

Laszlo, E., The Akashic Experience: Science and the Cosmic Memory Field, Inner Traditions, Rochester 2009.

Leakey, R., Lewin, R., The Sixth Extinction: Patterns of Life and the Future of Humankind, Anchor, New York 1996.

Lem, S., Summa Technologiae, University of Minnesota Press, Minneapolis-London 2013.

Leonhard, G., Technology Vs. Humanity, Fast Future Publishing, London 2016.

Lévy, P., Collective Intelligence. Mankind's Emerging World in Cyberspace, Plenum Trade, New York 1997.

Lloyd, S., Programming the Universe: A Quantum Computer Scientist Takes On the Cosmos, Knopf, New York 2006.

Longo, G. O., Il simbionte. Prove di Umanità futura, Meltemi, Rome 2003.

Longo, G. O., Homo technologicus, Meltemi, Rome 2005.

Lorenz, K., Behind the Mirror. A Search for a Natural History of Human Knowledge, Harvest/HBJ, New York 1973.

Lyotard, J. F., La Condition Postmoderne: Rapport sur le Savoir, Les Editions de Minuit, Paris 1979.

Lyotard, J. F., Postmodern Fables, University of Minnesota Press, Minneapolis 1997.

Lyotard, J. F., The Inhuman. Reflections on Time, Stanford University Press, Redwood City 1991.

MacLean, P. D., The Triune Brain in Evolution: Role in Paleocerebral Functions, Springer, New York 1990.

Macrì, T., Il corpo post-organico, Costa & Nolan, Milan 1996.

Mann, T., Doctor Faustus, Vintage Books, New York 1999.

Marchesini, R., Etologia Filosofica, Mimesis, Milan 2016.

Marchesini, R., Post-Human. Verso Nuovi Modelli di Esistenza, Bollati Boringhieri, Turin 2002.

Marinetti, F. T., Fondazione e Manifesto del futurismo, in Various authors, I manifesti del futurismo, Edizioni di "Lacerba", Florence 1914.

Maslow, A. H., Toward a Psychology of Being, John Wiley & Sons, New York 1998

Mayer, C., Amortality: The Pleasures and Perils of Living Agelessly, Random House UK, London 2011.

McGinn, C., The Mysterious Flame. Conscious Minds in a Material World, Basic Books, New York 1999.

McKibben, B., Enough: Staying Human in an Engineered Age, St. Martin's Griffin, New York 2003.

McKinney, L. O., Neurology: Virtual Religion in the 21st Century, American Institute for Mindfulness (Harvard University), Cambridge 1994.

Merali, Z., A Big Bang in a Little Room. The Quest to Create New Universes, Basic Books, New York 2017.

Miah, A., Genetically Modified Athletes. Biomedical Ethics, Gene Doping and Sport, Routledge, London 2004.

Midgley, M., Science as Salvation: A Modern Myth and its Meaning, Routledge, Abingdonon-Thames 1994.

Mitchell, S., Gilgamesh: A New English Version, Atria Books, New York 2006.

Moore, P., Enhancing Me. The Hope and the Hype of Human Enhancement, John Wiley & Sons, Chichester 2008.

Moravec, H., Mind Children The Future of Robot and Human Intelligence, Harvard University Press, Cambridge 1988.

Moravec, H., Robot: Mere Machine to Transcendent Mind, Oxford University Press, New York 1998.

More, M.; Vita-More, N. (ed.), The Transhumanist Reader, Wiley-Blackwell, Malden 2013.

Naam, R., More Than Human. Embracing the Promise of Biological Enhancement, Random House, New York 2005.

Newberg, A. B., Principles of Neurotheology, Ashgate Publishing, Farnham 2010.

Persinger, M., Neuropsychological Bases of God Beliefs, Praeger, Westport 1987.

Preston, C., The Synthetic Age, The MIT Press, Cambridge 2018.

Regis, E., Great Mambo Chicken and the Transhuman Condition, Penguin Books, New York 1990.

Rifkin, J., Algeny, A New Word – A New World, Viking New York 1983.

Roco, M. C.; Bainbridge, W. S. (ed.), Converging Technologies for Improving Human Performance. Springer, New York 2004.

Roden, D., Posthuman Life: Philosophy at the Edge of the Human, Routledge, Abingdon-onThames 2014.

Sagan, C., The Cosmic Connection: An Extraterrestrial Perspective, Cambridge University Press, Cambridge 2000.

Sandberg, A., Bostrom, N., Whole Brain Emulation: A Road map. Technical Report # 2008 3, Future of Humanity Institute, Oxford University, Oxford 2008. http://www.fhi.ox.ac.uk/brain-emulation-roadmap-report.pdf.

Savage, M. T., The Millennial Project: Colonizing the Galaxy in Eight Easy Steps, Little Brown & Co., New York 1994.

Seidensticker, B., Future Hype. The Myths of Technology Change, Berrett-Koehler Publishers, San Francisco 2006.

Seife, C., Decoding the Universe: How the New Science of Information Is Explaining Everything in the Cosmos, from Our Brains to Black Holes, Viking, New York 2007.

Sherrington, C. S., Man on His Nature, Cambridge University Press, Cambridge 1942, p. 178.

Silver, L., Remaking Eden, Harper, New York 1997.

Sterling, B., Schismatrix, Ace Books, New York 1986.

Stock, G., Redesigning Humans: Choosing Our Genes, Changing Our Future, Mariner Books, Boston 2003.

Storrs Hall, J., Beyond AI. Creating the Conscience of the Machine, Prometheus Books, Amherst 2007.

Strole, J., Bernadeane, Just Getting Started: Fifty Years of Living Forever, D & L Press, Phoenix 2017.

Stross, C., Accelerando, Ace Books, New York 2005.

Tandy, C. (ed.), Death and Anti-Death, Vol. 4: Twenty Years After De Beauvoir, Thirty Years After Heidegger, Ria University Press, Palo Alto 2006.

Tipler, F., The Physics of Christianity, Doubleday, New York 2007.

Tipler, F., The Physics of Immortality: Modern Cosmology, God and the Resurrection of the Dead, Doubleday, New York 1994.

Tuncel, Y. (ed.), Nietzsche and Transhumanism: Precursor or Enemy?, Cambridge Scholars Publishing, Cambridge 2017.

Waldvogel, C., Groys, B., Lichtenstein, C., Stauffer, M., Globus Cassus, Lars Müller Publishers, Baden 2005.

Warwick, K., I., Cyborg, University of Illinois Press, Urbana 2004.

Warwick, K., March of the Machines: The Breakthrough in Artificial Intelligence. University of Illinois Press, Urbana 2004.

Weiner, J., Long for this world. The Strange Science of Immortality, Harper Collins, New York 2010.

West, M. D., The Immortal Cell: One Scientist's Quest to Solve the Mystery of Human Aging, Doubleday, New York 2003.

Wolfram, S., A New Kind of Science, Wolfram Media, Champaign 2002.

Young, G. M., Nikolai F. Fedorov: An Introduction, Nordland Publishing Company, Belmont 1979.

Young, G. M., The Russian Cosmists. The Esoteric Futurism of Nikolai Fedorov and His Followers, Oxford University Press, Oxford 2012.

Zubrin, R., Entering Space: Creating a Spacefaring Civilization, Tarcher, New York 1999.

Zuse, K., Calculating Space, 1969. ftp://ftp.idsia.ch/pub/juergen/zuserechnenderraum.pdf.